普通高等教育"十一五"
国家级规划教材

21世纪高等学校计算机专业
核心课程规划教材

人机交互基础教程

（第3版）

◎ 孟祥旭 李学庆 杨承磊 王璐 编著

清华大学出版社
北京

内 容 简 介

本书在第2版的基础上，着重针对人机交互领域飞速发展的新型交互设备、交互理念进行了更新，侧重技术讲解，增加了大量丰富的实例。通过本书的学习，读者可以较好地掌握人机交互的基本知识和相关技术，能够学以致用。

本书适合作为高等院校计算机相关专业的教材，也可作为IT相关的社会培训课程教材和读者自学参考书。

图书在版编目(CIP)数据

人机交互基础教程/孟祥旭等编著. —3版. —北京：清华大学出版社，2016(2023.12重印)
21世纪高等学校计算机专业核心课程规划教材
ISBN 978-7-302-42745-2

Ⅰ. ①人… Ⅱ. ①孟… Ⅲ. ①人-机系统-高等学校-教材 Ⅳ. ①TB18

中国版本图书馆CIP数据核字(2016)第020139号

责任编辑：付弘宇
封面设计：杨 兮
责任校对：白 蕾
责任印制：沈 露

出版发行：清华大学出版社
网 址：https://www.tup.com.cn，https://www.wqxuetang.com
地 址：北京清华大学学研大厦A座 **邮 编**：100084
社 总 机：010-83470000 **邮 购**：010-62786544
投稿与读者服务：010-62776969，c-service@tup.tsinghua.edu.cn
质量反馈：010-62772015，zhiliang@tup.tsinghua.edu.cn
课件下载：https://www.tup.com.cn，010-83470236
印 装 者：北京嘉实印刷有限公司
经 销：全国新华书店
开 本：185mm×260mm **印 张**：19.5 **字 数**：473千字
版 次：2004年9月第1版 2016年3月第3版 **印 次**：2023年12月第18次印刷
印 数：91001～94000
定 价：49.00元

产品编号：066857-03

FOREWORD

前言

山东大学是国内最早开设人机交互课程的高校之一。在“十一五”国家级规划教材项目资助下，结合多年来的教学实践，笔者于2010年编著出版了《人机交互基础教程(第2版)》，在国内百余所高等院校作为教材使用。一方面，人机交互技术发展变化特别迅猛，另一方面，笔者团队近年来对人机交互领域进行了更为深入的研究，对人机交互的教学也有了更为系统的理解，这些新的学术成果尽可能地包含在新版教材中。笔者同时参考了IEEE和ACM推出的“Computer Science Curricula 2013”中与人机交互有关的知识体系，在清华大学出版社的大力支持下，组织编写了第3版。

第3版教材更加注重知识体系的系统性以及如何把相关知识更加有效地传达给读者，使之更适合本科生使用。教材着重针对人机交互领域飞速发展的新型交互设备、交互理念进行了更新，侧重于技术讲解，增加了大量丰富的实例，希望通过本书的学习，读者可以较好掌握人机交互的基本知识和相关技术，能够学以致用。与第2版相比，本版的主要变化之处如下：

第1章　扩充了人机交互的发展历史和发展趋势，并且结合人机交互在各个领域最新的典型应用列举应用实例。

第2章　从认知心理学的角度系统扩充了视觉、听觉、触觉等感知通道的特点，增加了知觉的特性，并增加了丰富的认知心理学理论对于交互设计产生影响的实例。

第3章　结合交互设备的最新发展，增加了多种输入、输出以及虚拟现实交互设备的原理及装置，如体感输入设备、多点触摸屏、投影设备、3D打印机、立体视觉设备等。

第4章　结合笔者团队的研究，扩充了基本交互技术、二维图形交互技术、三维图形交互技术的实例，并增加了多点触控技术、手势识别技术、表情识别技术、眼动跟踪技术等自然交互技术。

第5章　本章内容未改动，重点介绍人机界面的设计方法，特别是以用户为中心的界面设计原则和方法。

第6章　本章内容未改动，讨论人机界面的表示模型和实现方法，重点围绕窗口系统和UIMS系统等进行介绍。

第7章　更新Web界面设计技术,包括HTML5、WebGL等新技术。

第8章　结合移动设备的最新发展,更新智能移动设备及其交互方式,更新移动界面要素设计,增加Android和IOS移动开发平台及工具,并结合团队研发系统,给出一个Android移动界面设计实例。

第9章　从"可用性与可用性评估"和"用户体验评估"两个方面重新组织本章结构。在可用性评估方法中,扩充启发式评估方法、用户测试方法等,增加可用性评估方法的比较,进一步精简、提炼可用性评估案例;增加"用户体验评估"章节,从用户体验模型、用户体验评价等多个方面进行介绍。

第10章　本章为新增加的章节,结合笔者团队研发案例,列举两个应用实例,从自然交互和界面设计两个方面说明交互设计过程。

为了便于对全书内容的理解和提高应用能力,本书系统地重新设计了各章的习题和课程设计题目。希望读者通过这些习题的思考和上机操作,加深对所学内容的理解,达到理论与实践相结合的目的。

本书第1章由孟祥旭、杨承磊执笔,王璐修订;第2章由屠长河执笔,王璐、卞玉龙修订;第3章由徐延宁、王璐、关东东执笔并修订;第4章由潘荣江、杨承磊执笔,王璐修订;第5章由刘士军执笔;第6章由李学庆执笔;第7章由蒋志方执笔,王璐修订;第8章由向辉执笔,王璐修订;第9章由刘士军执笔,杨承磊、卞玉龙修订;第10章由王璐执笔。此外,徐雅洁、秦溥、孙维思、周士胜、孙晓雯、穆冠琦、肖洒、陈潇瑞、赵思伟、宋天琦、李慧宇等也参与到部分内容的修订以及排版工作。本书中的部分图片和内容引自互联网,有些难以确定作者或出处,故在本书中没有标注,在此表示感谢,并请相关作者海涵。

本书最后由孟祥旭、杨承磊、王璐统稿,由孟祥旭审定。由于时间仓促,编者水平有限,书中欠妥和纰漏之处在所难免,恳请读者和同行不吝指正。

与本书配套的电子课件等教学资源可以从清华大学出版社网站www.tup.com.cn下载。在本书及课件的使用中遇到任何问题,请联系fuhy@ tup.tsinghua.edu.cn。

编　者

2015年12月

C O N T E N T S

目录

CHAPTER 1

第1章 绪论

信息技术的高速发展对人类生产、生活带来了广泛而深刻的影响。如今,"微信"、"智能手表"、"传感技术"、"7D电影"等新产品、新技术层出不穷,不断冲击着人们的视听。这些高科技成果为人们带来便捷和快乐的同时,也促进了人机交互技术的发展。但是,人机交互技术比计算机硬件和软件技术的发展要滞后很多,已成为人类运用信息技术深入探索和认识客观世界的瓶颈。作为信息技术的一个重要组成部分,人机交互技术已经引起许多国家的高度重视,成为21世纪信息领域亟需解决的重大课题。

本章主要介绍人机交互的概念、研究内容、发展历史以及部分应用实例等。

1.1 什么是人机交互

所谓人机交互(Human-Computer Interaction,HCI),是指关于设计、评价和实现供人们使用的交互式计算机系统,并围绕相关的主要现象进行研究的学科[①]。狭义地讲,人机交互技术主要是研究人与计算机之间的信息交换,主要包括人到计算机和计算机到人的信息交换两部分。对于前者,人们可以借助键盘、鼠标、操纵杆、数据服装、眼动跟踪器、位置跟踪器、数据手套、压力笔等设备,用手、脚、声音、姿势或身体的动作、眼睛甚至脑电波等向计算机传递信息;对于后者,计算机通过打印机、绘图仪、显示器、头盔式显示器(HMD)、音箱、大屏幕投影等输出或显示设备向人们提供可理解的信息。

人机交互是一门综合学科,它与认知心理学、人机工程学、多媒体技术、虚拟现实技术等密切相关。其中,认知心理学与人机工程学是人机交互技术的理论基础,而多媒体技术、虚拟现实技术与人机交互是相互交叉和渗透的。

---

① 译自ACM SIGCHI,1992,第6页。

1.2 人机交互的研究内容

人机交互的研究内容十分广泛,涵盖了建模、设计、评估等理论和方法,以及在Web、移动计算、虚拟现实等方面的应用研究,主要包括以下内容。

1. 人机交互界面的表示模型与设计方法

一个交互界面的优劣,直接影响到软件开发的成败。友好的人机交互界面的开发离不开好的交互模型与设计方法。因此,人机交互界面的表示模型与设计方法是人机交互的重要研究内容之一。

2. 可用性分析与评估

可用性是人机交互系统的重要内容,它关系到人机交互能否达到用户期待的目标,以及实现这一目标的效率与便捷性。对人机交互系统的可用性分析与评估的研究主要涉及支持可用性的设计原则和可用性的评估方法等。

3. 多通道交互技术

研究视觉、听觉、触觉和力觉等多通道信息的融合理论和方法,使用户可以使用语音、手势、眼神、表情等自然的交互方式与计算机系统进行通信。多通道交互主要研究多通道交互界面的表示模型、多通道交互界面的评估方法以及多通道信息的融合等。其中,多通道融合是多通道用户界面研究的重点和难点。

4. 认知与智能用户界面

智能用户界面(Intelligent User Interface,IUI)的最终目标是使人机交互和人—人交互一样自然、方便。上下文感知、三维输入、语音识别、手写识别、自然语言理解等都是认知与智能用户界面要解决的重要问题。

5. 群件

群件是指为群组协同工作提供计算机支持的协作环境,主要涉及个人或群组间的信息传递、群组内的信息共享、业务过程自动化与协调以及人和过程之间的交互活动等。目前,与人机交互技术相关的研究内容主要包括群件系统的体系结构、计算机支持的交流与共享信息的方式、交流中的决策支持工具、应用程序共享以及同步实现方法等内容。

6. Web设计

Web设计重点研究Web界面的信息交互模型和结构、Web界面设计的基本思想和原则、Web界面设计的工具和技术,以及Web界面设计的可用性分析与评估方法等内容。

7. 移动界面设计

移动计算(Mobile Computing)、普适计算(Ubiquitous Computing)等技术对人机交互提出了更高的要求,面向移动应用的界面设计已成为人机交互技术研究的一个重要内容。由于移动设备的便携性、位置不固定性、计算能力有限性以及无线网络的低带宽、高延迟等诸多的限制,移动界面的设计方法、移动界面可用性与评估原则、移动界面导航技术以及移动界面的实现技术和开发工具,都是当前人机交互技术研究的热点之一。

1.3 人机交互的发展历史

作为计算机系统的一个重要组成部分，人机交互技术一直伴随着计算机的发展而发展。人机交互技术的发展过程也是从人适应计算机到计算机不断适应人的发展过程。交互的信息也由精确的输入输出信息变成非精确的输入输出信息。它经历了如下几个阶段。

1. 命令行界面交互阶段

计算机语言经历了由最初的机器语言、汇编语言直至高级语言的发展过程。这个过程也可以看作是人机交互的早期发展过程。

最初，程序通常直接采用机器语言指令（二进制机器代码）或汇编语言编写，通过纸带输入机或读卡机输入，通过打印机输出计算结果，人与计算机的交互一般采用控制键或控制台直接手工操纵。这种形式很不符合人们的习惯，既耗费时间，又容易出错，只有专业的计算机管理员才能做到运用自如。

后来，出现了 ALGOL 60、FORTRAN、COBOL、PASCAL 等高级语言，使人们可以用比较习惯的符号形式描述计算过程，交互操作由受过一定训练的程序员即可完成，命令行界面（Command Line Interface，CLI）开始出现。这一时期，程序员可采用批处理作业语言或交互命令语言的方式和计算机打交道，虽然要记忆许多命令和熟练地敲击键盘，但已可用较方便的手段来调试程序，了解计算机执行的情况。通过命令行界面，人们可以通过问答式对话、文本菜单或命令语言等方式来进行人机交互。

命令行界面可以看作第一代人机界面。在这种界面中，计算机的使用者被看成操作员，计算机对输入信息一般只做出被动的反应，操作员主要通过操作键盘输入数据和命令信息，界面输出以字符为主，因此这种人机界面交互方式缺乏自然性。

2. 图形用户界面交互阶段

图形用户界面（Graphical User Interface, GUI）的出现使人机交互方式发生了巨大变化。GUI 的主要特点是桌面隐喻、WIMP（Window, Icon, Menu, Pointing Device）技术、直接操纵和“所见即所得”（WYSIWYG）。GUI 简明易学，减少了敲击键盘次数，使得普通用户也可以熟练使用，从而拓展了用户群，使计算机技术得到了普及。

GUI 技术的起源可以追溯到 20 世纪 60 年代美国麻省理工学院 Ivan Sutherland 的工作。他发明的 Sketchpad 首次引入了菜单、不可重叠的瓦片式窗口和图标，并采用光笔进行绘图操作。1963 年，年轻的美国科学家 Doug Engelbart 发明了鼠标（如图 1-1 所示）。从此以后，鼠标经过不断改进，在苹果、微软等公司的图形界面系统上得到了成功应用，使鼠标器与键盘成为目前计算机系统中必备的输入装置。特别是 20 世纪 90 年代以来，鼠标器已经成为人们必备的人机交互工具。

20 世纪 70 年代，施乐（Xerox）研究中心的 Alan Kay 提出了 Smalltalk 面向对象程序设计等思想，并发明了重叠式多窗口系统，形成了图形用户界面的雏形。同一时期，施乐公司在 Alto 计算机上首次开发了位映像图形显示技术，为开发可重叠窗口、弹出式菜单、菜单条等提供了可能。这些工作奠定了目前图形用户界面的基础，形成了以 WIMP 技术为基础的第二代人机界面。1984 年，苹果公司开发出了新型 Macintosh 个人计算机（如图 1-2 所示），

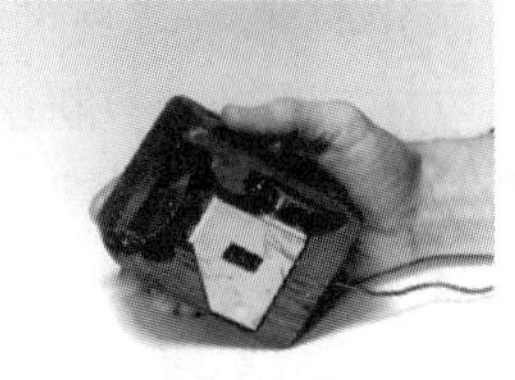

图 1-1　Doug Engelbart 和他发明的鼠标

将 WIMP 技术引入到微机领域,这种全部基于鼠标及下拉式菜单的操作方式和直观的图形界面引发了微机人机界面的历史性变革。

与命令行界面相比,图形用户界面的自然性和交互效率都有较大的提高。图形用户界面很大程度上依赖于菜单选择和交互构件(Widget)。经常使用的命令大都通过鼠标来实现。鼠标驱动的人机界面便于初学者使用,但重复性的菜单选择会给有经验的用户造成不方便,他们有时倾向使用命令键而不是选择菜单,且在输入信息时用户只能使用“手”这种输入通道。另外,图形用户界面需要占用较多的屏幕空间,并且难以表达和支持非空间性的抽象信息的交互。

图 1-2　Apple Macintosh 个人计算机

3. 自然和谐的人机交互阶段

随着网络的普及和无线通讯技术的发展,人机交互领域面临着巨大的挑战和机遇,传统的图形界面交互已经产生了本质的变化,人们的需求不再局限于界面的美学形式的创新,而是在使用多媒体终端时,有着更便捷、更符合他们使用习惯同时又比较美观的操作界面。利用人的多种感觉通道和动作通道(如语音、手写、姿势、视线、表情等输入),以并行、非精确的方式与(可见或不可见的)计算机环境进行交互,使人们从传统的交互方式的束缚中解脱出来,进入自然和谐的人机交互时期。这一时期的主要研究内容包括多通道交互、情感计算、虚拟现实、智能用户界面、自然语言理解等方面。

(1) 多通道交互

多通道交互(Multi Modal Interaction,MMI)是近年来迅速发展的一种人机交互技术,它既适应了“以人为中心”的自然交互准则,也推动了互联网时代信息产业(包括移动计算、移动通信、网络服务器等)的快速发展。MMI 是指“一种使用多种通道与计算机通信的人机交互方式。通道(modality)涵盖了用户表达意图、执行动作或感知反馈信息的各种通信方法,如言语、眼神、脸部表情、唇动、手动、手势、头动、肢体姿势、触觉、嗅觉或味觉等”。采用这种方式的计算机用户界面称为“多通道用户界面”。目前,人类最常使用的多通道交互技术包括手写识别、笔式交互、语音识别、语音合成、数字墨水、视线跟踪技术、触觉通道的力反馈装置、生物特征识别技术和人脸表情识别技术等方面。

(2) 情感计算

让计算机具有情感能力首先是由美国MIT的Marvin L. Minsky教授(人工智能创始人之一)提出的。他在1985年的专著*The Society of Mind*中指出,问题不在于智能机器能否有任何情感,而在于机器实现智能时怎么能够没有情感。从此,赋予计算机情感能力并让计算机能够理解和表达情感的研究、探讨引起了计算机界许多人士的兴趣。这方面的工作首推美国MIT媒体实验室Rosalind Picard教授领导的研究小组。"情感计算"一词也首先由Picard教授于1997年出版的专著*Affective Computing*(情感计算)中提出并给出定义,即情感计算是关于情感、情感产生以及影响情感方面的计算。

MIT对情感计算进行全方位研究,正在开发研究情感机器人,最终有可能人机融合。其媒体实验室与HP公司合作进行情感计算的研究。IBM公司的"蓝眼计划"可使计算机知道人想干什么,如当人的眼睛瞄向电视时,它就知道人想打开电视机,于是发出指令打开电视机。此外该公司还研究了情感鼠标,可根据手部的血压及温度等传感器感知用户的情感。日本软银公司2014年发布了一个能读懂人类情感的机器人"pepper",它能识别人类情感并能与人类交流。Pepper是世界首款搭载"感情识别功能"的机器人,它可以通过分析人的表情和声调,推测出人的情感,并采取行动,如与顾客搭话等。

(3) 虚拟现实

虚拟现实(Virtual Reality,VR)是以计算机技术为核心,结合相关科学技术,生成与一定范围真实环境在视、听、触感等方面高度近似的数字化环境,用户借助必要的装备与数字化环境中的对象进行交互作用、相互影响,可以产生亲临对应真实环境的感受和体验。虚拟现实是人类在探索自然、认识自然过程中创造产生,逐步形成的一种用于认识自然、模拟自然,进而更好地适应和利用自然的科学方法和科学技术。

随着虚拟现实技术的发展,涌现出大量新的交互设备。如美国麻省理工学院的Ivan Sutherland早在1968年就开发了头盔式立体显示器,为现代虚拟现实技术奠定了重要基础;1982年美国加州VPL公司开发出第一副数据手套,用于手势输入;该公司在1992年还推出了Eyephone液晶显示器;同样在1992年,Tom DeFanti等推出了一种沉浸式虚拟现实环境——CAVE系统,该系统可提供一个房间大小的四面立方体投影显示空间。最近,Facebook公司的Oculus头盔式显示器将虚拟现实接入游戏中,使得玩家能够身临其境,对游戏的沉浸感大幅提升。微软公司的Hololens全息眼镜能够提供全息图像,通过将影像投射在真实世界中达到增强现实的效果,且Hololens还能够追踪用户的声音、动作和周围环境,用户可以通过眼神、声音指令和手势进行控制。这些虚拟现实设备可以广泛应用于观光、电影、医药、建筑、空间探索以及军事等领域。

(4) 智能用户界面

智能用户界面(Intelligent User Interface,IUI)是致力于达到人机交互的高效率、有效性和自然性的人机界面。它通过表达、推理,并按照用户模型、领域模型、任务模型、谈话模型和媒体模型来实现人机交互。智能用户界面主要使用人工智能技术去实现人机通信,提高了人机交互的可用性:如知识表示技术支持基于模型的用户界面生成,规划识别和生成支持用户界面的对话管理,而语言、手势和图像理解支持多通道输入的分析,用户建模则实现了对自适应交互的支持,等等。当然,智能用户界面也离不开认知心理学、人机工程学的支持。

智能体、代理(agent)在智能技术中的重要性已"不言而喻"了。agent是一个能够感知外界环境并具有自主行为能力的、以实现其设计目标的自治系统。智能的agent系统可以根据用户的喜好和需要配置具有个性化特点的应用程序。基于此技术,我们可以实现自适应用户系统、用户建模和自适应脑界面。自适应系统方面,如帮助用户获得信息,推荐产品,界面自适应,支持协同,接管例行工作,为用户裁剪信息,提供帮助,支持学习和管理引导对话等。用户建模方面,目前机器学习是主要的用户建模方法,如神经网络、Bayesian学习以及在推荐系统中常使用协同过滤算法实现对个体用户的推荐。自适应脑界面方面,如神经分类器通过分析用户的脑电波识别出用户想要执行什么任务,该任务既可以是运动相关的任务如(移动手臂),也可以是认知活动(如做算术题)。

(5) 自然语言理解

在"计算机文化"到来的社会里,语言已不仅是人与人之间的交际工具,而且是人机对话的基础。自然语言处理(Natural Language Processing,NLP)是使用自然语言同计算机进行通信的技术,因为处理自然语言的关键是要让计算机"理解"自然语言,所以自然语言处理又叫做自然语言理解(Natural Language Understanding,NLU),也称为计算语言学(Computational Linguistics)。一方面,它是语言信息处理的一个分支,另一方面它是人工智能(Artificial Intelligence,AI)的核心课题之一。近年来,自然语言理解技术在搜索技术方面得到了广泛的应用,它以一定的策略在互联网中搜集、发现信息,对信息进行理解、提取、组织和处理,为用户提供采用自然语言进行信息的检索,从而为他们提供更方便、更确切的搜索服务。如今,已经有越来越多的搜索引擎宣布支持自然语言搜索特性,如Accoona、Google、网易等。IBM公司宣称即将推出OmniFind软件,它采用了UIMA(Unstructured Information Management Architecture)架构,能将字词背后的含义解释出来,再输出合适的搜索结果。此外,自然语言理解技术在智能短信服务、情报检索、人机对话等方面也具有广阔的发展前景和极高的应用价值,并有一些阶段性成果体现在商业应用中。

1.4 人机交互的应用

人机交互技术的发展极大地促进了计算机的快速发展与普及,已经在制造业、教育、娱乐、军事和日常生活等领域得到广泛应用。

1. 工业

在工业领域方面,人机交互技术多用于产品论证、设计、装配、人机工效和性能评价等。代表性的应用(如模拟训练、虚拟样机技术等)已受到许多工业部门的重视。例如,20世纪90年代美国约翰逊航天中心使用VR技术对哈勃望远镜进行维护训练;波音公司利用VR技术辅助波音777的管线设计;法国标致雪铁龙(PSA)公司利用主动式立体Barco I-Space 5 CAVE系统、Barco CAD Wall被动式单通道立体投影系统、A. R. T.光学跟踪系统、Haption 6D 35-45和INCA力反馈系统等,构建其工业仿真系统平台,进行汽车设计的检视、虚拟装配与协同项目的检测等(如图1-3所示)。

2. 教育

目前已有一些科研机构研发出沉浸式的虚拟世界系统(Virtual World),通过和谐自然的交互操作手段,让学习者在虚拟世界自如地探索未知世界,激发他们的想像力,启迪他们的创造力。

例如，由伊利诺依大学芝加哥分校的EVL实验室和CEL实验室合作完成的沉浸式协同环境NICE系统(Narrative Immersive Constructionist / Collaborative Environment)，可以支持儿童们建造一个虚拟花园，并通过佩戴立体眼镜沉浸在一个由CAVE系统显示的虚拟场景中，进行播种、浇水、调整光照、观察植物的生长等，学习相关知识，并进行观察思考等(如图1-4所示)。

图1-3 Barco Mega CAD Wall 系统

图1-4 NICE项目中的虚拟体验

又如科视公司设计并安装的全沉浸式Christie TotalVIEW™ CAVE系统(见图1-5)，用在威斯康星州密尔沃基举办的著名的Discovery World展览。这套人机交互式虚拟教育系统主要采用了3D投影显示技术——Mirage系列投影机构造沉浸式虚拟环境，参观者能够通过佩戴主动式立体眼镜获得关于生活环境的“近似真实”的体验。

图1-5 Discovery World 展览

3. 军事

国防军事的需求对人机交互技术的发展起到了很大的推动作用，也出现了很多人机交互技术成功应用的范例，包括从早期的飞机驾驶员培训到今天的军事战略和战术演习仿真等。例如，采用头盔显示器(HMD)取代传统的平视显示器，可以直接显示机载设备管理计算机和综合显示管理计算机处理后的图像和信息。F-35飞机的分布式孔径系统(DAS)由安装在飞机周围的6个红外摄像机组成，向头盔发送实时图像，使飞行员能够“透视”。使用这种技术，飞行员无论白天还是黑夜都能看到自己周围的环境，而没有质量或清晰度的损失(如图1-6所示)。

4. 文化娱乐

在文化娱乐领域，交互设备和交互技术十分重要，可为用户提供良好的交互体验。目前，一些游戏厅、展览馆等场馆的地面式互动投影系统可直接向地面和墙面投射影像，使影像随着进入画面观众的移动而变化，产生与观众互动的影像效果。图1-7所示是一个踩球游戏的系统架构示意图，其利用投影技术在地面上随机生成五颜六色的气球，当游戏者参与

图1-6　F-35飞机专用头盔

游戏时,系统可通过摄像机感应参与者的动作,参与者触碰到虚拟球时,球就消失。值得一提的是,投影系统在北京奥运会开幕式和第十一届全运会开幕式(如图1-8所示)上也得到了成功应用。

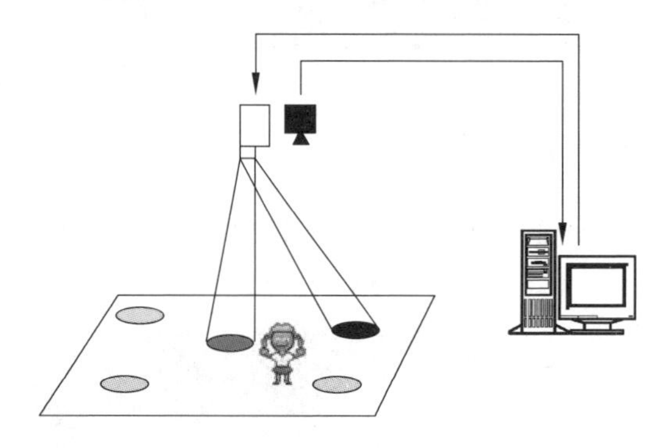

图1-7　踩球游戏的系统架构

图1-8　第十一届全运会开幕式场景

面向游戏娱乐领域的专用操作设备也不断出现,如任天堂的WII操作手柄和Kinect等。WII里面包含了固态加速计和陀螺仪,可以实现倾斜和上下旋转、倾斜和左右旋转、围着主轴旋转(像使用螺丝刀)、上下加速度、左右加速度、朝向屏幕加速和远离屏幕加速等功能。图1-9(左)为一款基于WII手柄的拳击游戏。Kinect是一种3D体感摄影机(开发代号

(左) WII手柄游戏

(右) Kinect游戏

图1-9　娱乐交互应用示例

为"Project Natal"),它同时导入了即时动态捕捉、影像辨识、麦克风输入、语音辨识、社群互动等功能。图 1-9(右)为一款 Kinect 游戏。

在影视制作领域,动作捕捉等人机交互设备得到了广泛应用。图 1-10 展示了影片"阿凡达"制作过程中运动捕捉实验室的场景和实时合成的影片效果。

图 1-10 影片"阿凡达"的运动捕捉设备以及虚实融合效果现场预览

又如,英国推出了三维立体电视节目(见图 1-11),播放的英式橄榄球比赛画面是通过两台摄像机同时拍摄的,观众通过特制的三维立体眼镜进行观看,有身临其境的感觉,仿佛球员的一举一动就在身边。

(左) 拍摄三维立体画面使用的两台摄像机

(右) 橄榄球比赛的三维立体节目画面

图 1-11 三维立体电视节目

5. 体育

各种交互设备和技术在体育训练和报道等过程中也有很多应用。如运动捕捉技术已经广泛应用于田径、高尔夫、曲棍球、举重、铁饼、赛艇等项目。运动捕捉系统在体育训练中可以帮助教练员从不同的视角观察和监控运动员的技术动作,并大量获取某类技术动作的运动参数及生理生化指标等数据,从而统计出其运动规律,为科学训练提供标准规范的技术指导。如图 1-12 所示的曲棍球训练系统能够为教练员和运动员以及科研人员展示很难用肉眼看见的曲棍球运动的动作。

6. 生活

人机交互技术已应用于人们日常生活的各个方面。例如,目前流行的苹果 iPhone 手机(如图 1-13 所示)采用了多种交互技术,它配备了 Multi-Touch 屏幕,凭借电场来感应手指的触碰,并将感应到的信息传送到 LCD 屏幕;通过内置方向感应器来对动作做出反应,当

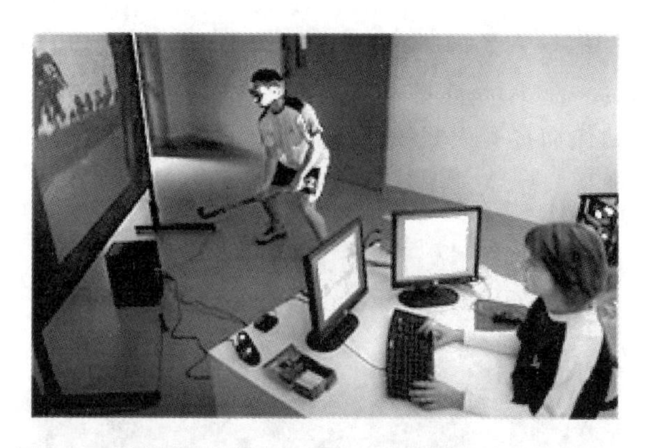

图 1-12　曲棍球运动员利用运动捕捉系统进行辅助训练

将 iPhone 由纵向转为横向时,方向感应器会自动做出反应并改变显示方式;通过距离感应器感应距离,当拿起 iPhone 并靠近耳边通话时,自动关闭屏幕以节省电力并防止意外触碰;通过环境光线感应器自动调节屏幕亮度,当处于日光下或明亮的房间时自动调高亮度,在光线暗淡的地方则自动调低亮度;提供强大的中文输入功能,可以根据输入的拼音或笔划建议并预测可能输入的单词或词组;语音控制功能可以用于拨打电话或者播放音乐等。

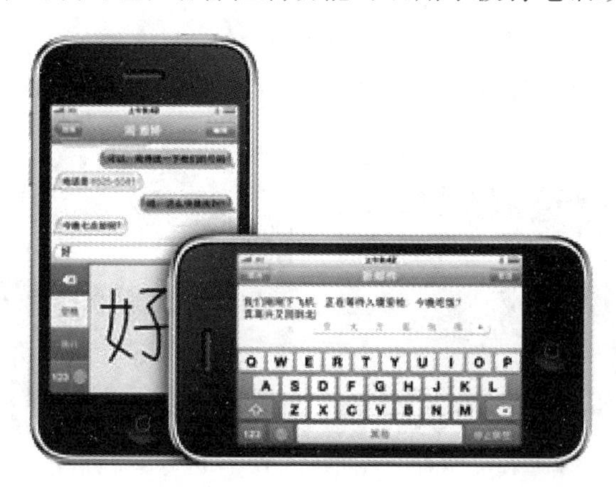

图 1-13　iPhone 手机的中文输入

又如,生物特征识别技术早已在生活中得到广泛应用。如人脸表情识别技术广泛应用于人们日常生活的通信或者安全保护中(如图 1-14 所示)。

图 1-14　人脸识别技术的应用实例

7. 医疗

医学方面，虚拟现实交互技术已初步应用于虚拟手术训练、远程会诊、手术规划及导航、远程协作手术等方面，某些应用已成为医疗过程中不可替代的重要手段和环节。如在虚拟手术训练方面，典型的系统有瑞典 Mentice 公司研制的 MIST-VR 系统、Surgical Science 公司开发的 Lapsim 系统(如图 1-15 所示)、德国卡尔斯鲁厄研究中心开发的 SelectIT VEST System 系统等。

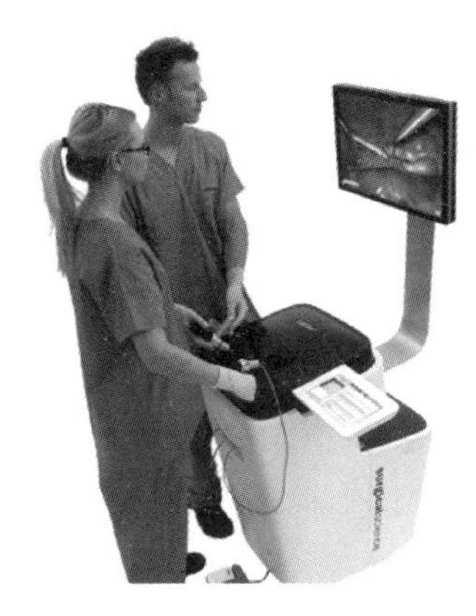

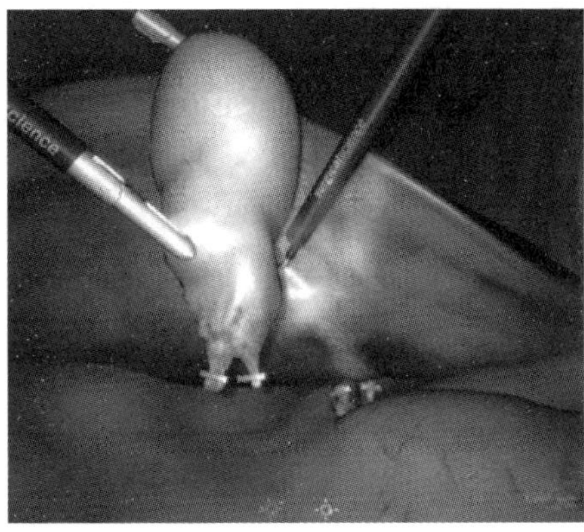

图 1-15 Lapsim 系统及其胆囊切除术界面

习题

1.1 什么是人机交互技术?

1.2 简单介绍人机交互技术的研究内容。

1.3 简单介绍人机交互技术的发展历史。

1.4 列举几个生活中常见的人机交互技术应用的例子。

CHAPTER 2

第2章 感知和认知基础

人类主要通过感知与外界交流，进行信息的接收和发送，并认知世界。感知和认知是人机交互的基础。本章主要介绍人的感知模型、认知过程与交互设计原则、认知概念模型的几种表示方法以及分布式认知模型等基本的感知和认知基础知识。

2.1 人的感知

在人与计算机的交流中，用户接收来自计算机的信息，向计算机输入做出反应。这个交互过程主要是通过视觉、听觉和触觉感知进行的。

2.1.1 视觉

1. 视觉感知

有关研究表明，人类从周围世界获取的信息约有80%是通过视觉得到的，因此，视觉是人类最重要的感觉通道，在进行人机交互系统设计时，必须对其重点考虑。

我们首先了解一下人眼的构造（如图2-1所示）和工作机理：眼睛前部的角膜和晶状体首先将光线会聚到眼睛后部的视网膜上，形成一个清晰的影像。视网膜由视细胞组成，视细胞分为锥状体和杆状体两种。锥状体只有在光线明亮的情况下才起作用，具有辨别光波波长的能力，因此对颜色十分敏感，特别对光谱中的黄色部分最敏感，在视网膜中部最多；而杆状体比锥状体灵敏度高，在暗光下就能起作用，没有辨别颜色能力。因此，我们白天看到的物体有色彩，夜里看不到色彩。

视网膜上不仅分布着大量的视细胞，同时还存在一个盲点，这是视神经进入眼睛的入口。盲点上没有锥状体和杆状体，在视觉系统的自我调节下，人们无法察觉。视网膜上还有一种特殊的神经细胞，称为视神经中枢。依靠它，人们可以察觉运动和形式上的变化。

视觉活动始于光。眼睛接收光线，转化为电信号。光能够被物体反射，

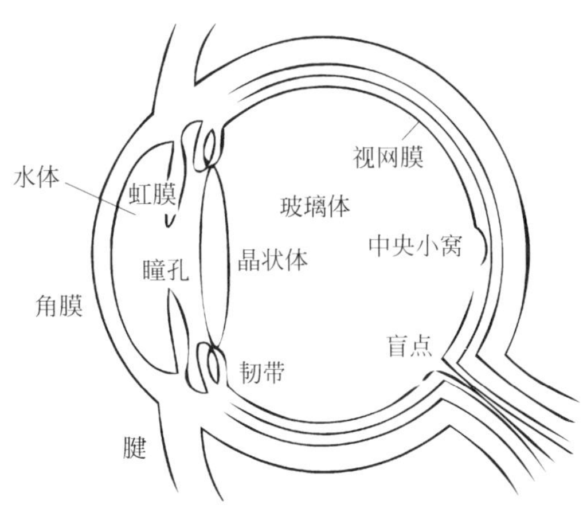

图 2-1　眼睛的结构图

并在眼睛的后部成像。眼睛的神经末梢将它转化为电信号，再传递给大脑，形成对外部世界的感知。

视觉感知可以分为两个阶段：受到外部刺激接收信息阶段和解释信息阶段。需要注意的是，一方面，眼睛和视觉系统的物理特性决定了人类无法看到某些事物；另一方面，视觉系统解释和处理信息时可对不完全信息发挥一定的想象力。因此，进行人机交互设计时需要清楚这两个阶段及其影响，了解人类真正能够看到的信息。

下面主要介绍视觉对物体大小、深度和相对距离、亮度和色彩等的感知特点，这对界面设计很有帮助。

（1）大小、深度和相对距离

要了解人的眼睛如何感知物体大小、深度和相对距离，首先需要了解物体是如何在眼睛的视网膜上成像的。物体反射的光线在视网膜上形成一个倒像，像的大小和视角有关（如图 2-2 所示）。视角反映了物体占据人眼视域空间的大小，视角的大小与物体离眼睛的距离、物体的大小这两个要素有着密切的关系：两个与眼睛距离一样远的物体，大者会形成较大视角；两个同样大小的物体放在离眼睛距离不同的地方，离眼睛较远者会形成较小的视角。立体视觉即是依据两眼间的视角差使得用户感知深度。

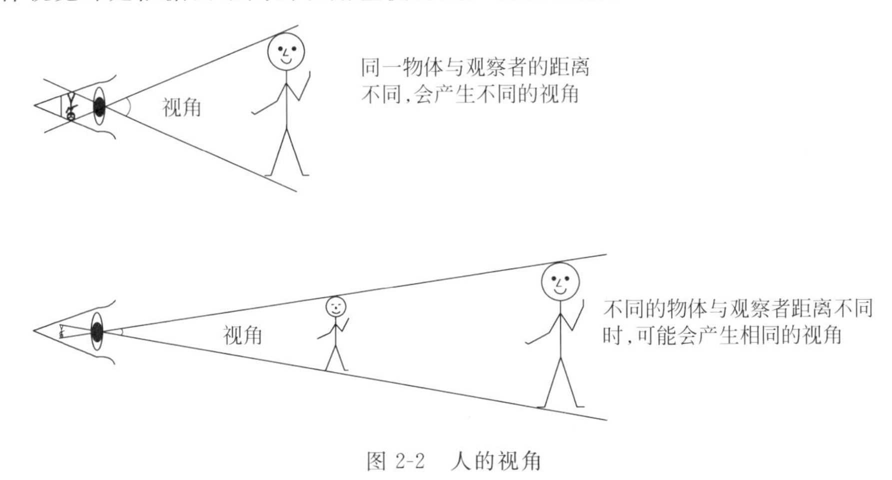

图 2-2　人的视角

视敏度(visual acuity,又称视力)是评价人的视觉功能的主要指标,它是指人眼对细节的感知能力,通常用可辨别物体的最小间距所对应的视角的倒数表示。在一定视距条件下,能分辨物体细节的视角越小,视敏度就越大。人的视敏度是很高的,但不同个体间差异也很大。视力测试统计表明,最佳视力是在6m远处辨认出20mm高的字母,平均视力能够辨认40mm高的字母。多数人能在2m的距离分辨2mm的间距。在进行界面设计时,对较为复杂的图像、图形和文字的分辨十分重要,需要考虑上述感知特点。

人的视觉景象中有很多线索让人感知物体的深度和相对距离。例如,在单眼线索中常用的有以下几种:

- 线条透视线索可以通过地平线和平行线条的消失点判断远近关系,如图2-3(a)所示。
- 纹理梯度线索可以通过纹理的变化判断深度关系,如图2-3(b)所示。
- 遮挡线索可通过遮挡关系确定远近,如果两个物体重叠,那么被部分覆盖的物体被看作是在背景处,自然离得比较远,如图2-3(c)所示。
- 熟知大小线索针对熟悉的物体的大小和高度,为人们判断物体的深度提供了一个重要的线索。一个人如果非常熟悉某个物体,他对物体的大小在头脑中事先有一个期望和预测,就会在判断物体距离时很容易和他看到的物体大小联系起来,如图2-3(d)所示。
- 运动视察线索中通过感知的物体运动速度判断远近关系。例如,坐在火车上时,远处的物体运动速度慢,近处的物体运动速度快。

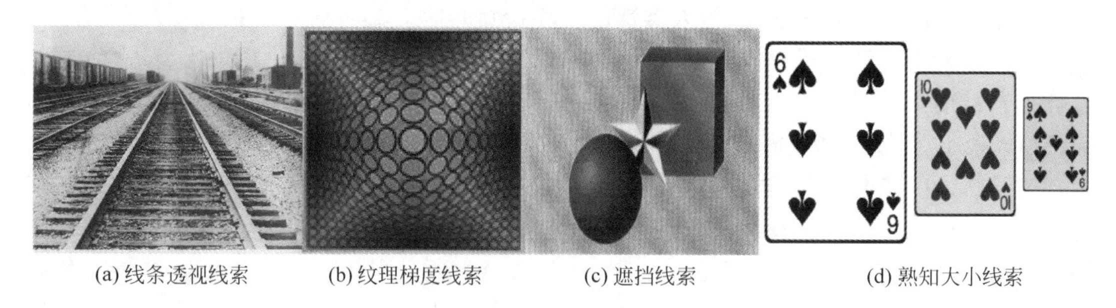

(a) 线条透视线索　(b) 纹理梯度线索　(c) 遮挡线索　(d) 熟知大小线索

图2-3　深度感知线索

(2) 亮度与色彩

亮度是光线明亮程度的主观反映,它是发光物体发射光线能力强弱的体现。非发光体的亮度是由入射到物体表面光的数量和物体反射光线的属性决定的。尽管亮度是一个主观反映,但它可以反映物体的明亮程度,增强亮度可以提高视敏度,因此可以使用高亮度的显示器。然而,在高亮度时,只要光线变化低于50Hz,视觉系统就会感到闪烁。随着亮度的增加,闪烁感也会增强。

在正常情况下,人的视觉系统所能做出反应的光强范围大约从10^{-6}烛光/m^2到10^7烛光/m^2。根据光强对视觉的不同影响,这个范围又划分成暗视觉范围($10^{-6}\sim10^{-1}$烛光/m^2)、中间视觉范围(10^0烛光/m^2)和明视觉范围($10^1\sim10^7$烛光/m^2)。超过10^7烛光/m^2的光强,对人眼有破坏作用;低于10^{-6}烛光/m^2的光强,人眼就无法觉察到。

为更直观地理解亮度等级差,结合生活经验,人眼可视的亮度是在六种主要的数量等级上变化,详见图2-4。人的视觉系统通过对亮度的相对差异做出反应,从而处理这些信息。

在设计交互界面时，要考虑使用者对亮度和闪烁的感知，尽量避免使人疲劳的因素，创造一个舒适的交互环境。使用者对亮度的感知受所处环境的影响，例如智能手机可以依据环境光的强弱自动调节亮度，在光线较强的白天，屏幕亮度较高，在光线较弱的夜间，屏幕亮度较低，如图 2-5 所示。

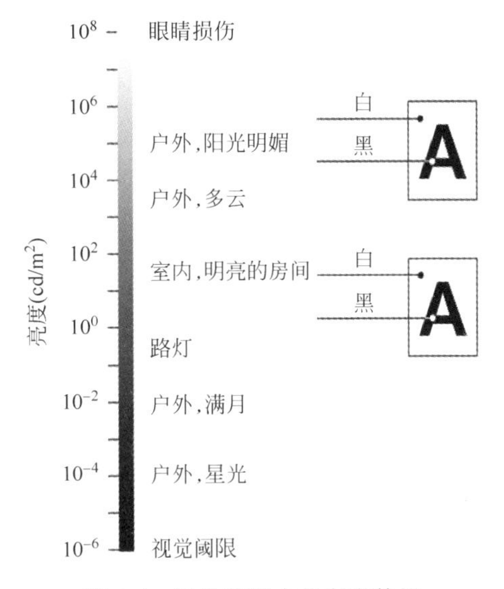

图 2-4　视觉范围内的亮度等级

图 2-5　手机"掌阅"阅读器处于白天和夜间模式下的亮度变化

人能感觉到不同的颜色，是眼睛接受不同波长的光的结果。颜色通常用三种属性表示(更多表示方法见本小节的颜色模型部分)：色度、强度和饱和度。色度是由光的波长决定的，正常的眼睛可感受到的光谱波长为 400μm～700μm。视网膜对不同波长的光敏感度不同，同样强度而颜色不同的光，有时看起来会亮一些，有时看起来会暗一些。当眼睛已经适应光强时，最亮的光谱大约为 550μm，近似黄绿色。当波长接近于光谱的两端，即 400μm(红色)或 700μm(紫色)时，亮度就会逐渐减弱。

(3) 视错觉

视错觉就是当人观察物体时，基于经验主义或不当的参照形成的错误判断和感知。按照错觉形成的不同现象和成因，视错觉主要分为尺寸错觉、细胞错觉、轮廓错觉、不可能错觉、扭曲错觉、运动错觉等。

尺寸错觉(深度错觉)：是指人们根据深度线索或环境信息等视觉规则对相同面积、长度和体积的物体得出不同认知的现象。例如如图 2-6(a)所示的缪勒-莱耶错觉(Müller-Lyer illusion，箭形错觉)，箭头向内中间的线段与箭头向外中间的线段是等长的，但看起来箭头向外的线段比箭头向内的要长；如图 2-6(b)所示的艾宾浩斯错觉(Ebbinghaus illusion)，中间的两个圆面积相等，但看起来左边中间的圆大于右边中间的圆。

细胞错觉：指因视觉神经上功能相似的神经元群或神经组织作用对刺激的亮度、颜色、方向模式产生误解的现象，包括视觉后像、侧抑制、填充视觉产生的一些错觉现象。如图 2-6(c)所示，具有同样亮度值的小方块在三个不同亮度的背景下感觉亮度是不同的。

轮廓错觉：专指人和动物对图像边缘梯度信息和环境认知出现错误的现象，包括知觉

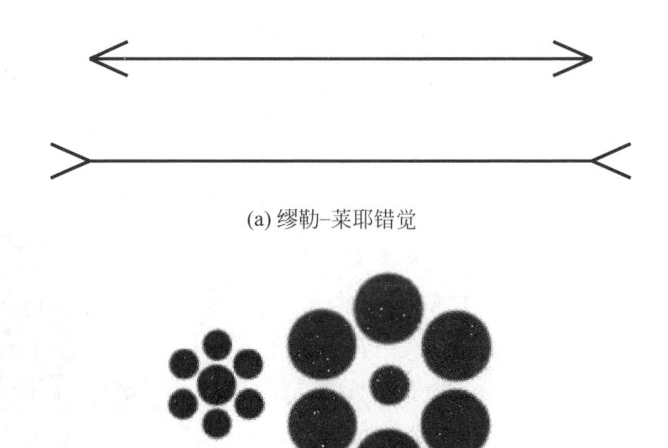

(a) 缪勒-莱耶错觉

(b) 艾宾浩斯错觉

(c) 亮度错觉

(d) 背景错觉

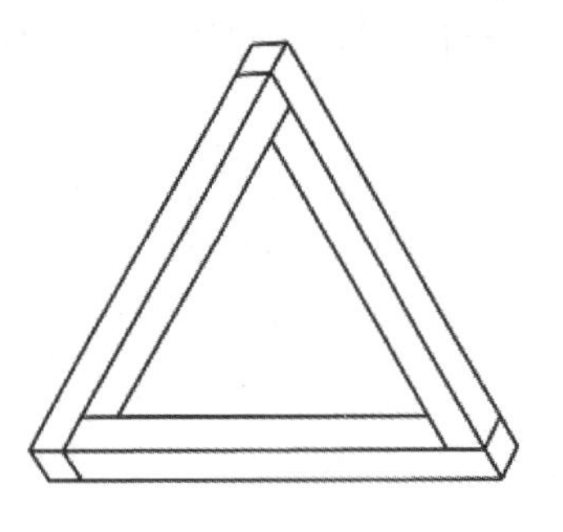

(e) 不可能三角形

(f) 运动错觉

图 2-6　视错觉

迷糊、背景错觉等。如图 2-6(d)所示，左图容易被识别为两个人头，右图容易被识别为一个杯子。

不可能错觉：局部平面结构理解合理却不能客观存在的图形，如不可能梯形、不可能三角形等。图 2-6(e)所示是不可能三角形的例子。尽管这个不可能的三角形的任何一个角看起来都是合情合理的，但是从整体来看，就会发现一个自相矛盾的地方：这个三角形的三条边看起来都向后退并同时朝着观察者偏靠。其实，造成"不可能图形"的并不是图形本身，而是人对图形的三维知觉系统，这一系统在形成知觉图形的立体心理模型时起强制作用。

运动错觉：指人结合环境线索对运动刺激判断出错误方向，或者把静态感知为运动的状态的错觉，如循环蛇、辐条错觉等。如图 2-6(f)所示，图中的圆形结构感觉在转动。

视错觉说明了事物实际的存在形态与事物在人脑中的反映之间存在差别。因此，设计人员应该依据通常情况下事物在人脑中的存在形态进行界面设计。

物体的组合方式将影响观察者的感知方式。人们有时并不能准确地感知几何造型。例如，人们总会夸大水平线而缩短垂直线，两条长度相同且相互垂直的线段，在人看来，水平线要比垂线更长；仔细观察一个平面正方形，就会感到垂直方向的两条边应该稍长一点，才更像一个正方形，而水平线总好像比垂线略粗一些。

视错觉同样会影响到界面的对称性。人们经常把对称界面的中心看得稍微偏上些，如果界面以实际中心为基准排版设计，人们就会感到界面上部比下部要短，影响视觉效果。在实际设计过程中，设计者就应以视觉中心为基准设计图形界面。

(4) 阅读

阅读是人机交互中经常发生的活动之一，在阅读过程中也存在一些人类视觉感知的特点和规律。因此，除了在图形界面设计中应注意一些有关视觉感知的问题，在进行交互界面设计时，也应对文字的排版和显示加以重视，以便提高阅读的有效性。

阅读的过程一般为：界面上文字的形状被人眼感知后，被编码成相关的内部语言表示，最后语言在人脑中被解释成有语法和语义的单词或句子。一般地，成年人每分钟平均阅读 250 个字。这个过程主要是通过字的特征(如字的形状)加以识别的。这意味着改变字的显示方式(如用大写字母、改变字体等)会影响到阅读的速度和准确性。阅读和显示屏幕的大小相关。试验表明，在电脑屏幕上 9～12 号的标准字体(英文)更易于识别，页面的宽度在 58～132mm 之间阅读效果最佳；在明亮的背景下显示灰暗的文字比在灰暗的背景下显示明亮的文字更能提高人的视敏度，增强文字的可读性。这些都为交互界面设计中文字的页面显示设计提供了依据。图 2-7 给出了手机上 iReader 软件的默认阅读界面，采用 36 字号和浅色背景、黑色字体，对比鲜明，适合用户阅读。

2. 颜色模型

所谓颜色模型就是指某个颜色空间中的一个可见光子集，它包含某个颜色域的所有颜色。例如，RGB 颜色模型就是三维直角坐标颜色系统的一个单位正方体。颜色模型的用途是在某个颜色域内方便地指定颜色，由于每一个颜色域都是可见光的子集，所以任何一个颜色模型都无法包含所有的可见光。大多数的彩色图形显示设备都是使用红、绿、蓝三原色，但是红、绿、蓝颜色模型用起来不太方便，它与直观的颜色概念如色调、饱和度和亮度等没有直接的联系，也不能很好地反映人眼对颜色感知的差别。本节介绍 RGB、CMYK、HSV 以及 CIE 等颜色模型，不同的颜色模型之间可以相互转换。

图 2-7　iReader 默认阅读界面

(1) RGB 颜色模型

RGB 颜色模型通常用于彩色阴极射线管等彩色光栅图形显示设备中，它采用三维直角坐标系，红、绿、蓝为原色，各个原色混合在一起可以产生复合色，如图 2-8 所示。RGB 颜色模型通常采用图 2-9 所示的单位立方体来表示，在正方体的主对角线上，各原色的强度相等，产生由暗到明的白色，也就是不同的灰度值。(0,0,0)为黑色，(1,1,1)为白色。正方体的其他六个角点分别为红、黄、绿、青、蓝和品红，需要注意的一点是，RGB 颜色模型所覆盖的颜色域取决于显示设备荧光点的颜色特性，是与硬件相关的。

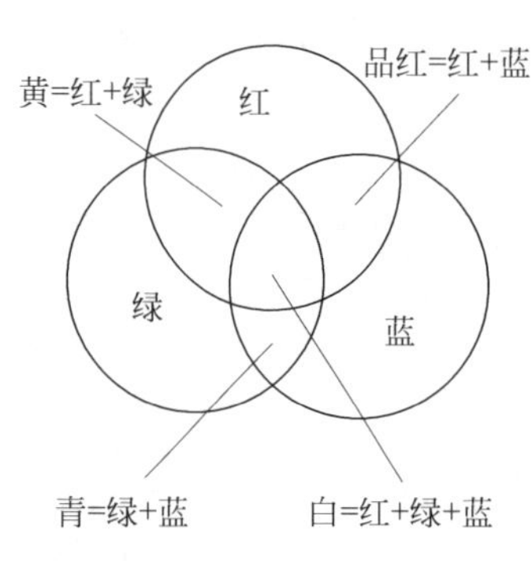

图 2-8　RGB 三原色混合效果

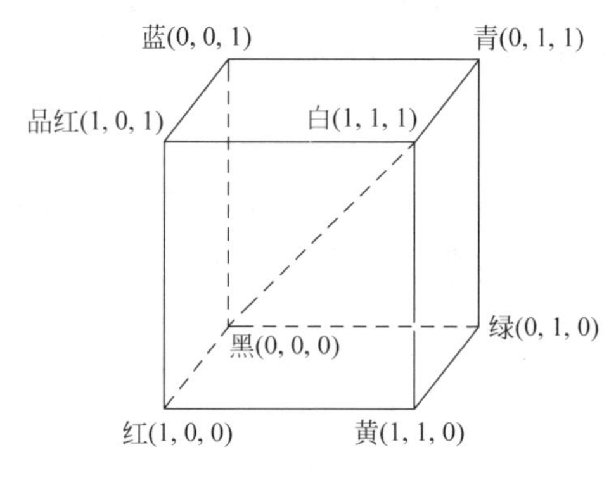

图 2-9　RGB 立方体

(2) CMYK 颜色模型

以红、绿、蓝的补色青(Cyan)、品红(Magenta)、黄(Yellow)为原色构成的 CMYK 颜色模型，常用于从白光中滤去某种颜色，又称为减性原色系统。CMYK 颜色模型对应的直角坐标系的子空间与 RGB 颜色模型所对应的子空间几乎完全相同，差别仅仅在于前者的原点为白，而后者的原点为黑。前者是在白色中减去某种颜色来定义一种颜色，而后者是通过从黑色中加入颜色来定义一种颜色。

了解 CMYK 颜色模型对于我们认识某些印刷硬拷贝设备的颜色处理很有帮助，因为在印刷行业中,基本上都是使用这种颜色模型。下面简单介绍一下颜色是如何画到纸张上的。当我们在纸面上涂青色颜料时,该纸面就不反射红光,青色颜料从白光中滤去红光。也就是说,青色是白色减去红色。品红颜料吸收绿色,黄色颜料吸收蓝色。现在假如在纸面上涂了黄色和品红色颜料,那么纸面上将呈现红色,因为白光被吸收了蓝光和绿光,只能反射红光了。如果在纸面上涂了黄色、品红和青色颜料,那么所有的红、绿、蓝光都被吸收,表面将呈黑色。有关的结果如图 2-10 所示。

(3) HSV 颜色模型

RGB 和 CMYK 颜色模型都是面向设备的,相比较而言,HSV(Hue,Saturation,Value)颜色模型是面向用户的。该模型对应于圆柱坐标系的一个圆锥形子集(见图 2-11)。圆锥的顶面对应于 V=1,代表的颜色较亮。色彩 H 由绕 V 轴的旋转角给定,红色对应角度为 0 度,绿色对应角度为 120 度,蓝色对应角度为 240 度。在 HSV 颜色模型中,每一种颜色和它的补色相差 180 度。饱和度 S 取值从 0 到 1,由圆心向圆周过渡。由于 HSV 颜色模型所代表的颜色域是 CIE 色度图的一个子集,它的最大饱和度的颜色其纯度值并不是 100%。在圆锥的顶点处,V=0,H 和 S 无定义,代表黑色;圆锥顶面中心处 S=0,V=1,H 无定义,代表白色,从该点到原点代表亮度渐暗的白色,即不同灰度的白色。任何 V=1、S=1 的颜色都是纯色。

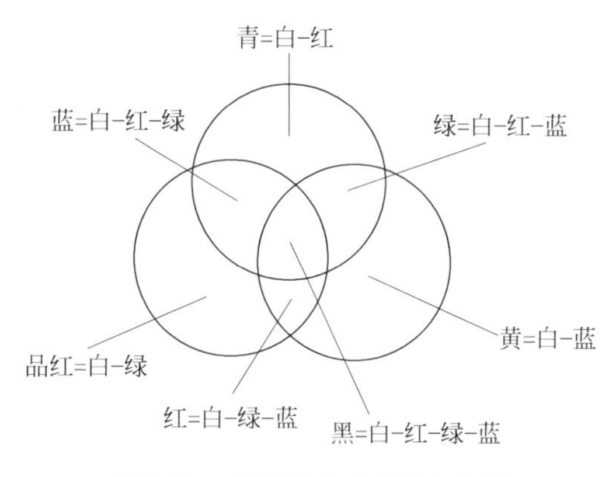

图 2-10 CMYK 原色的减色效果

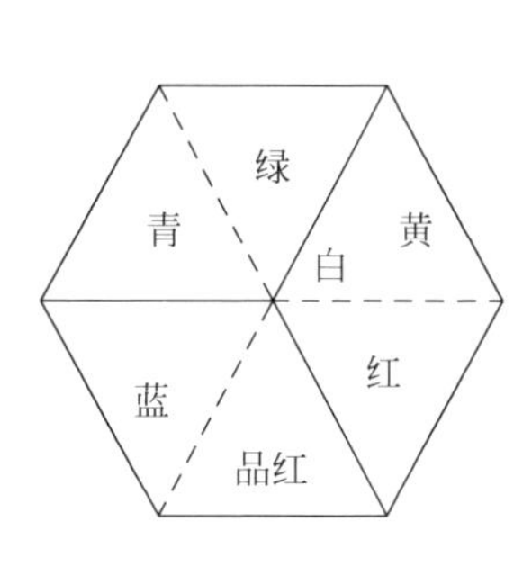

图 2-11 HSV 正六边形

从 RGB 立方体的白色顶点出发,沿着主对角线向原点方向投影,可以得到一个正六边形,如图 2-11 所示。容易发现,该六边形是 HSV 圆锥顶面的一个真子集。RGB 立方体中所有的顶点在原点,侧面平行于坐标平面的子立方体往上述方向投影,必定为 HSV 圆锥中某个与 V 轴垂直的截面的真子集。因此,可以认为 RGB 空间的主对角线对应于 HSV 空间的 V 轴,这是两个颜色模型之间的一个联系。

(4) CIE(国际照明委员会)颜色模型

CIE 颜色模型包括一系列颜色模型,这些颜色模型是由国际照明委员会提出的,是基于人的眼睛对 RGB 的反应,用于精确表示对色彩的接收。这些颜色模型用于定义独立于设备的颜色,它能够在任何类型的设备上产生真实的颜色,如扫描仪、监视器和打印机。这些模型被广泛地使用,因为它们很容易用于描述颜色的范围。CIE 的模型包括 CIE XYZ、CIE $L^*a^*b^*$ 和 CIE YUV 等。

① CIE XYZ 颜色模型

XYZ 三刺激值的概念是以色视觉的三元理论为根据的,具体来讲,人眼具有接受三原色(红、绿、蓝)的接收器,而所有的颜色均被看作这三原色的混合色。1931 年 CIE 制定了一种假想的标准观察者,XYZ 三刺激值是利用这些标准观察者配色函数 x(λ)、y(λ)、z(λ)计算得来的。在此基础上,CIE 于 1931 年规定了 Yxy 颜色空间,其中 Y 为亮度,x 和 y 是从三刺激值 XYZ 计算得来的色坐标,它代表人类可见的颜色范围。

② CIE L* a* b* 颜色模型

L* a* b* 颜色空间是在 1976 年制定的,它是 CIE XYZ 颜色模型的改进型,以便克服原来的 Yxy 颜色空间存在的"在 x,y 色度图上相等的距离并不相当于我们所察觉到的相等色差"的问题。与 XYZ 比较,CIE L* a* b* 颜色更适合于人眼的感觉,即在这样的一个颜色空间中,两点间的距离能准确反映人们察觉到的色差,即两点距离越大,代表的颜色人们感觉色差越大,反之则感觉到的色差越小。

③ CIE YUV 颜色模型

在现代彩色电视系统中,通常采用三管彩色摄像机或彩色 CCD(点耦合器件)摄像机,它把彩色图像信号经分色、分别放大校正得到 RGB,再经过矩阵变换电路得到亮度信号 Y 和两个色差信号 R－Y、B－Y,最后发送端将亮度和色差三个信号分别进行编码,用同一信道发送出去。根据美国国家电视制式委员会制定的 NTSC 制式标准,当白光的亮度用 Y 来表示时,它和红、绿、蓝三色光的关系可用如下方程描述:$Y=0.3R+0.59G+0.11B$,这就是常用的亮度公式。色度 U、V 是由 B－Y、R－Y 按不同比例压缩而成的。这就是 YUV 色彩空间。

采用 YUV 颜色空间的重要性是它的亮度信号 Y 和色度信号 U、V 是分离的。如果只有 Y 信号分量而没有 U、V 分量,那么这样表示的图就是黑白灰度图。彩色电视采用 YUV 空间正是为了用亮度信号 Y 解决彩色电视机与黑白电视机的兼容问题,使黑白电视机也能接收彩色信号。

2.1.2 听觉

1. 听觉感知

听觉感知的信息仅次于视觉。听觉所涉及的问题和视觉一样,即接受刺激,把刺激信号转化为神经兴奋,并对信息进行加工,然后传递到大脑。

声音是由空气的振动引起的,通过声波形式传播,耳朵接收并传播这些振动到听觉神经。耳朵是由三部分组成的(见图 2-12):外耳、中耳和内耳。外耳是耳朵的可见部分,包括耳廓和外耳道两部分。耳廓和外耳道收集声波后,将声波送至中耳。中耳是一个小腔,通过耳膜与外耳相连,通过耳蜗与内耳相连。一般地,沿外耳道传递的声波,使耳膜振动,耳膜的振动引起中耳内部的小听骨振动,进而引起耳蜗的振动传递到内耳。在内耳,声波进入充满液体的耳蜗,通过耳蜗内大量纤毛的弯曲刺激听觉神经。

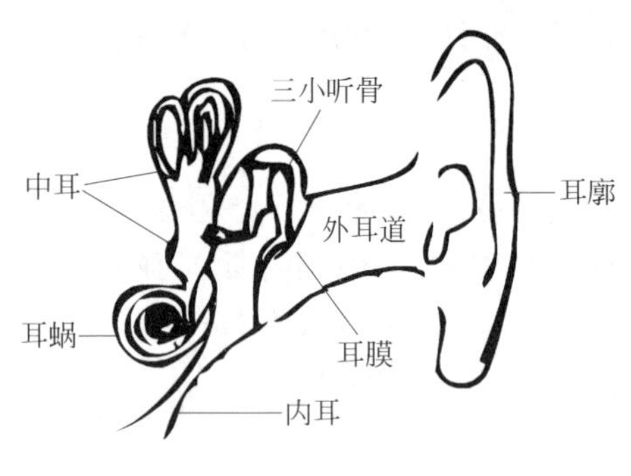

图 2-12　耳朵的构造图

2. 听觉现象

（1）音调和响度

声音可以由音调、响度和音色三个属性来描述。

音调是主要由声波频率决定的听觉特性。声波频率不同，我们听到的音调高低也不同。人能听到的频率范围为 16Hz～20000Hz。其中 1000Hz～4000Hz 是人耳最敏感的区域。16Hz 是人听到的音调的下阈，20000Hz 是人听到的音调的上阈。当频率约为 1000Hz、响度超过 40dB 时，人耳能察觉到的频率变化范围为 0.3%，这是音调的差别阈限。

音调是一种心理量，它和声波频率的变化不完全对应。在 1000Hz 以上，频率与音调的关系几乎是线性的，音调的上升低于频率的上升；在 1000Hz 以下，频率与音调的关系不是线性的，音调的变化快于频率的变化。

音响是由声音强度决定的一种听觉特性。强度大，听起来响度高；强度小，听起来响度低。对人来说，音响的下阈为 0dB，它的物理强度为 $2\times10^{-9}N/cm^2$。上阈约为 130dB，它的物理强度约为下阈时物理强度的 100 万倍。音响还和声音频率有关，在相同的声压水平上，不同频率的声音响度是不同的，而不同的声压水平却可产生同样的音响。

（2）声音掩蔽

一个声音由于同时起作用的其他声音的干扰而使听觉阈限上升，称为声音的掩蔽。例如，在一间安静的房屋内，我们可以听到闹钟的滴答声、电冰箱的马达声，而在人声嘈杂的室内或马达轰响的厂房内，上面这些声音就被掩蔽了。

声音的掩蔽依赖于声音的频率、掩蔽音的强度、掩蔽音与被掩蔽音的间隔时间等。与掩蔽音频率接近的声音，受到的掩蔽作用大；频率相差越远，受到的掩蔽作用就越小。低频掩蔽音对高频声音的掩蔽作用，大于高频掩蔽音对低频声音的掩蔽作用。掩蔽音强度提高，掩蔽作用也增加。当掩蔽音强度很小时，掩蔽作用覆盖的频率范围也较小；掩蔽音的强度增加，掩蔽作用覆盖的频率范围也增加。

（3）听觉定位

人耳不仅能听到声音，还能够判断声音的位置和方位。早期研究认为，人脑识别声源的位置和方向，是利用了两耳听到的声音的混响时间差和混响强度差。前者是两耳感受同一声源在时间先后上的不同，后者表示两耳感受同一声源在响度上的不同。后续研究表明。人耳听觉系统对声源的定位还与身体结构有关，也就是说，人的身体会与声波交互，这也会影响声音质量。声音在进入人耳之前会在听者的面部、肩部和外耳廓上发生散射，这就使得音源的声音频谱与人耳听到的声音频谱产生差异，而且两只耳朵听到的声音频谱也存在差异。这种差异可以通过测量声源的频谱和人耳鼓膜处的频谱获得。通过频谱差异的分析，就可以得出声音在进入内耳之前在人体头部区域的变化规律，即“头部相关传递函数”（Head-Related Transfer Function，HRTF）。利用该函数对虚拟场景中的声音进行处理，那么即使用户使用耳机收听，也能感觉到三维空间中的声音立体感和真实性。

（4）听觉适应和听觉疲劳

较短时间内处于强噪音环境中，会感到刺耳、耳鸣等不适，引起听觉迟钝。研究表明，声音高于人的听阈 10～15dB 时，会导致听觉不适现象，但离开噪声环境几分钟后，听觉可以完全恢复正常，这一现象称为听觉适应，是听觉器官保护性的生理反应。

若较长时间处于噪声环境中，会明显影响听力。如果听阈提高 15dB，离开噪音环境，也需要几小时至几十小时后听力才能恢复,这种现象称为听觉疲劳,也是可恢复的。但产生听觉疲劳以后,若继续处在噪声环境中,会导致听觉器官的生理功能性变化,导致器质性病变,即无法恢复的听觉损伤。

2.1.3 触觉和力觉

虽然比起视觉和听觉,触觉的作用要弱些,但触觉也可以反馈许多交互环境中的关键信息。如通过触摸感觉东西的冷或热可以作为进一步动作的预警信号,人们通过触觉反馈可以使动作更加精确和敏捷(如用力反馈装置进行虚拟雕刻)。另外,对盲人等有能力缺陷的人,触觉感知对其是至关重要的,此时,界面中的盲文可能是系统交互中不可缺少的信息。因此,触觉在交互中的作用是不可低估的。

触觉的感知机理与视觉和听觉的最大不同在于它的非局部性,人们通过皮肤感知触觉的刺激,人的全身布满了各种触觉感受器。皮肤中包含三种感受器:温度感受器(thermoreceptors)、伤害感受器(nociceptors)和机械刺激感受器(mechanoreceptors),分别用来感受冷热、疼痛和压力。机械刺激感受器又分为快速适应机械刺激感受器(rapidly adapting mechanoreceptors)和慢速适应机械刺激感受器(slowly adapting mechanoreceptors)。快速适应机械刺激感受器可以感受瞬间的压力,而当压力持续时不再有反应;慢速适应机械刺激感受器则对持续压力一直比较敏感,用来形成人对持续压力的感觉。

实验表明,人的身体的各个部位对触觉的敏感程度是不同的,如人的手指的触觉敏感度是前臂的触觉敏感度的10倍。对人身体各部位触觉敏感程度的了解有助于更好地设计基于触觉的交互设备。虚拟现实系统就是通过各种手段来刺激人体表面的神经末梢,从而使用户达到身临其境的接触感。

力觉感知一般是指皮肤深层的肌肉、肌腱和关节运动感受到的力量感和方向感,例如用户感受到的物体重力、方向力和阻力等。

虚拟现实系统在触觉和力觉接口方面的研究还比较有限。虽然人们已经制造出了各种刺激用户指尖的手套和其他触觉的力反馈设备,但是它们只是提供简单的高频振动、小范围的形状或压力分布以及温度特性,由此来刺激皮肤表面上的感受器。仍然不能完全满足这方面沉浸感的需要。

2.1.4 内部感觉

除了上述感觉外,机体还会产生内部感觉。内部感觉是指反应机体内部状态和内部变化的感觉,包括体位感觉、深度感觉、内脏感觉等。

体位感觉即对人的躯干和四肢的位置、平衡、关节角度等姿态的感觉。人的体位感知器位于关节、肌肉和深层组织中。感受器分为三种:快速适应感受器(rapidly adapting receptors),用来感受四肢在某个方向的运动;慢速适应感受器(slowly adapting receptors),用来感受身体的移动和静态的位置;位置感受器(positional receptors),用来感受人的一条胳膊或腿在空间的静止位置。这些感受器的作用原理比较复杂,例如对关节角度的感知涉及位于皮肤、组织、关节、肌肉内的不同感受器的共同刺激,这些刺激信号组合在一起才能判断出关节信息。这些感觉不仅影响人的舒适感,而且影响人的行为性能。例如,通过键盘进行交互时,手指的相对位置的感知和键盘对手指的力反馈都是非常重要的。

深度感觉提供关节、骨、腱、肌肉和其他内部组织的信息，表现为身体内部的压力、疼痛和振动等感受。这些感受主要与人体内众多肌肉群的收缩和舒张有关。

内脏感觉提供胸腹腔中内脏的状况，当身体出现问题时主要表现为内脏疼痛，这种感觉一般不是由外部引起的，而是由内脏器官的病变引起的。

要实现真正的沉浸感和真实感，以上身体感觉也很重要。目前虚拟现实技术对上述身体感觉的研究还处于起步阶段，还不能通过交互设备完全模拟出上述身体感觉。

2.1.5　刺激强度与感知大小间的关系

1. 韦伯分数

刺激物只有达到一定强度才能引起人的感觉，刚刚能引起差别感觉的刺激物间的最小差异量叫差别阈限(difference threshold)或最小可觉差(just noticeable difference，JND)。德国生理学家韦伯(Weber)曾系统研究了感觉差别阈限。韦伯认为，为了引起差别感觉，刺激的增量与原刺激量之间存在着某种关系。他提出了以下公式来表示这种关系，即韦伯定律(Weber's law)：

$$K = \Delta I / I$$

其中 I 为标准刺激的强度或原刺激量，ΔI 为引起差别感觉的刺激增量(即 JND)，K 为一个常数。对不同感觉来说，K 的数值是不相同的，即韦伯分数不同(见表 2-1)。

表 2-1　不同感觉的最小韦伯分数

感觉类别	韦伯分数
重压(在 400g 时)	0.013=1/77
视觉明度(在 100 光量子时)	0.016=1/63
举重(在 300g 时)	0.019=1/53
响度(在 1000Hz 和 100dB 时)	0.088=1/11
橡皮气味(在 2000 嗅单位时)	0.104=1/10
皮肤压觉(在每平方毫米 5g 重时)	0.136=1/7
咸味(在每千克 3g 分子量时)	0.200=1/5

根据韦伯分数的大小，可以判断某种感觉的敏锐程度。韦伯分数越小，感觉越敏锐。

韦伯定律虽然揭示了感觉的某些规律，但它只适用于刺激的中等强度。换句话说，只有在中等刺激强度的范围内，韦伯分数才是一个常数。刺激过弱或过强，比值都会发生变化。

2. 斯蒂文斯的乘方定律(power law)

20 世纪 50 年代，美国心理学家斯蒂文斯(Stevens)用数量估计法(magnitude estimation method)研究了刺激强度与感觉大小的关系。研究发现，当光刺激的强度上升时，看到的明度也上升。但是，强度加倍并不使感觉到的明度加倍，而只引起明度的微小变化。在强度较高时，这种现象更明显，叫反应的凝缩(compression)。

斯蒂文斯还发现，对不同刺激物来说，刺激强度与估计大小的关系有着明显的差别。如果刺激为电击，那么刺激量略增加，感觉量将显著增加。如果刺激为线段长度，并让被试者进行估计，那么，反应的大小几乎严格地与刺激量的提高相对应，即线段长一倍，被试者对长短的估计也大一倍,如图 2-13 所示。

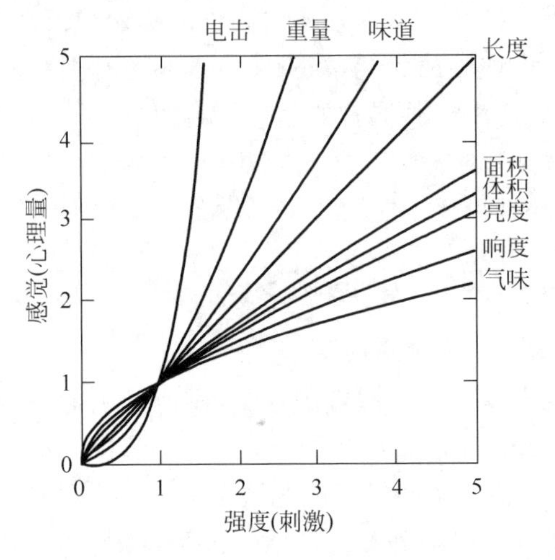

图 2-13　不同感觉的刺激量与估计量之间的关系

根据这些研究结果,斯蒂文斯得出心理量并不随刺激量的对数的上升而上升,而是刺激量的乘方函数(或幂函数)。换句话说,感觉到的刺激量的大小是与刺激量的乘方成正比例的。这种关系可用数学式表示为:

$$P = KI^n$$

式中的 P 是指感觉到的大小或感觉大小,I 指刺激的物理量,K 和 n 是被评定的某类经验的常定特征,这就是斯蒂文斯的乘方定律。

表 2-2 列举了几种主要感觉的乘方函数的指数,每个指数都是在一定条件下测得的。总的来看,对能量分布较大的感觉通道(如视觉和听觉),乘方函数的指数低,因而感觉量随着刺激量的增长而缓慢上升,而对能量分布较小的感觉通道(如温度觉和压觉)来说,乘方函数的指数较高,因而物理量变化的效果更明显。

表 2-2　几种主要感觉的乘方函数的指数

感觉(条件)	指　　数	感觉(条件)	指　　数
音高(双耳)	0.6	震动(每秒 60 周,手指)	0.95
音高(单耳)	0.55	震动(每秒 250 周,手指)	0.5
明度(5°目标,眼暗适应)	0.33	持续时间(白噪音)	1.1
明度(点光源,眼暗适应)	0.5	重复率(光、音、触、震动)	1.0
亮度(对灰色纸的反射)	1.2	指距(积木厚度)	1.3
气味(咖啡)	0.55	对手掌的压力(对皮肤的静力)	1.1
气味(庚烷)	0.6	重量(举重)	1.45
味觉(糖精)	0.5	握力(测力计)	1.7
味觉(盐)	1.3	发音的力量(发音的声压)	1.1
温度(冷,在手臂)	1.0	点击(每秒 60 周)	3.5
温度(温,在手臂)	1.6		

2.1.6 感官与交互体验

(1) 视觉呈现

由于视觉通道是最重要的信息获取通道,因此视觉因素在产品交互设计中颇受重视。目前,人们对视觉器官的研究比较深入,而随着交互技术的不断发展,视觉上的体验也得以越来越丰富。现代交互式产品的显示方式已经不仅仅局限于屏幕上的精心设计、色彩丰富的图标或是动态的视频,而是以一种更华丽的方式来呈现。更能满足视觉体验的交互设计和虚拟现实会成为提升用户交互体验的重要因素。赋予视觉元素以"生命感",采用各种可能而新奇的方式也成为设计师最关注的问题。

例如,Mac Funamizu 设计的"SURFACE"是一个 iPhone 的衍生产品。如图 2-14 所示,它带有一个透明的触摸屏、一个扬声器和一台小型投影仪,用来方便地浏览和共享存储在 iPhone 内的照片、歌曲和电影等。它采用左右倾斜 iPhone 的方式来访问里边的文件。令人眼前一亮的是,所有的图标和图像文件都会随机地像瀑布一样倾斜下来,活泼地在透明触摸屏上乱窜,让人联想到是打开了水龙头或是公园里的喷泉。你可以通过触摸这些"小水珠"来进行操作。

图 2-14 Mac Funamizu 设计的"SURFACE"

(2) 听觉反馈

人们对听觉器官的研究已经很深入,也实现了各种声音的模拟技术。目前人们已经能够充分利用声音的各种参数,产生真实的、具有三维立体感的声音效果。

在人与产品交互的过程中,听觉往往作为其他感官的补充而存在。而其作用往往是用来有效地感知反馈。例如在用手机输入文本信息的时候,伴随着按键的动作会产生不同的蜂鸣声;还有我们熟悉的从回收站里清空垃圾文件,不仅在视觉上文件从回收站里消失了,而且还会伴随一种金属的、撕裂的声音,让人很直观地觉得是倾倒垃圾箱的声音,使反馈显得更真实。再如在虚拟射击类游戏中,战斗时队友以及敌人发出的逼真的脚步声、交战时不同武器发出的不同声音,均提高了反馈的真实性,增强了人机交互体验,带来更为沉浸的体验效果。

(3) 真切的触感

在和产品交互的过程中,触感伴随着始终。只要是接触式的操作方式,我们都能真真切切地感受到物体的一些物理性质以及反馈信息。交互设备中的力反馈作用就是触感的一个很好的体现。

触感不仅仅局限于手的感觉,还包括皮肤、肌肉、内耳和其他感觉器官上的触觉和运动感受器的反馈。索尼公司开发的“触觉引擎”(Touch Engine)使用了一个触觉产生器,将电子信号转化为运动,它可以通过震动的节奏、强度及变化的快慢等方面的差异来告知用户是谁打来的电话或来电的紧急程度,让体验来得更具体和实在。

(4) 嗅觉设计

相对于视觉和听觉在交互系统中的运用,人们对气味的感知和反应能力还未被很好的利用。但是有观点认为,气味能有效地唤起人的某些情绪。随着交互技术的发展,嗅觉体验正越来越被重视。

我们可能已经不稀罕宽屏高清显示(视觉体验)、环绕式立体声(听觉体验)之类的多媒体设备了,设计师 David Sweeney 设计的“Surrounded Smell”把我们带入了新一波的交互体验中,如图 2-15 所示。这个设备内置有 16 种独特新颖的气味,用一个微电压泵控制,可以根据电视里不同的场景散发出不同的气味,来传达出不同的信息。譬如,当电影情节发展到热带丛林里时,整个房间就会弥漫着一股丛林的味道,从而可以让人产生身临其境的感觉。

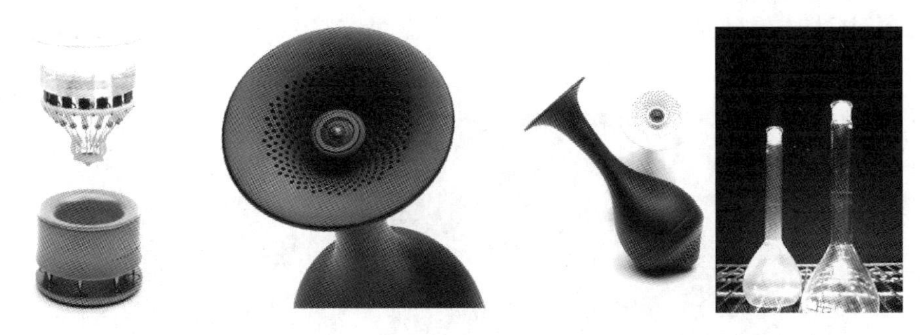

图 2-15 环绕式气味(Surrounded Smell)

嗅觉的输入输出在目前的交互系统中运用的还比较少,没有像视觉、听觉、触觉来的普遍,但是随着科技的进步和研究的发展,也必定会带来与众不同的体验。

2.2 知觉的特性

人对于客观事物能够迅速获得清晰的感知,这与知觉所具有的基本特性是分不开的。知觉具有选择性、整体性、理解性和恒常性等特性。

2.2.1 知觉的选择性

人所处的环境复杂多样。在某一瞬间,人不可能对众多事物进行感知,而总是有选择地把某一事物作为知觉对象,与此同时把其他事物作为知觉背景,这就是选择性。分化对象和背景的选择性是知觉最基本的特性,背景往往衬托着、弥漫着、扩展着,而对象通常轮廓分明、结构完整。

知觉的对象从背景中分离,与注意的选择性有关。当注意指向某种事物的时候,这种事物便成为知觉的对象,而其他事物便成为知觉的背景。当注意从一个对象转向另一个对象时,原来的知觉对象就成为背景,而原来的背景转化为知觉的对象。因此,注意选择性的规律同时也就是知觉对象从背景中分离的规律。

有时人可以依据自身目的进行调整，使对象和背景互换。例如双关图（见图 2-16）中的少女与老妪，选择这一部分作为对象时，图片的内容是少女；选择另一部分作为对象时，图片的内容是老妪。

图 2-16 双关图

2.2.2 知觉的整体性

知觉的对象具有不同的属性，由不同的部分组成。但是，人并不会把知觉的对象感知为个别的孤立部分，而总是把它感知为一个统一的整体，如图 2-17 所示，白背景中的白色三角形和黑背景中的黑色三角形，是作为一个整体被感知的，尽管背景图形似乎支离破碎，但构成的却是一个整体。知觉的这种特性叫做知觉的整体性。

正因为如此，当人感知一个熟悉的对象时，哪怕只感知了它的个别属性或部分特征，就可以由经验判知其他特征，从而产生整体性的知觉。例如，面对一个残缺不全的零件，有经验的人还是能马上判知它是何种机器上的何种部件。这是因为过去在感知该事物时，是把它的各个部分作为一个整体来感知的，并在头脑中存留了各部分之间的固定联系。当一个残缺不全的部分呈现到眼前时，人脑中的神经联系马上被激活，从而把知觉对象补充完整。而当知觉对象是没经验过的或不熟悉时，知觉就更多地以感知对象的特点为转移，将它组织为具有一定结构的整体，即知觉的组织化。依据格式塔心理学理论，视野上相似的、邻近的、闭合的、连续的易组合为一个图形，如图 2-18 所示。

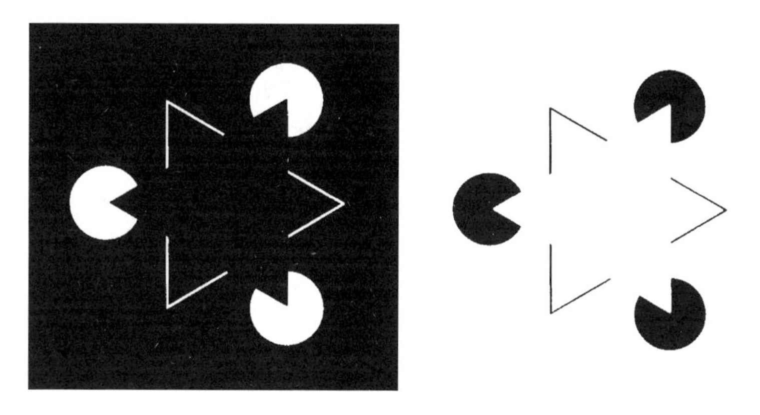

图 2-17 知觉的整体性

格式塔心理学理论提出的知觉组织规律在交互页面设计中有很大的应用价值，例如结合接近律来进行设计，无需额外的线框，就能清晰地把网页的菜单栏中不同级别或不同类别的标题区分开，如图 2-19 所示。

2.2.3 知觉的理解性

知觉的理解性是指在知觉过程中，人利用过去所获得的有关知识经验，对感知对象进行加工理解，并以概念的形式标示出来。其实质是旧经验与新刺激建立多维度、多层次的联系，以保证理解的全面和深刻。在理解过程中，知识经验是关键。

(a) 接近律:空间距离接近者容易被感知为一个整体

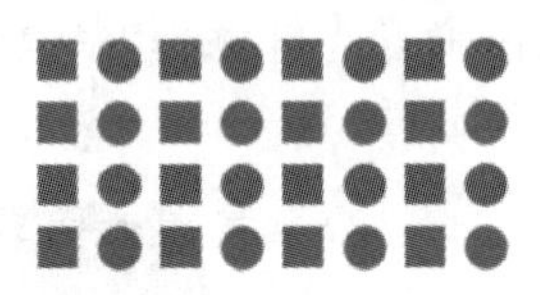
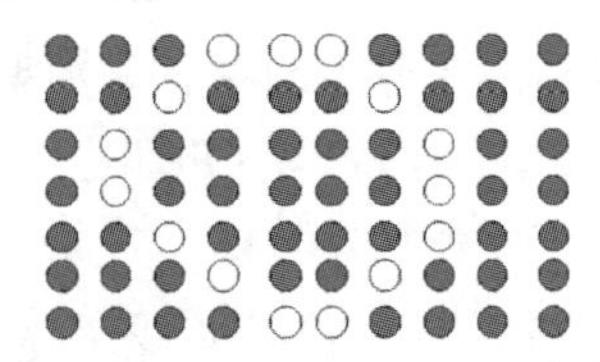

(b) 相似律:相似(颜色、形状、纹理)的图形会被认为是一个整体

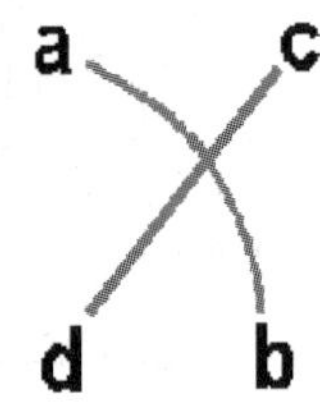

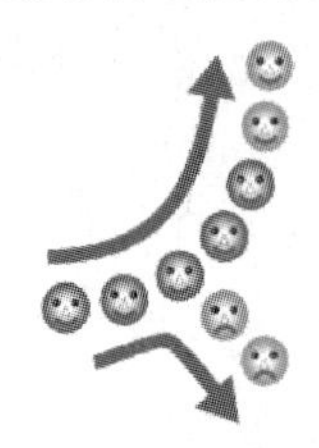

(c) 连续律:把经历最小变化或最少阻断的直线或者圆滑曲线感知为一个整体

(d) 闭合律:知觉具有把不完全图形补充为一个完全图形的倾向

图 2-18 "格式塔"知觉组织法则

图 2-19 网页导航设计中的"格式塔"理论应用

对知觉对象的理解情况与知觉者的知识经验直接相关。例如,对一张 X 光片,不懂医学知识的人是无法从中得到具体信息的,而放射科医师就能从 X 光片中看出身体某部分的病变情况。

2.2.4　知觉的恒常性

当客观条件在一定范围内改变时,人的知觉映象在相当程度上却能保持着它的稳定性,即知觉的恒常性。知觉的恒常性是个体知觉客观事物的重要知觉特征,它在视知觉中表现得比较明显。恒常性的种类有形状恒常性、大小恒常性、明度(或视亮度)恒常性、颜色恒常性(例如绿色的东西无论在红光条件下、绿光条件下或者白光条件下,你眼中的它都是绿色的)等几种类型。

大小恒常性指在一定范围内,个体对物体大小的知觉不完全随距离变化而变化,也不随视网膜上视像大小而变化,其知觉映象始终按实际大小知觉的特征。例如,远处的一个人向你走近时,他在你视网膜中的图像会越来越大,但你感知到他的身材却没有什么变化。

形状恒常性指个体在观察熟悉物体时,当其观察角度发生变化而导致在视网膜的影像发生改变时,其原本的形状知觉保持相对不变的知觉特征。如在观察一本书时,不管你从正上方看还是从斜上方看,看起来都是长方形。

方向恒常性指个体不随身体部位或视像方向改变而感知物体实际方位的知觉特征。例如,人身体各部位的相对位置时刻在发生变化,弯腰时、侧卧时、侧头时、倒立时等,当身体部位一旦改变,与之相应的环境中的事物的上下左右关系也随之变化,但人对环境中的知觉对象的方位的知觉仍保持相对稳定,并不会因为身体部位的位置改变而变化。

明度恒常性指当照明条件改变时,人知觉到的物体的相对明度保持不变的知觉特征。例如,将黑、白两匹布一半置于亮处,一半置于暗处,虽然每匹布的两半部分亮度存在差异,但个体仍把它知觉为是一匹黑布或一匹白布,而不会知觉为是两段明暗不同的布料。

颜色恒常性指个体对熟悉的物体,当其颜色由于照明等条件的改变而改变时,颜色知觉不因色光改变而趋于保持相对不变的知觉特征。如室内的家具在不同色光照明下,对其颜色知觉仍保持相对不变;一面红旗不管在白天或晚上、在路灯下或阳光下、在红光照射下或黄光照射下,人都会把它知觉为红色。

知觉恒常性为解决计算机图像理解和物体识别等经典计算机视觉难题提供了思路。例如,大小恒常性理论有助于解决物体识别中的视点不变难题,大小是表示物体的一个重要属性,因此计算图像物体的正常大小对于图像识别物体意义重大。

2.3　认知过程与交互设计原则

认知是人们在进行日常活动时发生于头脑中的事情,它涉及认知处理,如思维、记忆、学习、幻想、决策、看、读、写和交谈等。D. A. Norman 把它们划分为两个模式:经验认知和思维认知。经验认知指的是有效、轻松地观察、操作和响应周围的事件,它要求具备某些专门知识并达到一定的熟练程度,如使用 Word 字处理软件编辑文档等。思维认知则有所不同,它涉及思考、比较和决策,是发明创造的来源,如设计创作等。这两个模式在日常生活中都是必不可少的,只是二者需要不同类型的技术支持。

2.3.1 常见认知过程

认知涉及多个特定类型的过程,包括感知和识别、注意、记忆、问题解决、语言处理等。许多认知过程是相互依赖的,一个认知活动往往同时涉及多个不同的过程。例如,人们在用软件进行动画设计时就涉及感知和识别、注意等过程。下面将详细描述与交互设计相关的几种主要的认知过程,并根据各认知过程的特点归纳总结出进行人机交互界面设计时应注意的一些问题。

1. 感知和识别

人们可以使用感官从环境中获取信息,并把它转变为对物品、事件、声音和味觉的体验。对有视力的个体来说,视觉是最重要的感觉,其次是听觉和触觉。在交互设计时,应采用适当的形式来表示信息,以便用户更好地理解和识别它的含义。如中国象棋的位图设计成"相"这个棋子的形状,就很容易让用户想到这是一个中国象棋游戏。

在结合不同的媒体表示信息满足不同感官的感知时,应确保用户能够理解它们表示的复合信息。例如,对于虚拟世界中的虚拟人物,应该保证其唇形与所说的话同步,否则,两者之间的微小延迟都会使人难以忍受。

根据人的关注特点,在设计人机交互界面时具体应该注意的问题有以下几点。

- 用户应能不费力地区别图标或其他图形表示的不同含义;
- 文字应清晰易读,且不受背景干扰;
- 声音应足够响亮而且可辨识,应使用户能够容易理解输出的语音及其含义;
- 在使用触觉反馈时,反馈应可辨识,以便用户能识别各种触觉表示的含义等。

2. 注意

注意作为认知过程的一部分,通常是指选择性注意,即注意是有选择地加工某些刺激而忽视其他刺激的倾向。它是人的感觉(视觉、听觉、味觉等)和知觉(意识、思维等)同时对一定对象的选择指向和集中(对其他因素的排除)。例如侧耳倾听某人的说话,而忽略房间内其他人的交谈;或者在观看足球比赛时一直关注拿球队员等。

注意有两个基本特征:一个是指向性,是指心理活动有选择地反映一些现象而离开其余对象;二是集中性,是指心理活动停留在被选择对象上的强度或紧张。

注意是一种复杂的心理活动,有以下一系列功能。

(1) 选择功能

注意的基本功能是对信息选择,使心理活动选择有意义的、符合需要的、与当前活动任务相一致的各种刺激;避开或抑制其他无意义的、附加的、干扰当前活动的各种刺激。

(2) 保持功能

外界信息输入后,每种信息单元必须通过注意才能得以保持,如果不加以注意,就会很快消失。因此,需要将注意对象的一项或多项内容保持在意识中,一直到完成任务、达到目的为止。

(3) 对活动的调节和监督功能

有意注意可以控制活动向着一定的目标和方向进行,使注意适当分配和适当转移。

注意的品质对认知过程有重要影响。注意的品质包括以下几项。

(1) 注意的广度

注意的广度也叫注意的范围,是指一个人在同一时间里能清楚地把握对象的数量。一般成人能同时把握4～6个没有意义联系的对象。注意的广度随着个体经验的积累而扩大。同时,个体的情绪对注意的广度也有影响,情绪越紧张,注意广度越小。

(2) 注意的稳定性

注意的稳定性是个体在较长时间内将注意集中在某一活动或对象上的特性。与之相反的注意品质是注意的分散。个体的需要和兴趣是注意稳定性的内部条件;活动内容的丰富性和形式的多样性是注意稳定的外部条件。

(3) 注意的分配

注意的分配也就是通常所说的"一心二用",是指个体的心理活动同时指向不同的对象的特点。如一边在计算机上看电影,一边编辑文档。注意分配的条件是:同时进行的活动只有一种是不熟悉的,其余活动都达到了自动化的程度。

(4) 注意的转移

注意的转移是个体根据新的任务,主动地把注意由一个对象转移到另一个对象上。注意的转移要求新的活动符合引起注意的条件。同时,注意的转移与原注意的强度有关。原注意越集中,转移就越困难。

另外,注意这一过程主要与两个方面有关:目标和信息表示。

(1) 目标

如果确切知道需要找什么,人们就可以把获得的信息与目标相比较,如用Windows XP的搜索功能查找文件后,对搜索出的结果与想要查找的目标相比较。如果不太清楚究竟要找什么,我们就可以泛泛地浏览信息,期望发现一些有趣或醒目的东西,如随意浏览新浪首页,以便发现感兴趣的内容。用户在浏览时,可能并不知道自己需要查找什么,看看标题,可能会发现自己感兴趣的内容,再重点阅读。

(2) 信息表示

信息的显示方式对于人们能否快速捕捉到所需的信息片断有很大的影响。分类显示的信息就比较便于人们查找。图2-20是Windows 8系统中的应用列表,提供名称、日期、使用频率、类别四种排列方式,让用户容易按照自己的需求快速定位到想运行的应用程序。

根据人的注意特点,在设计人机交互界面时应做到以下几点:

- 信息的显示应醒目,如使用彩色、下划线等进行强调。
- 避免在界面上安排过多的信息。尤其要谨慎使用色彩、声音和图像,过多地使用这类表示易导致界面混杂,分散用户的注意力。
- 界面要朴实。朴实的界面更容易使用。

3. 记忆

记忆作为一种基本的心理过程,是和其他心理活动密切联系着的。在知觉中,人的经验有重要的作用,没有记忆的参与,人就不能分辨和确认周围的事物。在解决复杂问题时,由记忆提供的知识经验起着重大作用。

记忆就是回忆各种知识以便采取适当的行动。记忆过程有三个环节:识记、保持、再认和回忆。识记相当于信息的输入和编码过程,也就是使不同感官输入的信息经过编码而成为头脑可接受的形式;保持相当于信息的存储,即信息在头脑中被再加工整理,使其成为有

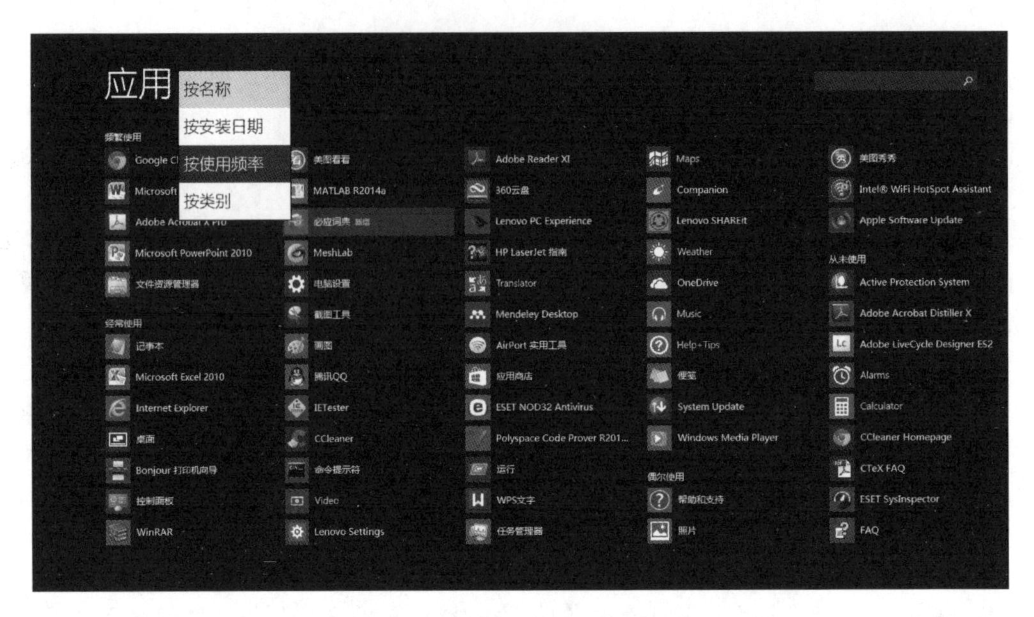

图 2-20 Windows 8 的应用排列

序的组织结构,以便存储;再认和回忆相当于信息的提取,编码越完善,组织越有序,提取也就越容易,反之,提取越困难。人们不可能记住所有看到的、听到的、尝到的、闻到的和触摸到的东西,而且也不希望如此,否则人们的头脑就会不堪重负。这就需要一个“过滤”处理,以决定需要进一步处理和记住的信息。

这个过滤过程首先是编码处理,它决定要关注环境中的哪一个信息以及如何解释它。编码处理能够影响人们日后能否回忆起这个信息,越是关注某件事情,对它进行越多的处理,人们就越可能记住它。例如,在学习中多琢磨、仔细比较、和别人讨论都有助于记住所学知识,而不是被动地阅读或观看电视讲解。可见,如何解释所遇到的信息对于信息在记忆里的表示以及日后的使用有很大的影响。

信息编码的上下文也会影响记忆的效果。人们有时需要依靠某种联想才能回忆起某件事情,触景生情就是信息编码的上下文在起作用。

另一个记忆现象是:人们识别事物的能力要远胜于回忆事物的能力。而且,某些类型的信息要比其他类型的信息更容易识别。例如,人们非常擅长识别图片,即使以前只是匆匆浏览过。

图形用户界面(GUI)为用户提供了可视化的操作选项,用户可以浏览并从中找出需要执行的操作,因而不再需要牢记数百条或上千条命令名称。同样,Web 浏览器提供了“书签”和“收藏”功能,用于把浏览过的一些 URL 组织成为可视化清单。这意味着用户在查阅 URL 的记录清单时,只需要识别某个网站的名称即可。

计算机的广泛应用为人们带来了非常大的方便,同时也带来了大量的记忆负担。“文件管理”是一个让计算机用户日益头疼的问题。人们每天在创建新文件、下载新图像和影视文件、存储电子邮件和附件时,带来的一个主要问题是,日后如何找到所需的文件?文件命名是最常用的编码方式,但是要回想起以前创建的文件名并不容易,尤其是在成千上万个文件名的情况下。

另一个记忆负担的例子是日益增多的“口令”。计算机提供的各种服务需要进行身份的认证，如用户登录计算机系统、检查 E-mail 信箱、ATM 机取款等，都要求用户输入自己的口令。并且一般情况下，为了不易被人识破，人们经常被要求采用一些无实际意义的字符串作为自己的口令，更增加了记忆的负担。

如何利用人的记忆特点减轻人的记忆负担是设计交互系统时需要重点解决的问题。英国心理学家建议把信息的检索分为两个过程：先是定向记忆，后是扫描识别。前一个过程指的是使记忆中的信息尽可能贴切地描述所需检索的信息。如定向回忆失败，无法获得所需信息，则进入下一个过程，即浏览各个文件目录。根据这一理论，一个好的文件管理系统应允许用户使用自己的记忆来尽可能的缩小搜索空间，并在界面上显示这个搜索空间，这样就能够有效地帮助用户查找所需要的内容。Windows 8 系统为用户提供了许多有助于记忆的文档编码和属性，如建立时间和最后修改时间戳、文件类型、文件大小等，搜索文件时允许用户根据对文件编码和属性的记忆描述文件，从而有效地减小搜索空间。图 2-21 是 Windows 8 系统提供的文件搜索界面，用户可以依据定向记忆选择搜索文件的类型、修改日期、大小等信息，由系统完成扫描识别。

图 2-21　Windows 8 系统文件搜索界面

对于记忆口令问题，许多系统根据记忆的上下文能够帮助人们回忆这一特性，允许用户输入口令的同时输入自己感兴趣的问题及问题的答案，通过一些有意义的上下文提示帮助用户记忆自己的口令。

综上所述，考虑人的记忆特点，进行交互设计时应该注意的问题有以下几点：

- 应考虑用户的记忆能力，勿使用过于复杂的任务执行步骤。
- 由于用户长于“识别”而短于“回忆”，所以在设计界面时，应使用菜单、图标，且它们的位置应保持一致。
- 为用户提供多种信息（如文件、邮件、图像）的编码方式，并且通过颜色、标志、时间戳、图标等帮助用户记住它们的存放位置。

4. 问题解决

问题解决是由一定的情景引起的，按照一定的目标，应用各种认知活动、技能等，经过一系列的思维操作，使问题得以解决的过程。问题解决的过程一般包括理解问题、制订计划、实施计划、检验结果四个步骤。这个认知过程是要考虑做什么、有哪些选择、执行某个活动会有什么结果等。它们都属于“思维认知”过程，通常涉及有意识的处理（知道自己在思考什么）、与他人（或自己）讨论以及使用各种制品（如地图、书本、笔和纸）。在实际决策中，往往包含多种可能的行动方案，需要分析比较，择优选用。例如，人们在互联网上查找信息时，往往会比较不同的信息来源。正如人们买东西时会多方询问价格，也可以使用不同的搜索引擎,找出价格最合适或提供了最佳信息的网站。

人的思维认知能力取决于在相关行业的经验以及对应用和技能的掌握程度。新手往往只具备有限的知识,因此,通常要借助其他知识来做一些假设。他们需要试验和探索各种执行任务的方法,在一开始他们可能会频频犯错、操作效率低,也可能因为直觉错误,或者由于缺乏预见能力而采取一些不合理的方法。相比之下,专家们则具备更丰富的知识和经验,且能够选择最优的策略来完成任务。他们也具备预见能力,能够预见某个举动或解决方案会有什么样的结果。

交互设计时应考虑在界面中隐藏一些附加信息,专门供那些希望学习如何更有效地执行任务的用户访问。

5. 语言处理

阅读、说话和聆听这三种形式的语言处理具有一些相同和不同的属性。相似性之一是,不论用哪一种形式表示,句子或短语的意思是相同的。但是,人们对阅读、说话和聆听的难易有不同的体会。例如,许多人认为聆听要比阅读容易得多,但学习外语时,阅读要比聆听容易。以下是三种形式的不同之处:

- 书面语言是永久性的,而聆听是暂时性的。若第一次阅读时不理解,可以再读一遍,但对于广播消息,则无法做到这一点。
- 阅读比听、说更快。人们可以快速扫描书面文字,但只能逐一听取其他人所说的词语。
- 从认知的角度来看,听要比读和说更容易。儿童尤其喜欢观看基于多媒体或Web的叙述性学习材料,而不喜欢阅读在线文字材料。
- 书面语言往往是合乎语法的,而口头语言常常不符合语法。
- 人们对使用语言的方式也有不同的偏好,有些人更喜欢读而不喜欢听,有些人则相反;同样,也有些人喜欢说而不喜欢读。
- “诵读困难”的人很难理解和识别书面文字,因此也很难正确写出符合文法的句子。
- 有听觉或视觉障碍的人在语言处理方面也有很大限制。

利用人的阅读、说话和聆听的能力,人们开发了许多应用系统,如便于残疾人使用的系统、帮助人们学习的交互式课本等。

从方便用户阅读、说话和聆听的角度,在进行人机界面设计时应注意以下三点。

① 尽量减少语音菜单、命令的数目。研究表明,人们很难掌握超过三四个语音选项的菜单的使用方法,人们也很难记住含有多个部分的语音指令。

② 应重视人工合成语音的语调,因为合成语音要比自然语音难以理解。

③ 应允许使用和自由放大文字,同时不影响格式,以方便难以阅读小字体的用户。

2.3.2 影响认知的因素

1. 情感

上述讨论集中在人在正常情况下的感知和认知特点。但是人的行为远非如此简单,情感因素会影响人的感知和认知能力。例如,积极的情感会使人的思考更有创造性,解决复杂问题的能力更强,而消极的情感使人的思考更加片面,还会影响其他方面的感知和认知能力;当一个人处于放松状态时,推理、判断能力会比较强,而当其受到挫折或感到害怕时,正常的推理、判断能力就会受到影响。

当一个人处于积极的情感状态时，对系统中的交互设计缺陷可能不会太在意，但这决不能成为可以设计一个较差的交互系统的理由。一个差的交互系统会反过来影响一个人的情绪，从而影响他解决问题的能力。一个好的交互系统应该能够充分考虑人在各种情感状态下的认知特点，有针对性地进行交互的设计。

2. 个体差异

以上讨论的是关于一般人的认知特点，我们不自觉地做了这样一个假设：每个人有相似的认知能力和局限。在一定程度上这样做是正确的，因为认知心理学理论和方法只面向绝大多数人。但是进行交互系统设计时还是不应该忘记人是存在个体差异的。这种差异可能是长期的，如性别、体力和智力水平；也可能是短期的，如压力和情感因素对人的影响；还可能是随时间变化的，如人的年龄等。

人的个体差异应该在进行人机交互设计时被充分考虑。当进行任何一种交互形式设计时，应该考虑我们的决定是否会给目标用户中的一部分带来不便。明确地排除某类人作为系统的用户是极端的，而现有的强调图形界面的交互设计实际上排除了那些有视力缺陷的人，因此系统应考虑提供其他的感知通道。更一般地，交互设计还应该面向正在承受巨大压力的、感觉沮丧或心烦意乱的用户，考虑当他们的感知和认知能力不能达到正常水平时需要的交互方式。

3. 动机和兴趣

动机是指激发、指引、维持或抑制心理活动和意志行为活动的内在动力。需要产生动机，在需要与愿望的驱使下，形成内部动力，从而激发或指引满足需要的行为，形成了动机。兴趣是人们在研究事物或从事活动时产生的心理倾向，是激励人们认识事物与探索真理的一种内部倾向。兴趣本质是一种社会性动机的重要诱因。兴趣和动机会影响认知过程。如果个体从事感兴趣的活动，往往会激发更为积极的认知过程，有利于增加探索活动并提升认知评价。而且，兴趣和动机的提高也有助于获得更高的参与程度和更优的活动体验。因此在交互设计时，通过设计提升用户的动机和兴趣应该被作为影响用户认知的重要因素被考虑在内。

2.4　概念模型及对概念模型的认知

2.4.1　概念模型

交互系统设计中最重要的就是要建立一个关于交互的概念模型。设计的首要任务就是创建明确、具体的概念模型。这里的所谓概念模型，指的是一种用户能够理解的关于系统的描述，它使用一组构思和概念，描述系统做什么、如何运作、外观如何等。

一个概念模型的优劣直接影响交互系统的用户友好程度。对一个概念模型的评价，主要看是否满足用户的需要，是否容易为用户所理解。因此设计开发一个概念模型的关键过程应包括两个阶段：首先是了解用户任务需求，然后选择交互方式，并决定采用何种交互形式(是使用菜单系统，还是使用语音输入或命令式的系统)。交互方式与交互形式概念上是不相同的。交互方式是对系统交互更高层次的描述，它关心的是如何支持用户的交互活动，而交互形式是系统交互的较低层次的描述，关心的是以哪种界面类型来实现交互，比如同样是文本的输入，可以使用键盘输入、选择输入或语音输入等。

同软件系统的迭代开发过程一样，一个完整的概念模型也是一步步充实起来的，我们可以使用各种方法(包括草拟构思、使用情节串联法、描述可能的场景和设计原型系统等)，通过不断的与用户交流，逐步完善交互系统的概念模型。

2.4.2 对概念模型的认知

一个系统能够做到让用户感到满意，除了在设计开始阶段建立一个好的概念模型以外，还应该考虑如何根据人的认知特点，提供多种手段，使用户能尽快理解关于系统概念模型的构思。这是一个非常关键的问题。

Norman 提出了一个用于说明“设计概念模型”与“用户理解模型”之间关系的框架，如图 2-22 所示。本质上，它包含三个相互作用的主体：设计师、用户和系统，而在它们背后就是相互联系的三个概念模型。

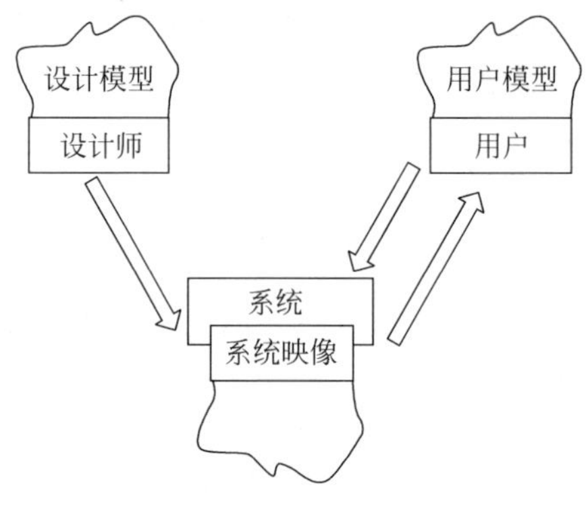

图 2-22　概念模型

设计模型——设计师设想的模型，描述系统如何运行。

系统映像——系统实际如何运行。

用户模型——用户如何理解系统的运行。

在理想情况下，这三个模型应能互相映射，用户通过与系统映像相交互，就应该能按照设计师的意图(体现在系统映像中)去执行任务。但是，若系统映像不能明确地向用户展示设计模型，那么用户很可能无法正确理解系统，因此在使用系统时不但效率低，而且易出错。

下面从人们不同的认知特点出发，讨论用户如何理解系统概念模型。

1. 思维模型

人们在学习和使用系统的过程中，积累了有关如何使用系统的知识，而且在一定程度上也积累了有关系统如何工作的知识。这两个类型的知识就是通常所谓的用户“思维模型”。在认知心理学中，思维模型被认为是外部世界的某些因素在人脑中的反映，掌握和运用思维模型使得人们能够进行推测和推理。

若用户已经有了一个关于交互式系统的完整的思维模型，他们在使用交互式产品时就会使用这个思维模型进行推理，找出如何执行任务的方法。另外，当系统发生异常或者用户遇到不熟悉的系统时，用户也将使用这个思维模型来考虑怎么办。人们对于系统以及它如何工作了解得越多,他们的思维模型就越完善。如果用户拥有关于某个交互式系统的好的思维模型,他们就能更有效地执行任务,而且在系统故障时能应对自如。但在日常生活中,存在很多由于思维模式问题影响人们行动的事例。如用浏览器打开某链接时,若网速较慢,用户总认为按鼠标的次数越多,就越容易连通网络,所以会不停地单击鼠标或不停地刷新。研究表明,人们所具备的关于交互式系统如何工作的思维模式通常是不完整的、混乱的,或者是基于不恰当的类比或不正确的直觉。用户有时在操作系统时之所以感觉沮丧,就是因为没有正确的思维模型来指导他们的行为,得不到他们所预期的结果。

在理想情况下,用户的思维模型应与设计人员创建的概念模型相符。提供好的培训是帮助用户达到这个目标的方法之一。但是,许多人不愿意花很多时间去学习系统如何工作,尤其不愿意阅读手册和其他帮助文档。为此,一个交互式系统在设计时,应该开发一个易于用户理解的系统映像,应该做到及时响应用户的输入并给出有用的反馈,提供易于理解、直观的交互方式。

此外,一个好的交互系统还需要提供正确的信息类型以及正确的信息层次,以针对不同层次的用户,提供不同层次的系统透明度。这方面包括:

- 有条理的、易于理解的说明。
- 合适的在线帮助和自学教程。
- 上下文相关的用户指南,即针对不同层次的用户,提供在不同的任务阶段应如何处理各种情况的解释说明。

2. 信息处理模型

在认知心理学中,人们把大脑视为一个信息处理机,信息通过一系列有序的处理阶段进、出大脑。在这些阶段中,大脑需要对思维表示(包括映像、思维模式、规则和其他形式的知识)进行各种处理(如比较和匹配)。

有了"信息处理模型",就能够预测人们执行任务时的效率。如可以推算用户的反应时间,信息过载时会出现什么样的瓶颈现象等。"信息处理模型"把认知概念化为一系列的处理阶段(见图 2-23)。借助于信息处理模型,相关人员可以预测用户在与计算机交互时涉及哪些认知过程,用户执行各种任务需要多长时间。这个方法非常适合于比较不同的界面,研究人员曾使用它比较了不同的字处理器,评估了它们支持各种编辑任务的性能。

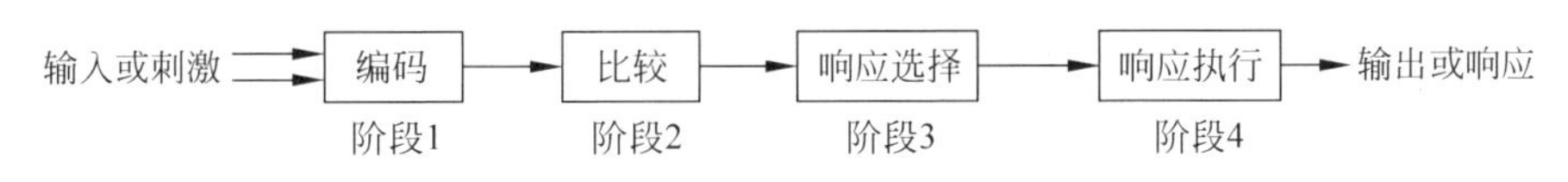

图 2-23　大脑的信息处理模型

"信息处理模型"主要利用"信息处理"观点模拟大脑的工作过程,建立各种思维活动的模型,且这些思维活动完全发生于人脑内。然而在大多数的认知活动中,人们都需要同信息的外部表示(如书本、文档和计算机)进行交互,更不用说同其他人的交互了。但有人认为,"信息处理模型"这种方法只是考虑纯粹的智能活动,把这种活动同外界的干扰源以及人工辅助物隔离开来。目前,人们更加认同在认知发生的上下文中研究、分析认知过程,其主要目标是分析环境中的结构如何帮助人类认知,并减轻认知负担。研究人员也提出了许多其他的替代框架,包括外部认知和分布式认知。

3. 外部认知模型

人们需要同各种外部表示相交互,并且使用它们来学习和积累信息。这些外部表示包括书本、报纸、网页、多媒体、地图、图表等。人们还开发了众多的工具来帮助认知,例如笔、计算器、计算机等。外部表示与物理工具相结合大大增强了人们的认知能力,事实上,它们是不可缺少的组成部分,没有了它们,很难想象人们日常如何生活。

外部认知是要解释人们在与不同外部表示相交互时涉及的认知过程。其主要目的是要详细说明在不同的认知活动、认知过程中使用不同表示的好处,主要包括以下几点。

① 将信息、知识表面化以减轻记忆负担。为了减轻记忆负担,人们开发了各种把知识转变为外部表示的策略,其中一个策略是把难以记住的东西(如生日、联系方式)具体化、表面化。例如备忘录、记事本和日历通常就用于这个目的,即作为一种外部提醒。

② 设计有利于人的信息表示及处理工具,减轻计算或操作负担。

③ 标注和认知追踪。"表面化"认知的另一个方法是修改表示以反映已发生的变化。例如,人们经常在"待处理事件清单"中划去一些项,以表示它们已经完成。人们也可能重新组织环境中的对象,如在工作性质改变时创建不同的文件。这两个类型的修改即称为"标注和认知追踪"。如在线学习系统中,可以使用交互式图表突出已访问的节点、已完成的练习以及尚待学习的内容,让用户随时了解学习的进度,如图2-24所示。

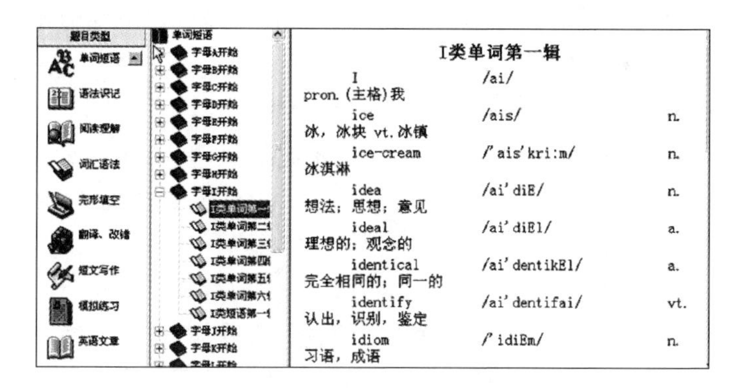

图2-24 便于交互的在线学习系统

使用基于外部认知的方法进行交互设计时,总体原则是要在界面上提供外部表示,以减轻用户的记忆和计算负担。为此,设计人员需要提供不同类型的可视化信息,以便用户解决某个问题,扩充和增强认知能力。例如,人们已经开发了许多信息和可视化技术,可用于表示大量的数据,同时允许用户从不同的角度进行交叉比较。设计良好的图形界面也能大大减轻用户的记忆负担,用户能够依赖外部表示提供的线索与系统进行交互。

2.5 分布式认知

2.5.1 基本概念和定义

直到20世纪90年代,认知心理学还一直注重对个体认知的研究,然而人类的认知过程不仅依赖于认知主体,还涉及其他认知个体、认知对象、认知工具及认知情境。20世纪80年代中后期,美国加利福尼亚大学的Edwin Hutchins(赫钦斯)提出了分布式认知

(distributed cognition)的观点，他认为认知是分布式的，认知现象不仅包括个人头脑中所发生的认知活动，还涉及人与人之间以及人与某些技术工具之间通过交互实现某一活动的过程。随着计算机、移动电话、互联网等工具的日益普及，人类许多认知活动(如计算机支持的协同工作(Computer Supported Cooperative Work，CSCW)、远程教育等)越来越依赖于这些认知工具，分布式认知理论和方法逐渐被人们所重视。

分布式认知中，表象(representation)和人工制品(artifact)是两个重要概念。表象是指信息或知识在心理活动中的表现和记录方式，是外部事物在心理活动中的内部再现，一方面它反映客观事物，代表客观事物，另一方面又是心理活动进一步加工的对象。内部表象是指人的大脑中的记忆，外部表象指除了人自身的外部事物，如计算机、纸等表示的信息和知识。人工制品(artifact)是指人工制造的仪器、符号、程序、机器、方法、模式、理论、法规以及工作组织的形式等。

分布式认知是一种将认知主体和环境看作一体的认知理论，分布式认知活动是对内部和外部表象的信息加工过程。一个分布式认知系统可被看作包含多个主体、多种工具和多样技术，协调内外部表象，且有助于提供一种动态信息加工的系统。

分布式认知理论是传统认知理论的发展，和传统的认知理论并不冲突。传统认知理论强调个体，体现在人机交互设计方面，传统方法倾向于交互中的个体使用者和机器的内在模型，而分布式认知理论则强调具体的交互情境。例如，在计算机支持协同工作环境中，人和技术一起维持和操纵着问题解决的过程和表象状态。那么，认知在社会、物质和时间上呈分布式的系统中，认知的过程和特性与个体内部的认知过程和特性有何区别呢？分布式认知理论正是为分析这个问题提供的一个理论框架。

2.5.2　分布式认知理论的特征

传统认知观把认知看成个体行为，从大脑内部信息处理的角度对其进行解释，这样就限制了对在个体层面上不可见的一些有意义因素的关注。赫钦斯分布式认知理论打破了这种局限，认为认知具有分布性，包括了参与者全体、人工制品以及他们在其所处特定环境中的相互关系，强调认知在时间、空间和在个体、制品、内部及外部表象之间的分布性，在工作情境的层次上解释人类活动中的智能过程。

分布式认知理论具有如下特征。

1. 强调个体与外部表象的结合，重视人工制品的作用

传统认知理论认为认知过程局限于个体，强调内部表象(如个体大脑的记忆)；而分布式认知理论则考虑到参与认知活动的全部因素，强调内部表象与外部表象(如计算机表示的信息和知识)的结合。分布式认知理论还认为外部表象以及表象状态的转换通过人工制品实现。人工制品与其说是扩展了能力，不如说是对任务进行了转换，使任务更明显和易于解决。有了人工制品，大脑内部的运算结构发生了变化，完全不同于用纸和笔来计算时的情形。另外，利用人工制品还会产生认知留存。

2. 强调认知的分布性

分布式认知理论强调认知现象在个体参与者、人工制品和内外部表象之间的分布性，主要体现在如下几个方面。

① 多人共同完成的认知活动可以被看成是表象状态在媒介间传递的一个过程,媒介可以是内部的(如个体的记忆),也可以是外部的(如地图、图表、计算机数据库等),因此,认知是在媒介中分布的。

② 认知分布于认知主体的过去、现在和未来。例如,成人常常根据他们自己儿时的经验对新鲜事物进行认知;另一方面,对同一认知客体,认知主体在成长的不同时期有不同的认知。

③ 文化以间接方式影响着人的认知过程。例如,不同文化背景下的人可能具有不同的认知风格。

3. 强调交互作用和信息共享

分布式认知通过分析认知所产生的环境、表象媒介(如工具、显示器、使用手册、导航图)、个体间的相互作用以及它们与所有人工制品之间的交互活动来解释认知现象。交互活动过程中强调信息的共享,这是进行协作的基础,也是参与者赖以建立对任务有同步的共同认识的基础。交流和信息共享是分布式认知的必备条件,个体知识只有通过向他人表象,把知识可视化并与团体分享,才能成为团体可用的知识。

4. 关注具体情境和情境脉络

同一事件发生在不同的情境和情境脉络中使得人们对它的认知有很大不同,分布式认知强调对特定的情境中的信息表象和表象状态转换进行记录和解释,以达到认知和具体情境或者情境脉络相联系。

2.5.3 分布式认知在人机交互中的应用

分布式认知观点认为,认知分布于媒介和环境中。分布式认知的思想在人机交互领域有广泛的应用。例如,分布式认知的思想可用于指导像电子商务等系统的设计。设计合适的、易于记忆的表单、标签等人工制品,系统通过建立任务追踪使协作的用户对任务情境以及情境脉络有清楚的认识等,都是符合分布式认知活动特点的人机交互设计方法。

计算机支持的协作学习(Computer-Supported Collaborative Learning,CSCL)是近年来很受关注的研究方向之一。人们希望研究建立一种学习环境来支持分布式认知活动,包括学习共同体、概念学习以及知识共同体等。教学设计者探讨利用分布式认识理论研究成果设计更好的CSCL学习环境和交互方法。

分布式认知被认为是连接计算机支持的协同工作和人机交互的桥梁中的重要组件。分布式认知为协同工作中共享信息是如何表象以及如何使用的提供了一个理论框架。运用分布式认知的理论框架,研究移动性对协同工作中合作的影响也是人机交互的研究热点之一。

关于分布式认知,人们所关注的一些尚未解决的重要问题包括以下几个。

① 人类带入情境中的智力和存在于工具和情境本身的智力是有区别的,机器正获得越来越多的认知能力,机器知识如何区别于人类知识?如何使机器知识最有效地辅助人类知识以达到人类更好地认知?

② 分布式认知的观点给团体心理学研究也提出了新问题。例如,集体活动是否大于个体活动之和?团体知识大于其中任一成员的知识?团体成员间如何交互作用?

③ 如何更好地设计各种外部信息,以使人们方便、有效地利用信息资源,包括索引、图

表、参考书、计算器、计算机、时间表和各种电子信息服务，以帮助人们形成合适的外部表象从而解决问题，也成为研究的热点问题。

习题

2.1　人机交互过程中人们经常利用的感知有哪几种？每种感知有什么特点？

2.2　列举几种不同感官在交互体验中的应用。

2.3　人的知觉特性有哪些？

2.4　人的认知过程分为哪几类？影响认知的因素有哪些？

2.5　什么是概念模型和分布式认知模型？举例说明分布式认知在计算机应用系统设计过程中的指导作用。

CHAPTER 3

第3章 交互设备

人机交互技术的发展离不开交互设备的支持，人机交互技术是围绕着输入、输出这两个前端与后端环节发展的。传统的输入设备如键盘、鼠标、摄像头等将文字与图像信息转换为计算机可处理的数字信息，而显示器、投影仪、打印机等传统输出设备又将数字信息转换为人类可阅读、可理解的图像与文字信息，实现了最基本的人机交互功能。而随着三维扫描、动作捕捉、体感输入、语音识别等技术的发展，计算机系统的输入方式变得更加丰富与自然，三维打印、立体显示、全息显示等技术的出现又使得输出效果更加实用与逼真，可以说交互设备的发展推动着交互技术的前进。本章将交互设备分为输入设备、输出设备及虚拟现实交互设备三类，对传统技术和最新发展进行叙述和讨论。

实现沉浸式的自然交互体验是人机交互研究中的一个核心问题，为实现此目标，就需要使交互手段变得更加自然、丰富。人机交互的研究势必要结合到、落实到交互设备的研发和应用上。有志于从事人机交互研究的读者，在学习和掌握计算机科学理论知识的同时，也必须广泛地学习和涉猎最新的电子、光学及物理技术，这是人机交互的交叉学科本质所决定的。

3.1 输入设备

3.1.1 文本输入设备

文本输入是人与计算机传递信息的重要方式，同时也是一项繁重的工作。目前，键盘输入依然是大量文本输入的主要方式。随着识别准确率的提高，手写输入等一些更自然的交互方式也逐渐普及。

1. 键盘

键盘是计算机最传统、最普遍的输入设备。它一般由按键、导电塑胶、编码器以及接口电路等组成。键盘的每个按键对应一个编码，当用户按下一个按键时，导电塑胶将线路板上的这个按键的排线接通，键盘中的编码器能够迅速将此按键所对应的编码通过接口电路输送到计算机的键盘缓冲器中，由计算机识别处理。

键盘布局的好坏是影响键盘输入速度和准确性的一个重要因素。然而，目前最为常见的却是 19 世纪 70 年代为机械打字机设计的 QWERTY 键盘布局。QWERTY 来源于该布局方式的字母键最上面一行的前 6 个英文字母(见图 3-1)。QWERTY 布局方式的最初设计目的是最大限度地延缓用户的按键速度以缓解机械打字机的卡键问题，虽然现在的计算机键盘早已不存在此问题，但 QWERTY 键盘布局作为一种习惯仍被保留下来。

图 3-1　QWERTY 键盘布局

在键盘布局短期内不会出现革命性改变的情况下，融合人体工程学概念的人性化键盘设计也已经屡见不鲜。有的设计在键盘的下部增加护手托板，给悬空的手腕提供支持点来减少疲劳。有的键盘设计将左手键区和右手键区这两大板块左右分开，并形成一定角度，使操作者不必有意识地夹紧双臂，可以保持一种比较自然的姿态，图 3-2 是 Infogrip 公司生产的两种人体工程学键盘。还有一些键盘针对游戏、上网浏览等常用娱乐需求进行了特殊设计，例如，在键盘两端增加了手柄来模拟方向盘；添加游戏摇杆，以便用户在玩赛车、飞行射击类游戏时控制方向；添加快捷键，支持一键完成“访问 IE 主页”、“打开文件夹”以及“进入信箱”等多个操作。

图 3-2　Infogrip 公司的两类人体工程学键盘：固定于椅子上以及桌面上的键盘

2. 手写输入设备

从社会科学、认知科学的角度来看，手写输入更符合人的认知习惯，是一种自然高效的交互方式。手写板(见图 3-3)是一种常见的支持手写输入的交互设备。

图 3-3　手写板

手写板支持使用专用的笔或者手指在特定的区域内书写文字。手写板能够记录笔或者手指走过的轨迹，然后识别为文字。此外，手写板还具有压力感应功能，即除了能检测出用户是否划过了某点外，还能检测出用户划过该点时的压力有多大，以及倾斜角度是多少。这样，用户还可以把手写笔当作画笔进行书法书写、绘画或签名等。目前，手写板主要有三类：电阻式压力手写板、电磁式感应手写板和电容式触控手写板。

电阻式手写板由一层可变形的电阻薄膜和一层固定的电阻薄膜构成,中间由空气相隔离。当用笔或手指接触手写板时,上层电阻受压变形并与下层电阻接触,下层电阻薄膜就能感应出笔或手指的位置。电阻式手写板的实现原理简单,但存在如下缺点:①由于通过感应材料的变形判断位置,感应材料易疲劳,使用寿命较短;②感应不是很灵敏,使用时压力不够则没有感应,压力太大时又易损伤感应板。

电磁式手写板是通过在手写板下方的布线电路通电后,在一定空间范围内形成电磁场,来感应带有线圈的笔尖的位置进行工作。这种技术目前被广泛使用,使用者可以用它进行流畅的书写、绘图。电磁式感应板的缺点是:①对电压要求高,如果使用电压达不到要求,就会出现工作不稳定或不能使用的情况;②抗电磁干扰较差,易与其他电磁设备发生干扰;③手写笔笔尖是活动部件,使用寿命短;④必须用手写笔才能工作,不能用手指直接操作。

电容式手写板通过人体的电容来感知手指的位置,即当使用者的手指接触到触控板的瞬间,就在板的表面产生了一个电容。在触控板表面附着有一种传感矩阵,这种传感矩阵与一块特殊芯片一起,持续不断地跟踪着使用者手指电容的"轨迹",经过内部一系列的处理,从而能够每时每刻精确定位手指的位置,其X、Y坐标的精度可高达每毫米40点。同时,根据压力引起的电容值的变化测量手指与板间距离,确定Z坐标,目前主流的电容式手写板可达512级压感。因为电容式触控板所用的手写笔无需电源供给,特别适合于便携式产品。

除了压感级数,精度和手写面积也是手写板的通用评测指标。精度指单位长度上所分布的感应点数,精度越高对手写的反映越灵敏,对手写板的要求也越高。书写面积则是手写板的一个很直观的指标,手写板区域越大,书写的回旋余地就越大,运笔也就更加灵活方便,输入速度往往会更快。

3.1.2 图像输入设备

1. 二维扫描仪

二维扫描仪已成为计算机不可缺少的图文输入工具之一,由光学系统和步进电机组成。光学系统将光线照射到稿件上,产生的反射光或透射光经反光镜组反射到图像传感器(Charge Coupled Device,CCD)中,CCD将光电信号转换成数字图像信号。步进电机控制光学系统在传动导轨上平行移动,对待扫稿件逐行扫描,最终完成全部稿件的扫描。对于彩色图像扫描,通常使用RGB三色滤镜,分别生成对应于红(R)、绿(G)、蓝(B)三基色的三幅单色图像,然后将这三幅图像合成。图3-4给出了二维扫描仪的工作原理示意图。

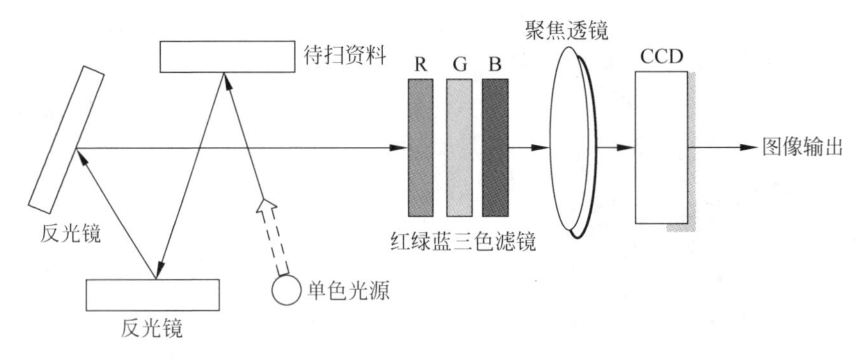

图3-4　扫描仪工作原理

扫描仪的性能指标主要包括扫描速度、分辨率等。扫描速度决定了扫描仪的工作效率，分辨率决定了最高扫描精度。扫描仪分辨率受光学部分、硬件部分和软件部分三方面因素的共同影响。例如，分辨率为1200DPI的扫描仪其光学分辨率可能只占400～600DPI，通过计算机对图像的插值处理，可以进一步提升其分辨率。其中，DPI是指每英寸上得到的像素点个数。在扫描图像时，扫描分辨率越高，生成的图像效果越精细，图像文件也越大。

目前大部分的二维扫描仪都属于平板式扫描仪，如图3-5所示。除了平板式扫描仪，常见的还有手持式扫描仪和滚筒式扫描仪两大类。手持式扫描仪与平板扫描仪都是把需要扫描的材料静止放置，通过光学系统的移动来完成扫描。滚筒式扫描仪在扫描的过程中保持光学系统静止不动，通过卷动待扫描材料完成扫描。此外，基于手机拍摄的"扫一扫"可以看作一类更简化的扫描应用。

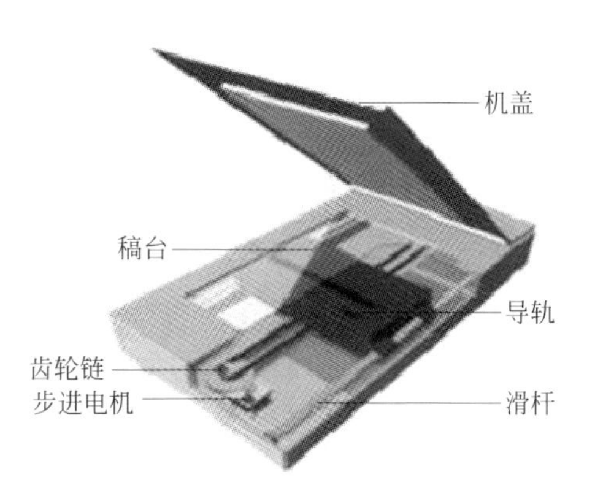

图3-5　平板式扫描仪结构

2. 数字摄像头

摄像头作为一种视频输入设备，被广泛应用在视频聊天、实时监控等方面。

数字摄像头可以直接捕捉影像，然后通过计算机的串口、并口或者USB接口传送到计算机。同数码相机或数码摄像机相比，数字摄像头没有存储装置和其他附加控制装置，只有一个感光部件、简单的镜头和数据传输线路。其中，感光元器件的类型、像素数、解析度、视频速度以及镜头的好坏是衡量数字摄像头的关键因素。

摄像头使用的镜头主要包括CCD和CMOS(附加金属氧化物半导体组件)两种。在相同像素下，CCD的成像往往通透性、明锐度都很好，色彩还原、曝光可以保证基本准确，而CMOS的特点是制造成本和功耗低。目前，CCD应用在摄像、图像扫描等对于图像质量要求较高的应用中，而CMOS则大多应用在一些低端视频应用中。

解析度是数字摄像头比较重要的技术指标，又有照相解析度和视频解析度之分。在实际应用中，一般是照相解析度高于视频解析度。数字摄像头通常支持多种视频解析度，如640×480、352×288、320×240、176×144、160×120等。

在Windows平台上，可以通过TWAIN接口或WIA接口由扫描仪、摄像机或数字相机等图像输入设备中提取图像。TWAIN是由TWAIN Working Group主持制订的一个接口。作为开放协议，大部分扫描仪、数字相机厂商都提供了TWAIN驱动程序，Windows操作系统也支持该接口。WIA(Windows Image Acquisition)是Windows Me或者更高版本Windows操作系统的图像获取接口，提供数字图像获取服务，同时也能用于管理数字图像设备。

3.1.3　三维信息输入设备

随着信息和通信技术的发展，人们在生活和工作中接触到越来越多的三维几何信息。在逆向工程、虚拟现实、影视动漫等诸多领域，物体的三维几何建模是必不可少的。三维扫描仪通过对实物扫描的方式支持三维几何建模，动作捕捉设备支持捕捉用户的肢体、表情动作,辅助建立运动模型,体感输入设备支持通过简易的方式识别自然状态下的用户的运动。

1. 三维扫描仪

根据传感方式的不同,三维扫描仪主要分为接触式和非接触式两种。

接触式的三维扫描仪采用探测头直接接触物体表面,把探测头反馈回来的光电信号转换为描述物体表面形状的数字信息。该类设备主要以三维坐标测量机为代表。其优点是具有较高的准确性和可靠性,但也存在测量速度慢、费用较高、探头易磨损等缺点。

非接触式的三维扫描仪主要有三维激光扫描仪与结构光式三维扫描仪等(见图3-6)。这类设备的优点是扫描速度快,易于操作,对物体表面损伤少。一般地,三维激光扫描仪可达5000~10000点/秒的速度,而结构光式三维扫描仪一般在几秒内便可以获取数百万左右的测量点。

(a) 激光扫描仪

(b) 结构光扫描仪

图3-6 三维扫描仪

三维激光扫描仪通过高速激光扫描测量技术,获取被测对象表面的空间坐标数据。常采用TOF(Time-of-Flight,飞行时间)测量法或三角测量法进行深度数据获取。

(1) TOF测量法

通过激光二极管向物体发射近红外波长的激光束,通过测量激光在仪器和目标物体表面的往返时间,计算仪器和点间的距离,从而计算出目标点的深度(见图3-7)。TOF设备已被高度集成化为专业集成电路芯片,用于生产商用深度照相机(Range Camera),后文中描述的微软公司第二代体感深度照相机Kinect Ⅱ就采用了TOF测量法。

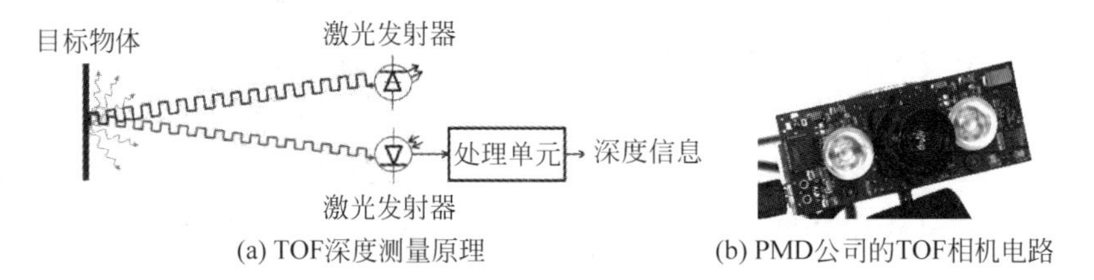

(a) TOF深度测量原理

(b) PMD公司的TOF相机电路

图3-7 TOF深度测量

(2) 三角测量法

三角测量法是一种线扫描技术,通过线激光器向被测物体投射一条激光亮线,激光线受到物体表面形状的调制,形成反应物体表面轮廓的曲线(见图3-8(a)),利用扫描仪内置的摄像头拍摄曲线图像,根据线激光器与摄像机之间的三角关系,根据双目视觉方法,反求出激光亮线处物体的深度信息。通过利用机械装置或手执扫描方式对被测物体进行完整扫描，就可以形成物体的三维深度模型(见图 3-8(b))。

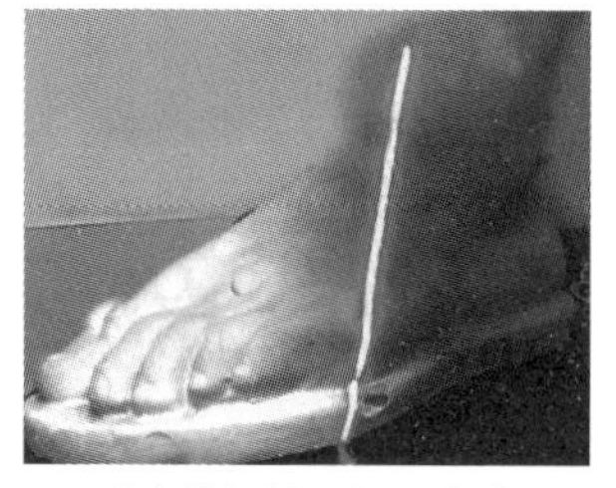

(a) 激光线扫描脚部石膏模型

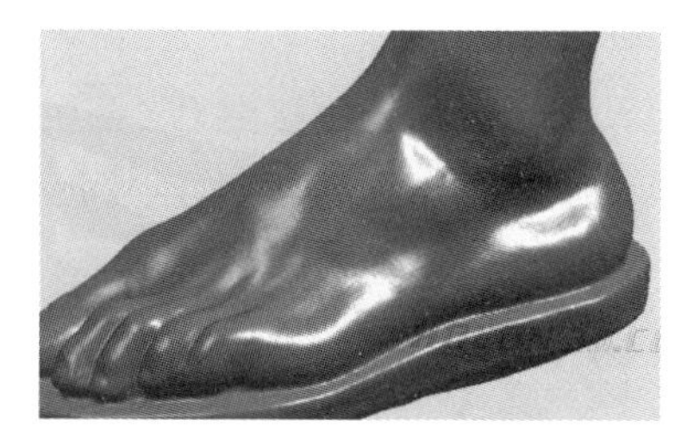

(b) 反求出的脚部三维模型

图 3-8　三角测量法实例

另一类非接触式三维扫描仪是结构光三维扫描仪，这是一种面扫描技术，通过投影仪向被测物体投射光栅模板图像，如正弦条纹光栅图像(见图 3-9(a))，正弦光栅在物体表面发生调制变形，其周期与相位的变化反映了物体表面的三维信息(见图 3-9(b))。通过相机拍摄物体表面的正弦光栅图像，检测出相位变化值，再利用双目视觉方法计算出三维数据(见图 3-9(c))。

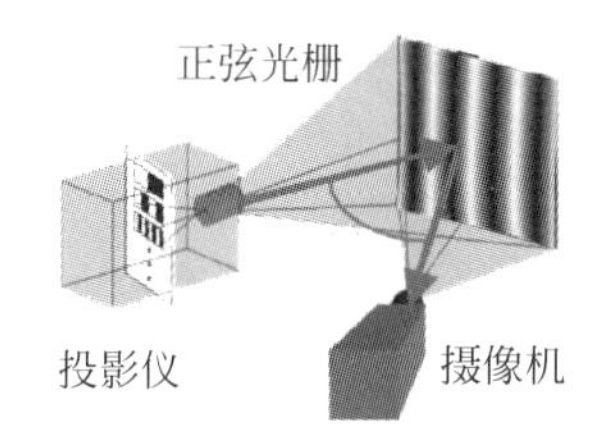

(a) 投射正弦光栅模板

(b) 正弦光栅变形

(c) 恢复三维模型

图 3-9　结构光三维扫描

三维扫描仪的性能指标主要包括扫描的速度、精度以及范围等。目前主流的三维扫描仪可以在几秒内完成一次扫描，扫描精度可以达到 0.03mm，扫描范围可以达到半米左右的宽度，支持 300～500mm 景深。

在实际的应用中，需要使用三维扫描仪进行多方向多次的扫描，从而获取尽可能全面的表面数据，然后使用建模软件对多次扫描得到的面片进行拼接合成，利用数码相机拍摄的图像信息贴到三维模型表面，从而得到高清晰的彩色三维模型数据。

通常，扫描大小在 5 米以内的物体(如机械零部件)时，由于精度的要求，采用近程三维扫描仪。对大小在 5 米以上的物体(如文化遗址)进行数字化时，则需要远程三维扫描仪。

全方位三维扫描仪(见图 3-10)使用多个三维扫描仪构成三维扫描系统，配合软件，实现全方位的快速扫描。例如，通过安置三个双视野(近程扫描＋远程扫描)扫描仪构建的全方位扫描仪可以快速、准确地获取人体整体模型以及面部表情等局部细节模型等，满足动漫、游戏等创作需求。其中，双视野扫描仪支持同时获取精细的小视野和较粗糙的大视野，分

图 3-10　全方位三维扫描

别用于头部和半身建模。全方位三维扫描仪支持一次捕获建立模型所需的信息,不需要额外的数据校正,因而可以大大提升制作效率。

2. 动作捕捉设备

始于《指环王》、《阿凡达》等电影制作(见图3-11),动作捕捉设备及相关技术已广泛应用于影视动漫、三维游戏创作。同时,动作捕捉系统在模拟训练、机器人遥控等新领域也有着重要应用。

图3-11 动作捕捉设备在电影《指环王》中的应用

动作捕捉设备在运动物体的关键部位设置跟踪点,由系统捕捉跟踪点在三维空间中运动的轨迹,再经过计算机处理后,得到物体的运动数据。目前,动作捕捉设备可以分为机械式、电磁式、光学式等三类(见图3-12)。其中,光学式捕捉设备的应用较为普及。光学式运动捕捉利用了计算机视觉原理,通过对目标上特定光点的监视和跟踪来完成运动捕捉的任务。对于空间中的一个点,只要它能同时为两部摄像机所见,则根据同一时刻两部摄像机所拍摄的图像和对应参数,可以计算该点该时刻的空间位置。

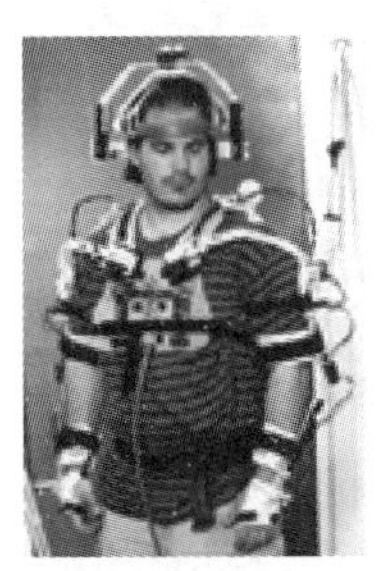

(a) 机械式

(b) 光学式

(c) 电磁式

图3-12 动作捕捉设备

光学式动作捕捉系统除了包含动作捕捉镜头外,还包括数据采集网络、用于数据处理的高性能工作站以及相关处理软件等,如图3-13所示。动作捕捉系统一般使用8个或更多的特殊摄像机环绕表演场地排列,这些摄像机的视野重叠区域就是表演者的动作范围。为了便于处理,要求表演者穿单色的服装,在身体的关键部位(如关节、髋部、肘、腕等位置)贴上一些标志(Marker),视觉系统将识别和处理这些标志。系统定标后,摄像机连续拍摄表演者的动作,并将图像序列保存下来,然后再进行分析和处理,识别其中的标志点,并计算其在每一瞬间的空间位置,进而得到其运动轨迹。如果在表演者的脸部表情关键点贴上标志,则可以实现表情捕捉。在表演者手部关节贴上标志,则可以捕捉手部运动的细节特征。为了得到准确的运动轨迹,拍摄速率一般要达到每秒60帧以上。

图 3-13 动作捕捉系统

通常情况下，由于采集和跟踪识别过程中的各种干扰和误差，得到的物体三维运动轨迹不是非常光滑。另外，在一些难度较高的动作采集中，诸如道具、翻滚、多人等，会导致大量数据很长时间被遮挡未能采集或者 Marker 识别错误的问题，这时需要大量的后处理操作，还需要大量的软件工具辅助完成跟踪识别过程。

3. 体感输入设备

体感输入设备与光学式动作捕捉设备的基本原理与应用类似，而体感输入设备牺牲了一定的捕捉精度，但可以更简易、快捷地实现动作捕捉，支持用户通过肢体动作控制计算机应用，例如体感游戏。体感输入设备的典型代表包括 Leap 公司的 Leap Motion、微软公司的 Kinect 等。

Leap Motion(见图 3-14)通过两个摄像头捕捉经红外线 LED 照亮的手部影像，采用立体视觉原理，计算手部在空间中的相对位置，从而支持用户用手势操作电脑。其理论上在捕捉空间中可以追踪小到 0.01 毫米的动作，并且可同时跟踪一个人的 10 根手指，最大频率是每秒钟 290 帧。

图 3-14 Leap Motion 的外形和内部结构

Kinect 是微软公司在 2009 年 6 月的 E3 大展上公布的 XBOX360 的体感设备，应用于体感游戏中肢体动作的识别，如图 3-15 所示。

Kinect 由红外发射器、红外深度传感器、彩色摄像头、麦克风阵列等硬件组成，可以通过设备驱动程序进行管理和访问。通过 USB 线连接到电脑上，其核心 NUI API 用来处理彩色图像流、深度图像流、骨骼跟踪和控制/管理 Kinect 设备。Kinect 的构成(见图 3-15 右图)主要包括：RGB 摄像头(Color Senser)，用来拍摄视角范围内的彩色视频图像；红外深度传感器(IR Depth Sensor)，用于分析红外光谱，创建可视范围内的人体、物体的深度图

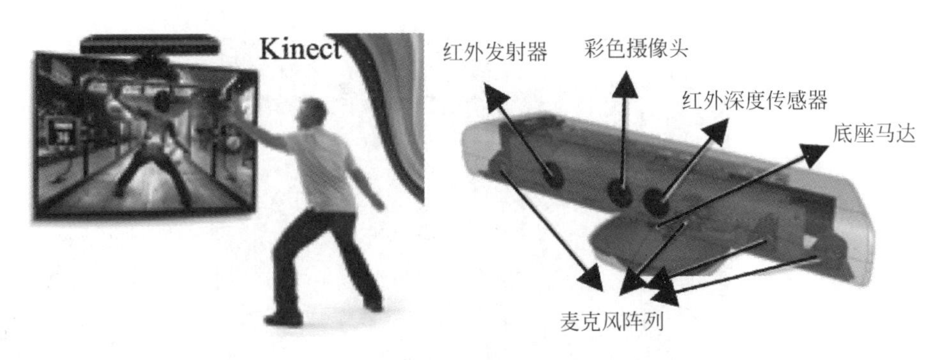

图 3-15　Kinect 设备及其结构

像;红外发射器(IR Emitter),主动投射红外光谱,照射到粗糙物体或者穿透毛玻璃后,光谱发生扭曲,会形成随机的反射斑点,进而被红外摄像头读取;麦克风阵列,Kinect 内置四个麦克风采集声音,比对后消除杂音,可进行语音识别和声源定位;Kinect 搭配了追焦技术,底座马达会随着对焦物体移动而转动。

Kinect 体感交互的工作原理主要包括传感、寻找移动部位、判断关节点和模型匹配四个方面。Kinect 可以主动追踪最多两个玩家的全身骨架,或者被动追踪最多四名玩家的形体和位置。在这一阶段将为每个被追踪的玩家在景深图像中创建分割遮罩,这是一种将背景物体(比如椅子和宠物等)剔除后的景深图像,如图 3-16 所示。

Kinect 处理流程的最后一步是使用之前阶段输出的结果,根据追踪到的 20 个关节点、基于模型匹配来生成一幅骨架系统,评估人体实际所处位置,如图 3-17 所示。

图 3-16　人体分割

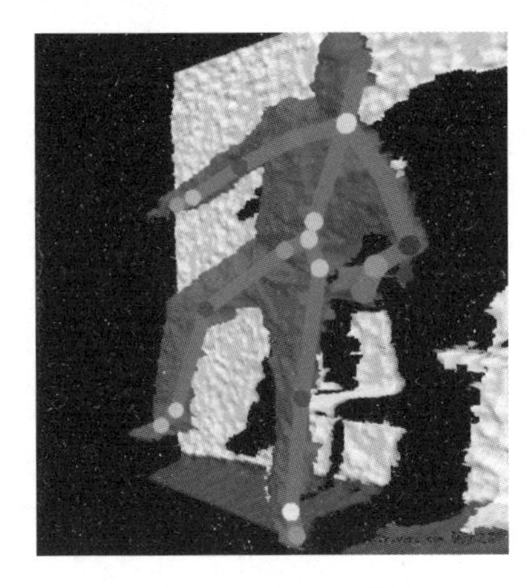

图 3-17　人体骨架提取

3.1.4　指点输入设备

指点设备常用于完成一些定位和选择物体的交互任务。对于台式电脑而言,鼠标依然是目前最常用的指点设备,但随着便携式电脑及移动智能终端的普及,鼠标的地位正面临着触控指点输入设备的挑战。

1. 鼠标及控制杆

鼠标的使用使得计算机的操作更加简便,有效代替了键盘的繁琐指令。按其工作原理的不同，鼠标可以分为机械鼠标和光电鼠标。机械鼠标主要由滚球、辊柱和光栅信号传感器组成。当拖动鼠标时，带动滚球转动，滚球又带动辊柱转动，装在辊柱端部的光栅信号传感器产生的光电脉冲信号反映出鼠标器在垂直和水平方向的位移变化。光电鼠标用光电传感器代替了滚球，通过检测鼠标器的位移，将位移信号转换为电脉冲信号，再通过程序的处理和转换来控制屏幕上的鼠标箭头的移动。

无线鼠标和3D鼠标是比较新颖的鼠标，如图3-18所示。无线鼠标最初是为了适应大屏幕显示器而生产的，其采用红外线信号或蓝牙信号来与电脑传递信息。3D鼠标一般由一个扇形的底座和一个能够活动的轨迹球构成，不仅可以当作普通的鼠标器使用，还具有全方位立体控制能力，通过轨迹球可以实现沿X/Y/Z坐标轴平移及绕X/Y/Z坐标轴旋转等六自由度的控制（见图3-19），适合三维内容创作或三维空间导航应用。

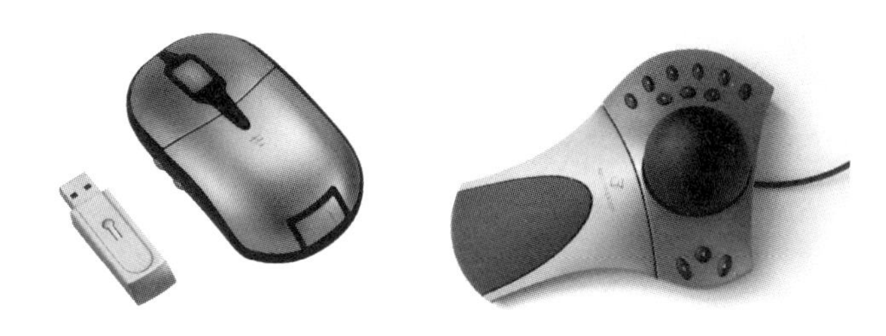

图3-18 无线鼠标和3D鼠标

图3-19 3D鼠标的轨迹球控制方式

控制杆的历史很长，始于汽车和飞行器的控制装置。目前，计算机使用的控制杆有几十种样式，主要区别在于其不同的杆长及厚度、不同的位移力和距离、不同的按钮或挡板、不同的底座固定方案，以及相对于键盘和显示器的不同位置。

控制杆的移动导致屏幕上光标的移动。根据两者移动的关系，可以将其分为两大类：位移定位和压力定位。对于位移定位的控制杆，屏幕上的光标依据控制杆的位移而移动，因而位移是非常重要的定位特征。而对于压力定位的控制杆，其受到的压力被转化为屏幕上光标的运动速度。游戏杆是一类较为常见的控制杆，在三维游戏中提供比传统键盘鼠标更自然的交互方式。另外，有些笔记本电脑的键盘中央也有一个灵活小巧的控制杆，被形象地称为Keyboard Nipple，也属于压力定位的控制杆。

2. 触摸屏

触摸屏作为一种特殊的计算机外设，提供了用户“所见即所得”的自然交互方式，广泛应用于手机、平板电脑等移动式终端设备，可以说触摸屏技术的出现改变了手机产品的面貌。触摸屏由触摸检测部件和触摸屏控制器组成。触摸检测部件安装在显示器屏幕前面，用于检测用户触摸位置，然后传送给触摸屏控制器。而触摸屏控制器的主要作用是处理从触摸检测部件接收到的触摸信息，并将它转换成触点坐标，再传送给CPU，同时能接收CPU发来的命令并加以执行。触摸屏包括电阻式触摸屏，电容式触摸屏和基于光学的触摸屏三种。

(1) 电阻式触摸屏是一种最常见的触摸屏,具有原理简单、工艺要求低、价格低廉的优势。电阻式触摸屏是一种传感器,通过转换触摸点的物理位置坐标(X,Y),得到代表X坐标和Y坐标的电压。电阻式触摸屏的屏体部分是薄膜加上玻璃的结构,玻璃与薄膜相邻的一面涂有透明的导电层(ITO),如图3-20所示。当手指触摸屏幕时,两层ITO发生接触,导致电阻发生变化,经感应器传出相应的电信号,再经过转换电路送到运算器,通过运算转化为屏幕上的X、Y值,从而完成点选的动作,并最终在屏幕上呈现。

传统的电阻式触摸屏只能定位一个触摸点,当出现多个触摸点时,会对屏幕系统的分压网络造成影响,使得触摸屏不能正常工作。为了解决这个问题,研究人员开发了一种能支持多点触摸的电阻式触摸屏(见图3-21),该触摸屏实质为一般的电阻式触摸屏阵列。基本原理如下:第一时刻,给Xl电极上加上电压,Y1、Y2、Y3分别读出A、B、C三块触摸区域所探测到的X坐标;同理,分别给X2、X3电极加上电压,读取剩余触摸单元的X坐标。在计算X坐标之后,依次给Y1、Y2和Y3电极加上电压,计算出各个触摸单元的Y坐标。由于各个触摸单元需要同时工作,任何一个触摸单元的损坏都可能最终导致触摸屏不能正常工作,因此多点触摸屏的可靠性大大低于单点触摸屏。

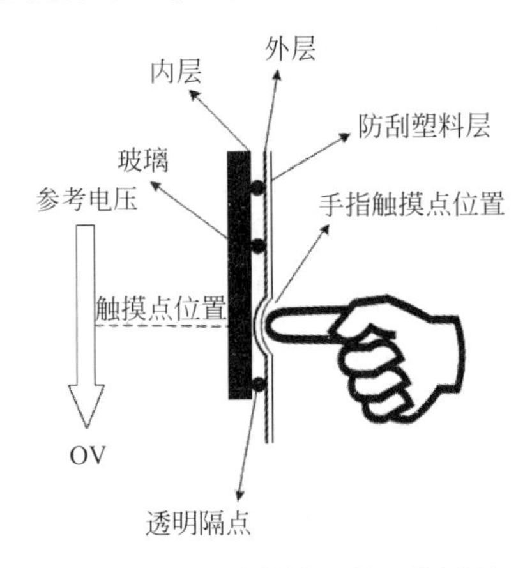

图3-20 电阻式触摸屏的工作原理

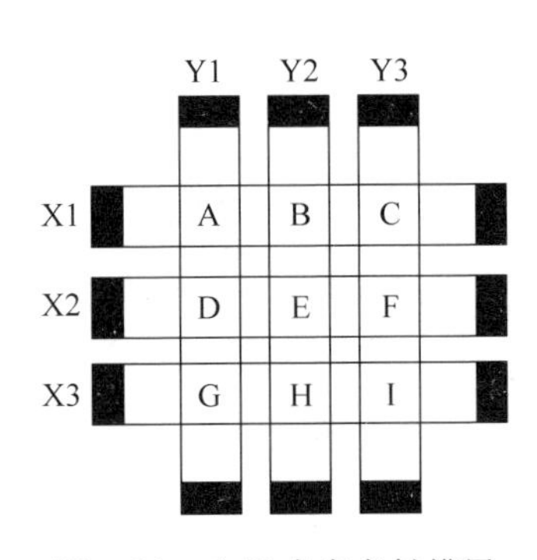

图3-21 电阻式多点触摸屏

(2) 电容式触摸屏由四层复合玻璃屏组成,利用人体的电流感应进行工作。玻璃屏的内表面和夹层各涂有一层ITO,最外层是一薄层矽土玻璃保护层,夹层ITO涂层作为工作面,四个角上引出四个电极,并接上电压,在导电体层内形成一个低电压交流电场。当手指触摸在金属层上时,由于人体电场、用户和触摸屏表面形成一个耦合电容,对于高频电流来说,电容是直接导体,于是手指从接触点吸走一个很小的电流。这个电流分别从触摸屏的四角上的电极中流出,并且流经这四个电极的电流与手指到四角的距离成正比,控制器通过对这四个电流比例的精确计算,得出触摸点的位置,如图3-22所示。

电容屏在原理上把人体当作一个电容器元件的一个电极使用,因此,当较大面积的手掌或手持的导体物靠近电容屏而未触摸时就能引起电容屏的误动作,在潮湿的天气,这种情况尤为严重。电容屏的另一个缺点是用戴手套的手或手持不导电的物体触摸时没有反应,这是因为引入了更为绝缘的介质。

(3) 基于光学原理的多点触摸屏具有高扩展性、低成本和易搭建等优点,现已成为最受欢迎的多点触摸平台技术之一。到目前为止,已经有多种基于光学原理的多点触摸屏技术,

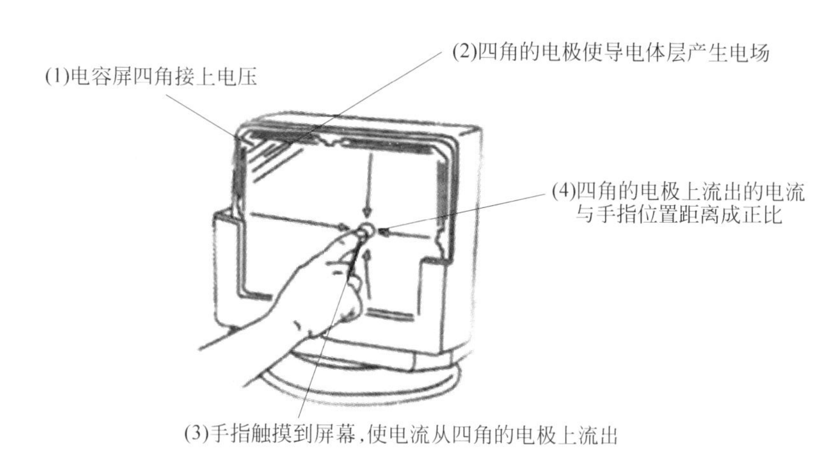

图 3-22　电容式触摸屏工作原理图

这里我们介绍两种代表性的技术。

① 受抑全内反射多点触摸技术(Frustrated Total Internal Reflection,FTIR)是多点触摸屏的典型实现技术,如图 3-23 所示。用作交互的界面是一块亚克力板,红外灯发射的红外线进入亚克力板,当亚克力面板的厚度大于 8mm 时,光线在亚克力板内不停反射,而不会发生折射,这就叫做全内反射。当手指碰到亚克力板表面时,板内的全内反射被破坏,手指将红外光线反射出来,此时位于亚克力板下方的红外摄像头将会捕捉到触摸的亮点,从而通过软件检测对应的触摸点。Struk Design Studio 所推出的多点触控屏幕 Struktable 采用的就是这一技术。

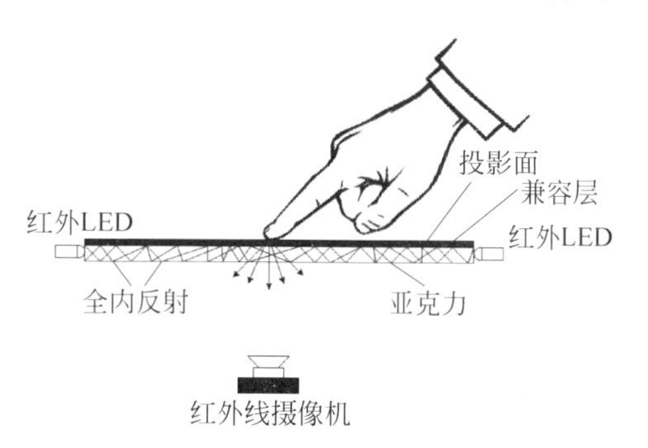

图 3-23　受抑全内反射多点触摸技术(FTIR)

② 散射光照明多点触摸技术(Diffused Illumination,DI)有两种形式:正面散射光照明多点触摸技术(Front-DI)和背面散射光照明多点触摸技术(Rear-DI)。这两种方式基于同一个原理,即画面与触摸在屏幕上的手指形成对比。

Front-DI 技术原理(见图 3-24 (a)):可见光(通常指来自周围环境的光)照射在触摸屏幕的正面上,将漫反射幕(漫射材料)放在触摸屏幕的上方或者底部,当物体触摸屏幕时便会

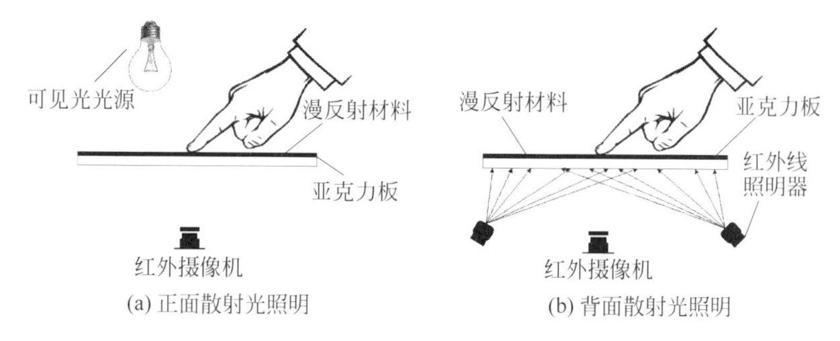

(a) 正面散射光照明　(b) 背面散射光照明

图 3-24　散射光照明多点触摸技术

产生阴影,摄像头根据产生的阴影来读取触摸信息点。

Rear-DI 技术原理(见图 3-24 (b)):红外光从底部照射在触摸屏幕上,将漫反射幕(漫射材料)放在触摸屏幕的上面或下面,当物体触摸屏幕的时候,在漫反射幕的作用下,会反射更多的红外光,以便摄像头捕捉。漫反射幕也可以用来检测悬停在触摸屏幕上的物体。与 FTIR 相比,背面散射照明技术更适合多点触摸系统,甚至可以使用一般的玻璃板,不需要亚克力板。然而其缺点也比较明显,如检测出错率较高、图像对比度偏低、光线不均匀等。微软公司推出的 PixelSense(曾用名 Surface)采用的正是 Rear-DI 技术。

3.2 输出设备

3.2.1 光栅显示器

光栅显示器是计算机的重要输出设备,是人机对话的重要工具。它的主要功能是接收主机发出的信息,经过一系列的变换,最后以点阵的形式将文字和图形显示出来。

1. 光栅显示器工作原理

常见的光栅显示器包括阴极射线管显示器(CRT)、等离子显示器和液晶(LCD)显示器。

CRT 显示器主要由阴极、电平控制器、聚焦系统、加速系统、偏转系统和阳极荧光粉涂层组成,这六部分都在真空管内,如图 3-25 所示。其中,阴极、电平控制器、聚焦系统、加速系统等统称为电子枪。

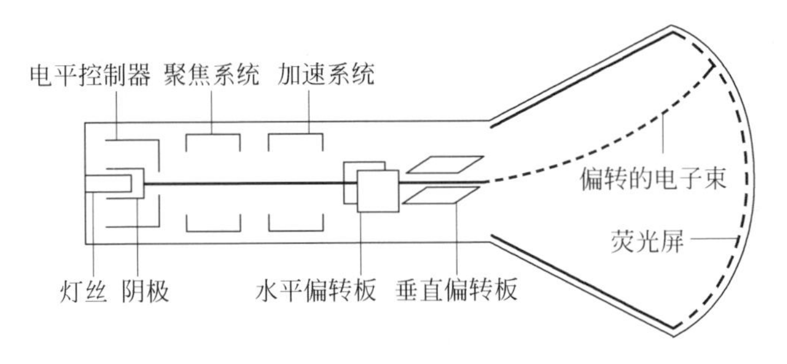

图 3-25　CRT 显示器原理图

CRT 显示器的工作原理是将显像管内部的电子枪阴极发出的电子束,经强度控制、聚焦和加速后变成细小的电子流,再经过偏转线圈的作用向正确目标偏离,穿越荫罩的小孔或栅栏,轰击到荧光屏上的荧光粉发出光。彩色 CRT 光栅扫描显示器有三个电子枪,它的荧光屏上涂有三种荧光物质,分别能发红、绿、蓝三种颜色的光。

等离子显示器采用了近几年来高速发展的等离子平面屏幕技术。等离子显示器是由密封在玻璃膜夹层中的晶格矩阵(光栅)组成的,每个晶格充有低压气体(低于大气压,通常是氖或氖氩混合气体)。在高电压的作用下,气体会电离解,即电子从原子中游离出来。由于电离解后的气体被称为等离子体,所以将这种显示器称为等离子显示器。当电子又重新与原子结合在一起时,能量就会以光子的形式释放出来,这时气体就会释放出具有特征的辉光。

等离子显示器的主要特点是图像清晰逼真，在室外及普通居室光线下均可视，显示的图像不会出现扭曲变形的情况，显示面积可以达到60英寸，用于家庭影院和高清晰度电视。等离子显示器的缺点是制造工艺复杂导致价格较高。

液晶显示器的主要原理是液晶分子受到电压的影响，会改变其分子的排列状态，并且可以让射入的光线产生偏转的现象。实现过程中，由背光层荧光物质发射光线照射液晶层，液晶层中的液晶分子包含在细小的单元格结构中，一个或多个单元格构成屏幕上的一个像素，当LCD中的电极产生电场时，液晶分子就会产生扭曲，从而将穿越其中的光线进行有规则的折射，经过过滤在屏幕上显示出来。当电场移除消失时，液晶分子借着其本身的弹性及黏性，会还原到未加电场前的状态。

液晶显示器的优点是图像清晰、画面稳定及功率低。液晶材质粘滞性比较大，图像更新需要较长响应时间，但这种缺点目前得到了较好的解决。在日常应用中，液晶显示器已经开始逐步占据主流地位。

2. 光栅显示器的主要技术指标

光栅显示器的主要技术指标包括扫描方式、刷新频率、点距、分辨率、亮度和对比度、尺寸等。

显示器的扫描方式分为"逐行扫描"和"隔行扫描"两种。隔行扫描显示器价格低，但人眼会明显地感到闪烁，用户长时间使用，眼睛容易疲劳，目前已被淘汰。逐行显示器则克服了上述缺点；逐行扫描使视觉闪烁感降到最低，长时间观察屏幕也不会感到疲劳。

刷新频率即屏幕刷新的速度。刷新频率越低，图像闪烁和抖动得就越厉害，眼睛疲劳得就越快。而当采用75Hz以上的刷新频率时可基本消除闪烁。因此，75Hz的刷新频率应是显示器稳定工作的最低要求。此外还有一个常见的显示器性能参数是行频，即水平扫描频率，是指电子枪每秒在屏幕上扫描过的水平点数，以kHz为单位，它的值也是越大越好，至少要达到50kHz。

点距是同一像素中两个颜色相近的磷光体间的距离。点距越小，显示出来的图像越细腻，当然其成本也越高。

分辨率的概念简单说就是指屏幕上水平方向和垂直方向所显示的点数，分辨率越高，图像也就越清晰，且能增加屏幕上的信息容量。

最大亮度的含义即屏幕显示白色图形时白块的最大亮度，产品制造时往往将亮度指标放有较大余量，当然，并不是越亮越好。对比度的含义是显示画面或字符(测试时用白块)与屏幕背景底色的亮度之比。对比度越大，则显示的字符或画面越清晰。

显示器的屏幕尺寸指的实际上是显像管的尺寸，依据用户需求选择。

3. 显卡

显示器必须依靠显卡提供的显示信号才能显示出各种字符和图像，显卡是连接显示器和个人计算机主板的重要设备。

显卡的主要作用是根据CPU提供的指令和有关数据进行相应的处理，并把处理结果转换成显示器能够接受的文字和图形显示信号，通过屏幕显示出来。常见显卡由显卡BIOS芯片、图形处理芯片、显存、数模转换器(Random Access Memory Digital-to-Analog Converter，RAMDAC)芯片、接口等组成。显卡的工作原理如图3-26所示。

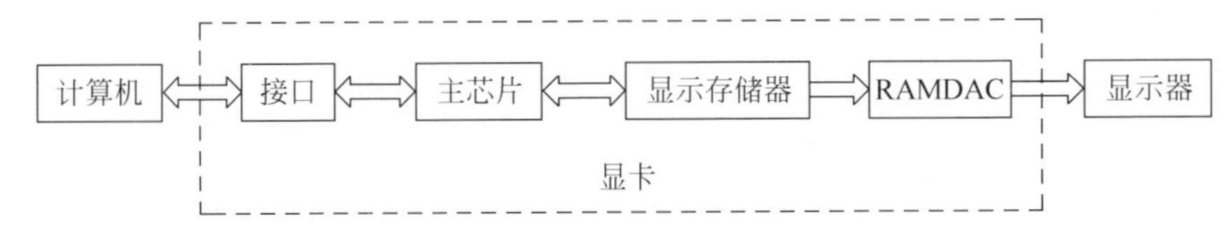

图 3-26 显卡工作原理图

其中,图形处理芯片(GPU)是显卡的核心,显卡的性能基本上取决于图形处理芯片的技术类型和性能。GPU 使显卡减少了对 CPU 的依赖,并进行部分原本 CPU 的工作,尤其是在处理 3D 图形时。

显示存储器(简称显存)的用途主要是用来保存由图形芯片处理好的各帧图形显示数据,然后由数模转换器读取并逐帧转换为模拟视频信号再提供给显示器显示,所以显存也被称为"帧缓存",它的大小直接影响到显卡可以显示的颜色多少和可以支持的最高分辨率。图形核心的性能愈强,需要的显存也就越多。

目前显卡的软件接口主要有 OpenGL(Open Graphics Lib)和 DirectX。OpenGL 是一套三维图形处理库,其主要目的是把二维和三维的图形图像绘制到帧缓存中。这些图形图像被描述为一系列的点或像素,OpenGL 通过对这些数据的操作,将它们转换为帧缓存中的像素。DirectX 并不是一个单纯的图形 API,它是由微软公司开发的用途广泛的 API,它提供了一整套的多媒体接口方案。随着显卡的发展,GPU 的计算能力越来越强大,除了图形处理,GPU 也开始应用于通用计算。例如,NVIDIA 公司推出的 CUDA(Compute Unified Device Architecture)开发包适用于通用并行计算架构,使 GPU 能够解决复杂的计算问题。

3.2.2 投影仪

投影仪又称投影机,是一种可以将数字图像或视频投射到幕布上的设备。通过投影仪,可以将磁盘、VCD、DVD 等存储介质中的数字图像转化为光学图像,是一种从数字信号到光信号的转换设备。我们在教室、商场、影院中经常接触到投影仪及投影显示,本节就对投影仪的技术原理进行简要介绍。

首先介绍投影仪的基本原理:一幅数字彩色图像可以分解为 R/G/B 三个位面,即三原色,每个位面都相当于一幅灰度数字图像。改变 R/G/B 位面的亮度(灰度)值之后再将它们叠加合成,就生成了一幅新的彩色图像。而投影仪的基本原理与此类似,分为以下几个步骤:①光学分色过程,将高亮度的白光光源分解为 R /G /B 三束光线,用于生成 R/G/B 三个位面的光学图像;②调制过程,即通过光阀器件,使 R/G/B 三束光线分别接受原始数字图像中 R/G/B 三个位面的调制,从而形成 R/G/B 三个位面的光学图像;③合成显示,将 R/G/B 三个位面的光学图像进行合成并投射出去,完成数字图像到光学图像的转换。根据投影仪的工作方式不同,主要分为 CRT 型、LCD 型及 DLP 型三种不同类型的投影仪,其中 LCD 投影仪与 DLP 投影仪又是目前商用投影仪中的主流。

1. CRT 三枪投影仪

CRT 投影仪(见图 3-27)可把输入信号源分解成 R(红)、G(绿)、B(蓝)三个 CRT 管的荧光屏上,荧光粉在高压作用下发光系统放大、会聚,在大屏幕上显示出彩色图像。通常所说的三枪投影仪就是由三个投影管组成的投影仪,由于使用内光源,也称主动式投影方式。

CRT 技术成熟，显示的图像色彩丰富，还原性好，具有丰富的几何失真调整能力；但其重要技术指标图像分辨率与亮度相互制约，直接影响 CRT 投影仪的亮度值，到目前为止，其亮度值始终徘徊在 300 流明以下。另外，CRT 投影仪操作复杂，特别是会聚调整繁琐，机身体积大，只适合安装于环境光较弱、相对固定的场所，不宜搬动。

图 3-27　CRT 三枪投影仪

2. LCD 投影仪

LCD 投影仪可以分成液晶板投影仪和液晶光阀投影仪，前者是投影仪市场上的主要产品。LCD 投影仪利用液晶的光电效应，其基本原理与 LCD 显示器相同。由于 LCD 投影仪色彩还原较好、体积小、重量轻、携带方便，已成为投影仪市场上的主流产品。

目前主流的 LCD 投影仪中配有 3 块高温多晶硅液晶板（HTPS），分别作为生成红、绿、蓝三个位面光学图像的光阀器件，故称为 3LCD 投影仪。液晶板由按照行列排列着的液晶单元所组成，每个液晶单元都对应着数字图像中的一个像素。液晶分子在受到电压影响时，会改变其排列顺序，从无序排列变为按电场方向有序排列，从而改变其透光率。当液晶板中每个液晶单元上施加的电压与数字图像中对应像素的对应位面亮度成正比时，液晶单元的透光率也就与对应像素值成正比，入射光线按比例透过液晶单元，即受到调制，生成了光学图像，所以 LCD 投影仪是一种透射式调制的投影仪。

3LCD 投影仪的基本工作原理如图 3-28 所示。利用超高压水银灯作为投影光源，发出明亮的白光；经过光路系统中的分光镜，将白光分解为 R/G/B 三束光线；3 块液晶板上分别显示出数字图像 R/G/B 三个位面的图像，液晶板每个单元的透光率与数字图像中对应像素的对应位面的亮度成正比。R/G/B 三束光线在精确的位置上穿过对应的液晶单元，这时候每一个液晶单元的作用类似于光阀门，控制每一个液晶单元中光线的透射率。通过这一光阀调制过程，R/G/B 三束光线分别透过对应液晶面板，形成了 R/G/B 三个位面的光学图像。最后 R/G/B 三个位面的光学图像通过合成棱镜合成为完整的彩色图像，投射到荧幕上。

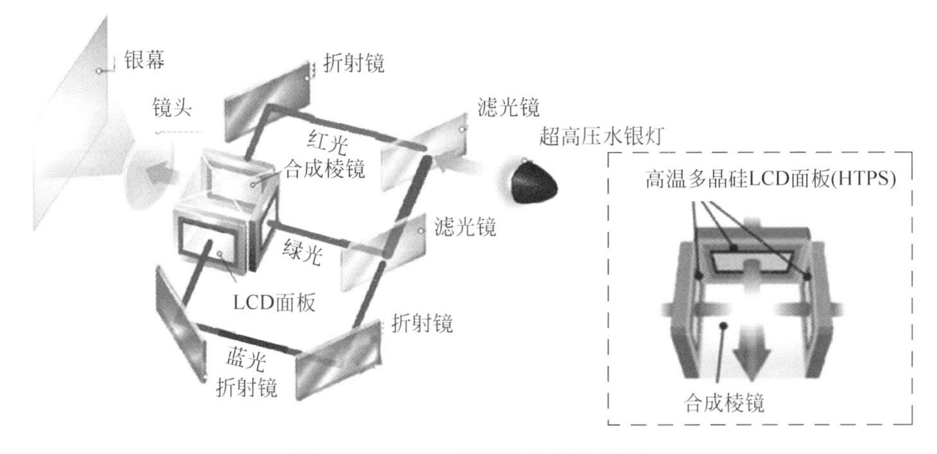

图 3-28　3LCD 投影仪的光路原理

科技轶闻：美日之间的“液晶之战”

液晶显示器、液晶投影仪是我们今天日常生活中常用的显示设备，某种意义上可以说，没有液晶显示技术，就没有数字化信息时代的到来。虽然液晶显示技术发端于美国，但最终开花结果的却是日本厂商，这里就谈一下美日之间的“液晶之战”。

1964年，在美国无线电公司(RCA)实习的28岁博士生梅尔耶尔发现了液晶的光电效应，改变液晶分子的电压可以改变其透光性，梅尔耶尔当时就设想到了平板液晶电视的未来，并在随后五年中在RCA公司的资助下取得了一系列LCD的技术专利。但作为当时显像管电视产业的龙头老大，RCA公司却雪藏了液晶显示技术，以免与其如日中天的显像管电视产品形成竞争。

而与此同时，嗅觉灵敏的日本厂商却紧紧盯上了液晶显示技术，出高价将RCA的液晶研究团队挖到了日本继续研发。1973年，精工株式会社推出了世界上第一款液晶电子手表，以其高科技感的功能与外观风靡一时，就连电影中的詹姆斯·邦德也摘掉了标志性的劳力士与欧米伽，戴上了精工液晶电子表。随后的20年中，日本厂商牢牢掌握了液晶显示技术，获取了近3千亿美元的效益，当年默默无闻的精工株式会社也随之发展成为日本电器巨头精工-爱普生集团。今天，LCD投影仪仍是爱普生公司的重要支柱产品。

3. DLP投影仪

虽然美国人失去了LCD技术优势，但通过DLP(Digital Light Processor)技术在投影仪市场上扳回一局。DLP即数字光处理器，是美国德克萨斯仪器公司(TI，业界惯称为德仪公司)研发的一种高速光电转换器件，利用其生产的DLP投影仪是目前投影仪技术的另一大主流。

DLP以DMD(Digital Micromirror Device，数字微反射器)芯片作为光阀成像器件。一片DMD芯片是由许多个微小的正方形反射镜片(以下简称微镜)构成的，微镜按行、列紧密地排列在一起，由支架和铰链连接固定在底座上(见图3-29(a))，并由底部的电机控制其反射角度(见图3-29(b))。每一片微镜都对应着数字图像中的一个像素。因此，DMD芯片的微镜数目决定了一台DLP投影仪的物理分辨率，例如一台投影仪的分辨率为1080P，所指的就是DMD芯片上的微镜数目有1920×1080=2 073 600个，足见DMD芯片的精密程度。

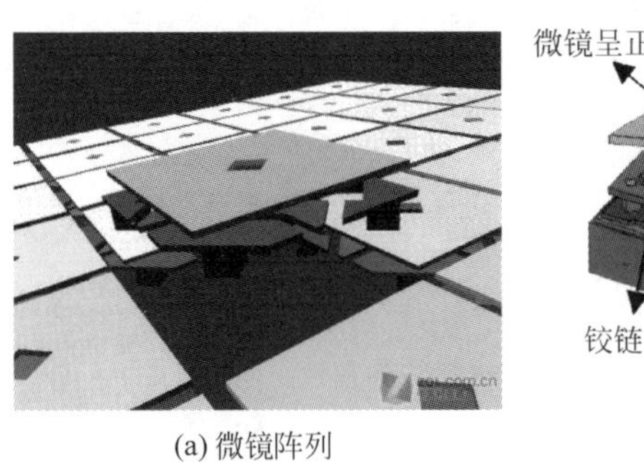

(a) 微镜阵列　　(b) 微镜结构

图3-29　DMD芯片中的微镜阵列

每一片微镜在底部电机的带动下，可呈现出±12°两种反射角度，将入射光分别反射到出射光路或吸收光路，从而使出射光强呈现1(开)和0(闭)两种状态，即二进制状态。DLP

中的数字电路对数字图像中的每个像素都进行二进制编码，用于控制对应微镜的开/闭状态的持续时间，从而将二进制数字信号转换为二进制的反射光强信号，所以DLP投影仪是一种反射式调制投影仪，数字微镜的工作原理如图3-30所示。

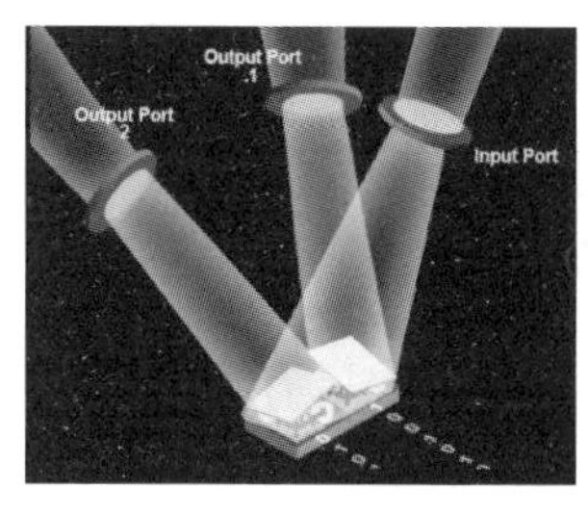

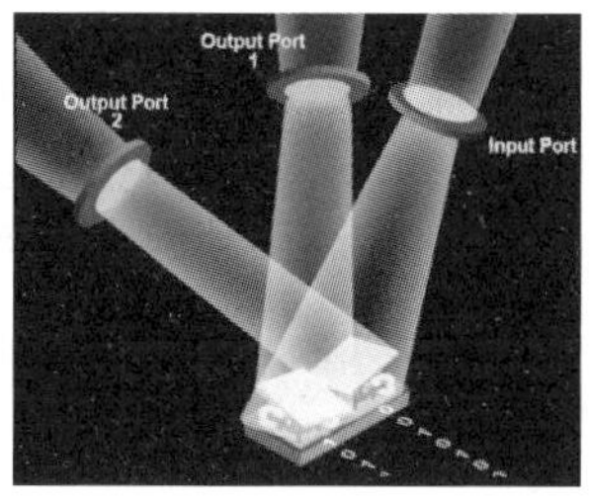

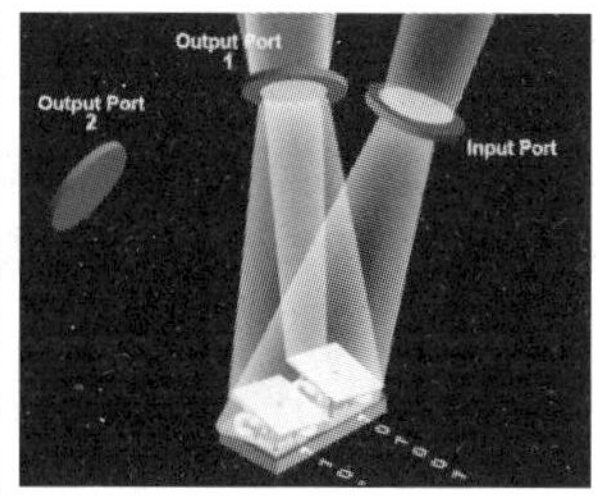

图3-30　数字微镜的二进制编码处理

如图3-31所示，我们以目前民用投影仪市场中常见的单片DLP投影仪为例，介绍DLP投影仪的基本工作原理。①光源分色：在高亮度的白色光源前面安装了一个圆形的色轮，三段式的色轮被均分为R/G/B三段，分别是R/G/B的滤色镜，色轮在电机控制下快速旋转。当R段转至光源前时，红光通过，绿光与蓝光依次类推，使白色光源顺序地分解为R/G/B三种单色光束，依次照射DMD芯片。②编码调制：当红光照射DMD芯片时，DLP中的处理电路对数字图像的红位面进行二进制编码，控制每个微镜的开/闭时间，使微镜成正比地将适当的红光反射到出射光路中，从而将红色位面数值转换为红色的光强信号，绿位面与蓝位面也依次进行同样的编码和反射过程。③彩色图像合成：一幅彩色图像的红、绿、蓝三个位面被依次投射到幕布上，通过视觉暂留效应，在人的视觉系统中合成完整的彩色图像。

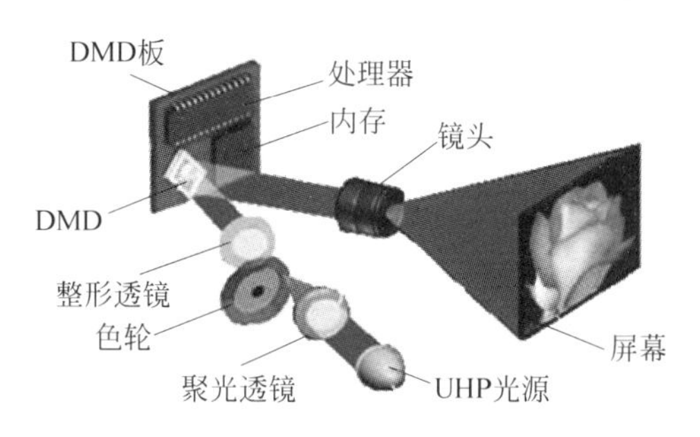

图3-31　单片DLP投影仪的光路原理

高端的DLP投影仪中含有3片DMD芯片，分别用于反射图像中红、绿、蓝三个位面的光线，故称为3DLP投影仪。与3LCD投影仪类似，白色光源通过分光镜被分为R、G、B三束光线，分别照射对应的DMD芯片；每个DMD芯片根据对应位面光强的二进制编码，控制每个微镜的反射角度及开/闭时间，形成R、G、B三个位面的光学图像，最终通过合成棱镜合成为完整的彩色图像，投射到银幕上。

与3LCD投影仪相比，DLP投影仪亮度更高、体积更小，缺点是单DLP投影仪的色彩表现不如3LCD投影仪，但随着3DLP投影仪的成本降低，这一缺点得到了有效弥补。同时，DLP器件作为一种廉价而实用的高速光电转换器件，也广泛应用于3D打印、精密激光加工等技术领域。

3.2.3　打印机

打印机是一种通用的输出设备，其组成可分为机械装置和控制电路两部分。常见的有针式、喷墨、激光打印机三类。

针式打印机与喷墨打印机的工作原理基本相同：计算机送来的代码经过打印机输入接

口电路的处理后送至打印机的主控电路,在主控电路控制下,产生字符或图形的编码,驱动打印头逐列进行打印;一行打印完毕后,启动走纸机构进纸,产生行距,同时打印头回车换行,打印下一行;上述过程反复进行,直到打印完毕。

针式打印机与喷墨打印机的主要区别在于打印头的结构。针式打印机的打印头通过电路控制打印针击打色带,在纸上打出一个点的图形。喷墨打印机的打印头由几千个直径约几微米的墨水通道组成,通过电路控制将墨水喷出通道,在纸上产生图形。

激光打印机主要由感光鼓、滚筒、打底电晕丝和转移电晕丝等组成,如图3-32(a)所示。激光打印机开始工作时,感光鼓旋转通过打底电晕丝,使整个感光鼓的表面带上电荷,如图3-32(b)所示。打印数据从计算机传至打印机,打印机先将接收到的数据暂时存放在缓存中,当接收到一段完整的数据后再发送到打印机处理器。处理器将这些数据转换成可以驱动打印引擎动作的、类似数据表的信号组(对于激光打印机来说,这些信号组就是驱动激光头工作的一组脉冲信号),然后将其送至激光发射器。发射器发射的激光照射在多棱反射镜上,反射镜的旋转和激光的发射同时进行,依照打印数据来决定激光的发射或停止。每个光点打在反射镜上,随着反射镜的转动,不断变换角度,将激光点反射到感光鼓上,如图3-32(c)所示。感光鼓上被激光照到的点将失去电荷,从而在感光鼓表面形成一幅肉眼看不到的磁化现象。感光鼓旋转到上粉盒,其表面被磁化的点将吸附碳粉,从而在感光鼓上形成将要打印的碳粉图像,如图3-32(d)所示。打印纸从感光鼓和转移电晕丝之间通过,转移电晕丝将产生比感光鼓上更强的磁场,碳粉受吸引而从感光鼓上脱离,向转移电晕丝方向移动,结果是在不断向前运动的打印纸上形成碳粉图像。打印纸继续向前运动,通过高温

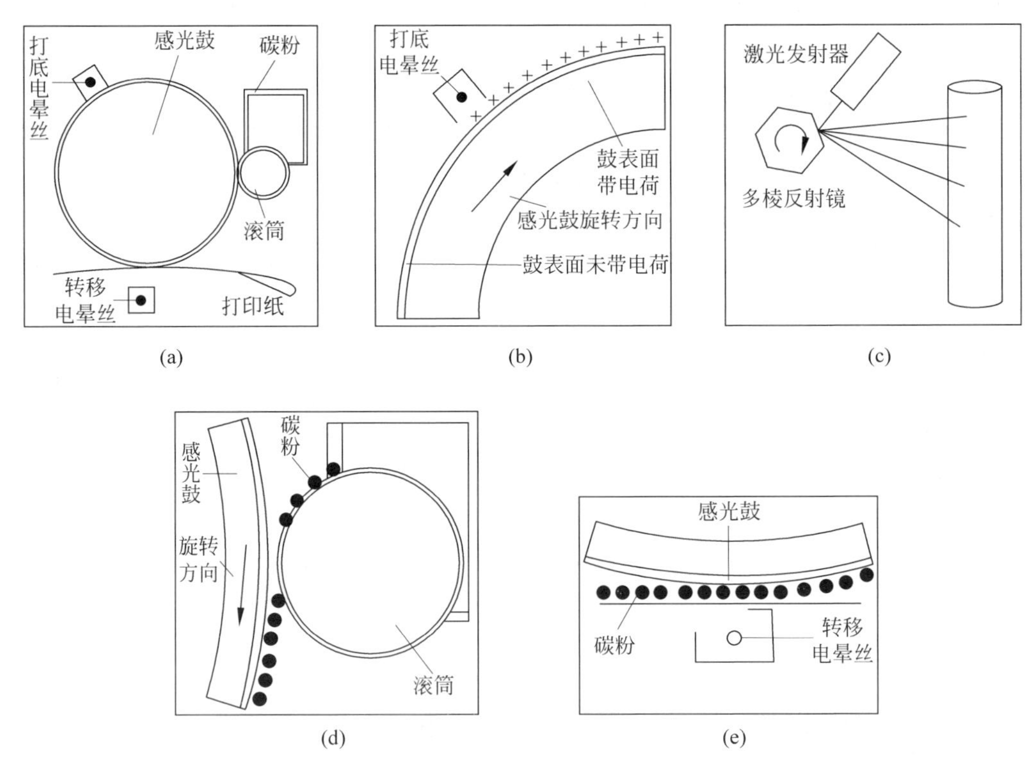

图3-32 激光打印机的工作原理图

的溶凝部件，定型在打印纸上，产生永久图像，如图 3-32(e)所示。同时，感光鼓旋转至清洁器，将所有剩余在感光鼓上的碳粉清除干净，开始下一轮的工作。

打印分辨率、速度、幅面、最大打印能力等是衡量打印机性能的重要指标。打印机分辨率又称为输出分辨率，是指在打印输出时横向和纵向两个方向上每英寸最多能够打印的点数。目前一般激光打印机的分辨率均在 600×600DPI 以上。打印速度指的是在使用 A4 幅面打印纸打印各色碳粉覆盖率为 5%的情况下，打印机每分钟打印输出的纸张页数，目前激光打印机的打印速度可以达到 35 页/分钟。打印幅面指打印机可打印输出的面积，常用的幅面包括 A3、A4、B4、B5 等。最大打印能力指的是打印机所能负担的最高打印限度，一般设定为每月最多打印多少页，如果超过最大打印数量，会缩短打印机的使用寿命。

3.2.4　3D 打印机

3D 打印机又称三维打印机，它以数字模型文件为输入，运用特殊蜡材、粉末状金属或塑料等可黏合材料，通过打印一层层的黏合材料来制造三维的物体，如图 3-33 所示。

图 3-33　3D 打印机以及打印出的不同材料的物体

3D 打印机读取三维模型文件中的横截面信息，用液体状、粉状或片状的材料将这些截面逐层地打印出来，再将各层截面粘合起来，制造出一个实体。打印机打出的截面的厚度以及截面的分辨率以 DPI 或者微米计算。一般的层厚度为 100 微米即 0.1 毫米，Objet Connex 系列及 Systems' ProJet 系列三维打印机可以打印出 16 微米的层厚度，而截面方向则可以打印出与激光打印机相近的分辨率。

3D 打印机与传统打印机最大的区别在于它使用的“墨水”是实实在在的原材料，可用于打印的介质种类多样，从种类繁多的塑料到金属、陶瓷以及橡胶类物质。有些打印机还能结合不同介质，令打印出来的物体一头坚硬而另一头柔软。目前主要的 3D 打印机类型包括以下几种。

(1)“喷墨”式 3D 打印机：使用打印机喷头将一层极薄的液态塑料物质喷涂在铸模托盘上，然后被置于紫外线下处理。然后铸模托盘下降极小的距离，进行下一层的堆叠打印。

(2)“熔积成型”3D 打印机：整个流程是在喷头内熔化塑料，然后通过沉积塑料纤维的方式形成薄层。

(3)“激光烧结”3D 打印机：以粉末微粒作为打印介质。粉末微粒被喷洒在铸模托盘上形成一层极薄的粉末层，熔铸成指定形状，然后由喷出的液态黏合剂进行固化。

传统的制造技术如注塑法可以以较低的成本大量制造聚合物产品，而三维打印技术则可以定制生产数量相对较少的产品。一个桌面尺寸的三维打印机就可以满足设计者或概念开发小组制造模型的需要。

3.2.5 语音交互设备

语音作为一种重要的交互手段,日益受到人们的重视。耳机、麦克风以及声卡是最基本的语音交互设备。

1. 耳麦

常见的耳机技术指标有耳机结构、频响范围、灵敏度、阻抗、谐波失真等。

耳机结构可以分为封闭式、开放式、半开放式三种。封闭式通过其自带的软音垫来包裹耳朵,使其被完全覆盖起来。因为有大的音垫,所以体积也较大,但可以在噪音较大的环境下使用而不受影响;开放式耳机是目前比较流行的耳机样式,利用海绵状的微孔发泡塑料制作透声耳垫,特点是体积小巧,佩带舒适,也没有与外界的隔绝感,但它的低频损失较大。半开放式耳机是综合了封闭式和开放式两种耳机优点的新型耳机,采用了多振膜结构,除了一个主动有源振膜之外,还有多个从动无源振膜同时较好地保留声音的低频和高频部分。

频响范围指耳机能够放送出的频带的宽度,国际电工委员会IEC581-10标准中,高保真耳机的频响范围应当能够包括50Hz到12500Hz之间的范围,顶端耳机的频响范围可达5Hz到40000Hz,而人耳的听觉范围仅为20Hz到20000Hz。

灵敏度又称声压级。耳机的灵敏度就是指在同样响度的情况下需要输入功率的大小。灵敏度越高,所需要的输入功率越小,同样的音源输出功率下声音越大。对于耳机等便携设备来说,灵敏度是一个很值得重视的指标。

耳机阻抗是耳机交流阻抗的简称,不同阻抗的耳机主要用于不同的场合。在台式机或功放、VCD、DVD、电视等设备上,常用到的是高阻抗耳机,有些专业耳机阻抗甚至会在200欧姆以上,可以更好地控制声音;而对于各种便携式随身听,如CD、MD或MP3,一般会使用低阻抗耳机,因为这些低阻抗耳机比较容易驱动。

谐波失真是一种波形失真,在耳机指标中有标示。失真越小,音质也就越好。一般的耳机应当小于或略等于0.5%。

很多情况下,耳机佩戴有麦克风。为了过滤背景杂音,达到更好的识别效果,许多麦克风采用了NCAT(Noise Canceling Amplification Technology)专利技术。NCAT技术结合特殊机构及电子回路设计以达到消除背景噪音、强化单一方向声音(只从佩戴者嘴部方向)的收录效果,是专为各种语音识别和语音交互软件设计的、提供精确音频输入的技术,采用NCAT/NCAT2技术的麦克风会着重采集处于正常语音频段(介于350~7000Hz)的音频信号,从而降低环境噪音的干扰。使用NCAT/NCAT2技术的麦克风相比普通麦克风在语音识别性能上有了大的改进,因而被广泛用于语音录入、互联网语音交互及计算机多媒体领域。

根据应用的不同,可以对传统的麦克风进行功能上的扩展。例如,为了满足多人连线网络游戏的需要,微软公司设计的Game Voice可以方便地实现同时与多个人对话、与不同的人对话,以及通过语音命令控制游戏等功能,如图3-34所示。

图 3-34 微软公司的 Game Voice 设备

2. 声音合成设备

声卡是最基本的声音合成设备，是实现声波/数字信号相互转换的硬件，可把来自话筒、磁带、光盘的原始声音信号加以转换，输出到耳机、扬声器、扩音机、录音机等声响设备。从结构上分，声卡可分为模数、数模转换电路两部分，模数转换电路负责将麦克风等声音输入设备采集到的模拟声音信号转换为计算机能处理的数字信号；而数模转换电路负责将计算机使用的数字声音信号转换为耳机、音箱等设备能使用的模拟信号。

一般声卡拥有4个接口：LINE OUT(或者 SPK OUT)、MIC IN、LINE IN 和游戏杆(外部 MIDI 设备接口)。其中 LINE OUT 用于连接音箱耳机等外部扬声设备，实现声音回放；MIC IN 用于连接麦克风，实现录音功能；而 LINE IN 则是把外部设备的声音输入到声卡中。

声卡的主要指标包括声音的采样、声道数及波表合成等。

声卡的主要作用之一是对声音信息进行录制与回放，在这个过程中采样的位数和频率决定了声音采集的质量。采样位数可以理解为声卡处理声音的解析度，这个数值越大，解析度就越高，录制和回放的声音也越真实。例如，在将模拟声音信号转换成数字信号的过程中，16位声卡能将声音分为64K个精度单位进行处理，而8位声卡只能处理256个精度单位，造成较大的信号损失。采样频率是指录音设备在一秒钟内对声音信号的采样次数，采样频率越高则声音的还原就越真实、越自然。在当今的主流声卡上，采样频率一般分为22.05kHz、44.1kHz、48kHz三个等级。22.05kHz只能达到广播的声音品质，44.1kHz则是理论上的CD音质界限，48kHz则更加精确一些，对于高于48kHz的采样频率，人耳已无法辨别出来。

声卡所支持的声道数从最初的单声道发展到目前的多声道环绕立体声。对于一般的立体声，又称为双声道，声音在录制过程中被分配到两个独立的声道，从而达到了很好的声音定位效果，用户可以清晰地分辨出各种乐器来自的方向，从而使音乐更富想象力，更加接近于临场感受。为了进一步增强身临其境的感觉，创建一个虚拟的声音环境，通过特殊的音效定位技术创造一个趋于真实的声场，从而获得更好的听觉效果和声场定位。

四声道环绕音频技术较好地实现了三维音效，四声道环绕规定了4个发音点：前左、前右、后左、后右，听众则被包围在这中间。通常，在四声道的基础上再增加一个低音发生点，以加强对低频信号的回放处理，这种系统被称为4.1声道系统，类似地，还有5.1、7.1声道系统。就整体效果而言，多声道系统可以为听众带来来自多个不同方向的声音环绕，可以获得身临其境的听觉感受，给用户以全新的体验。如今多声道技术已经广泛融入于各类中高档声卡的设计中，成为未来发展的主流趋势。

在游戏软件和娱乐软件中经常可以发现很多以MID为扩展名的音乐文件,这些就是在计算机上最为常用的MIDI格式。MIDI是Musical Instrument Digital Interface的简称,意为音乐设备数字接口。MIDI文件是一种描述性的"音乐语言",非常小巧,它将所要演奏的乐曲信息用字节描述,例如"在某一时刻,使用什么乐器,以什么音符开始,以什么音调结束,加以什么伴奏"等。

MIDI文件只是一种对乐曲的描述,本身不包含任何可供回放的声音信息。波表(WAVE TABLE)将各种真实乐器所能发出的所有声音(包括各个音域、声调)录制下来,存储为一个波表文件。播放时,根据MIDI文件记录的乐曲信息向波表发出指令,从"表格"中逐一找出对应的声音信息,经过合成、加工后回放出来。由于它采用的是真实乐器的采样,所以效果较好。一般波表的乐器声音信息都以44.1kHz、16Bit的精度录制,以达到最真实回放效果。理论上,波表容量越大,合成效果越好。

3.3 虚拟现实交互设备

虚拟现实应用要求计算机可以实时显示一个三维场景,用户可以在其中自由地漫游,并能操纵虚拟世界中一些虚拟物体,具有身临其境的感觉。因此,除了一些传统的控制和显示设备,虚拟现实系统还需要一些特殊的设备和交互手段,来满足虚拟系统中的显示、漫游以及物体操纵等任务。

3.3.1 三维空间定位设备

1. 空间跟踪定位器

空间跟踪定位器也称为三维空间传感器(见图3-35),是一种能实时地检测物体空间运动的装置,可以得到物体在六个自由度上相对于某个固定物体的位移,包括X、Y、Z坐标上的位置值以及围绕X、Y、Z轴的旋转值(转动、俯仰、摇摆)。这种三维空间传感器对被检测的物体必须是无干扰的,也就是说,不论这种传感器是基于何种原理或使用何种技术,它都不应当影响被测物体的运动,因而称为"非接触式传感器"。

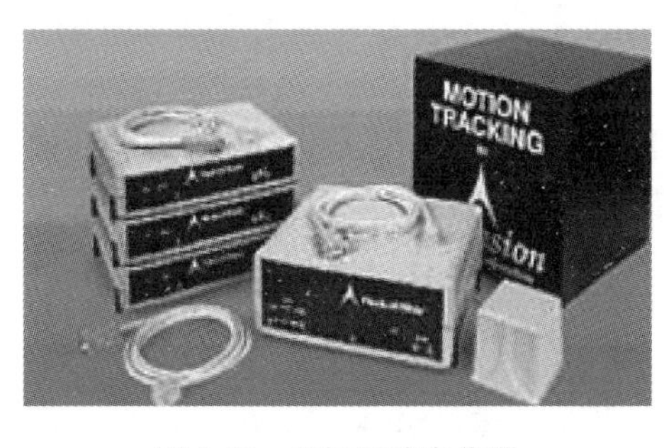

图3-35 空间跟踪定位器

在虚拟现实应用中,空间跟踪定位器的主要性能指标包括定位精度、位置修改速率和延时。其中定位精度和分辨率不能混淆,前者是指传感器所测出的位置与实际位置的差异,后者是指传感器所能测出的最小位置变化;位置修改速率是指传感器在一秒钟内所能完成的测量次数;延时是指被检测物体的某个动作与传感器测出该动作的时间间隔。如何减少颤抖、漂移、噪音是空间跟踪定位器需要解决的关键问题。在虚拟现实技术中广泛使用的是低频磁场式和超声式传感器。

低频磁场式传感器的低频磁场是由传感器的磁场发射器产生的,该发射器由三个正交的天线组成,在接收器内也安装有一个正交天线,它被定位在远处的运动物体上,根据接收器所接收到的磁场,可以计算出接收器相对于发射器的位置和方向,并通过通信电缆把数据传送给计算机。因此,计算机能间接地跟踪运动物体相对于发射器的位置和方向。在虚拟现实环境中,这种传感器常被用来安装在数据手套和头盔显示器上。

与低频磁场式传感器相似,超声波式传感器也由发射器、接收器和电子部件组成。发射器是由三个相距约30厘米的超声扩音器所构成,接收器由三个相距较近的话筒构成。周期性地刺激每个超声扩音器,由于在室温条件下的声波传送速度是已知的,根据三个超声话筒所接收到的、三个超声扩音器周期性发出的超声波,就可以计算出安装超声话筒的平台相对于安装超声扩音器的平台的位置和方向。

在作用范围较大的情况下,低频磁场式传感器比超声波式传感器有较明显的优点。但当在作用范围内存在磁铁性的物体时,低频磁场式传感器的精度明显降低。

2. 数据手套(Data Glove)

数据手套为人与环境的虚实结合提供了一种重要的手段。在虚拟环境中,操作者通过数据手套可以用手去抓或推动虚拟物体,以及做出各种手势命令。数据手套可以捕捉手指和手腕的相对运动,可以提供各种手势信号;也可以配合一个六自由度的跟踪器,跟踪手的实际位置和方向。

目前,数据手套(见图3-36)一般由很轻的弹性材料构成,紧贴在手上。整个系统包括位置、方向传感器和沿每个手指背部安装的一组有保护套的光纤导线,它们检测手指和手的运动。数据手套将人手的各种姿势、动作通过手套上所带的光导纤维传感器,输入计算机中进行分析处理。这种手势可以是一些符号表示或命令,也可以是动作。手势所表示的含义可由用户加以定义。如Cyber Glove在每个手指上有三个弯曲传感器和一个扭曲传感器,在手掌上有一个测量手掌弯度的传感器和一个手掌弧度的传感器,传感器的分辨率为0.5度。

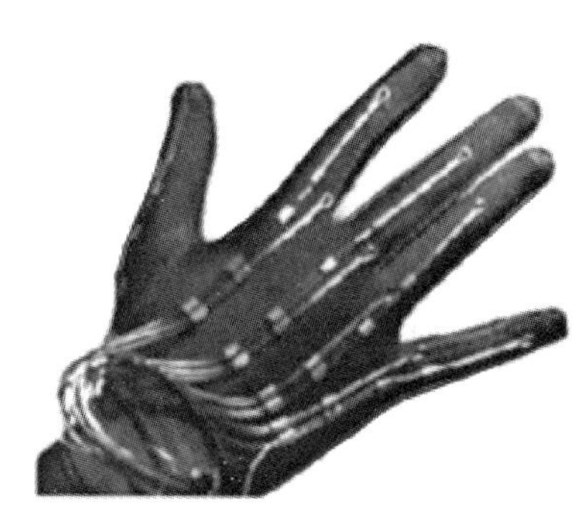

图3-36 数据手套

数据手套一般都有配套的SDK,利用这些SDK,可以非常方便地在应用程序中读取和解释传感器所获取的数据。

3. 触觉和力反馈器

在虚拟现实系统中,能否让用户产生“沉浸”效果的关键因素之一是用户能否用手或身体的其他部分去操作虚拟物体,并在操作的同时能够感觉到虚拟物体的反作用力,感觉就像在现实生活中一样。为了提供更真实的感觉,虚拟现实系统必须提供触觉反馈,以便使用户感觉到仿佛真的摸到了物体。但是由于人的触觉非常敏感,一般精度的装置根本无法满足要求。另外,对于触觉和力反馈器,还要考虑到模拟力的真实性、施加到人手上是否安全以及装置是否便于携带并让用户感到舒适等问题。目前已经有一些关于力学反馈手套、力学反馈操纵杆、力学反馈笔、力学反馈表面等装置的研究。

目前,手指触觉反馈器的实现主要通过视觉、气压感、振动触觉、电子触觉和神经肌肉模拟等方法。其中,电子触觉反馈器是向皮肤反馈宽度和频率可变的电脉冲,而神经肌肉模拟反馈是直接刺激皮层,这些方法都很不安全,较安全的方法是气压式和振动触感式反馈器。前者如美国Advanced Robotics Research公司于1992年推出的TeleTac Glove,每个手套上装有二十个力量敏感电阻和二十个小气袋；后者是利用压针和压垫构成的。

图 3-37 所示的是一种振动触感式反馈器。

图 3-37　Virtual Technology 公司的触觉反馈手套

3.3.2　三维显示设备

1. 立体视觉

由于人类从客观世界获得的信息主要来自视觉，因而视觉沟通就成为多感知虚拟现实系统中最重要的环节，立体视觉技术也就成为虚拟现实一种重要的支撑技术。早在虚拟现实技术研究的初期，计算机图形学的先驱 Ivan Sutherland 就在其 SWORD OF DAMOCLES 系统中实现了三维立体显示。

(1) 立体视觉原理

人的左、右眼之间有一定的间距(大约 6.5cm)，所以在看同一物体时左眼和右眼所成的像会有细微差异(见图 3-38)，称为"视差"(Disparity)。正是"视差"的存在，使人类能够产生有空间感的立体视觉效果。现代 3D 电影的制作原理便基于此，即通过立体摄像机获取具有细微差别的左、右两组图像，然后通过相应的 3D 显示技术分别播放给人的左、右眼以模拟人在现实中观察物体的情形，从而在人脑中呈现虚拟的立体场景。由于人的视觉系统具有局限性，人眼能够良好处理的视差范围是有限的，这个有限的范围称作视觉的"舒适区"(comfortable zone)，如图 3-39 所示。在现代 3D 电影的制作过程中，通过实时调整立体摄像机基线(两个摄像头的间距)或在后期制作中处理左右两幅图像，以使影像内容的视差满足"舒适区"，从而产生更好的立体效果。

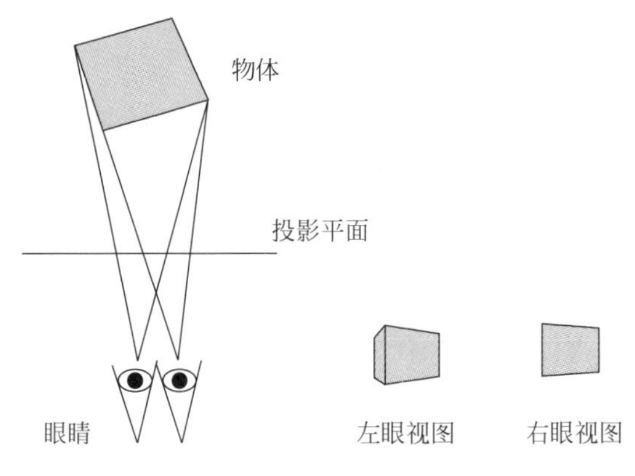

图 3-38　立体视觉原理

(2) 立体影像显示技术

立体影像显示技术主要有两种：主动式立体模式和被动式立体模式。主动模式主要应用于立体电视及立体投影仪设备，在主动模式下，立体视频中的左、右眼影像按照顺序交替播放，用户佩戴的液晶快门立体眼镜的左/右眼液晶镜片也交替开闭，与立体影像的播放时序保持同步，从而产生高质量的立体效果，如图 3-40 所示。为实现播放时序与镜片的开闭时序实现同步，需要在播放设备(立体投影仪或立体电视)中产生并发射出一组无线同步脉冲信号，液晶快门立体眼镜接收这一同步信号，并由此控制左/右眼液晶镜片的交替开闭。在立体电视及LCD立体投影仪中，同步脉冲主要采用红外信号的形式，而DLP立体投影仪则通过投射瞬时高亮度白光脉冲的形式实现光电同步，称为DLP-Link技术。选购DLP投影仪时，如果贴有DLP 3D Ready标签，就表明该投影仪内置了DLP-Link技术，可以播放立体视频。

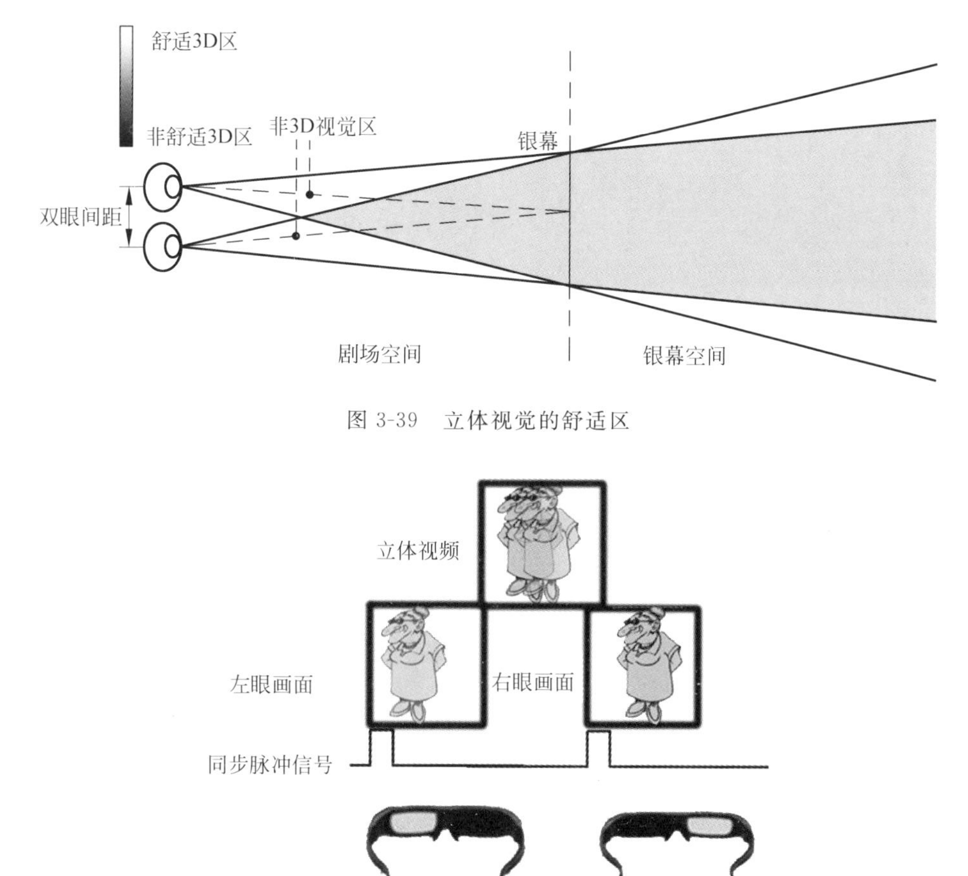

图3-39　立体视觉的舒适区

图3-40　主动式立体显示

被动式立体显示系统主要用于影院环境，我们在影院中观看立体电影，一般都采用被动式立体显示。被动式立体显示主要是利用光的偏振现象(Polarization)来区分左、右眼图像。我们结合图3-41，利用线性偏振光来简单地解释一下光的偏振现象：光是一种横波，即光波的振动方向与其传播方向垂直；在垂直于传播方向的平面上，自然光在各个方向上都存在幅度振动，是非偏振光(Unpolarized Light)；如果通过光学器件(偏振片)使光波变得仅在该平面的水平或垂直方向上振动，就变成了线性偏振光，分别称为水平偏振光与垂直偏振光；水平偏振光与垂直偏振光是相互正交的，即水平偏振光能够完全穿过水平偏振片，却无法穿过垂直偏振片，反之亦然；利用这一正交特性就可以区分左、右眼图像。我们在影院中佩戴的立体眼镜的镜片大多是线性偏振镜片，把两片偏振镜片叠加在一起，当两片镜片平行时，镜片透明，旋转其中一片令其垂直时镜片就变得不透明了，这就可以验证线性偏振光的正交性。

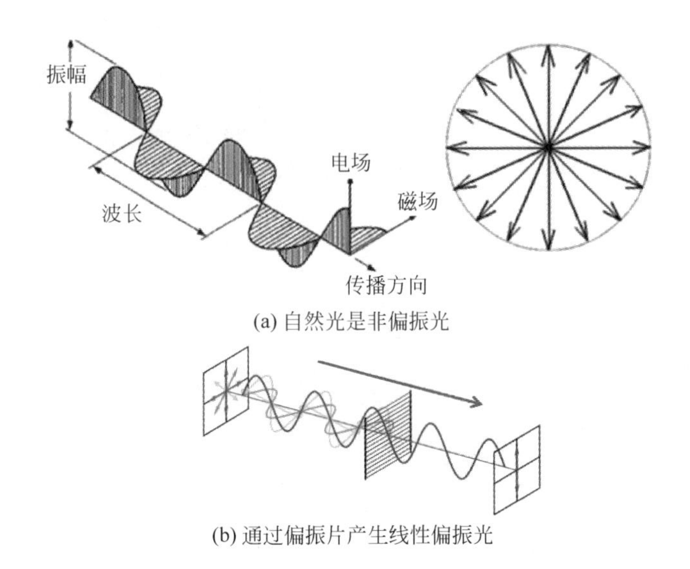

图 3-41　偏振光与偏振片

被动式立体显示系统需要使用两套投影设备，分别播放左、右眼影像，两台投影仪分别使用相互正交的偏振片进行调制，使左眼图像变成水平偏振光，右眼图像变成垂直偏振光，区别出左、右眼影像，用户佩戴偏振光眼镜，左眼只能看到左图像，右眼只能看到右图像，从而产生了立体视觉效果。

主动式立体显示的效果较好，但液晶快门眼镜造价较高，不适于在影院场合应用；而偏振立体眼镜造价低廉，可以作为易耗品使用，因此电影院中主要采用被动的偏振式立体显示。

(3) 头盔式显示器

头盔式显示器(Head Mounted Display，HMD，如图 3-42 所示)是一种立体图形显示设备，可单独与主机相连以接收来自主机的三维虚拟现实场景信息，分单通道和双通道两种。单通道的头盔显示器上装有一个液晶显示器，分时实现左、右眼图像；双通道的头盔装有两个液晶显示器，左边的液晶屏显示来自主控计算机生成的左眼图像，右边的液晶显示屏显示来自主控计算机生成的右眼图像。每一幅图像的显示刷新速度都在 60Hz 以上，两幅图像在两个液晶屏之间快速切换显示，根据立体成像原理，观察者就可以看到立体图像。由于两个显示屏幕处于用户佩戴的头盔中，分别覆盖用户双眼的视野，使得用户只能够感知来自计算机所生成的图像，沉浸感极强。头盔式显示器辅以空间跟踪定位器，支持观察者空间上的

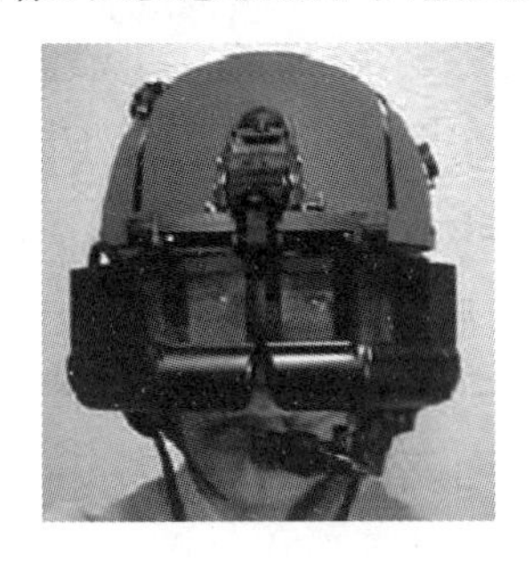

图 3-42　头盔式显示器

移动,如自由行走、旋转等,同时进行虚拟场景漫游。随着技术的不断进步,头盔显示器也得到了不断的改进,特别是在它的显示分辨率方面已经得到了很大的改善,目前分辨率已经达到了 1024×768。

头盔显示系统也存在若干缺点,如单用户的局限性、显示屏幕分辨率不高、头部跟踪延迟、头盔过重以及屏幕距离眼睛过近等。

增强现实(Augmented Reality,AR)技术将虚拟的物体合并到现实场景中,在虚拟环境与真实世界之间架起了一座桥梁。典型的增强现实系统使用透视式头盔显示器(see-through HMD)在用户的视野里合成真实环境和虚拟物体,如图 3-42 右图所示。为了成功应用增强现实技术,需要有观察仪器的准确投影信息,这就要求对所使用的透视式头盔显示器进行标定(Calibration)。显示器标定指的是显示在 HMD 中的虚拟图像和真实环境的图像进行对准,其目的是预测虚拟物体显示在 HMD 上的投影变换,从而使虚拟物体能显示在 HMD 的正确位置上。

增强现实有两种最重要的透视式头盔显示器:光学透视式 HMD 和视频透视式 HMD。使用光学透视式 HMD,用户可直接看到周围的真实环境,同时还可看到计算机产生的增强图像或信息。光学 HMD 的标定需要依赖于用户的在线标定,成为阻碍其实际应用的难点。而视频式 HMD 通过内置的摄像机观察真实环境,由于只需要标定摄像机,视频式 HMD 的增强现实系统相对容易标定。

值得注意的是,近期欧美大公司开始对头盔式显示器表现出浓厚的兴趣。2014 年 3 月,Facebook 公司斥资 20 亿美元收购了开发头盔式显示三维游戏的 Oculus 公司,该公司基于自主开发的 Oculus Rift 头盔显示器(见图 3-43),开发和移植了一系列广受欢迎的三维游戏。而微软公司在 2015 年 1 月发布了一款头戴视频方式显示器 HoloLens,如图 3-44 所示。这款设备通过 SLAM(Simultaneous Localization And Mapping,即时定位与地图构建)技术对周围场景进行实时三维重建,并根据重建的三维场景对用户眼睛的空间位置及姿态进行实时计算,然后据此渲染出相应视角的虚拟图像,叠加在真实环境上。

图 3-43　Oculus Rift 头盔显示器

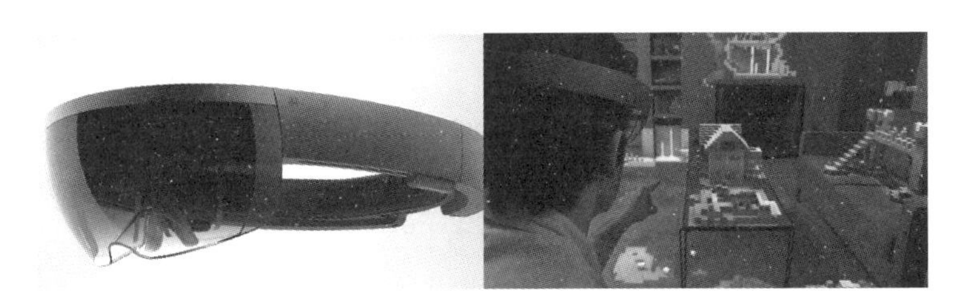

图 3-44　HoloLens 头戴显示器及显示效果

2. 投影拼接融合的沉浸式显示环境

投影拼接融合是指将多台投影仪所投射出的画面进行边缘融合,显示出无缝、大幅面、高亮度、高分辨率的整幅画面,为观众提供全沉浸式的观看体验及多用户参与的交互体验。目前,投影拼接融合技术已经广泛应用于虚拟现实、数字娱乐和展览展示等领域,如图3-45所示。

(a) 球幕投影

(b) 建筑外墙投影

图3-45 上海世博会的球幕投影和建筑外墙投影

1992年,Defanti等人提出了洞穴式显示环境(Cave Automatic Virtual Environment, CAVE),这是一种四面沉浸式的虚拟现实环境。系统在支持多用户的同时,给用户提供了前所未有的沉浸感效果,如图3-46所示。对于处在系统内的用户来说,投影屏幕将分别覆盖用户的正面、左右以及底面视野,构成一个边长为10英尺的立方体。可以允许多人走进CAVE中,用户戴上立体眼镜便能从空间中任何方向看到立体的图像。CAVE实现了大视角、全景、立体且支持5~10人共享的一个虚拟环境。

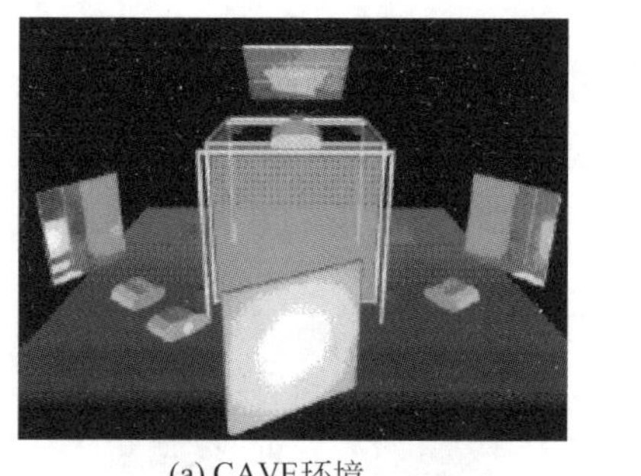

(a) CAVE环境

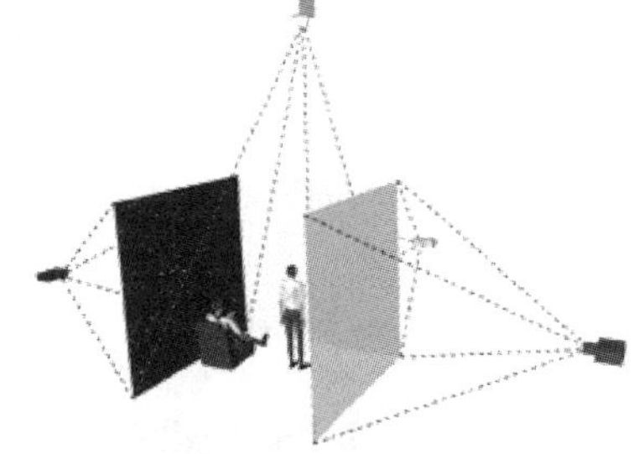

(b) CAVE原理

图3-46 CAVE显示环境及显示原理

投影拼接融合技术主要由两部分组成,几何校正和亮度/色彩校正。

几何校正是对投影图像变形失真和重叠区域画面纹理不齐进行的误差校正方法。采用环幕或者球幕时,当投影仪把图像投射到这些弧形的屏幕上,图像就会变形失真,这种现象称为非线性失真。而且投影拼接融合要求多个投影画面精准对齐,如图3-47所示。投影自带的校正功能往往不能满足要求,这时需要几何校正技术对投影画面做出调整,以完美地投影出画面。常见的几何校正技术有线性校正、弧形校正、球面校正、任意曲面校正等。

亮度/色彩校正是对于投影的画面拼接中有投影光线和画面的重叠部分的融合处理。以消除光线重合部分的多余亮度,减小不同投影机之间的颜色差异,从而确保画面亮度和色彩均匀一致,如图3-48所示。亮度/色彩校正的基本原理为对重叠的投影画面的亮度和颜

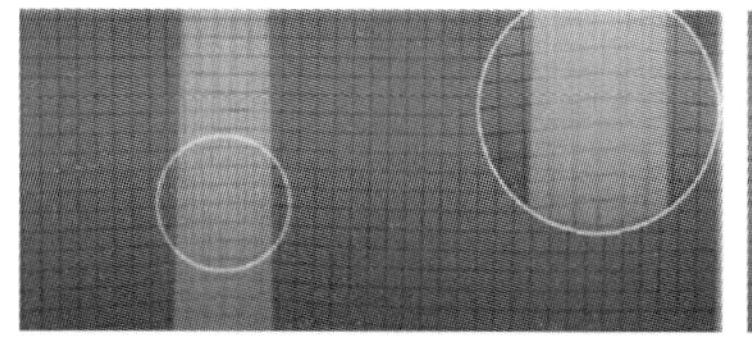
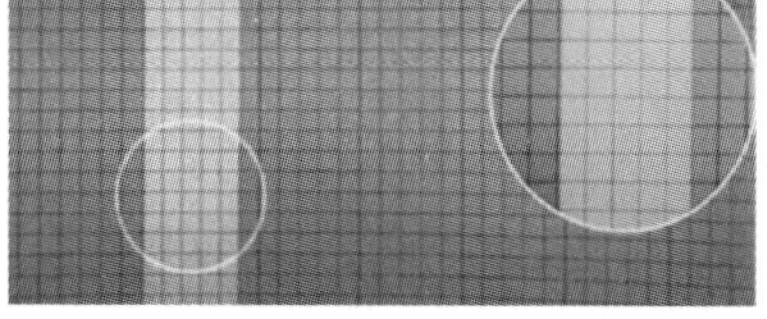

(a) 几何校正前　　(b) 几何校正后

图 3-47　几何校正

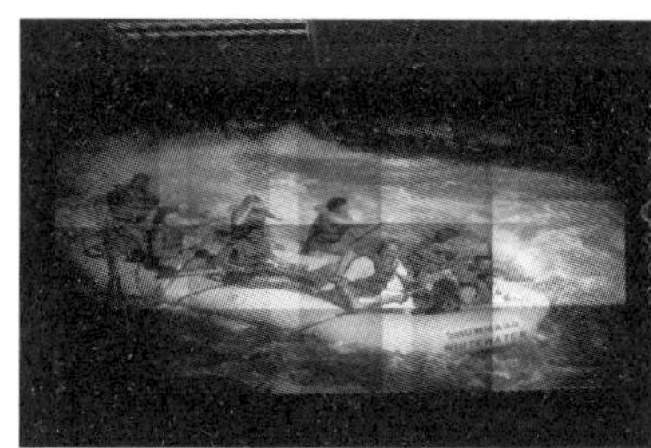

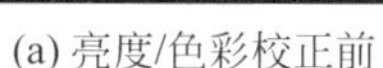

(a) 亮度/色彩校正前　　(b) 亮度/色彩校正后

图 3-48　亮度/色彩校正

色进行线性或非线性的衰减处理。

根据拼接融合方式，投影拼接融合可分为手动拼接融合和自动拼接融合。

手动拼接融合通常使用所见即所得的交互系统，通过拖动网格、曲线等方式实现几何校正和边缘融合(亮度融合和颜色融合)，大致步骤如下所述。

- 几何校正：为每个投影仪的实际投影区域添加控制网格，通过调整控制网格实现投影区域的拼接。细化并调整控制网格，以使得投影画面的重叠区域实现精准对齐。
- 亮度融合：手动拖动调整每台投影仪实际投影区域的重合区域亮度衰减曲线，以消除重合区域的过暗与过亮现象。
- 颜色融合：分别调整每台投影仪白色、红色、绿色、蓝色值阈值，使得两台投影仪投影颜色基本相同。

手动拼接融合实现比较简单，拼接效果可控。但手动拼接系统需要专业人员操作，拼接耗时，且拼接效果取决于操作人员的主观判断。

自动拼接融合使用摄像机作为辅助设备，获取各投影仪与屏幕的位置关系，自动实现拼接校正。对于非平面屏幕的几何校正，还需要对屏幕的形状信息进行参数化。主要步骤包括屏幕形状参数化，摄像机标定，投影仪位置估计，投影图像几何校正，边缘融合。目前自动拼接融合的几何校正方法分为两种：基于三维重建的几何校正方法和非重建的几何校正方法。

基于三维重建的几何校正方法要求使用多台摄像机、投影仪，通过结构光或者特征标志物等三维重建方法，实现对投影场景的几何外形恢复，同时获取投影仪在场景中的位置。优点是可以获得全部场景信息，因此能够方便地生成对应位置的投影仪图像，特别适用于用户视点不固定的沉浸投影环境。缺点是设备成本高、重建技术复杂且难以达到很高精度。

非重建的几何校正方法使用单纯的二维图像变换方法实现在非平面上投影图像的几何纹理对齐。常使用单应或者贝塞尔变形等方法对图像进行调整，利用摄像机作为纹理对齐判断的依据,优点是技术成熟、使用方便,缺点是由于没有场景的三维信息,因此在非平面投影时,需要使用辅助标志点或者其他手段获取投影仪与屏幕的对应关系,标定过程人工参与量大。

3. 裸眼立体显示设备

近年来出现了不需要佩戴立体眼镜的裸眼立体显示器,在机场等场合用于广告与宣传。裸眼显示器与需要佩戴立体眼镜的显示设备都利用了立体视觉原理,使用户通过左、右眼观察到物体的细微差异感知深度。两者不同之处在于裸眼立体显示器通过显示技术替代了之前通过眼镜偏振片实现的偏振滤光成像环节,其将画面分割成给左、右眼观看的两个不同角度的影像,再利用视觉暂留原理在人脑形成立体画面。

目前的裸眼立体显示器实现技术可以划分为两类:视差障壁方法和柱状透镜方法。

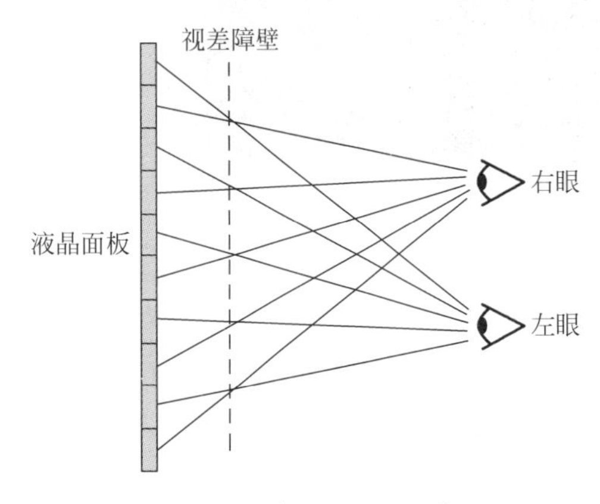

图 3-49 视差障壁方式的立体显示

(1) 视差障壁(Parallax Barrier)技术

图 3-49 所示是基于多通道的自动立体显示技术,视差障壁位于显示器 LCD 面板之前,可以准确控制每一个像素透过的光线,将左眼及右眼可视的画面分开。由于左眼或右眼观看屏幕的角度不同,利用这一角度差遮住光线,就可将图像分配给左眼或右眼,经过用户大脑将这两幅有差别的图像合成为一幅具有空间深度信息的立体图像。美国的 DTI 公司开发了基于视差栅的 Real-Depth 3DTM 立体显示器。液晶屏的像素被按列分成两组,显示层和反光板之间加了一层狭缝照明光栅,利用狭缝控制左右眼视差图出射方向。国内的宝龙公司在 2007 年推出了当时世界上最大的一款自由立体显示器(103 寸)。该技术的缺点是因背光遭视差障壁阻挡,降低了图像的亮度和图像分辨率。

(2) 柱状透镜(Lenticular Lens)技术

在 LCD 面板的最表层添加了数组形成影像的柱状透镜,其中每个透镜与液晶像素成一个小的角度摆放,并对应了若干液晶单元,确保让观看者在左眼和右眼上形成不同的图像,如图 3-50 所示。柱状透镜技术的优点是由于不会阻挡背光模块,因此显示器亮度不受影

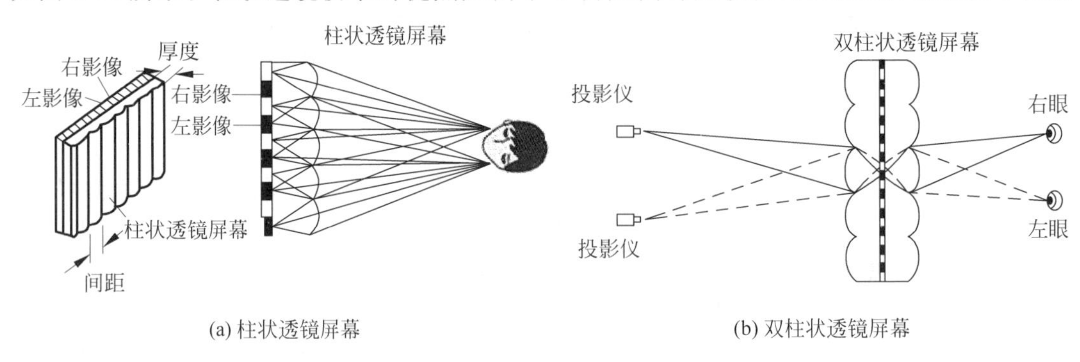

(a) 柱状透镜屏幕　　(b) 双柱状透镜屏幕

图 3-50 柱状透镜屏幕的三维显示系统

响，但如果用户观看液晶的角度不同，则可能无法看到三维效果，而且多焦点影像极易造成眼睛疲劳。

(3) 体三维显示技术

体三维显示技术通过二维图像在空间中不同位置的叠加，产生三维空间发光点的分布，从而实现三维显示。该技术可分为空间扫描式体三维显示(Swept-Volume Display)和固态多层体三维显示(Solid-Volume Display)两大类，前者如 Perspecta 设备，后者如 DepthCube 设备，如图 3-51 所示。

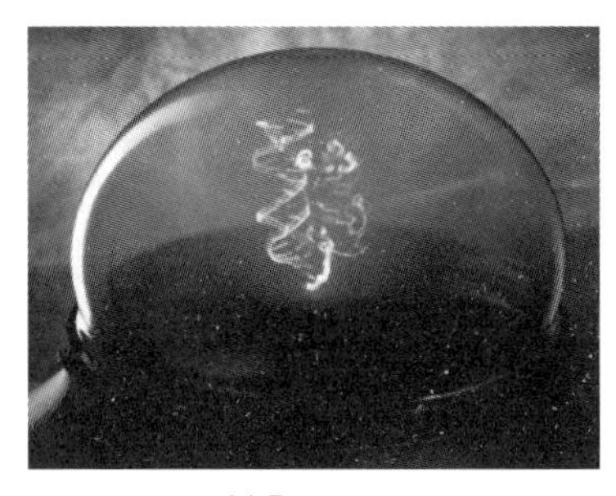

(a) Perspecta

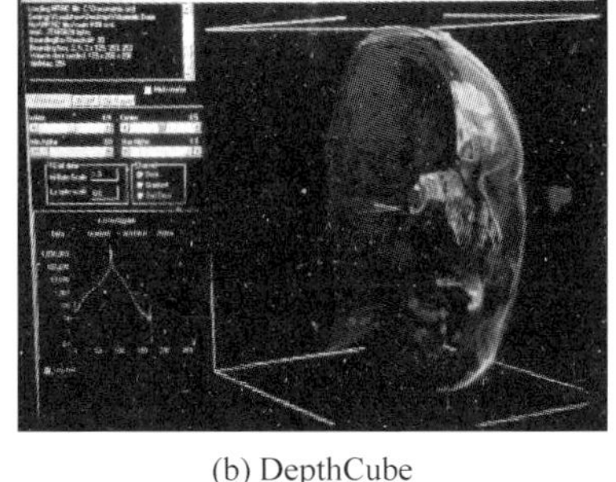

(b) DepthCube

图 3-51 两类典型的体三维显示设备

扫描体三维显示利用人类的视觉暂留原理，将一定时序范围内的基本三维面域融合成一副独立的三维影像。目前已经出现了多种扫描体显示方法，主要包括旋转体扫描技术和平移体扫描技术。旋转体扫描过程中，三维场景首先被分解成一系列的"片"(slice)，这些片可以是矩形、圆盘状或者是螺旋交叉的。然后，这些分解得到的"片"被投影到一个旋转的显示平面上，形成一幅二维图像，并且二维图像随着显示平面的旋转而改变。由于人类对光束感知的视觉暂留特性，如果旋转速度足够快，这些图像便可以形成一个空间连续的三维场景。平移体扫描技术是利用平移运动造成成像空间，分解得到的"片"被投影到的显示平面沿垂直于它的轴做往复运动，投影生成的二维图像随显示平面位置的不同而改变，而运动的幅度决定了三维成像空间的景深。当显示平面的运动达到一定的速度，利用人眼的视觉暂留特性便可以形成空间连续的三维场景。

固态体三维显示是指产生图像时不需要显示设备进行机械运动。以最简单的情况为例，存在一个可寻址的空间体，对于空间体中每个体素(voxel)存在两种状态：关闭(off)状态和激活(on)状态。体素在关闭状态下透明，在激活状态下不透明或者发光。这样，当体素被激活时，它们便会在显示空间中呈现出实体的样式。另一种固态体显示技术使用激光在固体、液体或气体中激发可见光。例如，一些研究人员通过使用掺杂稀土元素的玻璃质材料，与适当频率的红外光束相交时，利用二级升频转换使其发光。还有一种显示技术使用聚焦的红外激光脉冲，通过在焦点上产生等离子发光球，在空气中绘制物体。焦点由两面移动的反光镜和一面滑动的透镜控制。目前这种技术已经可以在每立方米的任意位置上产生点。如果将来这种设备可以被放大到任意尺寸，则可以在天空中产生三维图像。

(4) 光场三维显示

任何一个物体不论其是自行发光，还是漫射周围其他光源照在其上的光，都在该物体的周围形成自己独特的光强分布，在物体周边的观看者可以通过观看物体各个空间点发出的光场来感知此物体的三维信息。准全息显示就是重构物体周围的光场,使处于光场中的观察者在任意位置都能接收到对应的物体光场信息,从而实现三维显示。

光场三维显示既可以通过高速投影仪以及屏幕的360度扫描实现,也可以利用投影阵列通过三维光场的空间拼接实现。前者的原理如图3-52(a)所示。图中高速投影仪投影出不同方向的光线,通过屏幕的旋转,构造出任意方向的光线分布。后者的原理如图3-52(b)所示。图中投影机投射不同方向的光线,发光点A或B的光线由不同投影仪提供,当投影仪足够密时,就可以构造出空间的三维图像。

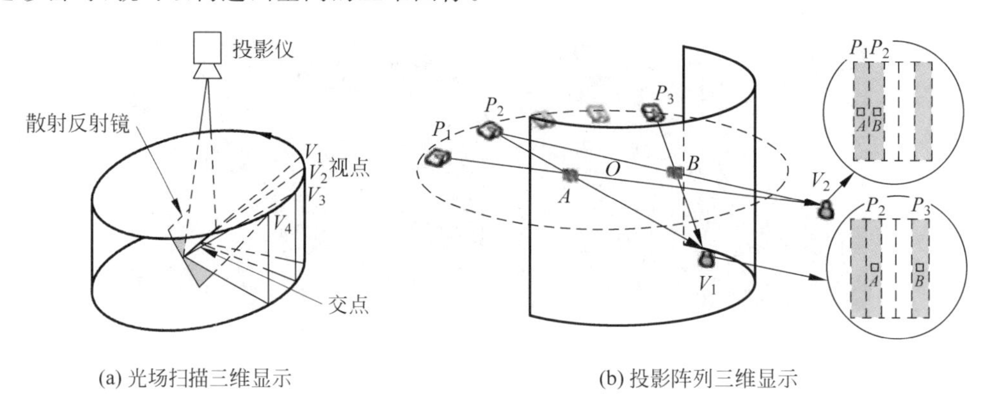

(a) 光场扫描三维显示　(b) 投影阵列三维显示

图3-52　光场三维显示原理

2013年,浙江大学研发了基于光场扫描的360度可探入悬浮三维显示系统,该系统通过特殊的反射屏幕,把光场反射到屏幕的上方,通过高帧频投影仪和屏幕的扫描构建出悬浮于屏幕上方的三维显示,装置如图3-53(a)所示。图中高速投影仪置于系统上方,扫描屏是一个圆形的反射式定向散射屏,如图3-53(b)所示。散射屏上的微结构可以使入射光向观察者所在区域偏折,并且在竖直方向上以较大的角度散射,而在水平方向上保持光线方向不变。高速投影仪将事先处理过的光场图像同步地投射到高速旋转的光场扫描屏上,经过屏幕转折和散射,重建出360度可视的三维光场,并在屏幕上方呈现出360度可视的悬浮三维物体,如图3-54所示。

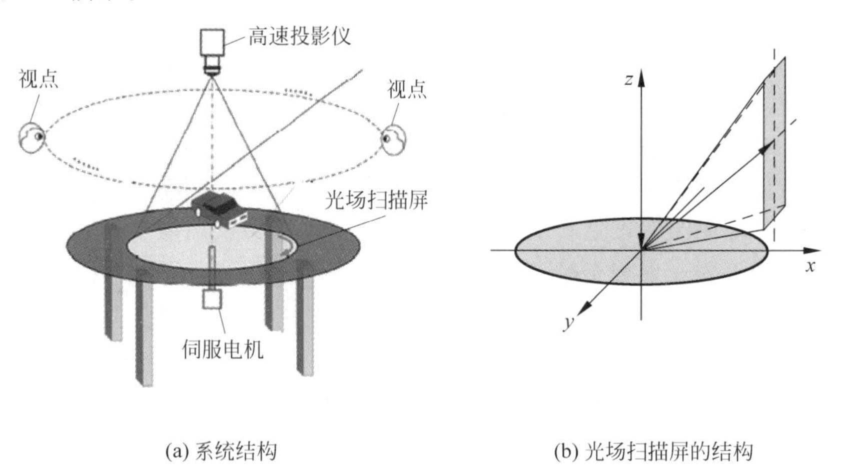

(a) 系统结构　(b) 光场扫描屏的结构

图3-53　基于光场重构的360度可探入悬浮三维显示系统

图 3-54 可探入光场三维显示(图中的福娃为显示的三维影像,其他为真实物体)

习题

3.1 对虚拟现实交互设备进行分类归纳总结,并进行优缺点比较。

3.2 设计一个手写板绘图程序,获取用户在手写板上的输入位置和压力信息,并获取基本笔划。

3.3 利用 WIA 设计一个图像采集与管理程序,支持从摄像头、扫描仪和数码相机获取图像。

3.4 设计网络聊天模拟器,支持键盘、鼠标、耳麦和摄像头等设备,模拟信息输入和发送功能以及语音、视频聊天功能等。

3.5 给出一个实际应用中交互设备整合应用的实例。

CHAPTER 4

第4章 交互技术

人机交互主要是指用户与计算机系统之间的通信，即信息交换。这种信息交换的形式可采用各种方式，如键盘上的击键、鼠标的移动、显示屏幕上的符号或图形等，也可以是声音、姿势或身体的动作等。本章首先介绍人机交互的主要输入模式和基本交互技术，然后介绍二维、三维的基本交互技术。

4.1 人机交互输入模式

为了实现交互功能，必须把从输入设备输入的信息和应用程序有机地结合起来，有效地管理、控制多种输入设备进行工作。由于输入设备是多种多样的，而且对一个应用程序而言，可以有多个输入设备，同一个设备又可能为多个任务服务，如一个鼠标器可为 Windows 系统的多个窗口服务，这就要求对输入过程的处理要有合理的模式。目前，常用的三种基本模式为：请求模式(Request Mode)、采样模式(Sample Mode)及事件模式(Event Mode)。

4.1.1 请求模式

在请求模式下，输入设备的启动是在应用程序中设置的。应用程序执行过程中需要输入数据时，暂停程序的执行，直到从输入设备接收到请求的输入数据后，才继续执行程序。应用程序和输入设备交替工作，如果要求进行数据输入时用户没有输入，则整个程序被挂起。这完全类似于在高级语言中用读(Read/Scanf)命令从键盘上获得数据。请求模式的工作过程如图 4-1 所示。

例如，当应用程序执行时需要输入一个点，可以在应用程序中设置一条输入命令，该命令初始化输入设备并等待用户输入。应用程序等待设备的输入，直到用户输入了一个信息(如把光标移到某一位置或按一下鼠标器上的按键)，则控制返回给应用程序，再继续执行应用程序。

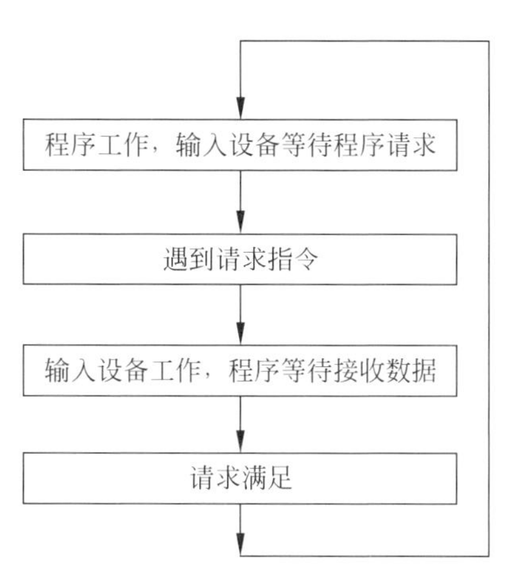

图 4-1　请求模式的工作过程

4.1.2　采样模式

在采样模式下，输入设备和应用程序独立地工作。输入设备连续不断地把信息输入进来，信息的输入和应用程序中的输入命令无关。应用程序在处理其他数据的同时，输入设备也在工作，新的输入数据替换以前的输入数据。当应用程序遇到取样命令时，读取当前保存的输入设备数据。这种模式对连续的信息流输入比较方便，也可同时处理多个输入设备的输入信息。该模式的缺点是当应用程序的处理时间较长时，可能会失掉某些输入信息。采样模式的工作过程如图 4-2 所示。

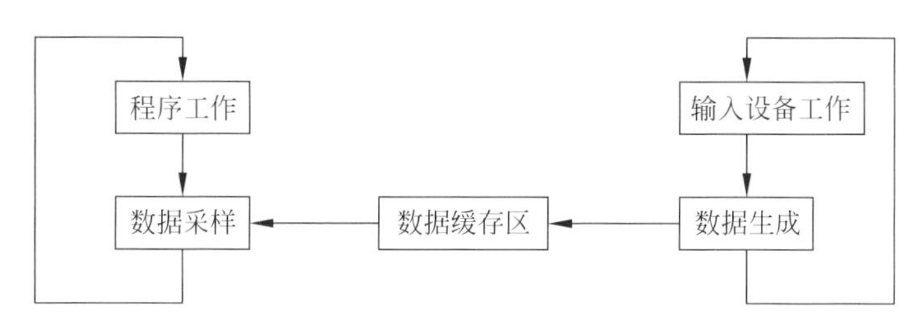

图 4-2　采样模式的工作过程

4.1.3　事件模式

在事件模式下，输入设备和程序并行工作。输入设备把数据保存到一个输入队列，也称为事件队列，所有的输入数据都保存起来，不会遗失。每次用户对输入设备的一次操作以及形成的数据叫做一个事件。当某台设备被置成事件方式，应用程序和设备将同时、各自独立地工作。从设备输入的数据或事件都存放在事件队列里，事件以发生的时间排序。应用程序随时可以检查这个事件队列，处理队列中的事件，或删除队列中的事件。

例如，当用户在输入设备上产生一个输入(如按一下按钮等)时便产生一个事件，输入信息及该设备编号等便存放到一个事件队列中。应用程序在事件模式的队列中取得信息并处理事件信息。图 4-3 给出了事件模式的实现原理。

一个应用程序可以同时在几种输入模式下使用几个不同的输入设备来进行工作，提供各种不同的交互功能，使用户能方便、高效地完成工作。

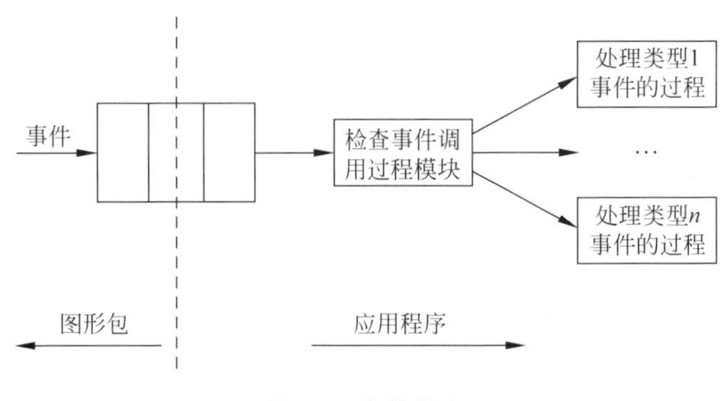

图 4-3　事件模式

4.2　基本交互技术

下面介绍一些基本的交互技术,它们也是设计应用系统用户接口的基本要素。

4.2.1　定位

定位是确定平面或空间中一个点的坐标,是交互中最基本的输入技术之一。定位有直接定位和间接定位两种方式。

直接定位是用定位设备直接指定某个对象的位置,是一种精确定位方式。如可以用光笔在屏幕上指定一个点,或者直接输入两个或三个表示点的坐标的数值,如图 4-4 所示。又如,可以通过键盘输入定位光标位置。大部分软件系统以这种方法作为定位的一个主要手段。

间接定位指通过定位设备的运动控制屏幕上的映射光标进行定位,是一种非精确定位方式。其允许指定的点位于一个坐标范围内,一般用鼠标等指点设备配合光标来实现。例如在移动鼠标时,根据鼠标移动的相对距离去控制屏幕上光标的移动,当光标移到所需要的位置时,按一下鼠标上的按钮,则光标所在位置即为要输入的点。

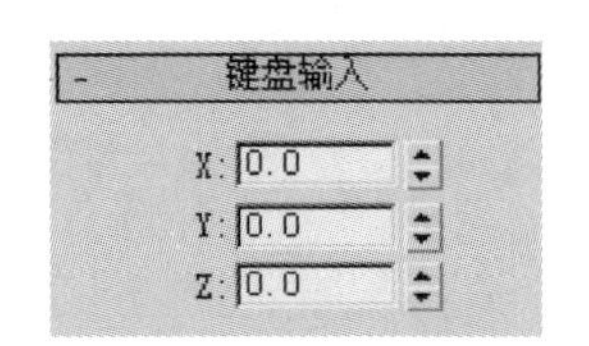

图 4-4　3DS Max 中的精确定位

一般情况下,通过定位选择子图或菜单时,不需要特别精确的定位,只要给定的点位于子图或菜单的作用范围内就可以。鼠标器、游戏棒、轨迹球等都是通过其相对运动来控制屏幕光标位置从而实现定位的。

4.2.2　笔划

笔划输入用于输入一组顺序的坐标点。它相当于多次调用定位输入,输入的一组点常用于显示折线或作为曲线的控制点。

鼠标、轨迹球、游戏棒等可用作笔划输入。它们连续移动的信号经转换成为一组坐标值。图形输入板的连续模式可通过按键激活。当光标在图形输入板表面上移动时,就产生一组坐标值。这样的过程可用于画家在屏幕上作画的画笔系统和对布线图跟踪并经数字化后存储的系统,也可用于手写体的联机识别输入。

4.2.3 定值

定值(或数值)输入用于设置物体旋转角度、缩放比例因子等,如图 4-5 所示。它是在给定的数字范围内输入一个值。除了用键盘输入数值外,也可用软件的方法在屏幕上绘制一个刻度尺或比例尺,用户可用定位设备控制光标在尺子上移动以实现数值的输入。用刻度盘实现数值输入的原理也一样,操作员控制从圆心出发的线段绕圆心旋转,根据显示的角度读数或比例数据来定值。如果要输入一个精确的数值,最好还是用键盘输入。

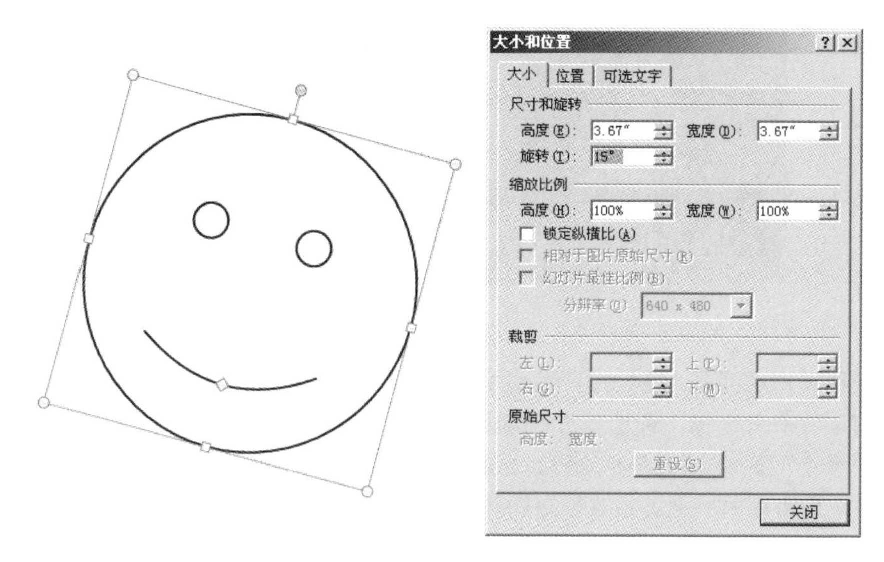

图 4-5　定值输入

4.2.4 选择

1. 单个元素选择

单个元素选择是在某个选择集中选出一个元素,通过注视、指点或接触一个对象,使对象成为后续行为的焦点,是操作对象时不可缺少的一部分。它可以用于指定命令、确定操作对象或选定属性等。例如,从菜单上选择一个菜单项,在对话框中选择一个选项,在图形系统中选择圆、矩形、直线等基本图形对象等,如图 4-6 所示。

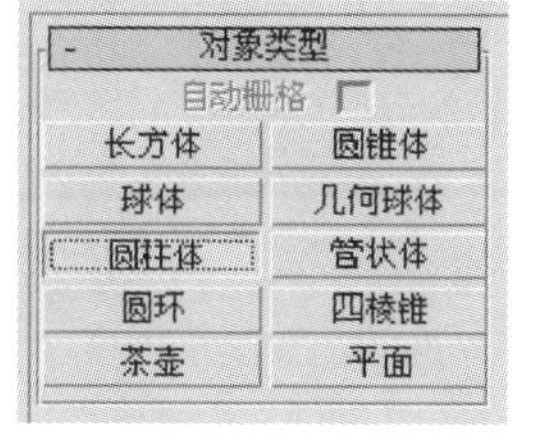

图 4-6　选择

选择功能可用功能键,选图元等对象可用鼠标移动光标到要选的对象靠近的位置,按下鼠标的按钮,通过软件选择距光标最近的对象。

对话框和键盘上的按键也可提供选择功能。对话框的内容极丰富,在对话框中通常用于选择功能的是选择开关及 radio 按钮(单选按钮,以小圆框打点表示被选中)。一些互相独立的选择元素可用选择开关。选择开关只有选中或不选两种状态,而 radio 按钮中的元素只允许有一个元素被选中。建立对话框的工具可从各种软件的应用程序界面工具中找到。键盘选择也极为简单,如 Word 中 Ctrl＋A 表示全选等。

下面以图形用户界面为例,介绍几种选择方法的执行过程。在选择一个图形对象时,可以选择距离最近的对象。用鼠标等将光标定位在要选择的对象上,然后按下按键。光标位置被记录下来后,经过搜索找出被选择的对象。首先将光标位置与场景中各个图元的坐标范围比较,如果某一图元的边界盒矩形最接近该光标的坐标,则把这一图元作为选择的对象。在图4-7中,白色线框包围的圆环就是被选中的对象。

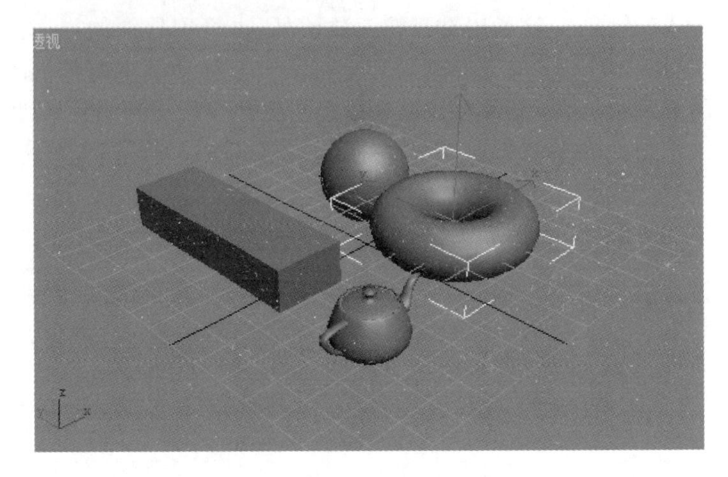

图4-7 选择

也可在图形对象生成时,对每一个对象确定其选择优先级,依次对选择的图形设立标志。OpenGL就采用这样一种选择方法,通过定位设备在屏幕上确定一个位置,以该位置为中心构成一个小的区域,称为选择窗口,重新将场景中的物体绘制一遍,在绘制过程,根据选择的需要和应用模型的层次关系对绘制物体或图元进行编号,系统将投影图通过选择窗口的所有物体或图元的编号存放在一个返回结果栈中,通过编号找到对应物体和图元编号的图形。

2. 区域选择

区域选择是在选择集中选出一组元素或者选择一个区域,通过使用区域选择工具完成该交互操作。目前常用的区域选择工具有以下几种。

(1) 选框工具目前常用的选框工具有矩形选框工具和椭圆选框工具,凡是和选框工具选择区域相交的元素均会被选择。该方法交互简单,但是选择对象往往不够精确。

例如,Photoshop提供的选框工具如图4-8(a)所示,选框工具选择区域中的像素均被选中,图4-8(b)和图4-8(c)分别给出了用矩形和椭圆选框工具选择一个苹果区域的选择结果。

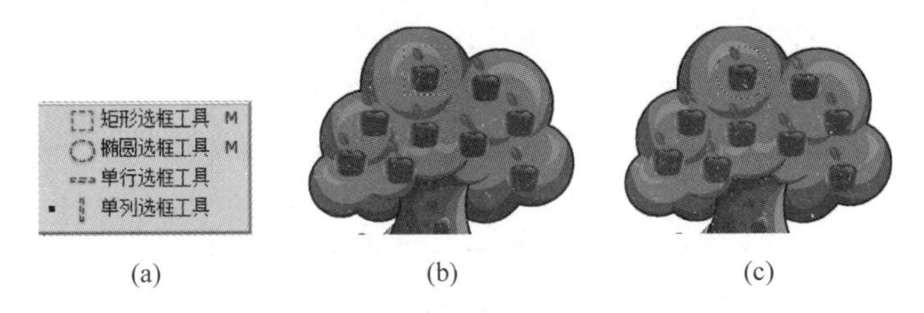

图4-8 Photoshop的选框工具及选择结果

又如,Maya的选框工具如图4-9(a)所示,该选框工具提供矩形选择框功能,三维场景中和选择框相交的所有物体均被选中。如图4-9(b)所示的选择框和右边两个球相交,则右边两个球被选中,如图4-9(c)所示。

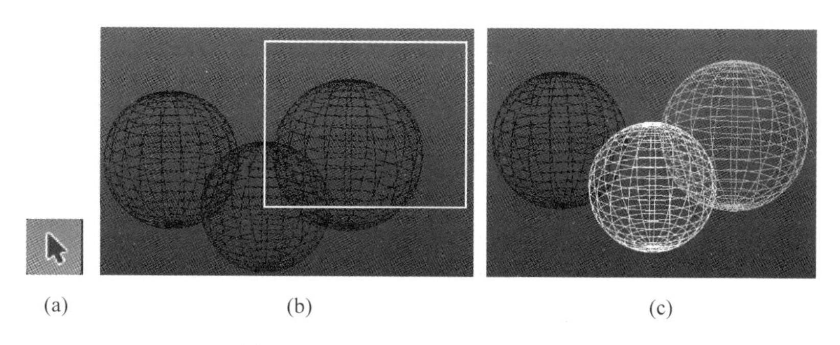
(a) (b) (c)

图 4-9 Maya 选框工具及选择结果

(2) 套索工具

为了使得选择区域更加精确，套索工具所勾画的封闭区域范围内的所有元素均被选中，该方法需要用户进行精细选择才能得到较为精确的选择结果，交互量比较大。

例如 Photoshop 提供的套索工具如图 4-10(a)所示，套索工具选择区域中的像素均被选中，图 4-10(b)和图 4-10(c)分别给出了用套索工具和多边形套索工具选择一个苹果区域的选择结果。

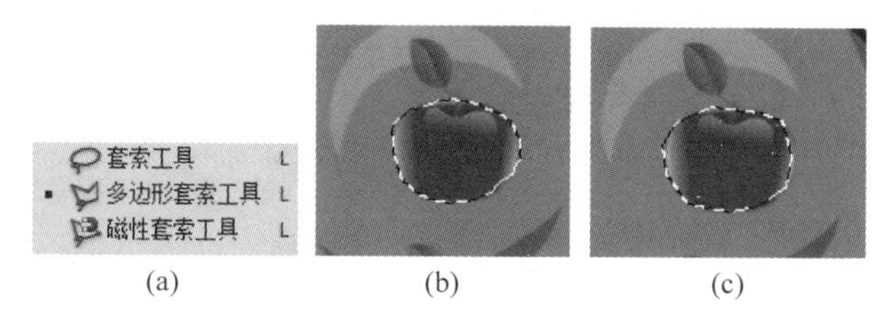

(a) (b) (c)

图 4-10 Photoshop 套索工具及选择结果

又如，Maya 的套索工具如图 4-11(a)所示，三维场景中和套索区域相交的所有物体均被选中。图 4-11(b)所示的套索区域和右边两个球相交，则右边两个球被选中，如图 4-11(c)所示。

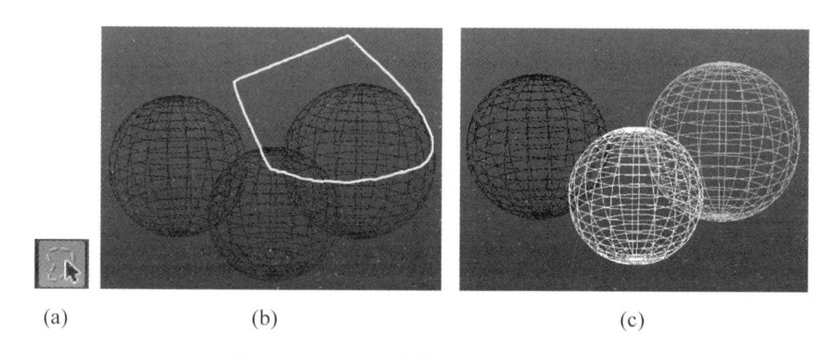
(a) (b) (c)

图 4-11 Maya 套索工具及选择结果

(3) 快速选择工具

为了提高选择精度且减少交互量，目前软件系统提供快速选择工具。图 4-12 所示的 Photoshop 快速选择工具和魔棒工具等采用快速选择算法，通过选择和选择点颜色相近的区域作为选择元素。图中采用快速选择工具对所有苹果进行选择，仅需要 9 次点击交互，大大节省了选择的交互量。

图 4-12 Photoshop 智能选择工具及选择结果

(4) 懒惰选择工具

上述几种选择工具均适用于鼠标等精确选择方式,对于多点触摸设备,选择精度往往不高。Xu 等人提出一种懒惰选择方法,可以依据选择对象的形状、位置等关系信息,对用户手指划过的区域对象进行智能选择,交互界面如图 4-13 所示,但是这种交互技术尚不成熟,目前尚未广泛应用。

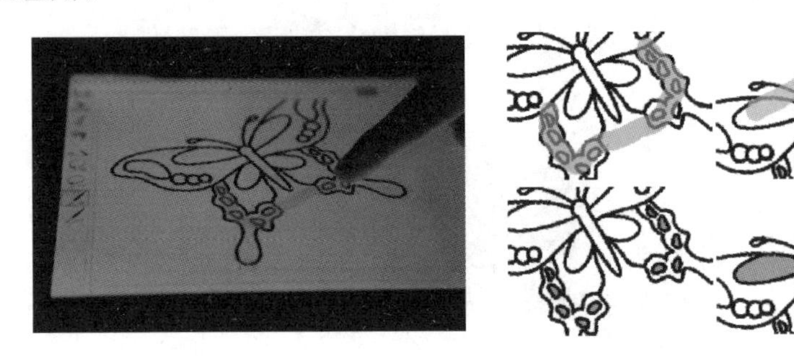

图 4-13 懒惰选择

4.2.5 字符串

键盘是目前输入字符串最常用的方式,现在用写字板输入字符也已经很流行。用写字板输入要用人工智能的方法识别,但由于书写时笔画的次序可被系统记录下来,因而比脱机的扫描输入识别具有更多信息,也具有更高的识别率。语音输入也是字符串输入以及功能选择的一种输入方法,需要使用语音识别技术。

例如图 4-14 所示的手机字符串输入,按下字母键时字母键变大,以方便用户确认输入的正确性。语音识别技术也已经在移动设备中广泛应用。

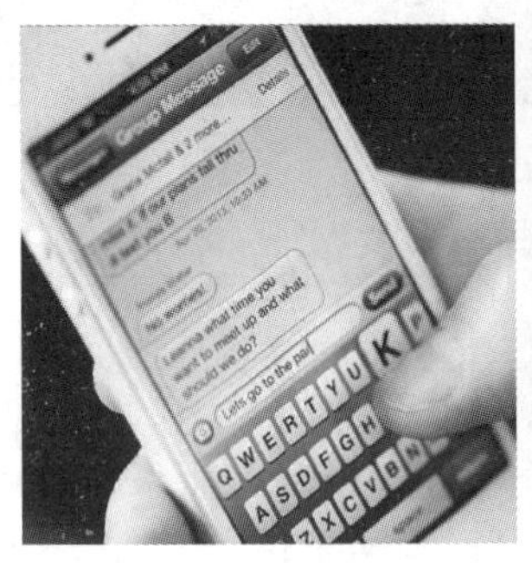

图 4-14 手机字符串输入和语音输入

4.3 二维图形交互技术

目前,WIMP用户界面仍是主流的人机交互界面。WIMP界面由窗口(Windows)、图标(Icons)、菜单(Menus)、指点设备(Pointing Device)四位一体,形成桌面(Desktop),如图4-15所示。WIMP界面是基于图形方式的人机界面,蕴含了语言和文化无关性,并提高了视觉搜索效率,通过菜单、小构件(Widget)等提供了更丰富的表现形式。

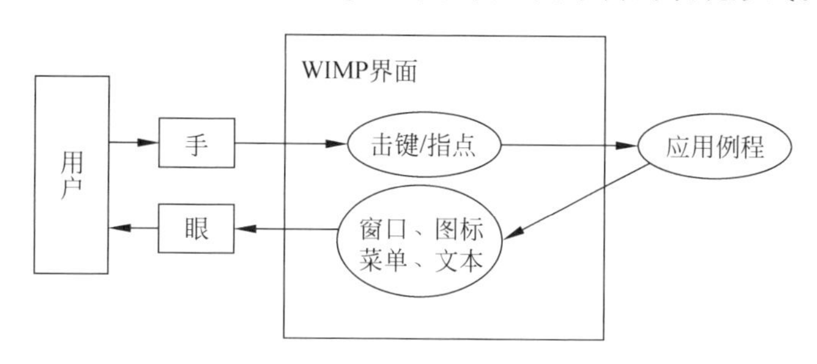

图4-15 WIMP界面概念模型

各类图形用户界面的共同特点是以窗口管理系统为核心,使用键盘和鼠标器作为输入设备。窗口管理系统除了基于可重叠、多窗口管理技术外,还广泛采用了事件驱动(Event-Driven)技术。这种方式能同时输出不同种类的信息,用户也可以在几个工作环境之间切换,而不丢失几个工作之间的联系,通过菜单可以执行控制型和对话型任务。图标、按钮和滚动条技术减少了键盘输入,提高了交互效率。

在图形软件系统的交互应用中,除了定位、定值等基本的交互技术和图标、按钮等技术,还需要提供其他一些方便的辅助交互工具,更好地帮助用户完成定位、选择和操作对象。本节主要介绍几种常用的、关于图形输入的辅助交互技术。

4.3.1 几何约束

几何约束可以用于对图形的方向、对齐方式等进行规定和校准。

第一种几何约束是对定位的约束。在屏幕上定义一个网格(Grid),强迫输入点落在网格交点上,用户输入一个点,程序得到的点是离它最近的一个网格点。可以使用不可见的隐式网格,也可以用点或线的形式显示网格结点或网格线,网格可以在出现和不出现之间转换。网格的间隔由应用程序或用户选取。网格一般取同等间隔并且覆盖整个屏幕,有时还可以使用部分网格以及在不同屏幕区域有不同大小的网格,如图4-16所示。该技术既可用于画线,也可用于图符定位。实现时将输入坐标四舍五入成坐标网上最近的结点即可。例如,定义不可见网格线为:

$$x = 10i, \quad y = 10j, \quad 其中\ i,j = 0,\cdots,n$$

设输入点的坐标为(x, y),则离它最近的网格点的坐标为:

```
(10 * (round(x) + 5)/10,10 * (round(y) + 5)/10)
```

第二种几何约束为方向约束。例如要绘垂直或水平方向的线,当给定的起点和终点连线和水平线的交角小于45°时,便可绘出一条水平线,否则就绘垂直线,如图4-17所示。这种约束对只要求绘垂直线或水平线的情况带来很大方便,如绘制印刷线路板、管网图或地籍图时。

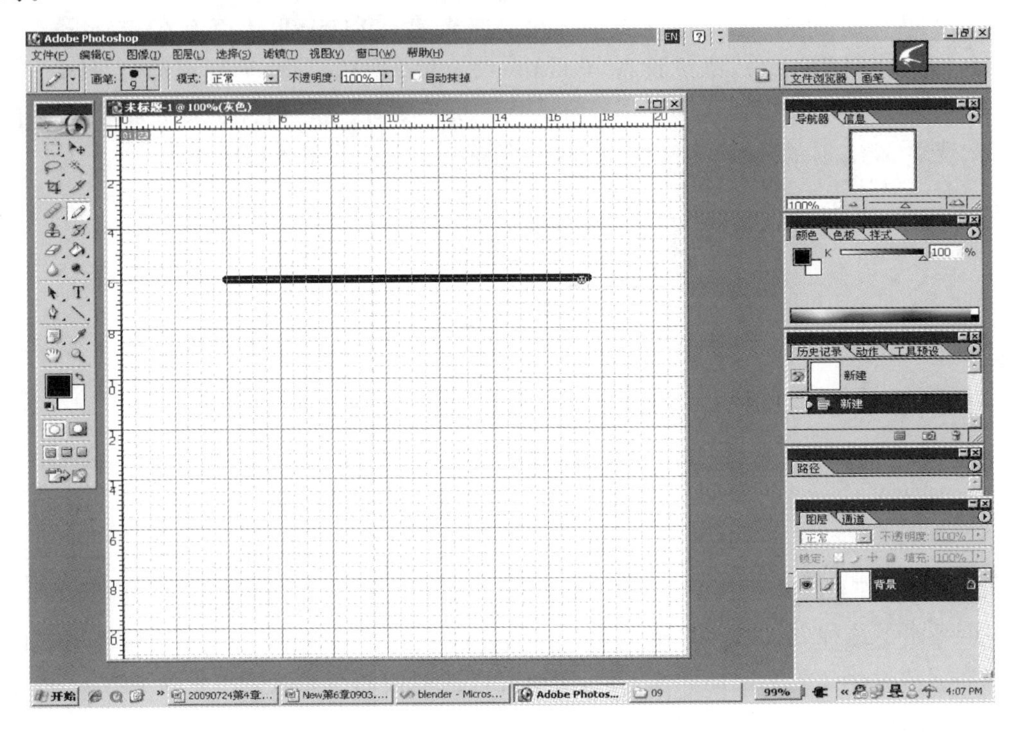

图4-16 Adobe Photoshop网格线

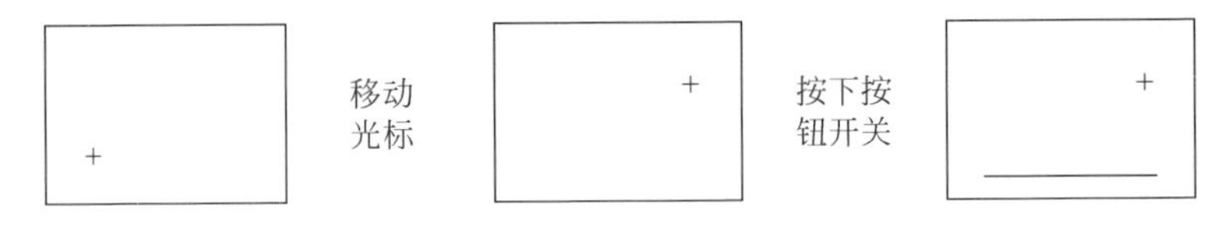

图4-17 方向约束

当然,方向约束还有很多种,如绘制特殊角度(如30°、45°)的线或与某给定直线垂直、平行的线等。例如在Word绘图中,通过锁定纵横比,在拖动线段一个端点时,线段只是沿原来方向放缩,如图4-18所示。

4.3.2 引力场

在图形设计中,我们有时需要在某线段的端点之间连接另外的线段,由于很难在连接处精确定位,虽然可以借助网格技术来实现,但当连接点不在网格交点上时,就需要引入“引力场”(Gravity Field)的概念。

图4-18 Word中在锁定纵横比状态下放缩线段

引力场也可以看作是一种定位约束,我们可以在特定图素(如直线段)周围假想有一个区域。如图4-19所示的直线，当光标中心落在这个区域内时，就自动地被直线上最近的一个点所代替，就好像一个质点进入了直线周围的引力场，被吸引到这条直线上去一样。如果我们要用光标准确地确定对象上的点是很困难的，这种辅助技术可以很好地解决这个问题。

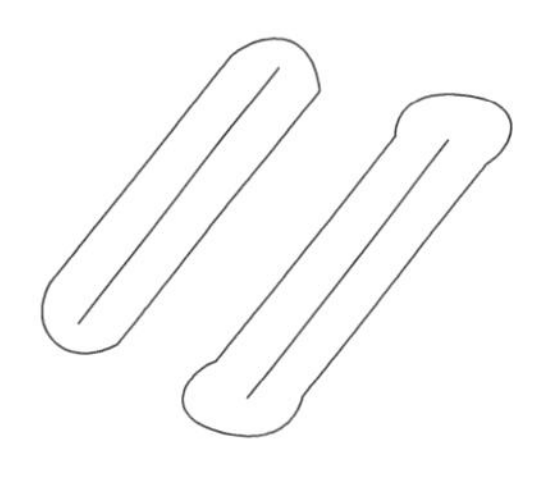

图 4-19　引力场

引力场的大小要适中，太小了不易进入引力区，太大了线和线的引力区相交，光标在进入引力区相交部分时可能会被吸引到不希望选的线段上去，增大误接的概率。

4.3.3　拖动

要把一个对象移动到一个新的位置时，如果不是简单地用光标指定新位置的一个点，而是当光标移动时拖动着被移动的对象，这样会使用户感到更直观，并可使对象放置的位置更恰当。如图 4-20 中，一个圆被选择后拖动，拖动过程中显示虚圆，直到确定位置后松开鼠标变成实圆。

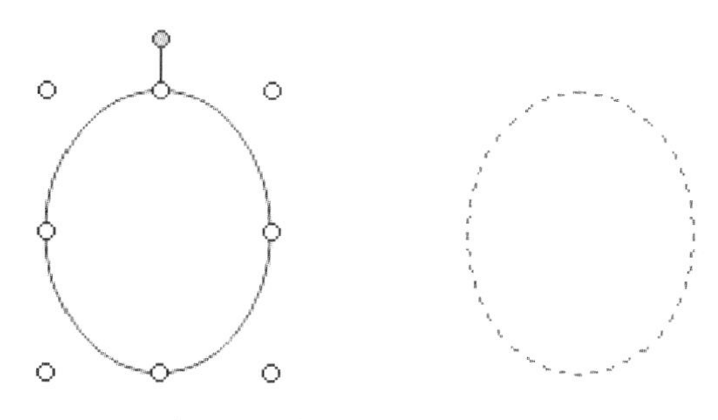

图 4-20　拖动图元到新的位置

选择拖动功能后，先在作图区用定位设备选择某个要拖动的物体，再按住键移动光标，则这个被选择的物体将随着光标的移动而移动，就像光标在拖动物体一样，放开按键，物体就固定下来。拖动有图形模式和图像模式两种处理方法。在图形模式下，当将图形由一个位置拖到新的位置时，实际上是在移动的位置上按特定的像素操作模式（如异或方式）进行了图形的重新绘制，这样被拖动的图形不会破坏扫过的轨迹上的图形。在图像模式下，当将一个图形由一个位置拖到一个新的位置时，实际上是进行了图像的整体移动，即首先将新位置上按拖动图像大小范围将屏幕图像保存，然后将拖动的图像移动到新位置，当拖动图像离开该位置而移动到下一个新位置时，再恢复该位置上保存的屏幕图像。

拖动技术是当前人机交互中使用得非常普遍的技术，它可以使用户操作更直观、更容易定位，但是当图像很大或图形很复杂时，可能使拖动变得很慢。

4.3.4　橡皮筋技术

“橡皮筋技术”（Rubber Band）是拖动的另一种形式，不同的只是被拖动对象的形状和位置随着光标位置的不同而变化。例如直线的橡皮筋技术就是在起点确定后，光标移动确定终点时，在屏幕上始终显示一条连接起点和光标中心的直线，这条直线随着光标中心位置的变动而变动，它就像在起点和光标中心之间紧紧地拉着一根橡皮筋一样，如图 4-21 所示。有了这根橡皮筋便比较容易找到通过一个点或和一个圆相切的直线的位置。橡皮筋技术除了可以用来画直线外,还可以用来画矩形、圆、圆弧、自由曲线等,如图 4-22 所示。

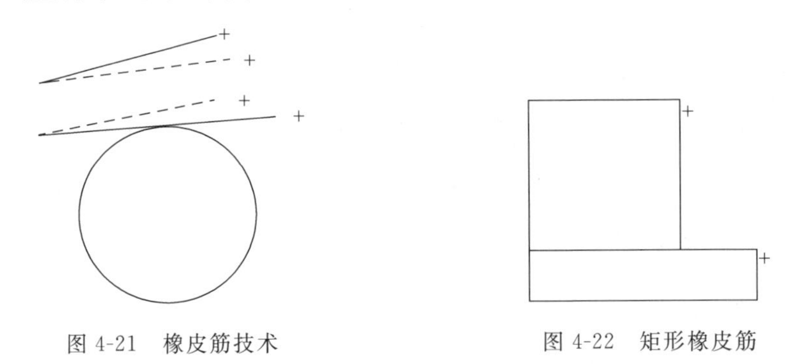

图 4-21　橡皮筋技术　　　　图 4-22　矩形橡皮筋

橡皮筋技术实际上是实现了一个简易动画,它不断地进行“画图—擦除—画图”的过程。即:

① 从起点到光标中心点(x,y)处画图;

② 擦除起点到光标中心点(x,y)处的图形;

③ 光标移动到新的位置:$x=x+\Delta x$,$y=y+\Delta y$;

④ 转第①步,重复这个过程,直到按下确认键为止。

4.3.5　操作柄技术

操作柄(Handle)技术可以用来对图形对象进行缩放、旋转、错切等几何变换。先选择要处理的图形对象,该图形对象的周围会出现操作柄,移动或旋转操作柄就可以实现相应的变换。如图 4-23 所示。

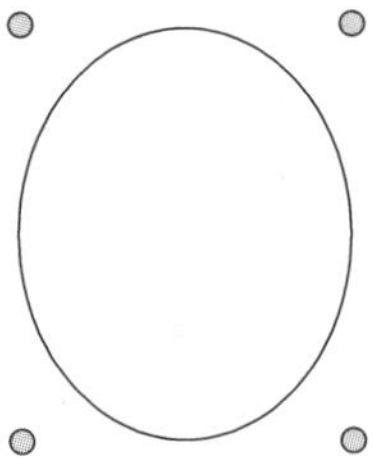

图 4-23　操作柄

4.3.6　应用示例

下面以山东大学研发的个人博物馆交互布展系统为例,说明该系统中所用到的交互技术。布展流程为:建立展馆二维平面图外墙;拖曳展台到展馆中;拖曳展品到展台上。

图 4-24 给出了勾画展馆外墙的界面,由于展馆一般是规则形状,该过程使用几何约束中的水平约束,约束展馆外墙水平或者垂直;展馆需要是封闭的形状,故交互过程中展馆外墙每个顶点均设置引力场(如图 4-24 中黑点所示),在某个顶点引力场中时,则构建一个封闭的展馆。

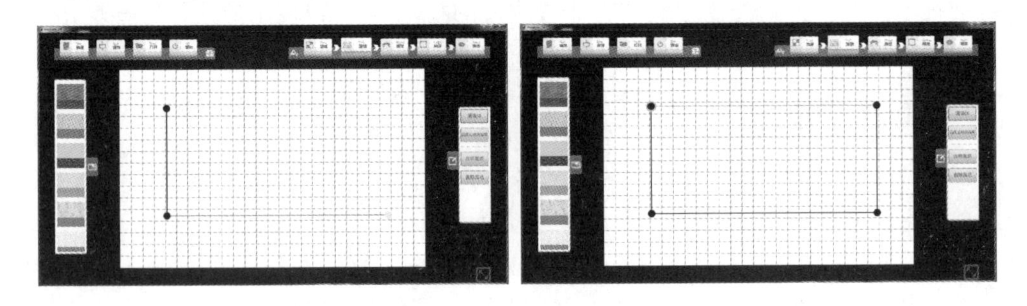

图 4-24　展馆外墙构建

图 4-25 和 4-26 给出了摆放展台和展品的界面，摆放展台的过程约束展台和墙壁的距离，且约束展台和墙壁平行，约束展台高度位于地面上；在摆放文物的时候，约束文物位置在展台范围内，且高度位于展台上（从对应的 3D 视图中容易看出）。在拖曳展台和文物到展馆区域的时候，使用拖动交互技术，实时对所拖曳的对象进行重绘，以方便用户定位，如图 4-27 所示。

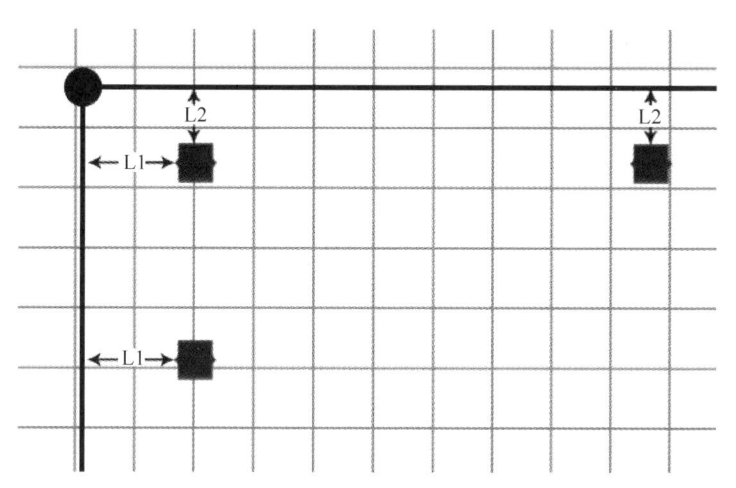

图 4-25　摆放展台

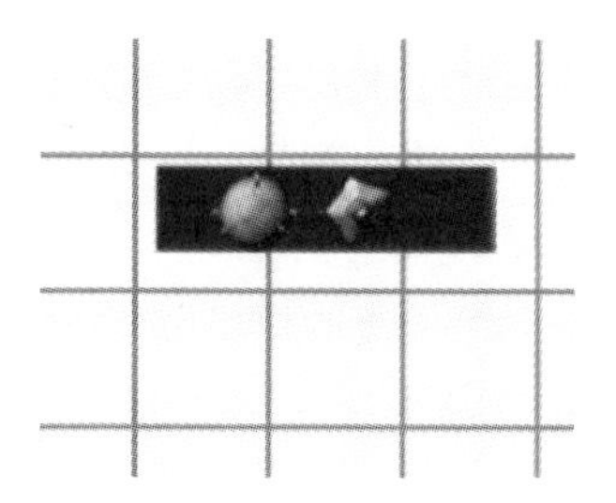

(a) 摆放展品2D交互界面

(b) 摆放展品后对应的3D视图

图 4-26　摆放展品

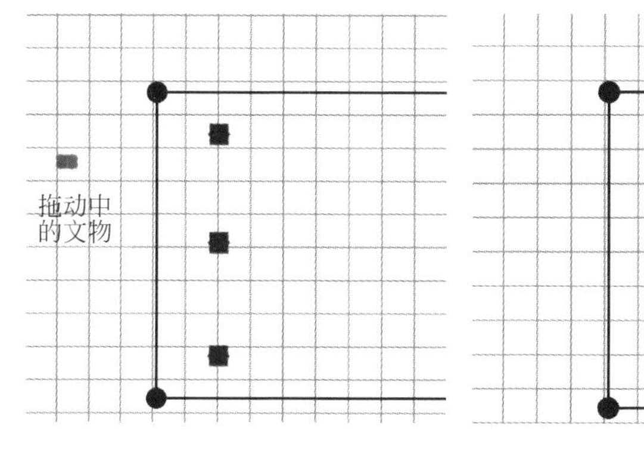

图 4-27　拖动文物

4.4　三维图形交互技术

三维人机交互技术不同于传统的WIMP图形交互技术。首先,三维交互技术采用六自由度输入设备。所谓六自由度指沿三维空间X、Y、Z轴平移和绕X、Y、Z轴旋转,而现在流行的用于桌面型图形界面的交互设备(如鼠标、轨迹球、触摸屏等)只有两个自由度(沿平面X、Y轴平移)。由于自由度的增加,使三维交互的复杂性大大提高。其次,窗口、菜单、图符和传统的二维光标在三维交互环境中会破坏空间感,用户难以区分屏幕上光标选择到对象的深度值和其他显示对象的深度值,使交互过程非常不自然。因此有必要研究新的交互方式。

早期的三维交互环境大多采用传统的WIMP界面,这主要是由于WIMP界面的实现比真正的三维用户界面要容易得多。进入20世纪90年代以后,随着三维交互图形学和虚拟现实技术研究的深入,三维人机交互技术日益得到重视。人们在三维交互设备、三维交互方式、三维交互环境的软件结构等方面进行了很多有益的探索。

三维交互必须便于用户在三维空间中观察、比较、操作、改变三维空间的状态。目前用户主要通过以下交互方式在三维空间中进行操作。

1. 直接操作(Direct Manipulation)

正如二维图形用户界面中用户通过输入设备控制光标进行直接操作,一个由六自由度三维输入装置控制的三维光标将使三维交互操作更自然和方便。通过三维光标,用户可以选择并直接操作虚拟对象。由于三维光标存在于三维空间中,有许多新的问题需要解决。三维光标必须有深度感,即必须考虑光标与观察者距离,离观察者近的时候较大,离观察者远的时候较小。为保持三维用户界面的空间感,光标在遇到物体时不能进入到或穿过物体内部。为了增加额外的深度线索,辅助三维对象的选择,可以采用半透明三维光标。三维光标的实现需要大量的计算,对硬件的要求较高,编程接口也比二维光标复杂得多。

由于这些原因,一些三维用户界面仍然采用二维光标。但二维光标在三维视觉空间中很不自然,而且由于二维光标只有两个自由度,用它来完成三维空间中六自由度的交互操作不仅不自然,且十分复杂,因此,三维光标在三维用户界面中是十分必要的。采用三维光标的另一好处是可以使各种各样的三维交互设备在用户界面中有统一的表示形式。

三维光标可以是人手的三维模型,如图4-28所示,输入设备的位置和方向被映射为虚

图4-28　虚拟手

拟手的位置和方向。为了选择对象，用户只须将三维光标和要选择的对象相交，然后用触发技术（如按钮、语音命令或手势）选中对象。选中的对象被附加到虚拟手上，可以很容易地平移或旋转，直到用户用另外一个触发释放选中的对象。

2. 三维 Widgets

三维 Widgets 是从 X-Windows 中的 Widgets（如菜单、按钮等）概念引申来的，即三维交互界面中的一些小工具。用户可以通过直接控制它们使界面或界面中的三维对象发生改变。现有的一些三维 Widgets 包括在三维空间中漂浮的菜单、用于拾取物体的手的三维图标、平移和旋转指示器等。三维 Widgets 现在仍处于探索阶段，许多三维用户界面的研究者正在设计和试验各种不同的三维 Widgets，希望将来能够建立一系列标准的三维 Widgets，就像二维图形用户界面中的窗口、按钮、菜单等。

1992 年，美国 Brown 大学计算机系的研究人员提出了一些三维 Widgets 设计原则，其中包括：三维 Widgets 的几何形状应能表示其用途（例如，一个用来扭曲物体的 Widgets 最好本身就是一个扭曲的物体）；适当选择 Widgets 控制的自由度，由于三维空间有六个自由度，有时会使三维交互操作变得过于复杂，因此在用户使用某种 Widgets 时，可以固定或者自动计算某些自由度的值；根据三维用户界面的用途确定 Widgets 的功能，例如，用于艺术和娱乐的三维用户界面的 Widgets 只要能够完成使画面看起来像的操作就可以了，而用于工业设计和制造的用户界面则必须保证交互操作参数的精确性。

如图 4-29 所示，给出了 Maya 中常用的三维 Widgets，图 4-29(a)所示的 Widgets 控制物体平移，选中三个轴中间的一个后拖动物体，则物体将沿着该轴平移；图 4-29(b)所示的 Widgets 控制物体缩放，选中一个轴后拖动物体，则物体沿着该轴缩放；图 4-29(c)所示的 Widgets 控制物体旋转，选中一个旋转面后拖动物体，则物体沿着该面旋转。

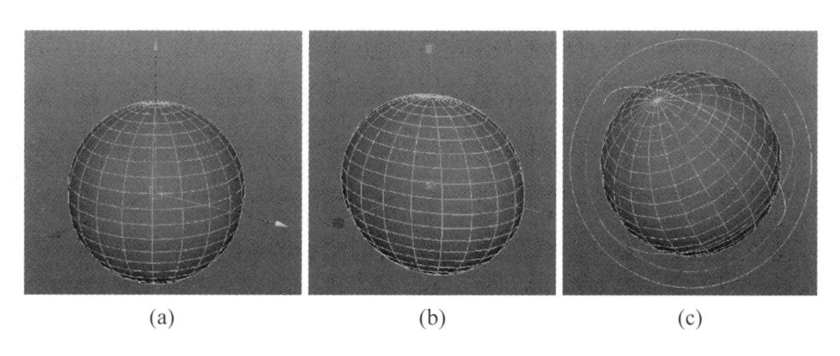

(a)　(b)　(c)

图 4-29　Maya 中的三维 Widgets

3. 三视图输入

在不具备三维交互设备的情况下，可以借助三视图输入技术，用二维输入设备在一定程度上实现三维的输入。如果输入一个三维点，只要在两个视图上把点的对应位置指定后便唯一确定了三维空间中的一个点；把直线段上两端点在三视图上输入后便可决定三维空间的一条直线；把一个面上的各顶点在三视图上输入后，也唯一确定了三维空间中的一个面；如果把一个多面体上的各面均用上述方法输入，也就在三维空间中输入了一个多面体。目前，在三维交互中，用三视图来输入立体图是一种主要的输入手段，如图 4-30 所示。图 4-31 给出了 Maya 中一个物体的三视图展示，其中左上为上视图，左下为前视图，右下为侧视图，右上为当前视线方向下的物体。

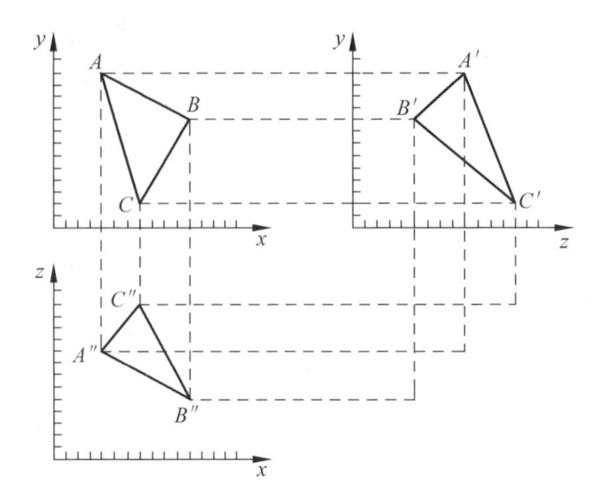

图 4-30　用三视图输入三维图

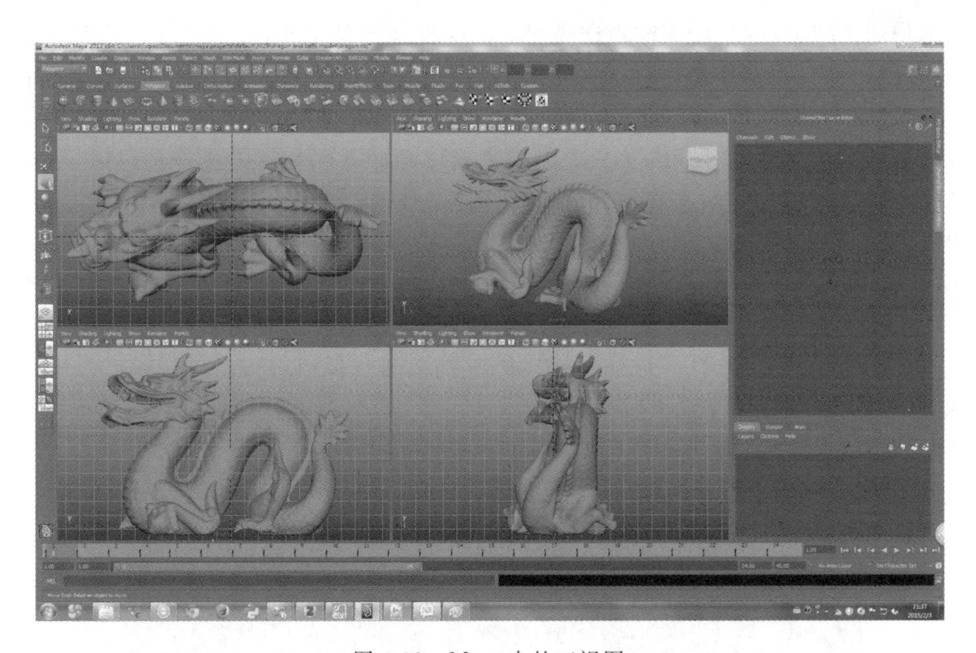

图 4-31　Maya 中的三视图

4.5　自然交互技术

2008 年,比尔盖茨提出"自然用户界面"(Natural User Interface,NUI)的概念。"自然"一词是相对图形用户界面(GUI)而言的,GUI 要求用户必须先学习软件开发者预先设置好的操作,而 NUI 则只需要人们以最自然的交流方式(如语言和文字)与机器互动。近几年,自然交互技术迅猛发展,键盘和鼠标在很多应用中已被更为自然的触摸式、视觉型以及语音控制界面所代替。这些自然的、有响应的交互向我们展示了如何让机器的智能与协作力自然地发挥出来,营造出真正的"机器＋人"的共生系统,也就是最佳的人机交互。本节将对自然交互中的多点触控、手势识别、表情识别、语音识别、眼动跟踪、笔交互等关键技术进行介绍。

4.5.1 多点触控技术

多点触控技术是指借助光学和材料学技术，构建能同时检测多个触点的触控平台，使得用户能够运用多个手指同时操作实现基于手势的交互，甚至可以让多个用户同时操作实现基于协同手势的交互。

首先，多点触控技术由硬件和软件两部分组成。硬件即多点触控平台，完成信号的采集；软件部分是在硬件平台所采集的数据的基础上，进行触点的检测定位及跟踪，并依据触摸手势的定义进行触摸手势的识别，最后将识别出的手势映射为面向具体应用的用户指令。硬件部分在本书3.1.4节中已介绍多点触摸屏，下面将详细介绍多点触控软件技术。

1. 触点检测和定位

由于多点触控平台图像传感器自身的噪声和外部环境干扰，从红外摄像机获得的原始图像除了手指触点信息外，还有存在大量噪声以及冗余背景。这对触点检测会有很大影响，故需要通过图像预处理技术来获得一个清晰的图像。图像预处理过程包括灰度变换、平滑去噪、去除背景、图像分割等。

对多点触控的图像进行预处理后即可以进行手指触点分割，目前常用的方法是背景减除法。即将当前帧图像与背景图像相减，若差分图像中某个像素的灰度值大于某个阈值，则判断该像素点属于运动目标区域，即触点，否则属于背景区域。

触点分割后，触点定位要进行2个步骤：①对所有分割后的触点区域提取出其外轮廓，并对轮廓图进行筛选，把面积小于一定大小和外形不是凸包的触点轮廓去掉，保留真正的触点目标；②基于触点轮廓计算手指触摸点的信息(如重心坐标等)，完成触点定位。

2. 手指触点跟踪

多点触控系统检测和定位出多个触点后，需要对每个触点进行跟踪，记录每个触点的轨迹信息，再做基于轨迹的动态手势识别，才能实现基于手势的自由交互。常用的触点跟踪方法有 Meanshift 算法、Kalman 滤波、Kuhn-Munkres 算法及 CamShift 算法等。

3. 触摸手势识别

目前，多点触控交互桌面上使用的多为单手多指手势或者双手对称手势等，例如通过触点手势控制交互对象的放大、缩小、旋转等，这两种类型的手势已经在交互系统中广泛应用。双手非对称行为是人们日常生活中的自然交互方式，但是在多点触控系统中双手非对称交互目前应用还比较少。

单手多指手势和双手对称手势识别是在触点检测与稳定跟踪的基础上，通过标记、分析触点轨迹，识别手势含义。常用的手势识别方法采用基于隐马尔科夫模型或神经网络的统计模式识别方法进行识别，其基本思想是：提取手指触点特征，包括触点数量、中心位置、排列次序、触点尺度、总体移动方向等，采用手势样本训练分类器，输出手势识别概率。

4.5.2 手势识别技术

手势具有生动、形象和直观的特点，具有很强的视觉效果，是一种自然的人机交流模式。根据不同的应用目的，手势可以分为控制手势、对话手势、通信手势和操作手势。其中“手语”是重要的对话手势和通信手势,其结构性很强,很适用于计算机手势交互平台。手势识别是新一代人机交互中不可缺少的一项关键技术,而由于手势本身具有的多样性、多义性以及时间和空间上的差异性等特点,加之人手是复杂的变形体,使此方向研究成为一个极富挑战性的多学科交叉研究课题。

手势识别按照手势输入设备可以分为两类。

1. 以数据手套为输入设备的手势识别系统

数据手套反馈各关节的数据,并经一个位置跟踪器返回人手所在的三维坐标,从而来测量手势在三维空间中的位置信息和手指等关节的运动信息。这种系统可以直接获得人手在3D空间中的坐标和手指运动的参数,数据的精确度高,可识别的手势多且辨识率高。缺点是数据手套和位置跟踪器价格昂贵,有时也会给用户带来不便,如持戴的手部出汗等。

2. 以摄像机为输入设备的手势识别系统

输入设备可用单个或多个摄像头或摄像机来采集手势信息,经计算机系统分析获取的图像来识别手势。摄像头或摄像机的价格相对较低,但计算过程较复杂,其识别率和实时性均较差。其优点是学习和使用简单灵活,不干扰用户,是更自然和直接的人与计算机的交互方式。基于视觉的手势识别是一门涉及到模式识别、神经网络、人工智能、数字图像处理、计算机视觉等多个学科的交叉研究领域。基于视觉的手势识别所要解决的三个主要问题是:手势的分割、特征的提取和建模以及手势识别。

(1) 手势分割

手势分割的好坏直接影响到识别率的高低,其受背景复杂度和光照变化的影响较大,目前的分割技术大都需要对背景、用户手势以及视频采集过程加以约束。所以针对不同的要求、不同的图像,可以采用不同的分割算法,一般来讲图像分割大致分为以下三类:一是基于直方图的分割,即阈值法;二是基于局部区域信息的分割;三是基于颜色等物理特征的分割方法。每种方法都有自己的优点,但也存在一定的问题。例如阈值法适用于简单背景的图像,但是对于复杂的图像则分割效果差;边缘提取方法在目标物和背景灰度差别不大时,则得不到较明显的边缘。

(2) 特征提取和建模

手势本身具有丰富的形变、运动以及纹理特征,选取合理的特征对于手势的识别至关重要。目前常用的手势特征有轮廓、边缘、图像矩、图像特征向量以及区域直方图特征等。目前较成功的实现手势识别的系统均为依据手掌轮廓区域的几何特征(如手的重心及轮廓、手指的方向和形状等)或根据手掌的其他特征(如手掌的运动轨迹、手掌的肤色及纹理等)进行分析识别。

(3) 手势识别

目前手势识别技术主要有三大类:第一类为模板匹配技术,这是一种最简单的识别技术。它将待识别手势的特征参数与预先存储的模板特征参数进行匹配,通过测量两者之间的相似度来完成识别任务。第二类为统计分析技术,这是一种通过统计样本特征向量来确定分类器的基于概率统计理论的分类方法。这种技术需要从原始数据中提取特定的特征向量,对这些特征向量进行分类,而不是直接对原始数据进行识别。第三类为神经网络技术,这种技术具有自组织和自学习能力,具有分布性特点,能有效的抗噪声和处理不完整模式以及具有模式推广能力。

4.5.3 表情识别技术

表情识别是情感理解的基础,是计算机理解人们情感的前提,也是人们探索和理解智能的有效途径。如果实现计算机对人脸表情的理解与识别将从根本上改变人与计算机的关系,这将对未来人机交互领域产生重大的意义。表情识别与其他生物识别技术如指纹识别、虹膜识别等相比,发展相对较慢,应用还不广泛。

1971年,美国心理学家Ekman和Friesen定义了6种基本表情:生气、厌恶、害怕、伤心、高兴和吃惊,并于1978年开发了面部动作编码系统(Facial Action Coding System,FACS)来检测面部表情的细微变化。系统将人脸划分为若干个运动单元(Action Unit,AU)来描述面部动作,这些运动单元显示了人脸运动与表情的对应关系。6种基本表情和FACS的提出具有里程碑的意义,后来的研究者建立的人脸模型大都基于FACS系统,绝大多数表情识别系统也都是针对6种表情的识别而设计的。

从表情识别过程来看,表情识别可分为三部分:人脸图像的获取与预处理、表情特征提取和表情分类。其中,表情特征提取是表情识别系统中最重要的部分,有效的表情特征提取工作将使识别性能大大提高。目前人脸面部表情识别特征主要有灰度特征、运动特征和频率特征三种。灰度特征是从表情图像的灰度值上提取的,利用不同表情用不同灰度值来得到识别的依据;运动特征利用了不同表情情况下人脸的主要表情点的运动信息来进行识别;频率特征主要是利用了表情图像在不同的频率分解下的差别进行识别,速度快是其显著特点。

具体地,特征识别方法主要有三类:整体识别法和局部识别法、形变提取法和运动提取法、几何特征法和容貌特征法。

(1) 整体识别法中,无论是从脸部的变形出发还是从脸部的运动出发,都是将表情人脸作为一个整体来分析,找出各种表情下的图像差别;局部识别法就是将人脸的各个部位在识别时分开,也就是说各个部位的重要性不一样。例如,在表情识别时,最典型的部位就是眼睛、嘴、眉毛等,这些地方的不同运动表示了丰富的面部表情。相比较而言,鼻子的运动就较少,这样在识别时就可以尽量少地对鼻子进行分析,能加快速度和提高准确性。

(2) 形变提取法是根据人脸在表达各种表情时的各个部位的变形情况来识别的;运动提取法是根据人脸在表达各种特定的表情时一些特定的特征部位都会做相应的运动这一原理来识别的。

(3) 几何特征法是根据人的面部的各个部分的形状和位置(包括嘴、眼睛、眉毛、鼻子)来提取特征矢量,这个特征矢量来代表人脸的几何特征,根据这个特征矢量的不同就可以识别不同的表情;在容貌特征法中,主要是将整体人脸或者是局部人脸通过图像的滤波,以得到特征矢量。

当然,这三个发展方向不是严格独立,它们只是从不同侧面来提取所需要的表情特征,都只是提供了一种分析表情的思路,它们相互联系、相互影响。有很多种方法是介于两者甚至是三者之间。例如,面部运动编码系统法是局部法的一种,同时也是从脸部运动上考虑的。

4.5.4 语音交互技术

以语音合成和语音识别两项技术为基础的语音交互技术支持用户通过语音与计算机交流信息。其中,语音识别(Speech Recognition)是计算机通过识别和理解过程把语音信号转变为相应的文本文件或命令的技术,其所涉及的领域包括信号处理、模式识别、概率论和信息论、发声机理和听觉机理、人工智能等。目前主流的语音识别技术是基于统计的模式识别的基本理论。

计算机语音识别过程与人对语音识别处理过程基本上是一致的。目前主流的语音识别技术是基于统计模式识别的基本理论。一个完整的语音识别系统大致可分为语音特征提取,声学模型与模式匹配,以及语言模型与语义理解三部分。

1. 语音特征提取

在语音识别系统中,模拟的语音信号在完成A/D转换后成为数字信号,但时域上的语音信号很难直接用于识别,因此我们需要从语音信号中提取语音的特征,一方面可以获得语音的本质特征,另一方面也起到数据压缩的作用。输入的模拟语音信号首先要进行预处理,包括预滤波、采样和量化、加窗、端点检测、预加重等。

目前通用的特征提取方法是基于语音帧的,即将语音信号分为有重叠的若干帧,对每一帧提取语音特征。例如,V9™嵌入式语音输入法这一手机语音识别汉字输入技术,其采用的语音库采样率为8kHz,因此采用的帧长为256个采样点(即32ms),帧步长或帧移(即每一帧语音与上一帧语音不重叠的长度)为80个采样点(即10ms)。

2. 声学模型与模式匹配

声学模型对应于语音到音节概率的计算。在识别时将输入的语音特征同声学模型进行匹配与比较,得到最佳的识别结果。目前采用的最广泛的建模技术是隐马尔可夫模型HMM建模和上下文相关建模。

马尔可夫模型是一个离散时域有限状态自动机,隐马尔可夫模型HMM是指这一马尔可夫模型的内部状态外界不可见,外界只能看到各个时刻的输出值。对语音识别系统,输出值通常就是从各个帧计算而得的声学特征。用HMM刻画语音信号需作出两个假设:一是内部状态的转移只与上一状态有关;另一个是输出值只与当前状态(或当前的状态转移)有关。这两个假设大大降低了模型的复杂度。语音识别中使用HMM通常是用从左向右单向、带自环、带跨越的拓扑结构来对识别基元建模,一个音素就是一个三至五状态的HMM,一个词就是构成词的多个音素的HMM串行起来构成的HMM,而连续语音识别的整个模型就是词和静音组合起来的HMM。

上下文相关建模方法在建模时考虑了协同发音的影响。协同发音是指一个音受前后相邻音的影响而发生变化,从发声机理上看就是人的发声器官在一个音转向另一个音时只能逐渐变化,从而使得后一个音的频谱与其他条件下的频谱产生差异。上下文相关模型能更准确地描述语音,只考虑前一音的影响的称为Bi-Phone,考虑前一音和后一音的影响的称为Tri-Phone。英语的上下文相关建模通常以音素为基元,由于有些音素对其后音素的影响是相似的,因而可以通过音素解码状态的聚类进行模型参数的共享。

3. 语言模型与语义理解

计算机对识别结果进行语法、语义分析,理解语言的意义以便做出相应的反应。该工作通常是通过语言模型来实现。语言模型计算音节到字的概率。语言模型主要分为规则模型和统计模型两种。

统计语言模型是用概率统计的方法来揭示语言单位内在的统计规律，其中 N-Gram 模型简单有效，被广泛使用。N-Gram 模型基于这样一种假设，第 n 个词的出现只与前面 $n-1$ 个词相关，而与其他任何词都不相关，整句的概率就是各个词出现概率的乘积。这些概率可以通过直接从语料中统计 n 个词同时出现的次数得到。常用的是二元的 Bi-Gram 和三元的 Tri-Gram。

语言模型的性能通常用交叉熵和复杂度来衡量。交叉熵是用该模型对文本识别的难度，或者从压缩的角度来看，每个词平均要用几个位来编码。复杂度是用该模型表示这一文本平均的分支数，其倒数可视为每个词的平均概率。

语音识别系统选择识别基元的要求是：有准确的定义，能得到足够数据进行训练，具有一般性。英语通常采用上下文相关的音素建模，汉语的协同发音不如英语严重，可以采用音节建模。系统所需的训练数据大小与模型复杂度有关。模型设计得过于复杂以至于超出了所提供的训练数据的能力，会使得性能急剧下降。

大词汇量、非特定人、连续语音识别系统通常称为听写机。其架构就是建立在声学模型和语言模型基础上的 HMM 拓扑结构。训练时对每个基元用前向后向算法获得模型参数，识别时将基元串接成词，词间加上静音模型并引入语言模型作为词间转移概率，形成循环结构。汉语具有易于分割的特点，可以先进行分割再对每一段进行解码，这是提高效率的一个简化方法。

用于实现人机口语对话的系统称为对话系统。受目前技术所限，对话系统往往是面向一个狭窄领域、词汇量有限的系统，其题材有旅游查询、订票、数据库检索等。其前端是一个语音识别器，识别产生的 N-best 候选，由语法分析器进行分析，获取语义信息，再由对话管理器确定应答信息，由语音合成器输出。由于目前的系统往往词汇量有限，也可以用提取关键词的方法来获取语义信息。

语音识别系统的性能受许多因素的影响，如不同的说话人、说话方式、环境噪音、传输信道等。提高系统鲁棒性是要提高系统克服这些因素影响的能力，使系统在不同的应用环境、条件下性能稳定；自适应是根据不同的影响来源，自动地、有针对性地对系统进行调整，在使用中逐步提高性能。

语音识别技术在实际使用中达到了较好的效果，但如何克服影响语音的各种因素还需要更深入的分析。目前听写机系统还不能完全实用化以取代键盘的输入，但识别技术的成熟同时推动了更高层次的语音理解技术的研究。由于英语与汉语有着不同的特点，针对英语提出的技术在汉语中如何使用也是一个重要的研究课题，四声等汉语本身特有的问题也有待解决。

4.5.5 眼动跟踪技术

眼动活动的使用能极大改善人机接口的质量。应用眼动活动的人机接口有两种：在线接口和离线接口。在线接口允许用户利用眼动活动详细地控制接口。例如，用户可以通过注视虚拟键盘上的按键来进行打字而不用使用传统的敲击键盘的方法。这种技术也可以用在常用的接口中，如用户可以在图形用户接口中注视一个图标来选择它，这样大大提高了速度。另一方面,离线的接口能监视用户眼动活动并且自动调整。例如,在视频传输和虚拟现实应用中,可变分辨率显示技术能主动跟踪用户的眼睛并且提供一个关于凝视点的详细信息,同时省略了外围设备的细节。

1. 眼动的概念

眼动主要有三种形式:注视、跳动和平滑尾随跟踪。

注视(Fixations):表现为视线在被观察目标上的停留,这些停留一般至少持续100~200ms。在注视时,眼并不绝对静止,眼球会有微小运动,其幅度一般小于1°视角。绝大多数信息只有在注视时才能获得并进行加工。

跳动(Saccades):注视点间的飞速跳跃,是一种联合眼动(即双眼同时移动),其视角为1~40度,持续时间为30~120ms,最高速度为400~600度/秒。在眼跳动期间,由于图像在视网膜上移动过快和眼跳动时视觉阈限升高,几乎不获得任何信息。

平滑尾随跟踪(Smooth Pursuit):缓慢、联合追踪的眼动通常称为平滑尾随跟踪。平滑尾随追踪通常有一个缓慢移动的目标,在没有目标的情况下,一般不能执行。

在视线跟踪技术中常用的主要参数有注视次数、注视持续时间、注视点序列、第一次到达目标区的时间等。

2. 视线跟踪基本原理

由光源发出的光线经红外滤光镜过滤后只有红外线可以通过;红外线经过半反射镜后,部分到达反射镜,经反射镜发射到达眼球;眼球对红外线的反射光经同一反射镜到达能锁定眼睛的特殊的瞳孔摄像机,通过连续的记录从人的眼角膜和瞳孔反射的红外线,然后利用图像处理技术,得到眼球的完整图像;再经软件处理后获得视线变化的数据,达到视线跟踪的目的。

人眼的注视点由头的方位和眼睛的方位两个因素决定。目前视线跟踪技术按其所借助的媒介分为以硬件为基础和以软件为基础两种。

(1) 以硬件为基础的视线跟踪技术的基本原理是利用图像处理技术,使用能锁定眼睛的眼摄像机,通过摄入从人眼角膜和瞳孔反射的红外线连续地记录视线变化,从而达到记录分析视线跟踪过程的目的。以硬件为基础的方法需要用户戴上特制的头盔或者使用头部固定支架,对用户的干扰很大。视线跟踪装置有强迫式与非强迫式、穿戴式与非穿戴式、接触式与非接触式之分,其精度从0.1°~1°不等。

(2)以软件为基础的视线跟踪技术是先利用摄像机获取人眼或脸部图像,然后用软件实现图像中人脸和人眼的定位与跟踪,从而估算用户在屏幕上的注视位置。

3. 眼动测量方法

眼动测量方法经历了早期的直接观察法,主观感知法,后来发展为瞳孔-角膜反射向量法、眼电图法(EOG)、虹膜-巩膜边缘法、角膜反射法、双普金野象法、接触镜法等。

(1) 瞳孔-角膜反射向量法。通过固定眼摄像机获取眼球图像,利用亮瞳孔和暗瞳孔的原理,提取出眼球图像内的瞳孔,利用角膜反射法校正眼摄像机与眼球的相对位置,把角膜反射点数据作为眼摄像机和眼球的相对位置的基点,瞳孔中心位置坐标就表示视线的位置。

(2) 眼电图法。眼球在正常情况下由于视网膜代谢水平较高,因此眼球后部的视网膜与前部的角膜之间存在着一个数十毫伏的静止电压，角膜区为正，视网膜区为负。当眼球转动时，眼球的周围的电势也随之发生变化；将两对氯化银皮肤表面电极分别置于眼睛左右、上下两侧，就能引起眼球变化方向上的微弱电信号，经放大后得到眼球运动的位置信息。

(3) 虹膜-巩膜边缘法。在眼部附近安装两只红外光敏管，用红外光照射眼部，使虹膜和巩膜边缘处左右两部分反射的光被两只红外光敏管接收。当眼球向左或向右运动时，两只红外光敏管接收的红外线会发生变化，利用这个差分信号就能测出眼动。

(4) 角膜反射法。角膜能反射落在它上面的光，当眼球运动时，光以变化的角度射到角膜，得到不同方向上的反光。角膜表面形成的虚像因眼球旋转而移动，实时检测出图像的位置，经信号处理可得到眼动信号。

(5) 双普金野象法。普金野图像是由眼睛的若干光学界面反射所形成的图像。角膜所反射出来的图像是第一普金野图像，从角膜后表面反射出来的图像微弱些，称为第二普金野图像，从晶状体前表面反射出来的图像称为第三普金野图像，由晶状体后表面反射出来的图像称为第四普金野图像。通过对两个普金野图像的测量可以确定眼注视位置。

(6) 接触镜法(ContactLens)。接触镜法是将一块反射镜固定在角膜或巩膜上，眼球运动时将固定光束反射到不同方向，从而获得眼动信号。

4.5.6 笔交互技术

纸笔是人们日常交流的主要工具之一。基于笔的交互技术就是基于纸笔交互思想，将笔作为主要输入设备进行交互。随着硬件设备和软件技术的发展，以及认知心理学、人机功效学等相关学科的相互促进，笔式交互技术的研究成为热点，也被越来越多的系统所采用。尤其在移动计算中，由于键盘携带不便更使得笔几乎达到了不可或缺的程度。

与鼠标键盘以及语音等输入方式相比，笔式输入具有连续性，使用笔的连续线条绘制可以产生字符、手势或者图形等特点。其优点是便于携带，输入带宽信息量大，输入延迟小；其缺点是翻译困难，再现精度低(如用笔很难画出两条完全一样的线条)。

目前，笔式用户界面相关的研究大都集中在利用模式识别的方法，将笔作为文字输入的手段，或者将笔作为鼠标的一种替代品。笔的应用还停留在鼠标的层次上，界面形态还停留在传统的 WIMP 形式上。因此这些研究成果无法从根本上解决目前使用计算机的难题。要解决这一难题，必须将笔式输入上升到界面软件的高度，在理论、方法和应用三个层次进行研究，形成笔式界面软件开发的理论基础、开发方法和支撑环境，并针对不同的应用领域进行笔式界面软件的设计和开发。

针对笔式用户界面，中国科学院软件研究所戴国忠研究员、田丰研究员等提出了 PIBG 范式，并研发了笔式界面教学系统(如图 4-32 所示)等系列软件。范式中的 P(Physical object)、IB(Icons, Buttons)、G(Gesture)分别与 WIMP 范式的 W(Windows，窗口)、I M(icons-图标，menus-菜单)、P(pointing systems，点击)相对应。在 PIBG 范式中，承载应用信息的交互组件由窗口(Window)变为物理对象(Physical Object)，P 是这一类交互组件的统称，主要包括“纸”(Paper)和框架(Frame)两类交互组件。IB 表示此范式中与具体语义无关的直接操纵组件，I 代表图标(Icon)，B 代表按钮(Button)。在此范式中摒弃了菜单(Menu)类的交互组件，尽量多地使用图标和按钮，这样可以大大增加直接操纵在整个交互方式中的比例，提高系统的操作效率。G 表示手势(Gesture)，是指此范式中所采用的主要的交互方式。与 WIMP 交互方式比较,用户的交互动作由鼠标的点击(Mouse Pointing)变为笔的手势(Pen Gesture)。PIBG 范式并没有在各个方面完全替代 WIMP 范式,它保留了 Icon、Button 等直接操纵组件,但从信息呈现和交互方式两个最主要的方面有了根本性的改变。下面主要介绍手写识别技术。

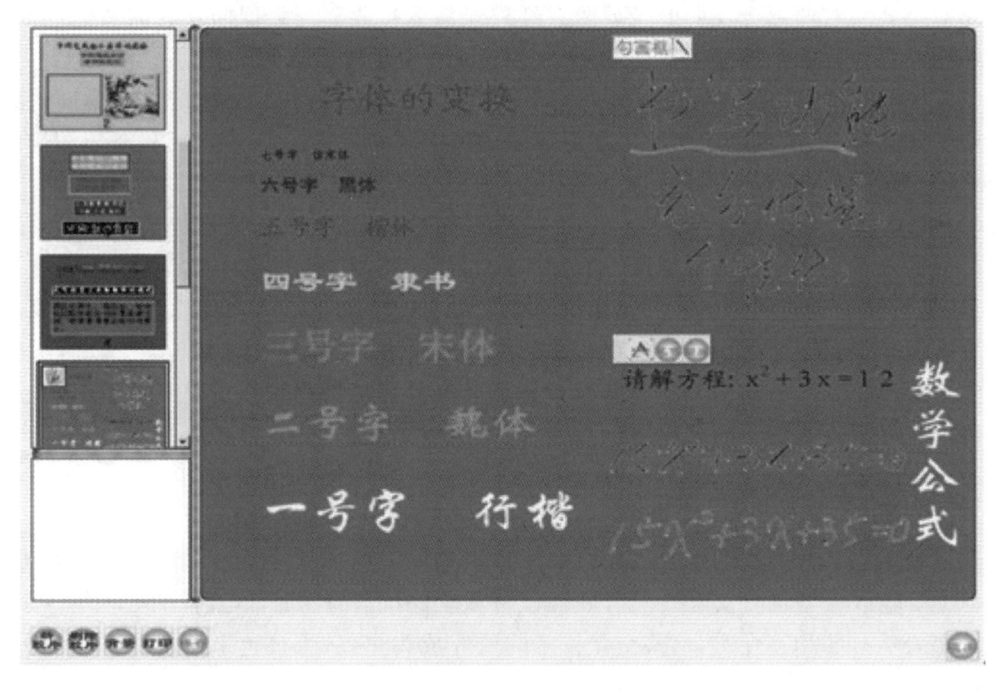

图 4-32 笔式电子教学系统

手写识别技术是笔交互中的一种基本技术,目前已经嵌入到各种设备中,得到广泛应用。手写识别可分为脱机(Off-Line,又称离线)识别和联机(On-Line,又称在线)识别两种方式。所谓脱机识别就是机器对于已经写好或印刷好的静态的语言文本图像的识别;而联机识别是指用笔在输入板上写,用户一边写,机器一边进行识别,可实时人机交互。手写体识别的方法和识别率取决于对手写约束的层次,这些约束主要是手写的类型、用户的数量、词汇量的大小以及空间的布局。显然,约束越宽识别越困难。

1. 联机手写识别

联机手写文字的识别过程通常分为四个阶段:预处理、特征抽取、特征匹配和判别分析,如图 4-33 所示。在联机手写文字的识别过程中,系统通过记录文字图像抬笔、落笔、笔

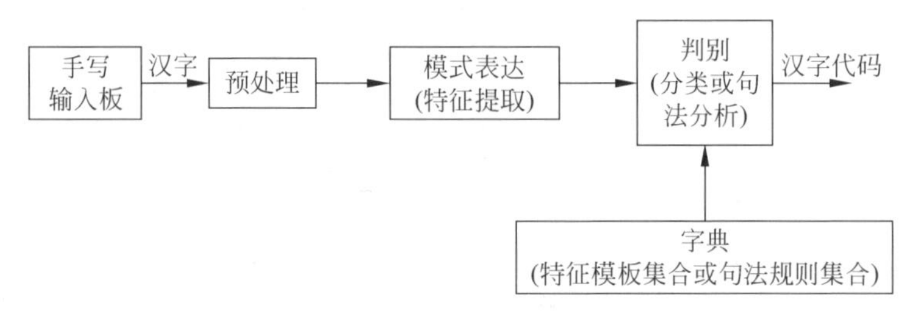

图 4-33 联机手写识别原理框图

迹上各像素的空间位置，以及各笔段之间的时间关系等信息，对这些信息进行处理。在处理过程中，系统以一定的规则提取信息特征，再由识别模块将信息特征与识别库的特征进行比较，加以识别。最后转化为计算机所使用的文字代码。而笔输入的识别特征库是基于许多人习惯的书写笔顺的统计特征建立的。

联机手写识别技术的优点是不需要专门学习与训练、不必记忆编码规则、安装后即可手写输入汉字，是最简单方便的输入方式。同时符合人的书写习惯，可以一面思考、一面书写，不会打断思维的连续性，是最自然的输入方式。另外，联机字符识别的结果可以及时反馈，可以及时校正错误，并可以给用户提供候选字。通过交互，用户也可以适应识别系统。除了手写输入字符外，还具有签名、绘图、保留手迹、替代鼠标等功能。

2. 脱机手写识别

脱机手写识别比印刷体汉字识别、联机手写体识别都要困难。因为联机手写体识别时手写板不停地采样，可以得到书写的动态信息。这些信息包括笔画数、笔画顺序、每笔的走向以及书写的快慢等，得到的原始数据是笔画的点坐标序列。脱机手写识别得到的描述则是点阵图像，要得到笔段的点阵通常需要细化运算。细化会损失一些信息，并且不可能得到时间顺序信息。脱机识别中，笔画与笔画之间经常粘连，很难拆分，而且笔段经过与另一笔段交叉分成两段后，也难以分清是否应该连起来。

汉字识别的方法基本上分为结构识别、统计识别以及神经网络方法等几大类。

大量的联机手写识别系统采用的都是结构识别方法。结构识别方法的出发点是汉字的组成结构。汉字是由笔划(点、横、竖、撇、捺等)、偏旁、部首构成，通过把复杂的汉字模式分解为简单的子模式直至基本模式元素，对子模式的判定以及基于符号运算的匹配算法，实现对复杂模式的识别。结构识别法的优点是区分相似字的能力强，缺点是抗干扰能力差。

统计识别方法是将汉字看为一个整体，其所有的特征是从整体上经过大量的统计而得到的，然后按照一定准则所确定的决策函数进行分类判决。统计识别的特点是抗干扰性强，缺点是细分能力较弱。

神经网络具有学习能力和快速并行实现的特点，因此可以通过神经网络分类器的推广能力准则和特征提取器的有效特征提取准则，对手写字符进行识别。

识别率是手写汉字识别研究中最重要的环节，影响识别率的因素也是手写识别技术研究中的难点，目前影响识别率的因素主要有笔顺、连笔、相似字区分、干扰等问题。

习题

4.1　列出你所熟悉的软件系统(如 Microsoft Office)中涉及到的交互技术，若有本章中没有提及的交互技术，则对其做进一步分析。

4.2　简述 Photoshop 中的二维图形交互技术。

4.3　针对某一个三维交互软件，简述其中的三维图形交互技术。

4.4　测试 Windows XP 自带的语音识别程序，看其识别率能达到多少。

4.5　在 Windows XP 操作系统下使用 Microsoft Word，可以通过移动鼠标使用手写体输入文字。测试其识别率。

CHAPTER 5

第5章 界面设计

人机交互界面设计所要解决的问题是如何设计人机交互系统，以便有效地帮助用户完成任务。在以用户为中心的设计（User Centered Design，UCD）中，用户是首先被考虑的因素。一个成功的交互系统必须能够满足用户的需要。

在实践中，开发人员和管理人员往往自认为他们已经了解了用户的需要，但实际情况并非如此。他们更多地关注于用户应该如何执行任务，而不是用户以何种偏好执行任务。用户的偏好是由用户的经验、能力和使用环境决定的，了解这一点对于设计过程相当重要。

本章主要介绍界面设计的原则，如何理解用户，以用户为中心的设计流程，以及如何站在用户的立场分析交互任务，并重点介绍了“对象、视图和交互设计”（Object，View，Interaction Design，OVID）方法，通过对用户、目标和任务的分析，系统地指导人机交互界面设计，以达到用户满意的设计要求。

5.1 界面设计原则

根据表现形式，用户界面可以分为命令行界面、图形界面和多通道用户界面。

命令行界面可以看作是第一代人机界面，其中人被看成操作员，机器只做出被动的反应，人用手操作键盘，输入数据和命令信息，通过视觉通道获取信息，界面输出只能为静态的文本字符。命令行用户界面非常不友好，难于学习，错误处理能力也比较弱，因而交互的自然性很差。

图形界面可看作是第二代人机界面，是基于图形方式的人机界面。由于引入了图标、按钮和滚动条技术，大大减少了键盘输入，提高了交互效率。基于鼠标和图形用户界面的交互技术极大地推动了计算机的普及。

而多通道用户界面则进一步综合采用视觉、语音、手势等新的交互通道、设备和交互技术，使用户利用多个通道以自然、并行、协作的方式进行人机对话，通过整合来自多个通道的、精确的或不精确的输入来捕捉用户的交互意图，提高人机交互的自然性和高效性。

在目前的计算机应用中，图形用户界面仍然是最为常见的交互方式，因此下面主要介绍图形界面的设计方法。

5.1.1 图形用户界面的主要思想

图形用户界面包含三个重要的思想：桌面隐喻（Desktop Metaphor），所见即所得（What You See Is What You Get，WYSIWYG），直接操纵（Direct Manipulation）。

1. 桌面隐喻

桌面隐喻是指在用户界面中用人们熟悉的桌面上的图例清楚地表示计算机可以处理的能力。在图形用户界面中，图例可以代表对象、动作、属性或其他概念。对于这些概念，既可以用文字也可以用图例来表示。尽管用文本表示某些抽象概念有时比用图例表示更好，但是用图例表示有许多优点：好的图例比文本更易于辨识；与文本相比，图例占据较少的屏幕空间；有的图例还可以独立于语言，因其具有一定的文化和语言独立性，可以提高目标搜索的效率。

隐喻的表现方法很多，可以是静态图标、动画、视频。主流的图形用户操作系统大多采用静态图标的方式，例如用画有一个磁盘的图标表示存盘操作，用打印机的图标表示打印操作。这样的表示非常直观易懂，用户只需要在图标上单击鼠标按钮，就可以执行相应的操作。

隐喻可以分为三种：一种是隐喻本身就带有操纵的对象，称为直接隐喻，如 Word 绘图工具中的图标，每种图标分别代表不同的图形绘制操作；另一种是工具隐喻，如用磁盘图标隐喻存盘操作、用打印机图标隐喻打印操作等，这种隐喻设计简单、形象直观，应用也最为普遍；还有一种为过程隐喻，通过描述操作的过程来暗示该操作，如 Word 中的撤销和恢复图标。图 5-1 显示了 Word 工具栏中三类隐喻的例子。

图 5-1 三种桌面隐喻示例

在图形用户界面设计中，隐喻一直非常流行，如文件夹和垃圾箱。但是晦涩的隐喻不仅不能增加可用性，反而会弄巧成拙。隐喻的主要缺点是需要占用屏幕空间，并且难以表达和支持比较抽象的信息。

2. 所见即所得

在WYSIWYG交互界面中,其所显示的用户交互行为与应用程序最终产生的结果是一致的。目前大多数图形编辑软件和文本编辑器都具有WYSIWYG界面,例如Microsoft Word系列软件中以粗体显示的文本打印出来时仍然是粗体(见图5-2)。而对于非WYSIWYG的编辑器,用户只能看到文本的控制代码,对于输出结果缺乏直观的认识,如Latex编辑器。

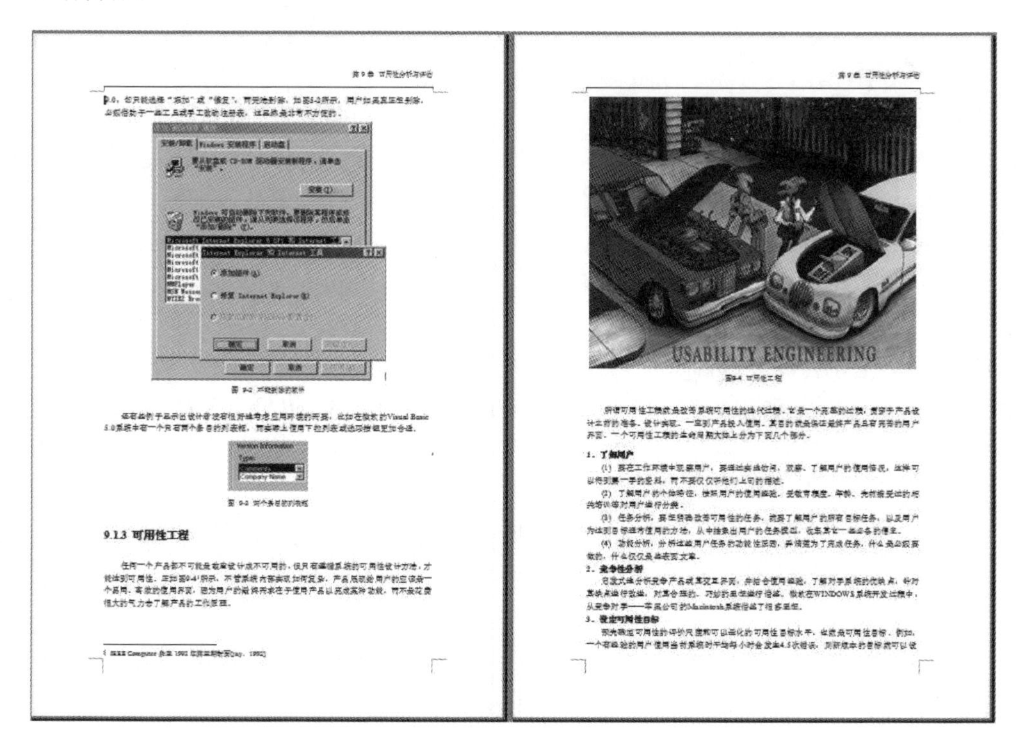

图5-2　Word中的打印预览——“所见即所得”实例

WYSIWYG也有一些弊端。如果屏幕的空间或颜色的配置方案与硬件设备所提供的配置不一样,在两者之间就很难产生正确的匹配,例如一般打印机的颜色域小于显示器的颜色域,在显示器上所显示的真彩色图像的打印质量往往较低。另外,完全的WYSIWYG也可能不适合某些用户的需要。例如,很多文本处理器都提供了定义章、节、小节等的标记,这些标记显式地标明了对象的属性,但并不是用户最终输出结果的一部分。

3. 直接操纵

直接操纵是指可以把操作的对象、属性、关系显式地表示出来,用光笔、鼠标、触摸屏或数据手套等指点设备直接从屏幕上获取形象化命令与数据的过程。直接操纵的对象是命令、数据或是对数据的某种操作。直接操纵具有如下特性。

(1) 直接操纵的对象是动作或数据的形象隐喻

这种形象隐喻应该与其实际内容相近,使用户能通过屏幕上的隐喻直接想象或感知其内容。

(2) 用指点和选择代替键盘输入

用指点和选择代替键盘输入有两个优点:一是操作简便,速度快捷,如果用文字输入则非常繁琐，特别是汉字的输入；另一个是不用记忆复杂的命令，这对非专业用户尤为重要。

（3）操作结果立即可见

由于用户的操作结果立即可见，用户可以及时修正操作，逐步往正确的方向前进。

（4）支持逆向操作

用户在使用系统的过程中，不可避免地会出现一些操作错误，有了直接操纵之后，会更加容易出现错误操作。因此系统必须提供逆向操作功能。通过逆向操作，用户可以很方便地恢复到出现错误之前的状态，如图 5-3 所示是 Photoshop 中的逆向操作功能。由于系统的初学者往往需要进行各种探索，了解系统的功能与使用方法，所以支持逆向操作非常有助于初学者学习。

图 5-3　逆向操作的实例

图形用户界面和人机交互过程极大地依赖于视觉和手动控制的参与，因此具有强烈的直接操作特点。直接操纵用户界面更多地借助物理的、空间的或形象的表示，而不是单纯的文字或数字的表示。心理学研究证明，物理的、空间的或形象的表示有利于解决问题和进行学习。视觉的、形象的（艺术的、整体的、直觉的）用户界面对于逻辑的、面向文本的、强迫性的用户界面是一个挑战。直接操纵用户界面的操纵模式与命令界面相反，用户最终关心的是他欲控制和操作的对象，只关心任务语义，而不用过多为计算机语义和句法而分心。例如，保存、打印操作的图标设计分别采用了软盘和打印机，由于尊重用户以往的使用经验，所以很容易理解和使用。

对于大量物理的、几何空间的以及形象的任务，直接操纵已表现出巨大的优越性，然而在抽象的、复杂的应用中，直接操纵用户界面可能会表现出其局限性，即直接操纵用户界面不具备命令语言界面的某些优点。例如从用户界面设计者角度看,表示复杂语义、抽象语义比较困难,设计图形比较繁琐,需要进行大量的测试和实验。

5.1.2 图形用户界面设计的一般原则

1. 界面要具有一致性

一致性原则在界面设计中最容易违反,同时也最容易实现和修改。例如,在菜单和联机帮助中必须使用相同的术语,对话框必须具有相同的风格。在同一用户界面中,所有的菜单选择、命令输入、数据显示和其他功能应保持风格的一致性。风格一致的人机界面会给人一种简洁、和谐的美感。

2. 常用操作要有快捷方式

常用操作的使用频度大,应该减少操作序列的长度。例如为文件的常用操作(如打开、存盘、另存等)设置快捷键。为常用操作设计快捷方式,不仅会提高用户的工作效率,还使界面在功能实现上简洁而高效。定义的快捷键最好要与流行软件的快捷键一致,例如在Windows 系统下新建、打开、保存文件的快捷键分别是 Ctrl+N、Ctrl+O 和 Ctrl+S。

3. 提供必要的错误处理功能

在出现错误时,系统应该能检测出错误,并且提供简单和容易理解的错误处理功能。错误出现后系统的状态不发生变化,或者系统要提供纠正错误的指导。对所有可能造成损害的动作,坚持要求用户确认。例如,在 Word 的使用中当用户关闭时会显示图 5-4 所示的对话框,如果用户操作失误,则可以单击"取消"按钮。

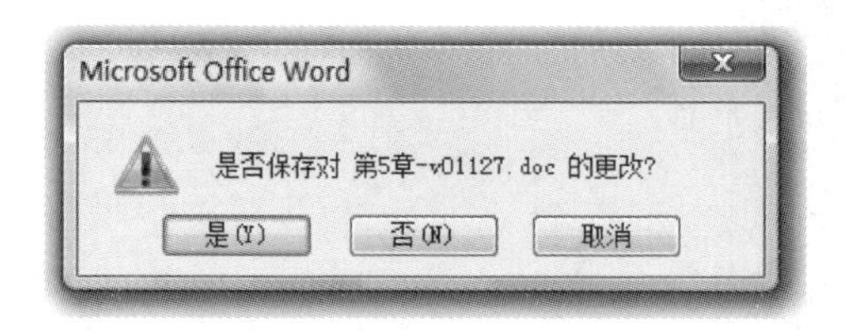

图 5-4 关闭操作确认提示

4. 提供信息反馈

对操作人员的重要操作要有信息反馈。对常用操作和简单操作的反馈可以不做要求,但是对不常用操作和至关重要的操作,系统应该提供详细的信息反馈。用户界面应能对用户的决定做出及时的响应,提高对话的效率,尽量减少击键次数,缩短鼠标移动距离,避免使用户产生无所适从的感觉。

5. 允许操作可逆

操作应该可逆,这对于不具备专业知识的操作人员相当有用。可逆的动作可以是单个的操作,也可以是一个相对独立的操作序列。对大多数动作应允许恢复(UNDO),对用户出错采取比较宽容的态度。

6. 设计良好的联机帮助

虽然对于熟练用户来说,联机帮助并非必需;但是对于不熟练用户,特别是新用户来说,联机帮助具有非常重要的作用。人机界面应该提供上下文敏感的求助系统,让用户及时获得帮助,尽量用简短的动词和动词短语提示命令。

7. 合理划分并高效地使用显示屏幕

只显示与上下文有关的信息,允许用户对可视环境进行维护,如放大、缩小窗口;用窗口分隔不同种类的信息，只显示有意义的出错信息，避免因数据过多而使用户厌烦；隐藏当前状态下不可用的命令。

上述原则都是进行图形用户界面设计时应遵循的最基本的原则。除此之外，针对图形用户界面的不同组成元素，还有许多具体的设计原则。

5.2 理解用户

5.2.1 用户的含义

简单来说，用户是使用某种产品的人，其包含两层含义：①用户是人类的一部分；②用户是产品的使用者。产品的设计只有以用户为中心，才能得到更多用户的青睐。1998年，国际标准化组织发布的ISO13407标准就是以用户为中心设计方法的体现。概括地说，其要求在进行产品设计时，需要从用户的需求和用户的感受出发，围绕用户为中心设计产品，而不是让用户去适应产品；无论产品的使用流程、信息架构、人机交互方式等，都需要考虑用户的使用习惯、预期的交互方式、视觉感受等方面。

衡量一个以用户为中心的设计的好坏，关键点是强调产品的最终使用者与产品之间的交互质量，它包括三方面特性，即产品在特定使用环境下为特定用户用于特定用途时所具有的有效性(Effectiveness)、效率(Efficiency)和用户主观满意度(Satisfaction)。延伸开来，还包括对特定用户而言，产品的易学程度、对用户的吸引程度、用户在体验产品前后的整体心理感受等。

以用户为中心的设计，其宗旨就是在软件开发过程中要紧紧围绕用户，在系统设计和测试过程中要有用户的参与，以便及时获得用户的反馈信息，根据用户的需求和反馈信息不断改进设计，直到满足用户的需求，这个过程才终止。遵循这种思想来开发软件，可以使软件产品具有易于理解、便于使用的优点，进而提高用户的满意度。

5.2.2 用户体验

用户体验(User Experience，UE)通常是指用户在使用产品或系统时的全面体验和满意度。该术语经常出现在软件和商业的有关话题中，如网上购物。事实上这些话题中的用户体验多半与交互设计有关。

用户体验主要由下列四个元素组成(见图5-5)：

- 品牌(Branding)
- 使用性(Usability)
- 功能性(Functionality)
- 内容(Content)

这四个元素单独作用都不会带来好的用户体验。把它们综合考虑、一致作用则会带来良好的结果。

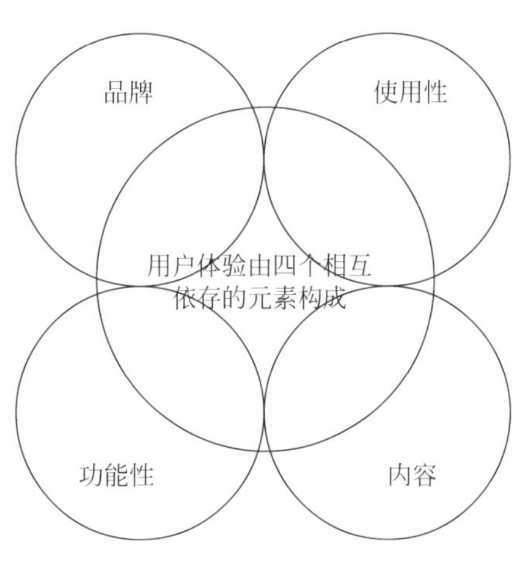

图5-5 用户体验的四个元素

用户体验是个涉及面很宽泛的问题。实际操

作中的用户体验建设,更多是一种"迭代"式的开发过程:按照某种原则体系设计功能、版面、操作流程;在系统完成后,还要通过考察各种途径的用户反馈,经历一个相对长时间的修改和细化过程;而优化阶段得到的反馈,却时常会使得既定的版面、操作流程面临外科手术般的风险,有时甚至影响到功能层面的设计,即所谓的"细节之处见魔鬼"。

影响用户体验的因素很多,如以下几方面:

- 现有技术上的限制使得设计人员必须优先在相对固定的UI框架内进行设计;
- 设计的创新在用户的接受程度上也存在一定的风险;
- 开发进度表也会给这样一种具有艺术性的工作带来压力;
- 设计人员很容易认为他们自己了解用户需要,但实际情况常常不是这样。

要达到良好的用户体验,理解用户是第一步要做的事情,而用户本身的不同以及用户知识水平的不同是其中重要的两个方面,需要在系统设计之初进行充分的了解。

5.2.3 用户的区别

1. 用户的分类

从交互水平考察,在人机界面中用户可以分为如下四类。

(1) 偶然型用户

既没有计算机应用领域的专业知识,也缺少计算机系统基本知识的用户。

(2) 生疏型用户

他们更常使用计算机系统,因而对计算机的性能及操作使用已经有一定程度的理解和经验。但他们往往对新使用的计算机系统缺乏了解,不太熟悉,因此对新系统而言,他们仍旧是生疏用户。

(3) 熟练型用户

这类用户一般是专业技术人员,他们对需要计算机完成的工作任务有清楚的了解,对计算机系统也有相当多的知识和经验,并且能熟练地操作、使用。

(4) 专家型用户

对需要计算机完成的工作任务和计算机系统都很精通的通常是计算机专业用户,称为专家型用户。

不同的用户会有不同的经验、能力和要求。例如,偶然型和生疏型用户要求系统给出更多的支持和帮助;熟练型和专家型用户要求系统运行效率高,能灵活使用。

2. 计算机领域经验和问题领域经验的区别

通过系统的用户界面,用户可以了解系统并与系统进行交互。界面中介绍的概念、图像和术语必须适合用户的需要。例如,允许客户自助订票的系统将与售票员专用的系统迥然不同。关键差异不在于需求,甚至也不在于详细用例,而在于用户的特征和各系统所处的运行环境。

用户界面还必须至少从两个维度迎合潜在的广泛经验,这两个维度指的是计算机经验和领域经验,如图5-6所示。计算机经验不仅包括对计算机的一般性了解,还包括对尚待开发的系统的经验。对于计算机领域和问题领域经验都不足的用户(如图5-6左下角所示),其所需的用户界面与专家用户(如图5-6右上角所示)的界面将有很大区别。

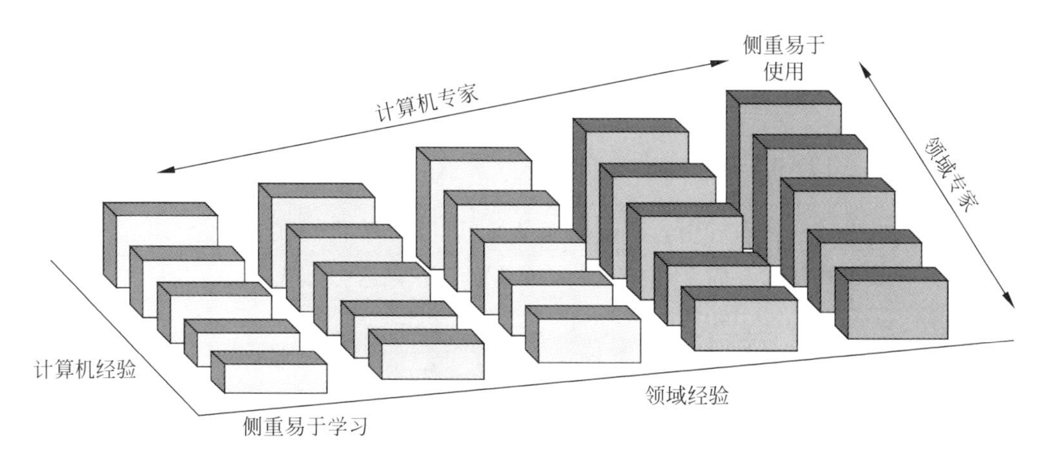

图 5-6　计算机和领域经验对易于学习和易于使用的影响

一个成功的交互系统必须能够满足用户的需要。这意味着不仅能够识别各种用户群，而且还可以辨别各个用户所掌握的技能、经验以及他们的偏好。用户对使用体验的肯定(Positive User Experiences)会直接影响到用户对软件产品的喜好和忠诚度。

5.2.4　用户交互分析

在理解用户的基础上，需要针对软件的功能和目标用户，全面分析用户的交互内容，主要包括产品策略分析、用户分析和用户交互特性分析。

1. 产品策略分析

确定产品的设计方向和预期目标，特别是要了解用户对设计产品的期望是什么；研究同类型产品的竞争特点，用户使用同类型产品时的交互体验，包括正面的体验和负面的体验，从而得出产品交互设计的策略。

2. 用户分析

深入而明确地了解产品的目标用户。确定了目标用户群，就可以了解到目标用户群体区别于一般人群的具体特征，如特定年龄区间、特殊的文化背景、职业特征、计算机使用经验、同类产品使用经验、爱好等。

在此基础上，可以找到“典型”用户。所谓的典型用户就是属于用户群分类中有典型代表性的用户。对于典型用户的描述可以比用户群更为精确。例如年龄可以精确到年，计算机使用经验可以描述为熟悉 Windows 基本操作(单击、键盘、拖曳、右击)，等等。典型用户可以为前期的软件交互定性测试和定量测试以及软件开发后期的确认测试提供样本。

3. 用户交互特性分析

在与用户交流的基础上，了解目标用户群体的分类情况及比例关系，对用户特性进行不断的细化，根据用户需求的分布情况，可以进行一些交互挖掘，如问卷、投票、采访、直接用户观察等。通过对目标用户群的交互挖掘，得出准确、具体的用户特征，从而可以进行有的放矢的设计。

5.3 设计流程

5.3.1 用户的观察和分析

通过观察用户是如何理解内容和组织信息的,可以帮助我们在进行交互设计时更合理地组织信息。主要的方法有以下几种。

(1) 情境访谈(Contextual Interviews)

走进用户的现实环境,尽量了解用户的工作方式、生活环境等情况。

(2) 焦点小组(Focus Groups)

组织一组用户进行讨论,更了解用户的理解、想法、态度和需求。

(3) 单独访谈(Individual Interviews)

一对一的用户讨论,让你了解某个用户是如何工作,知道用户的感受、想要什么及其经历等。

在这些工作中,设计师要深入到用户的生活场景(Context)中(如和他们一起完成与工作和家庭相关的任务),参与并观察用户的生活,常常聊(Ask Open-ended Questions)一些与当下所做的事或者他们的习俗(Social and Emotional Significance)有关的事。

以用户为中心的设计强调设计者要沉浸在用户的环境中,它能揭示出一些其他途径不能表达且只有全身心进入用户环境中才能发现的问题。尤其是在那些产品或服务需要多人在一起合作时(如护士和病人之间或者多组工作人员之间),这种观察能发现他们之间的全部、完整的互动。

需要对观测得到的结果进行分析,并总结出几个主要的设计主题。通常用视觉化的形式(视频或图画)来展示给设计团队,以便突出重点,让他们有思考的基础。越是生动地介绍和分析,就越能影响设计团队,影响产品或服务的开发。

5.3.2 设计

用户的观察和分析为设计提供了丰富的背景素材,应对这些素材进行系统的分析。常用的分析方法是对象模型化,即将用户分析的结果按照讨论的对象进行分类整理,并且以各种图示的方法描述其属性、行为和关系。

对象抽象模型可以逐步转化为不同具体程度的用户视图。比较抽象的视图有利于进行逻辑分析,称为低真视图(Low-fidelity Prototype);比较具体的视图更接近于人机界面的最终表达,称为高真视图(High-fidelity Prototype)。

随着设计理念和思路的发展,设计师会继续收集用户反馈的信息,要么让他们直接参与开发,要么向他们展示基于前面的工作所建立的(产品或服务的)原型(Prototypes)以获得他们的评价(Evaluation)。据项目的不同和概念的深化程度,原型会有不同的展示方式,如脚本、手绘板、展板、纸介质或屏幕,一直到最后的拥有全部功能的工作模型(Working Model)。

随着原型的发展,用户可能会被邀请"漫步"其中,就好像要用它完成某项任务,或利用它们进行模拟的或真实生活中的任务。这些原型能让用户提出对整体上是否满足用户的需要以及它逐步的可操作性的反馈。

对意见、反馈样本进行分析评估,把得到的结果推展到设计思想,以进行下一轮的设计和评估。如此不停地迭代,直至满意为止。在这里,生动的介绍很有必要,它能说服没有参与评估的设计者,告诉他们哪里有问题。所以把整个过程录制下来是个好主意,这样可以回过头去看看究竟发生了什么事,而且也可以为设计师的观点提供有力的支持。

5.3.3　实施

随着产品进入实施阶段,设计师对高真设计原型进行最后的调整,并且撰写产品的设计风格标准(Style Guide),产品各个部分风格的一致性由该标准保证。

产品实施或投入市场后,面向用户的设计并没有结束,而是要进一步搜集用户的评价和建议,以利于下一代产品的开发和研制。

5.4　任务分析

用户使用产品的目的是能够高效地完成他们所期望的工作,而不是在于使用产品本身。产品的价值在于其对于用户完成任务这一过程的帮助。一般而言,用户是在自己的知识和经验基础上建立起完成任务的思维模式;如果产品的设计与用户的思维模式相吻合,用户只需要花费很少的时间和精力就可以理解系统的操作方法,并且能够很快地熟练使用以达到提高效率的目的;反之,如果产品的设计与用户的思维模式不一致,用户就需要较多的时间、精力来理解系统的设计逻辑,学习系统的操作方法,而这些时间和精力的花费不能直接服务于用户完成任务的需要,显然会影响用户的使用体验;更进一步,如果因为使用上的偏差,造成用户完成任务的低效与失误,可能会最终导致用户放弃该产品。

因此,任务分析是交互设计至关重要的环节。在以用户为中心的设计中,关心的是如何从用户那里理解和获取用户的思维模式,进行充分、直观的表达,并用于交互设计。描述用户行为的工具有很多,目前经常用到的是 UML(Unified Markup Language,通用标识语言)。UML 2.0 共有 10 种图示,分别为组合结构图、用例图、类图、序列图、对象图、协作图、状态图、活动图、组件图和部署图,它们分别用以表现不同的视图,如表 5-1 所示。

表 5-1　UML 的图示

名　　称	视　　图	主要符号
组合结构图 (composite-structure diagram)	表现结构(架构)性需求,主要包括 Part、Port、接口和链接(link)	Part、Port、接口、链接关系
用例图 (use case diagram)	表现功能需求,主要包括用例和参与者	用例、参与者、关联关系
类图 (class diagram)	表现静态结构,主要包括一群类及其间的静态关系	类、关联关系、泛化关系
序列图 (sequence diagram)	表现一群对象依序传送消息的交互状况	对象、消息、活动期
对象图 (object diagram)	表现某时刻下的数据结构,主要包括一群对象及其间拥有的数据数值	对象、链接、消息

续表

名　　称	视　　图	主要符号
协作图 (collaboration diagram)	表现一群有链接的对象传送消息的交互状况	对象、链接
状态图 (statechart diagram)	表现某种对象的行为,主要呈现一堆状态因事件而转换的状况	状态、事件、转换、动作
活动图 (activity diagram)	表现一段自动转换的活动流程,主要包括一堆活动及其间的自动转换线	活动、转换、分叉、接合
组件图 (component diagram)	表现一群组件及其间的依赖关系	组件、接口、依赖关系、实现关系
部署图 (deployment diagram)	表现一堆设备及其间的依赖关系	节点、组件、依赖关系

在任务分析中使用UML工具,可以清晰地表达一个交互任务诸多方面的内容,包括交互中的使用行为、交互顺序、协作关系、工序约束等,我们将以一个图书馆管理系统为例,说明任务分析的过程,这个用例从读者提出想要借书开始,经过如下五个交互步骤。

① 根据系统提供的查询功能,读者可以在系统界面中输入关键字、查询图书;

② 系统通过交互界面列出可借用的图书供读者选择;

③ 如果读者选定了图书,系统提示读者输入借书证号和密码;

④ 如果最后读者确定借阅关系,系统处理时通知读者借书成功,并给读者一个确认;

⑤ 当确认信息出现时,整个图书借阅的交互过程就结束了。

下面详细介绍如何用UML来对这些交互任务进行分析。

5.4.1 使用行为分析

使用行为分析就是要理解系统中每个参与者及其所需要完成的任务,即分析系统所涉及的问题领域和系统运行的主要任务,分析使用该系统主要功能部分的是哪些人,谁将需要该系统的支持以完成其工作。

使用行为分析一般使用用例图描述,它从参与者的角度出发来描述一个系统的功能,主要目的是帮助开发团队以一种可视化的方式理解系统的功能需求。

以图书馆管理系统为例,其参与者主要包括以下几类:

- 读者(借阅者)
- 图书管理员
- 图书馆管理系统的系统管理员

下面分别进行分析。

1. 读者使用图书馆管理系统的用例

(1) 登录系统

由于读者需要在线完成一些与自己身份紧密相关的操作,需要对用户身份进行认证,读者使用预先分配或申请的用户账户和密码登录。

在登录界面提供用户修改密码的功能,方便用户自行修改密码。

（2）查询自己的借阅信息

登录后的读者用户应可以查询自己的借阅历史等信息，需要提供每次借阅的细节信息，如借阅日期、归还日期/应归还日期、违规记录等。

（3）查询书籍信息

图书馆管理系统应提供多种模式的查询手段，帮助读者用户方便快捷地查询到需要的书籍。一些常规、标准的查询方式如关键字、图书号、索引号查询应该提供；同时，应考虑用户的交互习惯，提供简洁查询与高级查询。高级查询中应包括多种查询条件的任意组合。

（4）预定书籍

读者用户查询到的书籍不在馆内的情况下，应提供预定书籍的功能，允许用户预留，一旦书籍归还，以用户约定的方式通知预定读者。

（5）借阅书籍

读者用户在图书管理员的帮助下完成借阅过程，或者对已经预定的书籍完成借阅，应提供在线延期功能，允许用户在规定的时间内延长借阅时间。

（6）归还书籍

读者用户到图书馆归还书籍的同时，图书管理员在图书馆管理系统中注销该读者的此次借阅信息。

其用例图描述见图 5-7。

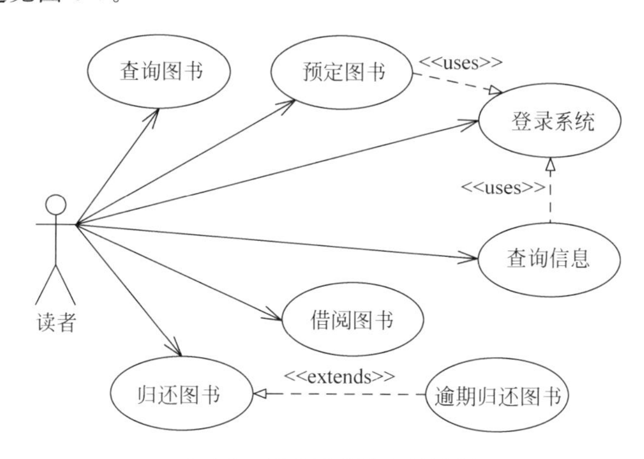

图 5-7　读者请求服务的用例

2. 图书管理员处理借书、还书的用例

（1）处理书籍借阅

图书管理员使用图书馆管理系统办理读者借阅手续，包括登记图书的借阅人信息与借出日期等，由系统自动生成归还日期，修改图书状态信息等；此外，应提供方便的交互手段，如使用条码扫描仪扫描图书号与读者借阅证号条码。

（2）处理书籍归还

图书管理员使用图书馆管理系统办理读者归还手续，接收归还的图书，注销读者的借阅信息，处理逾期等异常信息。

（3）处理预定信息

读者的预定信息有些需要通过人工的方式通知用户，需要图书管理员人工操作，在图书馆管理系统交互界面中处理。

其用例图描述见图5-8。

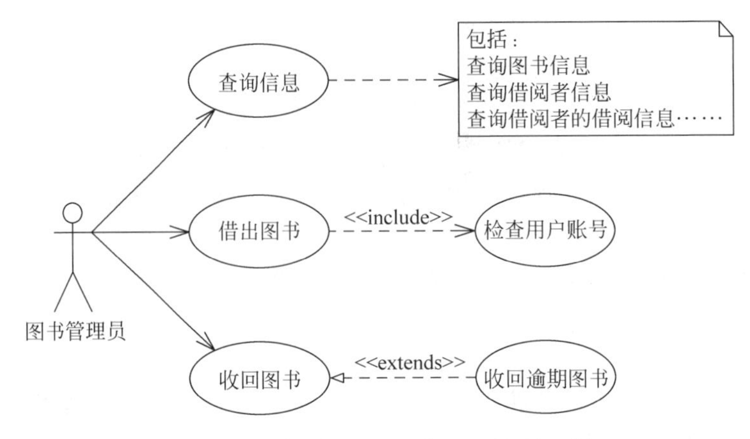

图5-8　图书管理员处理借书、还书的用例

3. 系统管理员进行系统维护的用例

其用例图描述见图5-9。

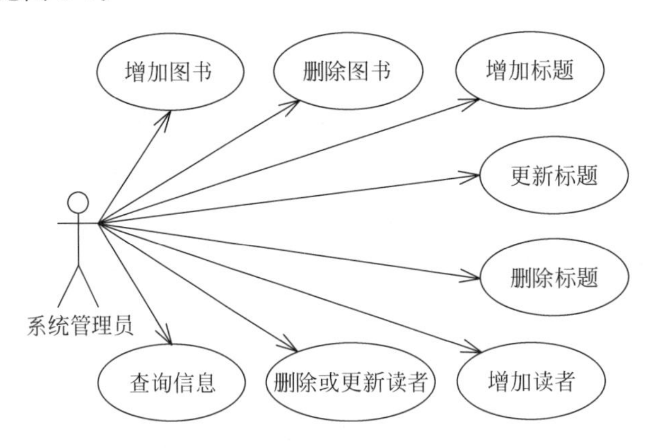

图5-9　系统管理员进行系统维护的用例

(1) 查询信息

系统管理员负责维护整个系统的用户信息、图书信息等,应具备基本的查询功能。应提供简单查询与高级查询。除了读者用户和图书管理员用户具备的查询功能外,还应提供多种方便管理的查询与显示方式,如可以查询逾期图书情况等。

(2) 增加书目

负责录入新增的图书信息。

(3) 删除或更新书目

负责删除已不再馆藏的图书信息以及更新错误的信息等。

(4) 增加读者账户

根据一定的规则批量增加借阅者账户或者处理读者自行注册的开户申请。

(5) 删除或更新读者账户

根据规则批量删除读者账户或者个别删除读者账户,还应该提供读者账户的信息更新,如用户类别的变更等。

5.4.2 顺序分析

每个使用行为都是由若干步骤组成的，这些步骤可以使用序列图进行描述。

序列图描述了完成一个任务的典型步骤；它可以按照交互任务发生的时间顺序，把用例表达的需求转化为进一步、更加正式的精细表达；用例常常被细化为一个或更多的序列图。下面以读者借书的序列图（见图 5-10）为例说明。

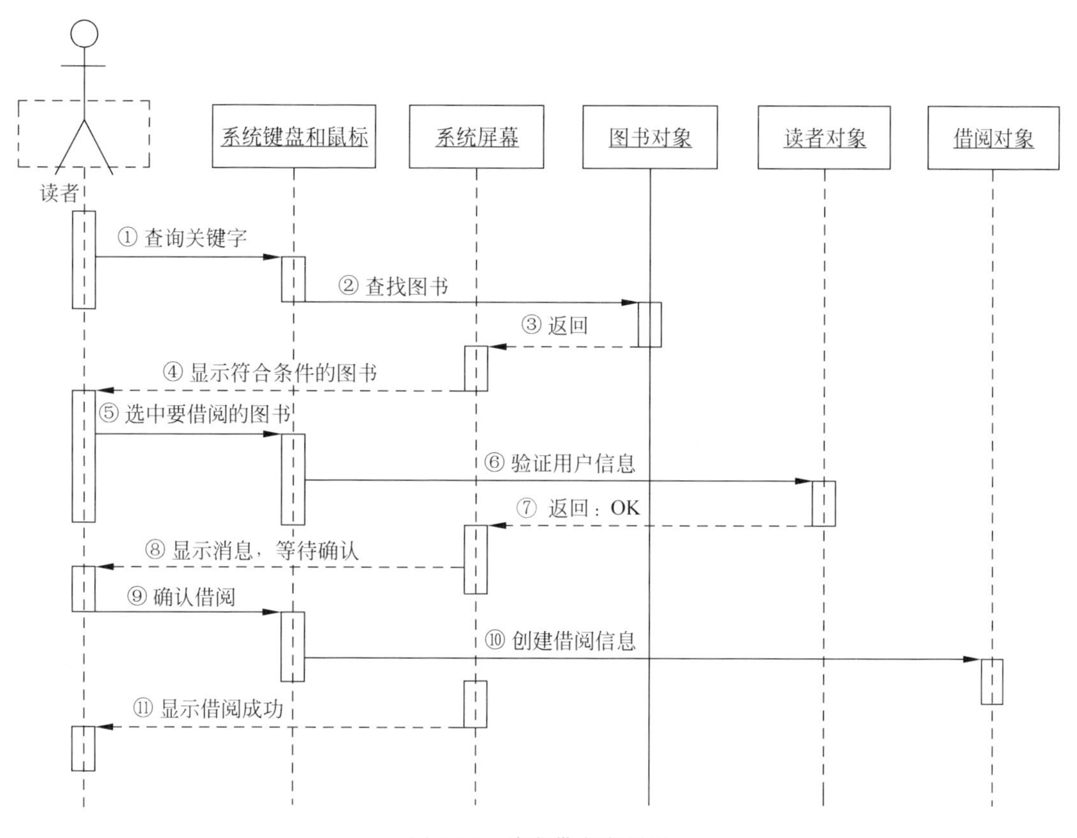

图 5-10　读者借书序列图

5.4.3 协作关系分析

协作图着重显示了某个用户行为中各个系统元素之间的关系，而不再重点强调各个步骤的时间顺序。图 5-11 是与图 5-10 的序列图相对应的，反映了读者借书过程中几个交互对象之间的协作关系。

5.4.4 工序约束陈述

用户完成任务的步骤又称为工序，某些工序之间的顺序是有一些逻辑关系的。工序约束陈述是工序分析的最直接的方法。本案例中可能存在如下工序约束。

① 系统管理员必须先增加借阅者信息，读者才能登录。

② 系统管理员必须先增加图书信息，读者才能查阅。

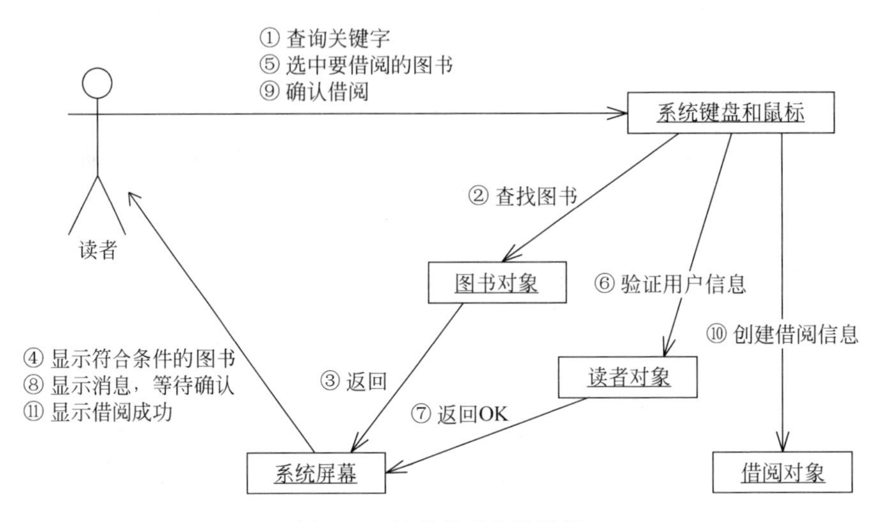

图 5-11　协作关系分析图例

③ 读者借阅信息生成后,图书管理员才能去书库取书。

④ 读者必须先在系统中办理借阅,才能取书。

⑤ 读者必须先借书才能还书。

5.4.5　用户任务一览表

当所有任务分析完毕,就可以用一览表的形式描述系统中的所有用户及其可能需要完成的所有任务。之所以使用一览表是因为这种方式可以全面而且一目了然地展示所有用户的交互任务信息,并且便于更改和调整。表 5-2 描述了图书馆管理系统涉及的用户任务。

表 5-2　用户-任务一览表

任　　务	读者	图书馆管理员	系统管理员
图书信息查询、读者信息查询	√	√	
借书	√	√	
还书	√	√	
图书预定	√	√	
增加、删除或更新书目			√
增加、删除图书			√
增加、删除或更新读者账户信息			√

5.4.6　任务金字塔

任务金字塔描述了不同层次的任务之间的关系。任何一个任务都可能包括若干子任务,从而构成金字塔状的结构。以读者查询图书为例,其任务金字塔如图 5-12 所示。

5.4.7　故事讲述和情节分析

通过描述实际的任务场景可以非常直观地进行任务描述,便于与用户的交流,并可以帮助分析设计者和真正用户对任务的不同理解。

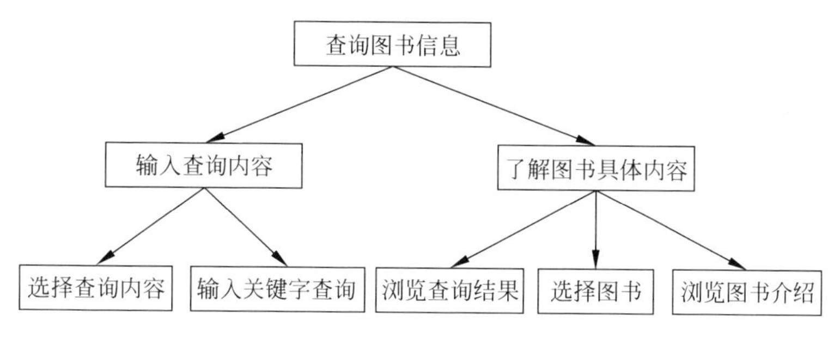

图 5-12 任务金字塔图例

故事讲述(story telling)可以是真实的案例,也可以是虚构的情节,甚至可以是对理想场景的虚构,关键是使这些故事能够典型地反映交互任务,具有充分的代表性。

下面通过一个学生借书的过程描述图书馆管理系统的交互故事。

……

刘凡是某大学的一名学生,这一天他来到学校图书馆,想使用电子借阅系统借阅两本最近出版的关于Java编程和XML的书。

在图书馆的借阅大厅里,有几台自助查询电脑供读者使用,刘凡走到其中的一台电脑前,单击鼠标进入图书查询借阅系统。进入查询界面,他选择"书目查询"菜单项,根据界面提示选择了文献类型、查询类型、查询模式、结果排序方式、结果显示的方式等选项,其中从查询类型的提示中选择"题名"方式;之后,他在检索输入框中输入"java程序设计",并单击"检索"按钮。

在接下来的页面中,系统返回了100条查询结果,每一条为一本书的信息,书名带有超级链接,由于要借一本新近出版的书,刘凡选择按照"出版日期"将查询结果进行降序排列。从图书列表中,刘凡选中一本清华大学出版社的《Java程序设计》,单击书名进入图书的详细介绍。

在图书的详细介绍里有本书的基本信息,包括作者、出版社、摘要等。另外还有本书的馆藏信息:目前有两本书已经借出,还有一本在馆。刘凡决定借阅这本书,单击"借阅"按钮,系统提示刘凡登录,经过填入借阅卡号、密码,并单击"确认"按钮,系统查阅刘凡的借阅记录以及借阅权限等,确认无误后弹出提示页面,显示"是否确认借阅《Java程序设计》?",刘凡单击"确认"按钮,系统在后台生成借阅信息,并在页面显示"借阅已成功,请10分钟后到借书处领取!"。

刘凡的借阅信息被传输到书库系统,图书管理员在书库中找到刘凡要借阅的那本书并将图书通过传送系统传输到借书处。

在这段时间里,刘凡再次选择"书目查询"菜单项,查询"XML",这次他从查询结果列表中选中一本《XML实践教程》,单击书名进入图书详细介绍,馆藏信息显示本书已经全部借出。于是刘凡单击"读者预约"按钮,预定本书,并留下了个人的联系方式。

约10分钟后,刘凡来到借书处,图书管理员核对他的借阅卡,确认无误后,将那本《Java程序设计》交给刘凡。

……

情节分析(scenario analysis)是对故事所反映的交互任务的理性分析,分离出故事中所描述的角色、目标、环境、步骤、策略、感情等诸方面的因素。如对上述故事可以分解如下。

① 角色:刘凡,图书馆读者;图书管理员。

② 目标:完成图书的借阅或预定。

③ 环境:图书馆借阅大厅,有查询电脑可供查询使用;借书处,取到借阅的书籍。

④ 步骤:查询图书,浏览图书信息,确定要借阅的图书;然后在系统中办理借阅,并等待从借书处取书。

⑤ 策略:如果图书在馆,则借阅;否则,可以预定图书。

⑥ 情感:交互系统的交互过程简洁、顺畅,信息提示充分、清晰,用户对完成任务的过程感到满意。

故事讲述用一种直观、生动的方式描述了交互的过程和内容,这些描述可以用来作为其他任务分析方法和系统设计的基础依据,也是未来系统评估的重要工具。

5.5 以用户为中心的界面设计

人机交互界面设计所要解决的问题是如何设计人机交互界面和系统,以有效地帮助用户完成任务,并尽量使用户在交互过程中获得愉悦的心情。人机交互界面设计包括许多复杂的因素,内容涵盖了可用性工程学、人机工程学、认知心理学、美学、色彩理论、人文科学等不同的学科和领域知识。

一个好的人机交互界面从设计一开始就要考虑可用性问题,并在以后的实现过程中始终将可用性作为一个重要的方面,采用科学的开发方法,保证最终系统的可用性。这实际上就是以用户为中心的设计思想的体现。Gould、Boies 和 Lewis 于 1991 年提出了以用户为中心的四个重要设计原则。

① 及早以用户为中心:设计人员应当在设计过程的早期就致力于了解用户的需要。

② 综合设计:设计的各方面应当齐头并进地发展,而不是顺次发展,产品的内部设计与用户界面的需要始终保持一致。

③ 及早并持续性地进行测试:当前对软件测试的唯一可行的方法是根据经验总结出的方法,即若实际用户认为设计是可行的,它就是可行的。通过在开发的全过程引入可用性测试,可以使用户有机会在产品推出之前对设计提供反馈意见。

④ 反复式设计:大问题往往会掩盖小问题的存在。设计人员和开发人员应当在整个测试过程中反复对设计进行修改。

以用户为中心的设计方法有很多种,包括图形用户界面设计与评估(Graphical User Interface Design and Evaluation,GUIDE)、以用户为中心的逻辑交互设计(Logical User-Centred Interaction Design,LUCID)、用于交互优化的结构化用户界面设计(Structured User-Interface Design for Interaction Optimisation,STUDIO)、以使用为中心的设计(Usage-Centered Design),以及 OVID 设计等。

下面介绍美国 IBM 公司采用的 OVID 设计方法,它通过对用户、目标和任务的分析,系统地指导人机交互界面设计,以达到用户满意的设计要求。

OVID 方法涉及三个模型(如图 5-13 所示),这些模型之间是相互关联的。设计者模型就是用对象、对象间的关系等概念来表达目标用户意图的概念模型;编程者模型广泛应用于面向对象的开发方法中,用于表示和实现构成系统的类;用户概念模型表示用户对系统的理解,它依赖于用户的交互经验;实际开发中,通过需求分析等手段,设计者从用户那里获得用户对系统的理解,融合到设计者模型中,以确保交互界面的设计能准确反映用户的意图。

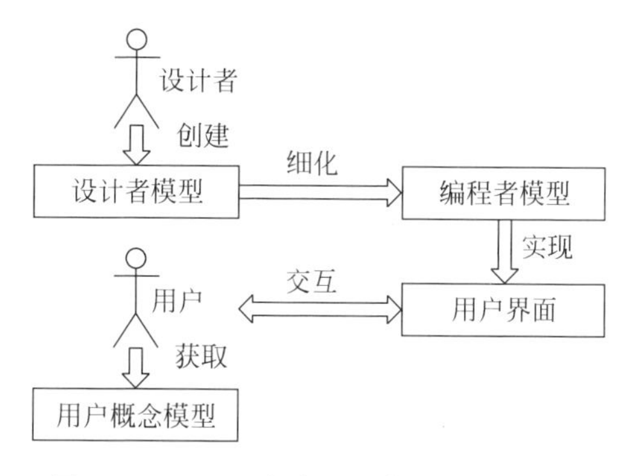

图 5-13　OVID 中涉及的模型及相互关系

OVID 方法的关键是确定交互中涉及的对象,并把这些对象组织到交互视图中。其中,对象来自用户的概念模型,视图是支持特定用户任务的对象的有机组合,而交互就是那些在交互界面中对对象执行的操作。

对象从用户概念模型的任务分析中获得,并被转化到设计者的对象模型中,而交互就是那些界面中执行对象操作的必需动作。如果该模型能够有效地设计和实现,用户就可以通过与系统的交互理解设计者模型所要表达的信息;这些模型可以使用面向对象概念去表达,如统一对象建模语言(UML)等。OVID 方法中的活动循环见图 5-14,这是一个反复迭代的过程,在一些简略或逼真的原型上执行。

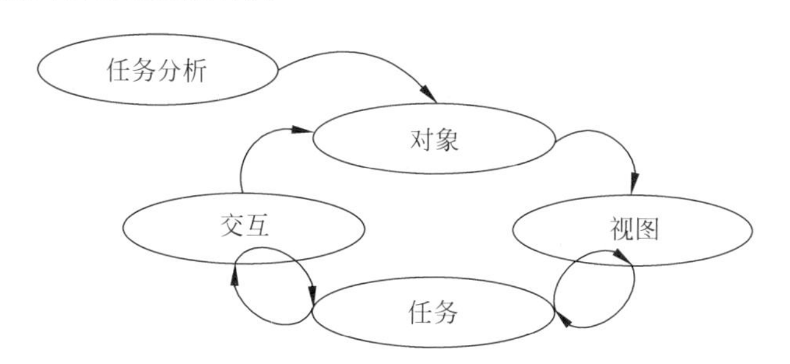

图 5-14　OVID 方法中的活动循环

下面以一个在线机票订购系统的界面开发为例,简单说明 OVID 方法的过程。

5.5.1　对象建模分析

对象建模分析是将系统和用户任务分析的结果转化为用户界面设计的第一步。建模是将系统任务的某些概念及其关系用图的方式直观、综合地表达出来;分析则是将系统的对象抽象为类,列出对象或类的属性、行为以及对象间的关系。在这个在线机票订购系统中,涉及的对象主要有乘客会员、航空代理、航班、机票、会员账户、航班列表等;涉及的操作主要包括用户注册、登录、查询航班信息、填写预订信息、支付、出票等;它们的关系可以简单地用模型表示。系统的用例图(如图 5-15 所示)反映了用户的实际交互需求,它来自用户需求分析,这是考虑可用性的开始;完整的需求分析包括用户调查、座谈等具体过程,以准确了解用户的实际需要,并按照用户的实际意图表达出来。

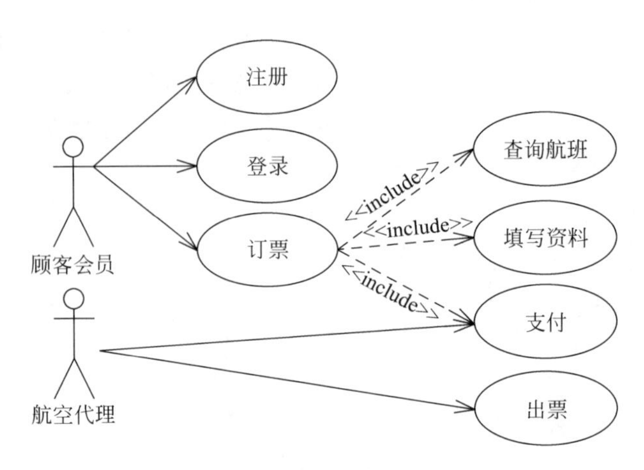

图 5-15 在线订票系统用例图

5.5.2 视图抽象设计

视图表达了人与系统交互过程中某一时刻的系统状态，以及用户在这一时刻可能改变系统状态的方法。

视图抽象设计通过组合概念模型中的对象和对象操作，提供系统运行的方法和方式，为具体的设计提供指导，并为系统的不同实施方案提供灵活的界面选择。例如，现在的系统设计要考虑，对不同客户端要有不同的人机交互界面支持，包括 Windows、DOS、Macintosh 等不同操作系统，桌面浏览器、掌上电脑、手机等不同显示界面，以及图像、语音、触摸屏等不同交互手段等。

视图抽象设计阶段就是仔细研究系统的对象模型，列出其系统状态，对每个视图抽象出其中涉及的对象，以及对象的属性和行为。

对于本系统而言，订机票的过程基本上由用户登录、查询航班、预订机票、支付、出票等交互过程组成。它们在不同的交互环境下的具体实现可能不一样，但就抽象视图而言是一致的。在抽象设计阶段，只需要考虑可能的交互操作和需要的信息，至于具体交互系统的细节实现则不必考虑，以适应交互的灵活性。

在线机票订购系统中完成上述交互的视图可能包括：用户查询航班视图，航班信息列表视图，用户选中某个具体航班的信息视图，订票信息填写视图，支付视图，交易成功反馈和出票视图等。

以查询航班视图为例，涉及的对象主要是航班对象，涉及的属性包括出发城市、到达城市、航空公司、起飞日期时间、机票类别以及出票城市等，涉及的操作主要是查询(即要从后台数据库中查出符合条件的航班信息)及重置查询条件等。

5.5.3 概要设计

针对特定的操作系统或交互方式，对抽象的视图设计做进一步的具体设计，产生视图的概要设计。实际设计过程中，这些视图通常是用铅笔画在纸上，这样做速度快，而且修改起来也比较方便。

例如，对于 Windows 系统界面，在用户执行航班查询后，要在屏幕上显示航班信息和可能的进一步交互动作，如图 5-16 所示。

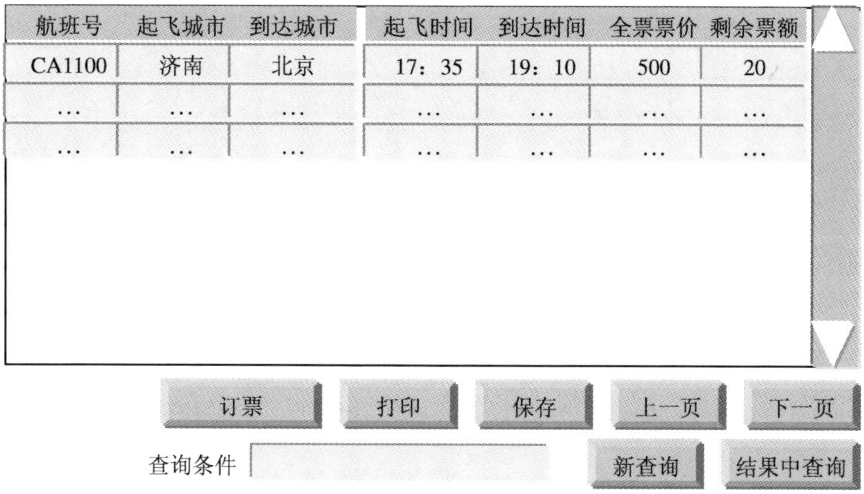

航班号	起飞城市	到达城市	起飞时间	到达时间	全票票价	剩余票额
CA1100	济南	北京	17：35	19：10	500	20
…	…	…	…	…	…	…
…	…	…	…	…	…	…

订票　打印　保存　上一页　下一页

查询条件　新查询　结果中查询

图 5-16　航班信息显示视图概要设计

在概要设计阶段，因为已知具体的实现条件，就可以针对这种交互的用户考虑下面一些可用性的问题：

- 航班信息如何展现；以什么顺序显示；已经订满的航班还需不需要显示；如果要显示，是不是用不同的颜色；如果信息超出一屏，是用滚动条还是使用分页的方式。这些都要通过与用户一起分析来确定，最大限度地满足用户可用性。
- 进一步的操作如何展示；进一步查询的条件如何输入；是否提供打印功能；用户通过什么方式确定要订购的航班；是否允许用户把查到的信息存入收藏夹。
- 考虑与其他界面可能关联的接口。对于其他用户界面，如电话语音订票或手机短信订票，返回信息的表示方式就大为不同，所以需要针对不同界面进行交互设计，但这些设计都是来自同一个抽象设计。

5.5.4　视图的关联设计

任何一个人机交互系统的界面都可能包括若干状态，用户在不同界面状态下根据自己完成任务的需要进行不同的操作；很多交互任务需要从一个状态转换为另一个状态，这就要考虑用户完成任务所需的信息和功能，并将不同交互视图之间的联系和状态转换关系整理清楚。

例如，在上述订票业务网站的桌面交互实现中，用户可能需要在整个业务相关的多个交互视图中进行转换，如图 5-17 所示。对一个具体的交互视图进行关联性设计，一般要考虑以下因素：

- 该视图的前一个或几个视图是什么，用户怎样由前面的视图到达该视图。
- 该视图后面的视图是什么，即用户下一步可以进入哪些视图。
- 如何从一个视图转移到另一个视图，即转移的条件或操作是什么。

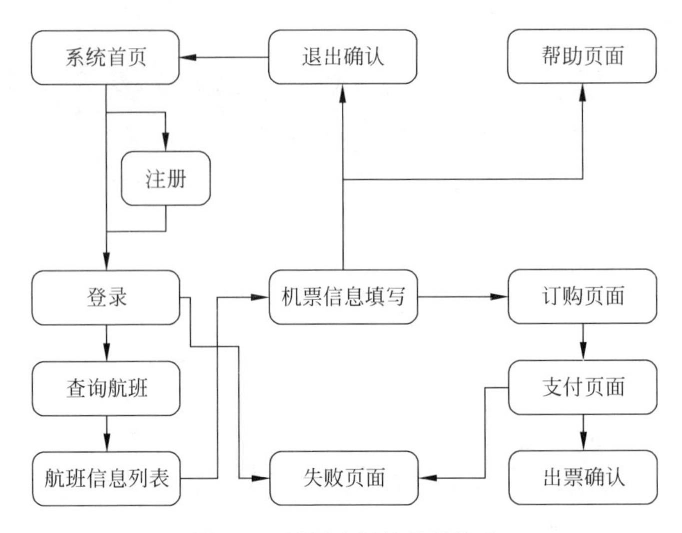

图 5-17　视图之间的关联关系

5.5.5　视图的全面设计

确定各个视图的具体内容和大致布局,并在每个视图上明确体现与其他视图的关系,保证系统的整体性与和谐性。然后可以借助具体的开发工具进行界面的实际设计。

在浏览器交互方式下,Web 界面视图的整体性主要通过下列几点保证:

- 使用相同的界面风格,包括颜色、字体、布局、行距、间距、导航条等;
- 使用相同的识别标志,如公司 LOGO、底纹图案、版权和联系方式等;
- 系统视图结构清晰,在每个界面上明确表示当前视图与整体系统的关系;
- 使用一致的术语,特别是在不同语言的版本之间保持信息翻译的一致性。

视图之间的转换是通过用户的交互动作实现的,如在交互元素上双击鼠标左键、单击按钮或链接等。在全面设计阶段要将各个视图间的转换条件和执行的交互动作予以明确说明。

习题

5.1　简要论述界面设计的一般原则。

5.2　描述任务分析主要包括哪些内容。

5.3　利用本章介绍的人机交互界面设计方法,完成网上银行系统的交互界面分析和设计,包括账户查询、存款、取款、转账等业务流程。该系统要能够同时支持浏览器方式和电话银行方式(可参考互联网上真正网上银行的设计)。

CHAPTER 6

第6章 人机交互界面表示模型与实现

在界面设计的早期阶段，人们需要有一种用户界面表示模型和形式化的设计语言来帮助他们分析和表达用户界面的功能以及用户和系统之间的交互情况，并且使界面表示模型能方便地映射到实际的设计实现。本章在介绍几种常用的人机交互界面表示模型的基础上，进一步介绍窗口管理系统和用户界面管理系统。UIMS 系统为开发者提供了一个良好的界面开发环境和一种有效的转换手段，可以把概要设计和应用规则转换成可执行的软件。这些开发环境可为程序员提供不同层次的支持。

6.1 人机交互界面表示模型

本节主要介绍人机交互界面的几种主要表示模型及其转换。

行为模型：该模型主要从用户和任务的角度考虑如何来描述人机交互界面。

结构模型：该模型主要从系统的角度来表示人机交互界面。本节将重点介绍产生式规则和状态转换网络。

模型转换：主要介绍行为模型到结构模型的转换。

表现模型：主要介绍人机界面表现的具体描述方法。

6.1.1 行为模型

分析人员获取用户需求后，结合领域专家的意见和指导，获取系统中需要完成的任务，对任务的主要因素进行详细分析，如任务的层次、发生条件、完成的方法以及它们之间的关系等，所有这些内容都是在行为模型中所要研究的。行为模型将在后面的具体系统设计中起着非常重要的指导作用。下面就从模型的基本原理、实例、局限性等几个方面详细介绍四种常见的行为模型。

1. GOMS

“目标、操作、方法和选择”(Goal Operator Method Selection，GOMS)是

在交互系统中用来分析用户复杂性的建模技术,用于建立用户行为模型。它采用“分而治之”的思想,将一个任务进行多层次的细化,通过目标(Goal)、操作(Operator)、方法(Method)以及选择规则(Selection rule)四个元素来描述用户行为。

(1) 目标

目标就是用户执行任务最终想要得到的结果,它可以在不同的抽象层次中进行定义。如“编辑一篇文章”,高层次的目标可以定义为“编辑文章”,低层次的目标则可以定义为“删除字符”。高层次的目标可以分解成若干个低层次的目标。

(2) 操作

操作是任务分析到最底层时的行为,是用户为了完成任务所必须执行的基本动作,如双击鼠标(Double-Click-Mouse)、按下 Enter 键(Press-Enter-Key)。操作不能再被分解,在 GOMS 模型中它们是原子元素。一般情况下,假设用户执行每个操作时需要一个固定的时间,并且这个时间是上下文无关的(如 Click-Mouse 需要 0.20 秒的执行时间),即操作所用的时间与用户正在完成的任务和操作的环境没有关系。

(3) 方法

方法是描述如何完成目标的过程。一个方法本质上来说是一个内部算法,用来确定子目标序列及完成目标所需要的操作。例如,在 Macintosh 操作系统下关闭(最小化)一个窗口有两种方法,可以从菜单中选择 CLOSE,也可以按 L7 键。在 GOMS 中,这两个子目标的分解可以分别称为 CLOSE 方法及 L7 方法,如表 6-1 所示。

表 6-1 关闭窗口的行为描述实例

```
GOAL: ICONSIZE - WINDOW
 [Select GOAL: USE - CLOSE - METHOD
     MOVE - MOUSE - TO - WINDOW - HEADER
     POP - UP - MENU
     CLICK - OVER - CLOSE - OPTION
  GOAL: USE - L7 - METHOD
   PRESS - L7 - KEY]
```

(4) 选择规则

选择规则是用户要遵守的判定规则,以确定在特定环境下所使用的方法。当有多个方法可供选择时,GOMS 中并不认为这是一个随机的选择,而是尽量预测可能会使用哪个方法。这需要根据特定用户、系统状态、目标细节来预测要选择哪种方法。

例如,一个名为 Sam 的用户在一般情况下从不使用 L7 方法来关闭窗口,但在玩游戏时要使用鼠标,此时使用鼠标关闭窗口非常不方便,所以使用 L7 方法来关闭窗口。GOMS 对此种选择规则的描述如下:

```
用户 Sam:
    Rule 1   Use the CLOSE - METHOD unless another rule applies
    Rule 2   If the application is GAME, select L7 - METHOD
```

下面给出一个基于 GOMS 的完整实例,如表 6-2 所示是一个 EDITING 任务的 GOMS 描述。

表6-2 任务EDITING的GOMS描述实例

Task:Editing

```
GOAL:EDITMANUSCRIPT
    GOAL:EDIT - UNIT - Task repeat until no more unit tasks
        GOAL:ACQUIRE - UNIT - TASK
            GET - NEXT - PAGE if at end of manuscript
            GET - NEXT - TASK
        GOAL:EXECUTE - UNIT - TASK
            GOAL:LOCATE - LINE
                [select:USE - QS - METHOD
                    USE - LF - METHOD]
            GOAL:MODIFY - TEXT
                [select:USE - S - METHOD
                    USE - M - METHOD]
                VERIFY - EDIT
```

下面结合表6-2中的实例,简要介绍GOMS的描述方法。这里主要介绍任务描述与分解过程,具体如下。

(1) 确定最高层的用户目标,实例中EDITING任务的最高层目标为EDITMANUSCRIPT。

(2) 写出具体的完成目标的方法,即激活子目标。实例中EDITMANUSCRIPT的方法是完成GOAL: EDIT-UNIT-TASK repeat until no more unit tasks,这同时也激活了子目标EDIT-UNIT-TASK。

(3) 写出子目标的方法。这是一个递归过程,一直分解到最底层操作时停止。从实例的层次描述中可以了解到如何通过目标分解的递归调用获得子目标的方法,如目标EDIT-UNIT-TASK分解为ACQUIRE-UNIT-TASK和EXECUTE-UNIT-TASK两个子目标,并通过顺序执行这两个子目标的方法,来完成目标EDIT-UNIT-TASK。然后通过递归调用,又得到了完成目标ACQUIRE-UNIT-TASK的操作序列,这样这层目标也就分解结束;而目标EXECUTE-UNIT-TASK又得到了子目标序列,因此还需要进一步分解,直到全部为操作序列为止。

从上面的实例可以看出,当所有子目标实现后,对应的最高层的用户目标就得以实现,而属于同一个目标的所有子目标之间存在几种关系。对于GOMS表示模型来讲,一般子目标的关系是一种顺序关系,即目标是按顺序完成的;但如果子目标用select:来限定,如上例中LOCATE-LINE目标的实现,则两个子目标(或方法)之间是一种选择的关系,即两个子目标只完成一个就可以。对于GOMS来讲,可以根据用户的情况(如用户的习惯、用户的环境等)通过选择规则来进行设定,如果没有相应的规则,则一般根据用户的操作随机选择相应的方法。

作为一种人机交互界面表示的理论模型,GOMS是人机交互研究领域内少有的几个广为人知的模型之一,并被称为最成熟的工程典范。该模型在计算机系统的评估方面也有广泛应用,并且一直是计算机科学研究的一个活跃领域。

但是GOMS的方法有一定局限性。从它的表示方法来看,一旦一个子目标由于错误而导致目标无法正常实现而异常终止,系统将无法处理,这种错误可能是用户选择错误,也可能是操作的错误,甚至可能是系统的错误,等等,这些错误在GOMS模型中无法描述;由于没有清楚描述错误处理的过程,GOMS假设用户完全按一种正确的方式进行人机交互,因此只针对那些不犯任何错误的专家用户。实际上,即使是专家也可能犯错,更为重要的是,它没有考虑系统的初学者和偶尔犯错误的中间用户,这些用户在操作过程中是很容易犯错误的,而人机交互界面的目标就是要使最大数量的用户(特别是初学者)可用,因此要支持这种错误处理需要进一步拓展该模型的表示能力。

从上面描述也可看到,GOMS对于任务之间的关系描述过于简单,只有顺序和选择,事实上任务之间的关系还有很多种(参见下面"2. LOTOS"的介绍),这也限制了它的表示能力。另外,选择关系通过非形式化的附加规则来描述,实现起来也比较困难。

除此之外,由于GOMS把所有的任务都看作是面向目标的,从而忽略了一些任务所要解决的问题本质以及用户间的个体差异,它的建立不是基于现有的认知心理学,故无法表示真正的认知过程。

GOMS的理论价值不容忽视,但由于存在着上述局限,还需要对它进行一定程度的扩展,并结合其他建模方式,以更好地应用于人机交互领域。

2. LOTOS

时序关系说明语言(Language Of Temporal Ordering Specification,LOTOS)是一种作为国际标准的形式描述语言,它提供了一种通用的形式语义,可保证描述不存在二义性,便于分析和一致性测试理论的研究。它的特点是适于描述解决并行、交互、反馈和不确定性等问题的一系列系统的设计,因此可以用来描述交互系统。

LOTOS的基本思想是用一套形式化的、严格的表示法来刻画系统外部可见行为之间的时序关系。系统由一系列进程组成,进程与环境之间通过称为"关口"(gates)的交互点进行交互,两个以上的进程在执行同一个外部可见的行为时会发生交互,进行数据交换、信息传递、协调同步等操作。进程行为用"行为表达式"来描述,复杂的行为由简单的行为表达式通过表示时序关系的LOTOS算符组合而成。在将LOTOS思想用于人机交互的行为模型时,用进程之间的约束关系来描述交互子任务之间的关系。

下面首先给出LOTOS模型中定义的基本算符。

① T1 ||| T2(交替,Interleaving):T1和T2两个任务相互独立执行,可按任意顺序执行,但永远不会同步。

② T1 [] T2(选择,Choice):需要在T1、T2中选择一个执行。一旦选择某一个后,必须执行它直到结束,在这期间另一个再无执行机会。关于任务如何来选择,并没有给出一定的形式化描述。

③ T1 |[a1,…,an]| T2(同步,Synchronization):任务T1、T2必须在动作(a1,…,an)处保持同步。

④ T1 [> T2(禁止,Deactivation):一旦T2任务被执行,T1便无效(不活动)。

⑤ T1 >> T2(允许,Enabling):当T1成功结束后,才允许T2执行。

LOTOS模型很好地描述了任务之间的时序约束关系,这些时序约束关系能更好地描述GOMS中子目标之间的关系,因此如果能将两个表示模型结合起来,即用GOMS模型描述任务的分解过程,而用LOTOS给出子任务之间的约束关系,这样就可以增强两种表示模型的表示能力。

下面就以中国象棋的多通道交互软件为例来介绍LOTOS模型。通过GOMS对任务进行分解，逐步精化，得到一个任务分解图，使用LOTOS算符来刻画各任务间的时序关系，如图6-1所示为中国象棋的LOTOS图形描述。

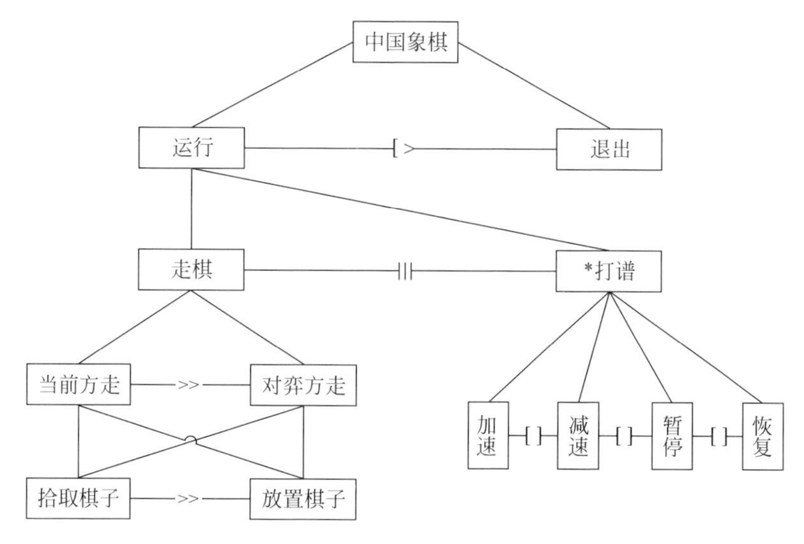

图6-1　中国象棋分解图

3. UAN

用户行为标注(User Action Notion，UAN)是一种简单的符号语言，着眼于用户和界面两个交互实体的描述，主要描述用户的行为序列以及在执行任务时所用的界面。UAN是一种紧凑而功能强大的描述语言，它并非只能描述底层任务，而且能允许设计者选择合理的抽象层次来描述复杂的界面设计和交互任务。尤为重要的是，尽管UAN属于一种行为模型，但作为一种任务描述语言，它又涉及一定程度的系统行为的描述，因而它兼有行为模型和结构模型的特点，在二者之间建立起一定的联系。

UAN模型的标识符主要有两种：用户动作标识符和条件选择标识符。

(1) 用户动作标识符

在UAN的表示模型中有一些常用的、已经预定义的符号，用来表示常见的用户界面的交互动作。如：

```
move_mouse(x,y)     移动鼠标至(x,y);
release_button(x,y) 在(x,y)位置释放鼠标按钮;
hightLight(icon)    使 icon 高亮显示;
de_highlight(icon)  取消 icon 的高亮显示。
```

(2) 条件选择标识符

除了表示动作的符号，UAN模型还包含表示条件及选择的标识符，主要有以下几种：

```
while(condition) TASK 当条件 condition 为真时,循环执行任务 TASK;
if(condition) then TASK 如果条件 condition 满足,则执行任务 TASK;
iteration A* or A+ 表示迭代操作;
waiting 表示等待,可以等待某一个条件满足,也可以等待任务中的一个操作执行。
```

有了上面定义的符号,UAN采用一种表格结构来表示任务。表格分别由用户行为、界面反馈、界面内部状态的改变三列构成。界面可被分解成一些类似层次结构的异步任务,每个任务的实现都用表格来描述,用户动作的关联性和时序关系由表格的行列对齐关系和从上到下、从左到右的阅读顺序来确定。用户任务被表述成如表6-3所示的表格形式。

表6-3 UAN的表格表示形式

任务(task):任务名称(the name of task)		
用户行为	界面反馈	界面状态

从它的结构可以看到,UAN模型中已经有了支持系统实现的部分,因此具有行为模型和结构模型(结构模型的介绍参见6.1.2节)的特征。现给出一个"把文件拖入回收站"的任务实例,用UAN的表结构进行描述,表6-4详细地描述了"文件拖入回收站"任务实现过程中的用户动作、界面的反馈以及界面的状态。

表6-4 用UAN描述任务"文件拖入回收站"的单通道实例

任务:drag and drop a file in the recycle bin		
用户行为	界面反馈	界面状态
mouse_down(x,y)		if intersect(icon,x,y)
		icon=selected
	then highlight(icon)	
drag_icon(x,y)	show_outline(icon)	if intersect(bin,x,y)
	then highlight(bin)	
mouse_up(x,y)		if intersect(bin,x,y)
	then hide(icon)	
	show_bin_full()	

该任务有三个用户动作,相应地有三种界面状态和界面反馈。

(1) 用户行为mouse_down (x,y)表示用户首先在点(x,y)处按下鼠标,这时界面状态if intersect (icon,x,y) icon=selected判断在(x,y)处是否与文件图标icon相交,如果是,则将icon的状态设为selected。界面反馈then highlight (icon)表示选中后将icon显示为高亮。

(2) 用户行为drag_icon(x,y)将icon拖曳至点(x,y)处,界面反馈show_outline (icon)显示icon的轮廓,界面状态if intersect (bin,x,y)判断在(x,y)是否与回收站bin的位置相交,如果相交则高亮回收站bin。

(3) 用户行为mouse_up(x,y)表示在点(x,y)处放开鼠标,界面状态if intersect (bin,x,y)判断在(x,y)是否与回收站bin的位置相交,界面反馈then hide (icon)表示如果相交则隐藏icon,界面反馈show_bin_full ( )表示icon隐藏以后将回收站显示为满。

这个例子只是用传统的单通道模式来完成用户行为的输入,要对它进行扩展,可以考虑使用多通道技术,结合鼠标、键盘、语音、手势等来共同完成一个任务。下面"把文件拖入回收站"的任务添加了语音通道,结合鼠标完成命令的输入。通过鼠标操作mouse_down (x,y)选定一个文件图标以后，有两种选择，可以直接通过鼠标将文件拖入回收站，也可以通过语音“move_to_recycle_bin”将选定的文件移到回收站。

表 6-5 中用户行为由一列扩充为两列，根据需要还可以扩充为多列，每一列代表一个通道，任务可以由来自不同通道的交互动作协调来完成，表 6-5 说明既可以由鼠标独立完成将文件拖入回收站的操作，又可以用鼠标配合语音完成该操作。

表 6-5　用 UAN 描述任务“文件拖入回收站”的多通道实例

任务：drag and drop a file in the recycle bin			
用户行为		界面反馈	界面状态
2D 鼠标	语音		
mouse_down(x,y)			if intersect(icon,x,y) icon=selected
		then highlight(icon)	
drag_icon(x,y)	pronounce move_to_recycle_bin	show_outline(icon) then highlight(bin)	if intersect(bin,x,y)
mouse_up(x,y)			if intersect(bin,x2,y2)
		then hide(icon) show_bin_full()	

UAN 模型更接近于实现，界面状态和界面反馈用一般的程序语言描述，实现起来比较方便，当然这种描述由于接近于程序语言，设计时需要一定的编程基础，因此比前面介绍的两种表示模型设计起来更复杂一些，一般情况下，更多地是用 GOMS 表示高层的任务分解和任务之间的关系。另外，UAN 模型在精确刻画各成分之间的各种平行和串行的时序关系方面尚显不足，任务之间的时序关系没有明确表示出来，当所描述的界面使用多种输入设备和有若干条功能平行的可选交互路径时，就比较繁琐。

在结合了 LOTOS 以后，整个行为模型变得更为完整，可以考虑将 GOMS、UAN、LOTOS 模型结合为一个预测性的行为模型 G-U-L 模型。G-U-L 运用 GOMS 原理为基础进行任务分解，建立基本的行为模型，原子操作由 UAN 模型描述，在此基础上，运用 LOTOS 算符来表示任务目标之间的时序关系。在 G-U-L 模型中没有加入规则，在表示目标之间的关系中也未考虑同步。这主要考虑到规则的转换要涉及推理、建立知识库等问题，而同步问题的描述和转换也非常复杂，这会在工作的初期造成非常大的困难。下面是对 G-U-L 模型元素的简单介绍：

目标(GOAL)与 GOMS 中的概念一致，形式化表示中用“GOAL：目标名”来表示。并加入了循环的表示，以说明目标是可以循环执行的，表示为“* GOAL”。

操作(OPERATOR)就是原子目标，它与一个具体的实现过程相关联。用“OPERATOR：操作名”来表示。

关系算符主要借用了 LOTOS 中所采用的算符，其中有 ||| (交替)，[](选择)，[>(禁止)，>>(允许)，这里没有体现同步的关系。

行为(ACTION)要描述的是用户希望在完成一个目标的时候想要做的事情，在实际的系统开发中它将对应一个业务处理过程。在行为模型这一级别，并不考虑它的具体实现，而只需要对所要完成的行为进行简单描述即可。

下面给出了用 G-U-L 模型对任务“中国象棋对弈”的一个描述，如表 6-6 所示。

表 6-6　结合 GOMS 和 LOTOS 对任务“中国象棋对弈”的描述

Task：中国象棋对弈

```
GOAL:中国象棋
  [>:
  GOAL:运行
    ||| :
    * GOAL:走棋
      ACTION:自动记录棋谱
      >>:
      GOAL:当前方走
        >>:
        OPERATOR:拾取棋子
        OPERATOR:放置棋子
      GOAL:对弈方走
        >>
        OPERATOR:拾取棋子
        OPERATOR:放置棋子
    * GOAL:打谱
       [ ]:
       OPERATOR:加速
       OPERATOR:减速
       OPERATOR:暂停
       OPERATOR:恢复
    GOAL:退出
```

从上面的描述看，最高层目标“中国象棋”被分解为“运行”和“退出”两个子目标，它们之间是禁止关系，即目标“退出”禁止了目标“运行”的执行，表示在“退出”目标执行以后，“运行”目标就无法被执行了。

“运行”目标继续分解为“走棋”和“打谱”两个子目标，它们之间的关系是交替关系(“|||”)，即子目标“走棋”和“打谱”是交替执行的。如果选择执行“走棋”目标，那在这个目标执行过程中，“打谱”目标无法被执行，必须等到“走棋”目标结束以后，才可以执行“打谱”目标。相反，如果执行了“打谱”目标，在执行“打谱”目标期间“走棋”目标也无法执行。“打谱”目标是可以循环执行的。

“走棋”目标进一步分解为“当前方走”和“对弈方走”两个目标，它们之间是允许关系(“>>”)，即“当前方走”目标允许“对弈方走”目标的执行，表示必须先执行“当前方走”目标，在它执行完毕后才能去执行“对弈方走”的目标。这里如果“当前方走”不成功执行，如何处理并没有说明。

“打谱”目标分解成“加速”、“减速”、“暂停”和“恢复”四个子目标，它们之间的关系是选择关系(“[]”)，表示每次可以从四个子目标中任选其一执行，但是在某个目标执行过程中，其他目标无法执行，必须等到该目标执行完毕以后才能选择新的目标执行。这四个子目标都是原子目标,不需要细分。模型中只描述目标之间是选择关系,但如何进行选择并没有给出很好的建议。

“当前方走”和“对弈方走”两个目标都可以继续分解为“拾取棋子”和“放置棋子”两个原子目标,这两个原子目标之间也是允许(“>>”)关系,即需要先执行“拾取棋子”目标,执行完毕后才允许执行“放置棋子”目标。

通过上面的描述,可以清楚地了解整个目标层次中各目标之间的约束关系。但是与 GOMS 模型一样,存在无法描述目标异常结束的情况的缺陷,此外用什么规则来选择任务也是一个问题。

LOTOS 最大的优越性在于有一套现成的自动化工具。利用这些工具可自动进行错误检测,而且可用逻辑方法严密地进行自动属性评估。但它过于形式化的记法比较晦涩难懂,也让人望而却步。

GOMS 和 LOTOS 的结合可以很好地描述人机交互的较高级的任务,对于原子任务的形式化描述,上述模型并没有给出一个比较清晰的描述,本节讨论的 UAN 模型主要用于原子目标的描述。

4. 任务模型

任务模型表示法(Concurrent Task Tree Notation,CTT)是一种基于图形符号的、采用层次的树状结构来组织并表示任务模型的方法。下面首先介绍 CTT 方法中的任务种类和暂态关系的含义及其图形符号。

(1) 任务分析

任务分析是一个以人们的行为为出发点的分析过程,它分析人们完成任务的方法——他们要做的事、要起作用的事和想要知道的事。

任务分析的一个重要方法是任务分解,即需要考察将一项任务分成为若干子任务的途径以及这些子任务执行次序的方法。任务分解使得任务的执行过程层次化,即一个任务的执行被委托给它下一层的子任务来完成,这些子任务之间的关系及其执行的顺序成为了解一个任务执行过程的重点。

考虑一个用户交互过程,对其进行任务分析的目的和重点在于得到交互任务及其子任务的一个层次体系,以及一些描述子任务执行的顺序和条件的解决方案。这个方案必须能够恰当地捕获用户的交互意图,如实地反映交互过程,并把它准确地表达出来,同时不能曲解交互过程下蕴涵的业务要求。

这样一个层次体系以及方案就是一个任务模型。表达越准确,则由任务模型生成的用户界面越能够贴近实际的交互需求,符合一般的交互习惯,同时不会改变业务规则。

(2) 任务种类

在 CTT 任务表示法中,依据任务的抽象层次和任务执行过程中参与角色的不同,对任务的类型进行了归类。共提供了 4 种记号,分别代表不同种类的任务。

① 抽象任务(Abstract Task):代表一个复杂抽象的任务,通常用来表示由其他种类的任务任意组合而成的任务。

② 用户任务(User Task):代表一个只能有用户参与的任务,通常用来表示和用户感知或者认知行为相关的任务。例如,用户阅读系统反馈的信息提示,然后决定下一步的操作。

③ 交互任务(Interaction Task)：代表执行过程中需要用户与系统进行交互的任务。例如用户在线注册填写面板。

④ 系统任务(Application Task)：代表由系统来执行而不需要用户参与交互的任务。例如，系统处理用户提交的注册信息，然后将处理结果显示给用户。

(3) 暂态关系符号

CTT 任务模型表示法定义了丰富的暂态关系，用以表示任务之间在执行过程中的相互联系和制约作用。这些关系都有相应的图形符号，如下所示。

① Choice：t_1[] t_2[] … [] t_n

从任务 t_1、t_2…t_n之中选择一个且只能选择一个执行，且在一次执行过程中，一旦选定了一个任务，则其他任务将不能被执行。

② Concurrent(Independent Concurrency)：t_1 ||| t_2 ||| … ||| t_n

任务 t_1、t_2…t_n可以并发执行，任务之间的执行开始和结束没有任何限制。

③ 带信息交换的 Concurrent：t_1 |[]| t_2 |[]| …|[]| t_n

任务 t_1、t_2…t_n可以并发执行，并允许任务之间进行信息交换。

④ Disabling：t_1[> t_2

一旦任务 t_2开始执行，则中断并终止任务 t_1的执行。

⑤ Enabling：t_1>> t_2>> …>> t_n

任务 t_1、t_2…t_n必须按顺序执行，对于$\forall i \in \{1,2,\cdots,n-1\}$，任务 t_{i+1}只有在 t_i已经执行完成后才能开始执行。

⑥ 带信息交换的 Enabling：t_1[]>> t_2[]>> …[]>> t_n

任务 t_1、t_2…t_n必须像 Enabling 关系那样按顺序执行，且允许任务之间进行信息交换。

⑦ Independence：t_1 |=| t_2

任务 t_1和 t_2可以按任意的顺序执行，但当一个开始执行后，另一个任务则不能开始执行，除非已经开始的任务执行完成。

(4) 单用户任务模型

单用户任务模型在 CTT 方法中表示为一棵树。如图 6-2 所示的任务模型表示了用户使用自动取款机(ATM)的过程，该模型出自 CTTE(一种用户界面生成工具)的一个示例。

在模型中，树中的每个节点代表一个任务，任务可以被分解为更为具体的子任务，并用该节点的子节点来表示。根节点代表的任务抽象层次最高，叶子节点代表的任务最为具体。

拥有相同父节点的兄弟节点之间的关系由暂态关系符号来表示。暂态关系符号决定了兄弟任务在某个时刻相互之间的制约关系，并且决定了这组任务所能有的执行顺序，如前文所述。

任务还具有不同的种类，以区别不同任务执行过程中参与角色的不同以及对交互要求的高低，如前面所述。

例如，在该模型中，抽象任务“身份验证”被分解为三个具体的子任务{“插入银行卡”，“提示输入密码”，“输入密码”}，这三个任务在 Enabling 关系的限定下必须顺序执行。交互任务“插入银行卡”和“输入密码”需要用户和系统进行交互，而系统任务“提示输入密码”则不需要用户的参与。

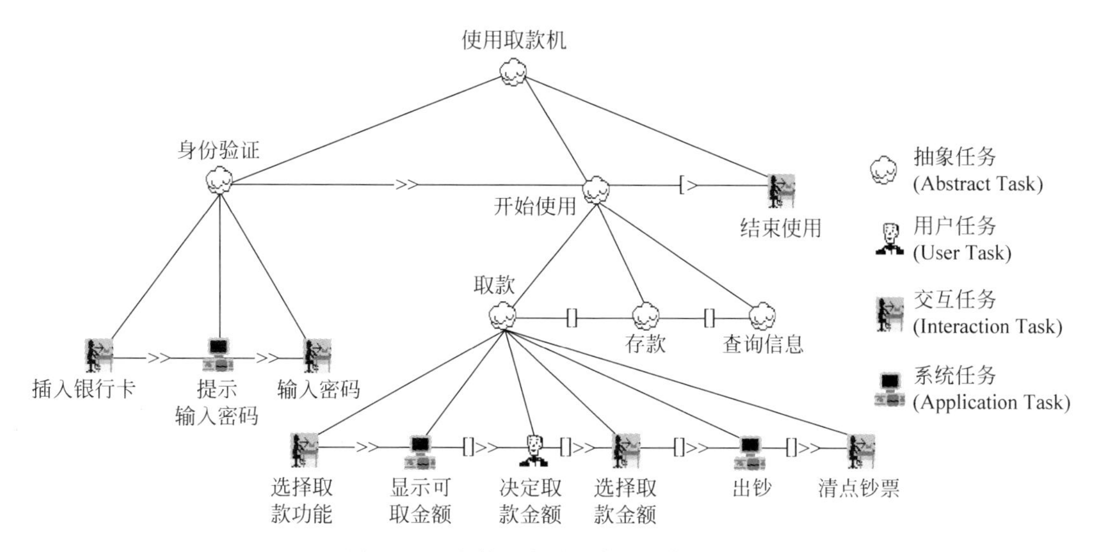

图 6-2　用户使用自动取款机的任务模型

基于任务表示目前已有相应的、基于模型驱动的用户界面生成工具用于界面的自动生成，如 CTTE/TERESA 和 Dygimes。它们采用任务模型作为输入，支持由任务模型生成用户界面。

6.1.2　结构模型

6.1.1 节介绍了用任务分析或用户行为的方法描述人机对话的过程，本节主要介绍用结构化的方法来描述人机交互的一般过程，简单介绍了形式化语言的描述——产生式规则，这种结构的方法从理论上可以引导界面设计者及界面工具的设计者进行有效的设计；并重点讨论状态转换网络及其扩展方式，它是一种图示化的结构。

1. 产生式规则

产生式规则是一种形式化语言，这些规则可用于描述人机交互界面。其一般形式是：

```
if  condition  then  action
```

这些规则可以表示为不同的形式，如：

```
condition→ action
condition: action
```

所有的规则都是有效的，并且系统不断用它来检测用户的输入是否与这些条件相匹配。若匹配则激活相应的动作。这些动作可以是执行应用程序的一个过程，也可以是直接改变某些系统状态的值。

一般来说，组成界面描述的产生式规则很多，规则定义的顺序并不重要，只要与规则中的条件相匹配，就可以激活相应的动作。产生式规则系统可以是事件引导的，也可以是状态引导的，或者两者兼有。

(1) 事件引导的系统

考虑用下面的产生式集合实现用户在屏幕上画直线。

```
Sel - line                    →        start - line <highlight 'line'>
C - point   start - line      →        rest - line <rubber band on>
C - point   rest - line       →        rest - line <draw line>
D - point   rest - line       →        <draw line><rubber band off>
```

此例中产生式规则的条件和动作部分都以事件的方式进行表示,形式上都比较简单。当然支持复杂交互任务的产生式规则可能要复杂得多。事件主要有以下三种类型。

- 用户事件(user event):Sel-line 表示从菜单中选择 line 命令,C-point 和 D-point 表示用户在绘图平面上单击和双击鼠标。
- 内部事件:用于保持对话状态,如 start-line 表示开始画线后的状态,rest- line 表示选择了第一个点之后的状态。
- 系统响应事件:以尖括号表示可见或可听的系统响应,如<highlight 'line'>表示把菜单项 line 高亮度显示,<draw line>表示在屏幕上显示直线,<rubber band on>表示橡皮筋绘制方式打开,<rubber band off>表示橡皮筋绘制方式关闭。

在上面的产生式规则中,第一条规则表示选择画线命令后,系统状态进入了开始画线状态,接着把 line 菜单项高亮度显示;第二条规则表示用户在开始画线状态时,在绘图区域单击鼠标则系统表示已定义了一个点,此时橡皮筋绘图方式打开;第三条规则表示在定义了一个(或多个)点后,用户单击鼠标可以连续地定义点;第四条规则表示双击鼠标则结束画线的交互过程。

对话控制由一块系统内存专门存放一系列的事件,如果来自用户的事件与系统内存中的内部事件合并后与某条产生式规则匹配,则激活该条规则。所有与用户相关的事件都由对话控制根据输入设备的动作来产生相应的用户事件,例如,用户单击了一下鼠标,则用户事件(如鼠标单击)被载入内存,系统响应如<draw line>被调出并根据显示控制器做出相应的动作。

若某个规则被激活,则与该条件相吻合的所有事件都被从系统内存中删除,并加入相应的动作事件。例如,若用户选择了 line,则用户事件 sel-line 加入到系统内存,这就是说第一条规则被激活,sel-line 事件被从系统内存中删除,并代之以 start-line 和<highlight 'line'>,最后,显示控制器删除<highlight 'line'>并完成一个显示动作。这时只有 start-line 事件留在系统内存中,只有用户做其他动作才能激活其他规则。

对话控制主要负责事件的产生和规则的匹配,可以看到在每一时刻系统内存中会保存一些内部事件,当产生一个事件时,可能是用户事件(如单击鼠标),也可能是内部事件(如时钟事件),对话控制就要将所有的产生式规则与事件集合进行匹配,这个过程是复杂而且耗时的,当产生式很多并且产生式规则的条件复杂时,匹配算法的效率就显得更为重要,因此需要设计好的数据结构和匹配算法来提高匹配规则的效率,例如可以将规则和事件进行分组和分层。

(2) 状态引导的系统

状态引导的系统与事件引导的系统有很大的不同,在系统内存保存的不再是动态的、随时进出的事件,而是一些表示系统当前状态的属性,这些属性在不同的时刻有不同的值。在上面的例子中,为了实现画线的操作,系统有下面五个属性。

```
Mouse:           {mouse - null, select - line, click - point, double - click}
Line - state:    {menu, start - line, rest - line}
Rubber - band:   {rubber - band - on, rubber - band - off}
Menu:            {highlight - null, highlight - line, highlight - circle}
Draw:            {draw - nothing, draw - line}
```

第一个特征 Mouse 有 4 种不同的状态 mouse-null(鼠标空闲)、select-line(选择画线命令)、click-point(单击鼠标)和 double-click(双击鼠标),当用户对鼠标进行操作时 Mouse 自动设置成相应的状态;第二个特征 line-state 用于保持当前会话的状态,分别是 menu(可选命令状态)、start-line(开始绘制线)和 rest-line(已经定义点);后三个属性用于控制系统响应,其中 Rubber-band 表示橡皮筋绘制的开和关状态,Menu 表示任何项也没有选中(highlight-null)、选中绘直线命令(highlight-line)或选中绘圆命令(highlight-circle),Draw 表示什么也不画状态(draw-nothing)或画直线状态(draw-line)。显示控制器根据上面的状态做出相应的显示控制。

状态引导的系统的产生式规则类似前面介绍的事件引导的产生式规则,但有如下不同:

```
Select - line                  →    mouse - null   start - line   highlight - line
Click - point   start - line   →    mouse - null   rest - line   rubber - band - on
Click - point rest -  line     →    mouse - null   draw - line
Double - click   rest - line   →    mouse - null   menu   draw - line   rubber - band - off
```

当产生式规则的条件和状态匹配时将激活该产生式规则,对于某一特定的属性,当前面的状态需要改变成新的状态时才需要在产生式规则的后面标注。例如,在第二条规则中,规则指定"Line-state"属性应设置成"rest-line",因为原来的"start-line"值将丢失;而在第三条规则中,没有提及"rest-line"值,因为它已默认,"Line-state"属性的值继续保留为"rest-line"。

属性的永久特性有时会引发一些奇怪的错误,因此在上述的规则集中,每一条产生式规则都要求将鼠标的状态设置为"mouse-null",否则,当用户单击鼠标,激活了第二条规则,如果不立即将鼠标的属性设置为"mouse-null",则会立即激活第三条规则,此时系统的状态和第三条规则的条件是匹配的,并且会反复地一直执行下去。

(3) 混合引导系统

从产生式规则处理的简单性来考虑,要么使用单一的事件引导的系统,要么使用单一的状态引导的系统。从上面的实例中可以看到,有的对话过程比较适合于事件引导方式,有的对话过程适合于状态引导方式,当然也可以将两者结合起来,例如采用

```
event: condition→ action
```

来描述一个产生式规则,事件用来激活产生式规则,如果条件不满足,即当前系统内存中的状态和产生式的规则不匹配,则无法激活规则,另外当状态改变时,产生式规则中的 action 本身也可以产生新的事件,从而可以激活另一条规则。

图 6-3　粗体/斜体/下划线对话框

使用产生式系统可以较容易地表示并发的对话元素,即在某个时刻同时有几个事件发生,激活不同的产生式规则。下面的例子使用混合的事件/状态产生式系统描述如图 6-3 所示的粗体/斜

体/下划线对话框。

系统有以下三个属性:

```
Bold:         {off, on}
Italic:       {off, on}
Underline:    {off, on}
```

根据用户单击鼠标的位置不同,可能产生三个事件 select-bold、select-italic、select-under,该对话过程有下面六个产生式规则定义。

```
select - bold:    Bold = off         →    Bold = on
select - bold:    Bold = on          →    Bold = off
select - italic:  Italic = off       →    Italic = on
select - italic:  Italic = on        →    Italic = off
select - under:   Underline = off    →    Underline = on
select - under:   Underline = on     →    Underline = off
```

这些规则描述得非常仔细,与状态转换网络不同,规则的数目线性地增加。如果有 n 个转换开关,则会产生 $2n$ 个规则。

可以通过增加规则

```
escape - key: → reset - action
```

来简单地处理 Esc 键,这里 reset-action 的作用是设置所有的状态为初始状态,因为该规则的激活条件是空,所以在对话的任何时候,用户按 Esc 键,对话都回到初始状态,当然这只是一种简单的处理方式,实际的交互系统对 Esc 键的处理要复杂得多。

产生式规则比较适合于描述并发的操作,而对于顺序的对话就不太适合。例如,在上面的绘制连续折线的实例中,为了追踪顺序的操作,用一个状态变量来表示操作的步骤,这种顺序对话的描述既不易于分析,也显得比较笨拙。

2. 状态转换网络

状态转换网络(STN)的基本思想是定义一个具有一定数量的状态的转换机,称为有限状态机(FSM),FSM 从外部世界中接收到事件,并能使 FSM 从一个状态转换到另一个状态。这里介绍两种最基本的状态转换网络,传统状态转换网络(State Diagrams)和扩展状态转换网络(State Charts),后者是前者的一个扩展,因此这里详细介绍后者。

(1) 传统状态转换网络

状态转换网络的主要组成部分是状态与代表状态改变和转换的箭头。状态转换网络实际上是一个有向图,图的节点代表状态,图中的有向边代表一个状态向另一个状态的转换,交互任务在状态转换网络中表现为从任务的起始状态,经过一系列中间状态的转换,达到任务结束的状态这样一个完整转换路径上的状态转换序列。

状态可以用不同类型的图形符号表示,包括圆、矩形、圆角矩形等,不同的符号代表不同的状态,如用圆角矩形来表示系统的状态,如图 6-4 所示为系统的状态转换网络符号。

状态

图 6-4 状态转换网络符号

状态可以定义为在给定时间、方法和行为的情况下,与用户环境相关的一组环境变量或属性集。状态转换网络则用于图形化地显示状态以及任何时刻在状态之间发生的交互。如图 6-5 所示的简单状态转换网络包括一个源状态、一个目标状态，以及这两个状态间的转换。

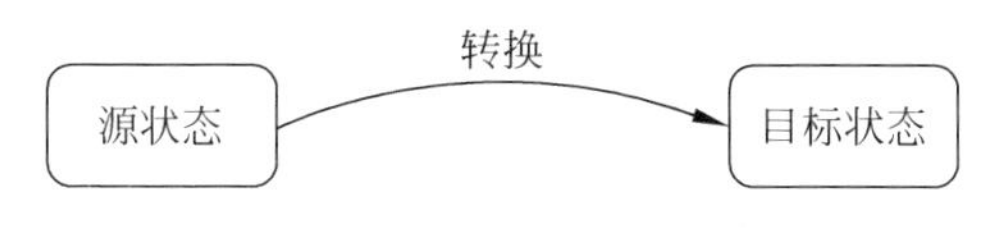

图 6-5　简单状态转换网络

当发生一个外部或内部事件时，系统就会从一个状态转换到另外一个状态，这称为状态转换。外部事件主要由用户操作外部输入设备来产生，内部事件可以是系统产生的事件，如时钟事件，也可以是为了改变系统的状态和行为而产生的事件，如当一个任务完成后可以激活另一个任务等。一个状态转换与一对状态相关联。

一般的系统具有很多个状态，两个状态之间可以存在一个状态转换，假设系统由 n 个状态组成，状态之间的转换最多可能有 $n*(n-1)$ 个。图 6-6 所示的状态转换网络中有 3 个状态，因此最多可能有 6 个状态转换。事实上一般系统状态中的状态转换数要远远小于最多状态转换数，如图 6-6 中只标出了 4 个状态转换。

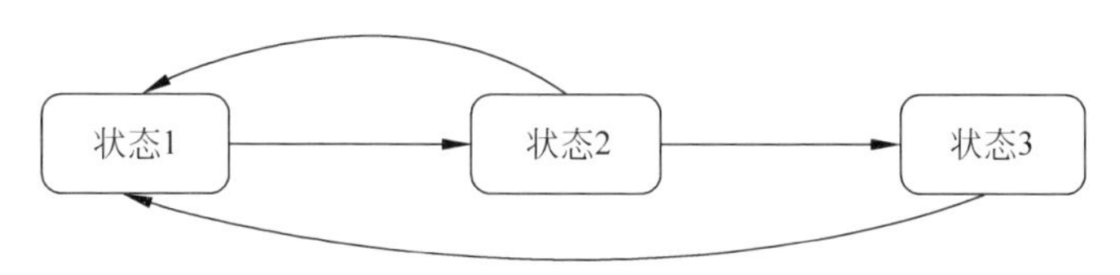

图 6-6　简单的三状态 FSM

在状态转换网络中，如果两个状态 A 到状态 B 不存在状态转换，则说明由状态 A 在任何情况下都不能转换到 B。如图 6-6 中，状态 3 可以转换到状态 1，但不可能转换到状态 2，而状态 1 可以转换到状态 2，但不能直接到状态 3。在实际的系统中，由于交互任务比较多，而且每个交互任务相对可能比较复杂，所以组成系统的状态很多，可能有几百个，甚至达到上千、上万个状态，而状态转换的数目就更多了。

基本状态转换网络中的状态转换仅描述了发生一个事件而使系统从一种状态转换成另一种状态，但是并没有说明这种转换需要的条件，即当在某一状态时，什么条件可以允许产生这样的转换。另外，当系统在改变状态时将执行什么动作，如进行相应的业务处理、驱动外部设备等，也没有说明。为了能更完整地描述这两种情况，可以在描述状态转换时增加以下两个额外的选项：

- 选项条件(conditions)，表示导致状态改变的条件；
- 选项动作(actions)，表示系统在状态改变时将执行什么动作。

带条件和动作的状态转换网络如图 6-7 所示。

图 6-7　带条件和动作的状态转换网络

现在来分析一下带条件的状态转换网络，当系统在某一种状态 S 时，如果满足条件 C1，系统将发生状态转换 T1，而转换到状态 E1；当满足条件 C2，系统发生状态转换 T2，而转换到状态 E2,如图 6-8(a)所示。现在将条件 C1、C2 和状态融合,则得到图 6-8(b)所示的基本的状态转换网络。从这里可以看到,带条件的状态转换网络是将状态中表示触发条件的部分抽取出来,这样可以大大减少状态的数量,而条件触发实现时还是比较方便的,但在实现时还要增加对触发条件的管理。

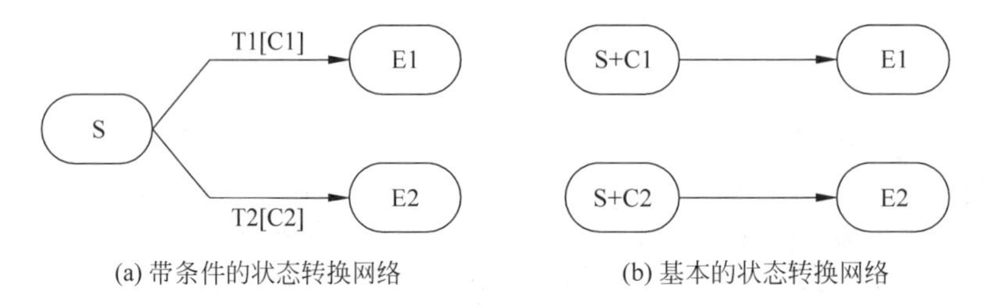

图 6-8　状态转换网络

下面给出一个关于传统状态转换网络的实例,图 6-9 描述的是一个基于鼠标的画图工具,图中涉及到了状态、转换、条件、动作等元素。它有一个菜单(有三个选项 Arc、Line 和 Curve)和一个绘图平面。若选择 Arc 则要求用户确定三个点:第一个点是圆心,第二个点表示圆弧的起点,第三个是圆弧的终点。第一个点确定后,系统就在圆心和当前鼠标位置之间画一条"橡皮圈"线,第二个点确定后,就根据圆心位置和圆弧起点用鼠标画出一个橡皮筋圆弧,确定第三个点后就绘制出一个圆弧。

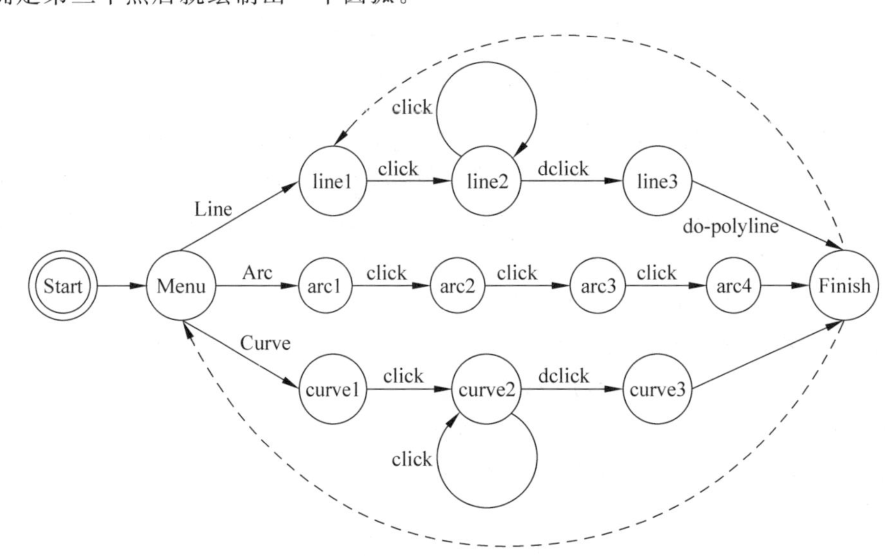

图 6-9　基于鼠标的画图工具的状态转换网络

Line 选项是画直线(polyline),也就是说,用户可以选择任意点,然后系统将其连接成直线。双击鼠标确定最后一个点,在连续的鼠标点之间由"橡皮圈"相连。Curve 选项是绘制多点曲线,用户可以选择多个点,用这些点做控制点来绘制多点的曲线。

绘制结束后都汇聚到系统的结束状态。系统应用过程中一般会有两种情况,一种是当命令结束时,进入开始状态,如图 6-9 中所示的情况;另一种情况是当命令结束时,会重复原来的命令,这种情况就会从各自的结束状态直接进入选择命令的状态,如图 6-9 中所示的虚线表示。

每个圆角矩形表示一种状态，如“Menu”表示系统正在等待用户选择“Arc”或“Line”的一种状态，“Arc2”表示用户进入选择圆心后正在等待确定圆周上一个点的状态。

状态之间是一些有向的线段，表示触发转换的事件和条件以及转换发生时的动作。例如，状态“Menu”是等待用户选择一个菜单项，即产生事件 select “Arc”或者 select “Curve”，若选择了画圆弧，还需要满足一个条件 C1，图中 C1 表示 Not drawing line，指的是只有在没有划线或者划线过程已经完成的情况下，才可以完成从状态“Menu”到状态“arc1”的一次转换，同时执行动作 highlight “Arc”，即将 Arc 菜单项显示为高亮。状态“arc1”是系统等待用户选择另一个点的位置，单击鼠标后系统转至“arc2”状态，并画出橡皮圈（在圆心和第二个点之间）。从此状态开始用户单击其他点，可以画出一个圆弧，然后移至“Finish”状态。因此，一个 STN 可以表示用户的一系列动作及系统的响应。

实际交互设计中，应用的状态转换图还会有更复杂的情况。例如对每一个状态都有一些公共的出口，在任何状态下，按 Esc 键表示交互任务的结束，返回到选择菜单状态。如在任何状态中，可以进入状态栏等修改绘制图形的一些属性，而这些属性往往比较多，如果全部放在状态图里，会使状态转换图变得很复杂，实际实现时，每个状态实现为一个对象，可以把这些图形属性作为对象的属性处理，提供统一的接口用于处理类似“按 Esc 键”这样的状态事件。

状态转换网络比相应的文本解决方案更易于设计、理解、修改和文档化，它给出了对行为精确的、甚至是格式化的定义。但是，传统的状态转换网络在过去几年里一直没有大的变化，在今天的交互系统应用中仍然存在着一定的局限性。其中最大的一个缺陷是需要定义出系统的所有状态，这对于小型的系统是没有问题的，但是在一个较大的系统中，系统会很快崩溃，因为状态的数目是呈指数级增长的，状态的增长直接导致状态转换网络过于复杂，无法实际应用。另外，大的状态转换网络的设计和修改依靠手工来完成是不现实的，最好由特定的工具来自动完成。由于状态转换网络本身是一种结构模型，用户的交互行为在状态转换网络中是一条转换路径，不能直观地反映人的总体交互行为，所以用于对用户交互过程的设计不如行为模型那样直观、方便。

为了解决状态爆炸的问题，可以采用面向对象方法来为每个类定义单独的状态转换网络。每个类都有一个简单的、易于理解的状态转换网络，这种方法很好地消除了状态级数爆炸的问题。

（2）扩展状态转换网络

① 层次状态转换网络

“Start”和“Finish”状态并不是一个实际状态，它只是为了将一些小的对话连接成更大的对话。例如，“drawing tool”有一个主菜单，它有三个子菜单：Graphics 子菜单（如画图和直线）、Text 子菜单（如增加标签）和 Paint 子菜单（如徒手画图）。可用层次状态转换网络来描述，如图 6-10 所示，类似于前面的状态转换网络，但是附加了复合状态，如图中矩形框所示。每个矩形框表示相关子菜单的所有状态转换网络。假设图 6-10 中的状态转换网络表示的是 Graphics 子菜单。

从主菜单开始去分析该框图。假设用户选择了菜单项 graphics，则系统弹出 graphics 子菜单并进入其状态。然而这不是真正的单一状态，如图 6-10 所描述的那样，而是进入了子对话的“Start”状态，即“Menu”状态，然后可以选择画图还是画直线。单击 Finish，从子对

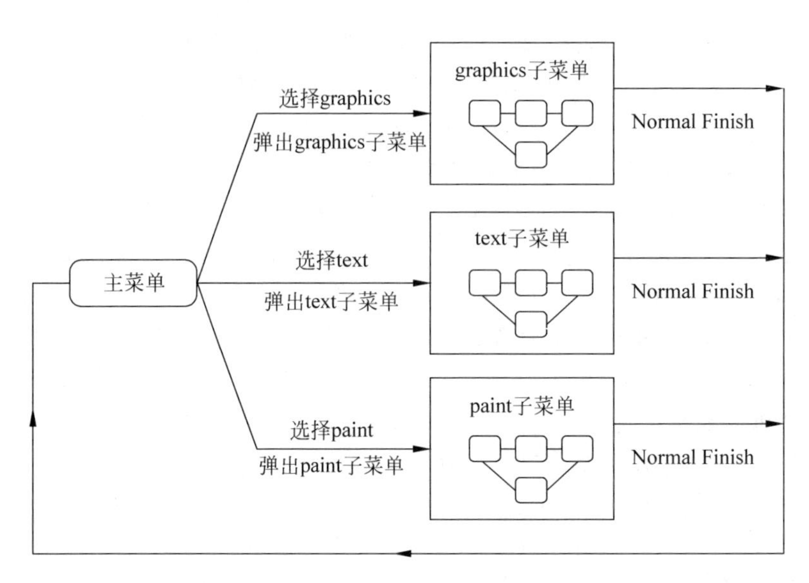

图 6-10　分层的状态图实例

话中退出,进入外层的状态网络。

层次元素的使用不改变对话基本描述法的功能,但它却能简单地说明一个大的、复杂的系统,从最高级的主菜单到按键盘或击鼠标这样的小动作。

② State charts

Harel 状态转换网络是状态转换网络的一个扩展,与传统状态转换网络相比,增加了很多特性。下面结合图 6-11 中电视控制面板的实例来对这些特性进行详细介绍。

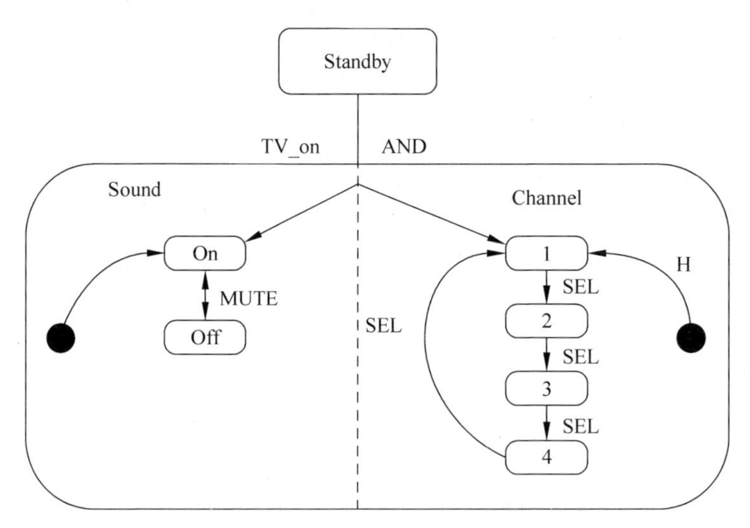

图 6-11　Harel 状态转换网络实例"电视控制面板"

图 6-11 是一个电视控制面板的状态转换网络,该控制器有 5 个按钮标记,分别为 On、Off、MUTE、SEL 和 RESET。电视机可以处于开机或待机状态(Standby)。

假设从待机状态开始,按 On 或 RESET 打开电视,按 Off 则关机并返回到待机状态;若电视处于开机状态,则用户可以用 MUTE 按钮去控制声音,用 SEL 按钮去控制频道

(四个频道循环切换)。声音和频道子对话看起来有点像一个状态转换网络,但是中间的细线及AND表明这两个子对话可以同时进行,也就是说,可以以任意次序按MUTE或SEL。

对整个状态转换网络而言,Sound和Channel是两个子层次,分别用一个小的状态转换网络来表示,完成独立的功能。Sound和Channel共用On和Off两个通用的状态转换,从而减少了状态转换网络中状态转换的数目。

在Harel状态转换网络中加入了AND关系,即在同一个高层状态下的子状态可以同时处于激活状态,这些子状态可以是同步的。在本例中,中间的细线及AND按钮表明子状态Sound和Channel可以并发执行。

③ 取消和帮助

"取消"和"帮助"可以帮助解决工作过程中出现的一些问题,如用户错误地选择了某个选项后想返回到主菜单。例如,在使用"drawing tool"工具的过程中,如果错误地选择了circle,则必须选择两个点,才能继续往下走,而不能取消当前的错误选择,这种情况是不太方便的。

解决的办法是增加一个Esc键,使得用户在任何时候、任何地方,按一下该键就可以返回到主菜单状态。这看起来相当简单,只需要增加一条语句,然而要将其增加到状态转换网络,却要对每种状态都增加一条弧线,使其能返回到主菜单状态。进一步说,这会使层次结构系统的对话产生混乱。带有取消功能的"drawing tools"如图6-12所示。

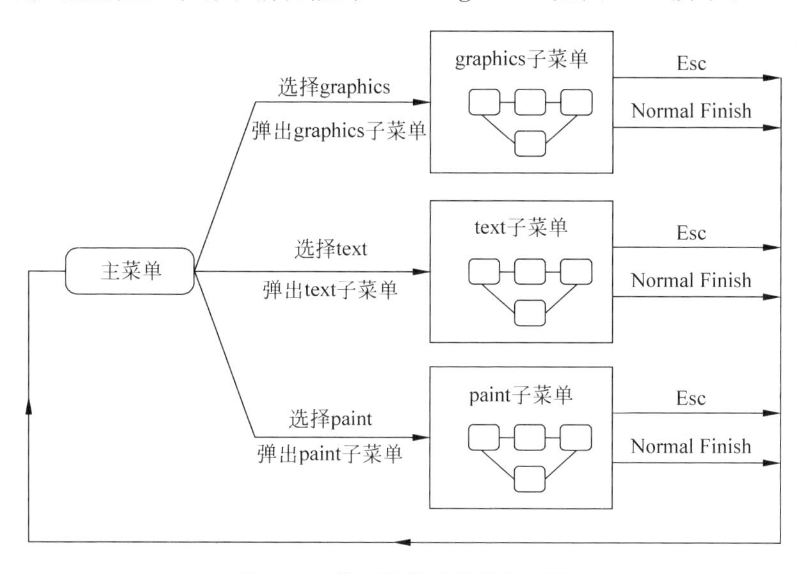

图6-12 带有取消功能的状态图

每个子菜单状态均有两个出口,一是"Normal Finish",表示该条路径经过子对话后正常结束;二是"Esc",表示用户按Esc键。"Esc"始终处于激活状态,无论用户是画线还是画圆,只要按下Esc键,系统就会立刻返回到主菜单状态。

"帮助"系统在某些方面类似于"取消",在任何状态下都可以被调用。然而与"取消"不同,当用户结束"帮助"查询后希望回到原来的工作点,如图6-13所示。

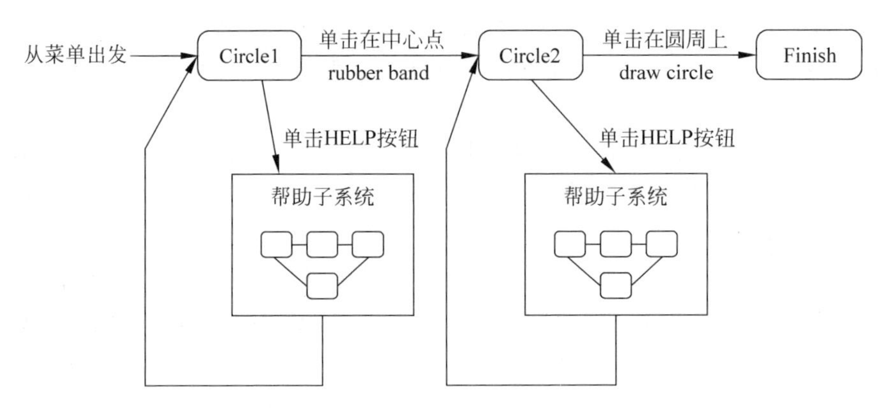

图 6-13 带有帮助功能的状态图

6.1.3 行为模型和结构模型的转换

一般来说,行为模型主要对设计起指导作用,在此基础上,设计人员再进行结构模型(如状态转换网络等)的创建,这个过程很大程度上取决于设计人员的经验和对行为模型的理解。本节主要介绍一种从行为模型到结构模型的一种转换思想和算法,以实现两种模型间的自动转换工作。

1. 整体框架

对两种模型进行转换,首先给出一个基本的模型转换的整体框架,在这个框架中体现了进行转换的基本思想和意义。

整个框架分为以下三个部分:

- 行为模型部分主要使用了前面介绍的 G-U-L 模型,在这一层将产生一个基本的、预测性的行为模型。
- 结构模型部分主要是采用层次状态转换网络,它涉及到的元素有状态、转换、事件、层次结构。本节中所用的状态转换网络在转换中未考虑条件和同步,目的是为了简化转换工作。
- 用户部分包含两种用户,领域专家(Domain Expert)和设计者(Designer)。G-U-L 模型的创建主要是由领域专家和设计者合作来完成的,然后通过模型转换算法转换成为结构模型,最后提供给设计者使用。其中的领域专家和设计者并没有明显的界限,设计者也可以是一个专家。

2. 转换算法

(1) 基本思想

前面介绍过 G-U-L 以层次化结构对任务进行建模,包括目标(含循环属性)、行为和关系。而状态转换网络表示的是状态之间的转换,也采用层次化表示,涉及到的主要是状态、转换、事件和行为。

在 G-U-L 中体现的层次关系转换到状态转换网络中也体现出层次的关系,G-U-L 中的每个目标都对应一个状态转换网络。如果一个目标的下层有子目标,对子目标来说,它所对应的状态网络应该嵌套在上层目标对应的状态网络中。

在产生的状态转换网络中，有两类事件起作用，一类是外部由用户激活的事件，如“单击鼠标”事件、“按下键盘”事件等；另一类是内部由目标产生的事件，这里只定义了“目标正常结束”（表示目标正常结束时产生的事件）和“目标操作失败”（表示目标执行失败时产生的事件）。在进行从G-U-L到状态的转换时，这些事件只是形式上的定义，没有具体的实现过程。如，要在某一层出现的第i个外部事件用“外部事件i”来代替，由某个目标Ti执行时产生的内部事件也仅仅用类似于“Ti正常结束事件”来表示，而具体的事件还需要由状态网络执行，系统实现时通过专门的事件管理器来定义和管理。G-U-L中的行为在转换后就成为对应的状态转换网络中的一个行为。

（2）基本步骤

对转换后的数据，存储的是状态转换网络中表示转换的弧，如图6-14所示。

出发状态	目的状态	触发事件	父状态	行为

图6-14 状态转换网络中弧的表示结构

其中的触发事件就是触发从出发状态到目的状态转换的事件；父状态表示的是当前弧所在状态网络的上层状态，可以是一个抽象出来的状态名。下面简单介绍一下进行转换的基本步骤。

① 读取存储G-U-L模型的数据文件，进行解析，定义一个数组stn，用于存储状态网络中的弧。获取G-U-L模型中的最高目标，设为G0，然后调用②中的Translate函数。在Translate执行完毕后，stn中便存储了转换后的状态网络的数据。

```
main()
{
定义一个存储弧的数组 stn[]
读取 G-U-L 文件
GOAL G0 <- GetSubGoal(null) ;          //获取在目标
Translate(G0,&stn);                    //调用转换函数
}
```

② 对当前的目标进行处理。如果是原子目标，参考原子目标的UAN模型，创建其状态转换网络；否则，获得目标层次下的数据，包括行为、关系算符及子目标名。通过关系符号来调用③中相应的关系转换函数，对所有的子目标进行递归调用。

```
Translate(目标 G, 存储数组 stn[] )
{
获得目标 G 的子目标 subG[]
switch(关系)
{
    case  "[]": 选择关系处理
    case  ">>": 允许关系处理
    case  "|||":  交替关系处理
    case  "[>": 禁止关系处理
}
//对所有的子目标进行递归调用
for(int I;I < subG.length;I++)
    Translate(subG[I],stn);
}
```

③ 定义了 G-U-L 的各种关系向状态网络转换的具体实现函数，实际上就是生成状态网络中的弧并进行存储。在各状态网络中都会有一个初始状态 S。在每个处理函数中，需要考虑目标具有循环属性的情况，这在状态转换网络中的体现是某个状态通过一个事件激活以后仍然能返回到该状态。如果要转换到其他状态，还需要一个外部事件的作用。如对于 * G，如图 6-15 所示。

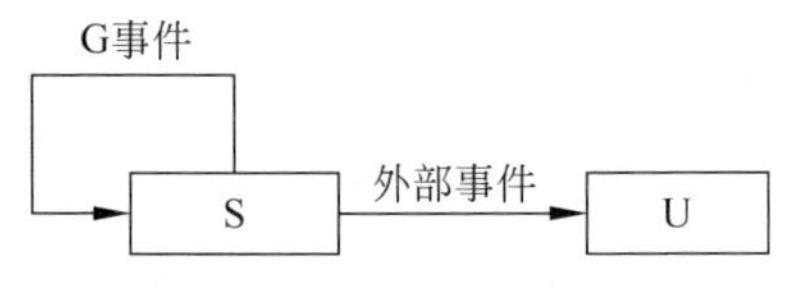

图 6-15　带有循环属性的目标对应的状态转换图

下面具体介绍 G-U-L 中各种约束关系对应的状态转换网络。

[](选择，choice)

设目标 G 下的子目标关系为[](G0，G1)，表示共有两条路径可以完成目标 G。如图 6-16(a)所示，从初始状态 S0 出发，有两条弧需要记录，经过“外部事件 0”到 S1 的转换和经过“外部事件 1”到 S2 的转换。记录格式如下：

S0	S1	外部事件 0	G	NULL
S0	S2	外部事件 1	G	NULL

在状态 S1 下，等待“G0 正常结束事件”发生后，被激活转到 S0；或在状态 S2 下，等待“G1 正常结束事件”发生后，被激活转到 S0，也回到 S 状态。这两条弧在返回 S0 后都将执行动作“产生 G 正常结束事件”，并记录下这两条转换的弧。每次重新回到 S0，都认为完成了目标 G 的一次执行。在图 6-16(b)中考虑了存在目标循环的情况，即[](* G0，G1)，需要记录的弧也在图中进行了反映，在后面介绍的关系中所涉及的循环情况与此类似，不再一一介绍。选择关系允许在一个层次下有多个目标同时存在，如[](G0，G1，…，Gn)。

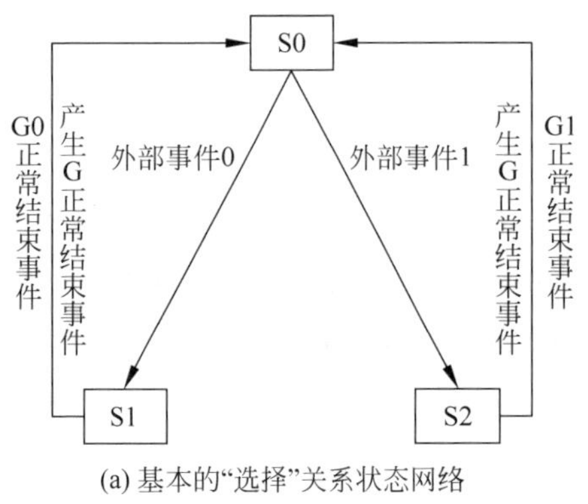

(a) 基本的“选择”关系状态网络

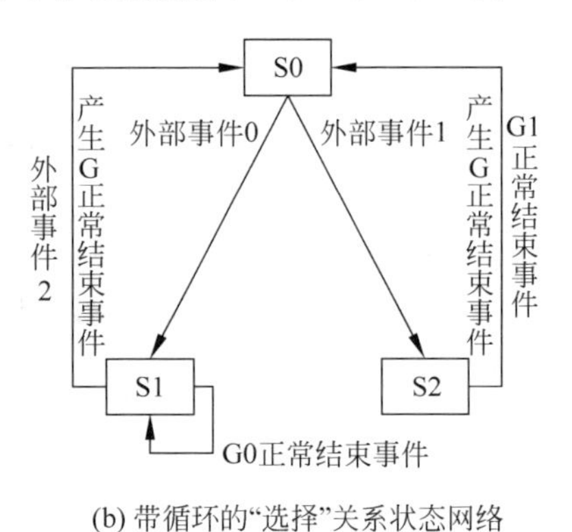

(b) 带循环的“选择”关系状态网络

图 6-16　“选择”关系状态网络

>>(允许，Enabling)

设目标 G 下的子目标关系为>>(G0，G1)，在这种关系中完成目标 G 的路径只有一条，当 G0 成功结束后才允许 G1 执行，这是一个顺序执行的过程。在转换成状态转换网络后如图 6-17 所示。从状态 S0 在外部事件激发转换至 S1，在 S1 状态等待“G0 正常结束事件”发生后转换至 S2；然后在 S2 处等待“G1 正常结束事件”转换至 S0，这样表示目标 G 执行完毕，同时发生动作“产生 G 正常结束事件”，处理转换过程中存储所有的弧。这种约束关系允许同一层次下有多个目标存在，如>>(G0，G1，…，Gn)，这些目标都是顺序执行。

|||(交替，Interleaving)

设目标 G 下的子目标关系为 |||(G0，G1)，表示两个目标之间一种任意的组合来执行完成。在转换到状态网络后，如图 6-18 所示，有 S0→S1→S4→S0 和 S0→S2→S3→S0 两条途径可以完成目标 G 的一次执行。从 S0 状态，如果产生"外部事件 0"，依次等待"G0 正常结束事件"、"G1 正常结束事件"并最终回到 S0 状态；同理，若产生"外部事件 1"，则会沿着另一条路径回到 S0。记录下所有状态转换的弧。在有交替关系的层次中最多只允许有两个状态存在。

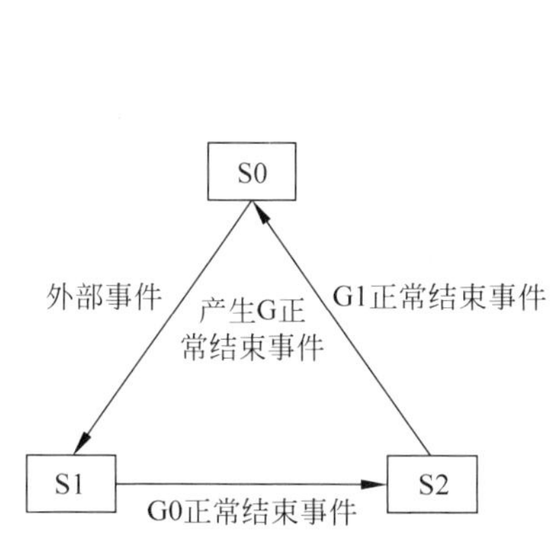

图 6-17　"允许"关系状态网络

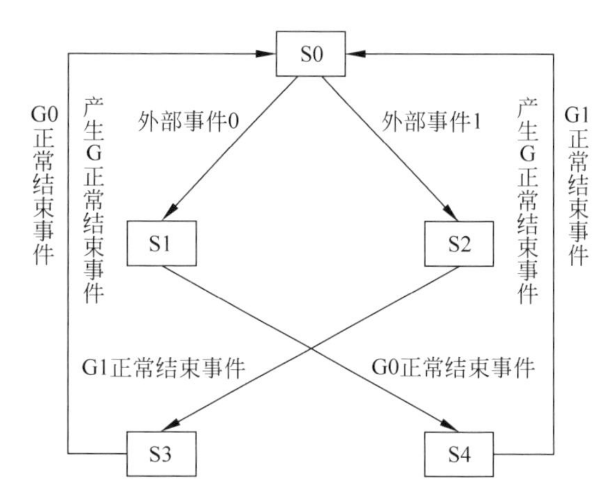

图 6-18　"交替"关系状态网络

[>(禁止，Deactivation)

设目标 G 下的子目标关系为[>(G0，G1)，一旦 G1 任务被执行，G0 便无效(不活动)。这个关系在转换到状态网络以后，与前面不同的是，在状态 S2 被"G1 正常结束事件"激活以后，不会再回到 S0，而是转到了一个新的状态 F。在有禁止关系的层次中最多只允许有两个目标状态存在。一个典型的例子是 G0="运行"，G1="退出"。在执行"退出"以后整个程序结束，也就无法再回到运行状态了。如图 6-19 所示给出了"禁止"关系的状态网络。

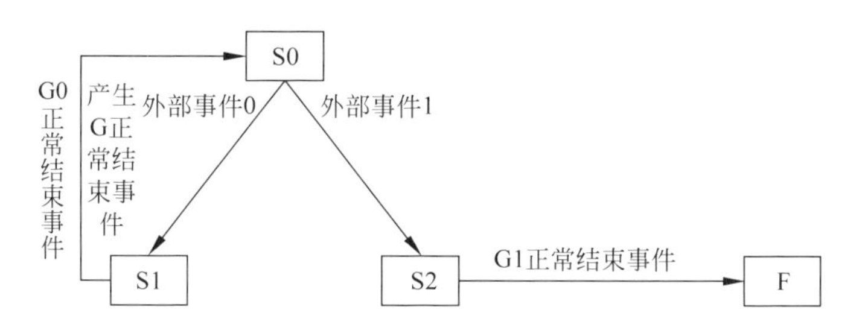

图 6-19　"禁止"关系状态网络

(3) 实例应用

根据上面的转换算法，在图 6-20(a)到图 6-20(c)中给出了中国象棋的最高层目标、运行、走棋三个目标的状态转换网络，它们之间通过事件的产生和激活完成其层次间的通信。其他目标的状态网络表示与这三个图类似，在这里没有给出。

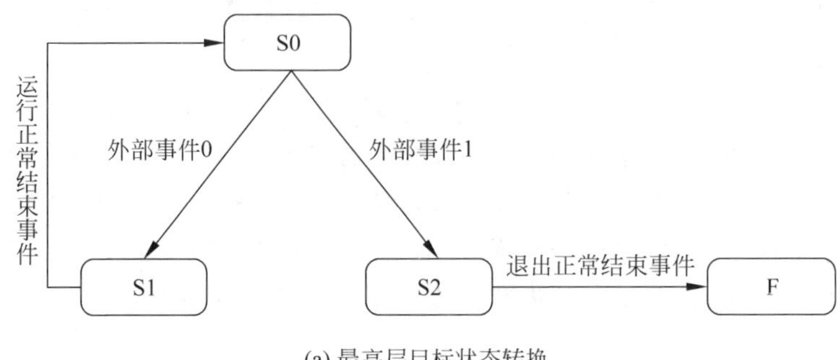

(a) 最高层目标状态转换

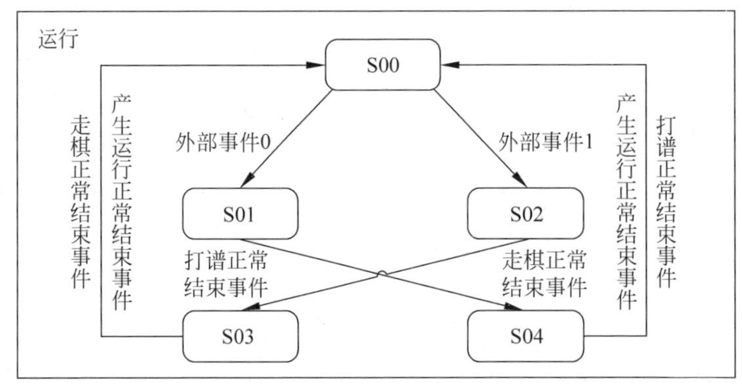

(b) “运行”目标状态转换

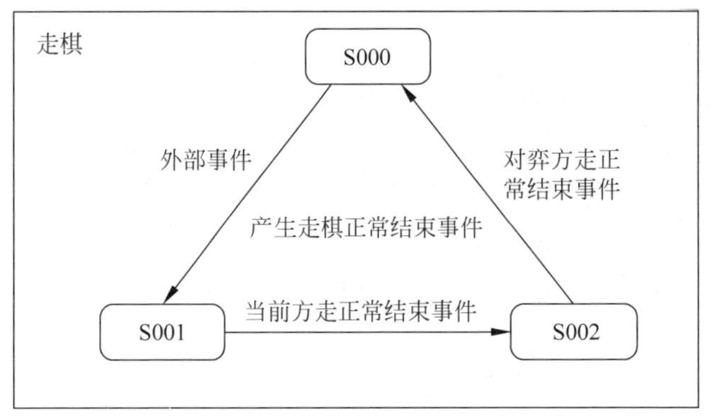

(c) “走棋”目标状态转换

图 6-20　中国象棋对弈系统的状态转换图示例

6.1.4 表现模型

表现模型(PM)描述了用户界面的表现形式,由层次性的交互对象组成。交互对象一般由抽象交互对象(Abstract Interactive Object, AIO)和具体交互对象(Concrete Interactive Object,CIO)组成。

一般来说,管理信息系统的交互界面主要是由填表界面组成的,填表的用户界面由两种元素组成,一个是界面元素,另一个是面板。界面元素由界面元素属性以及对几何对象、内容对象、绘制对象的描述四部分组成,面板继承了界面元素的模型定义,另外添加了可包含的界面元素的列表和布局的定义。通过用户对交互界面元素低层语义的指定,来获得用户界面表现模型的XML描述。

1. 逻辑组织结构

在一个填表用户界面中可以有很多面板,这些面板以链表的形式组织,如图6-21所示。每个表面板或是嵌套面板,或是包含很多界面元素,这就形成了森林的结构。森林的每棵树是一个面板,树的根结点是整个面板对象,中间结点是嵌套的容器对象,叶结点是单位界面元素对象。

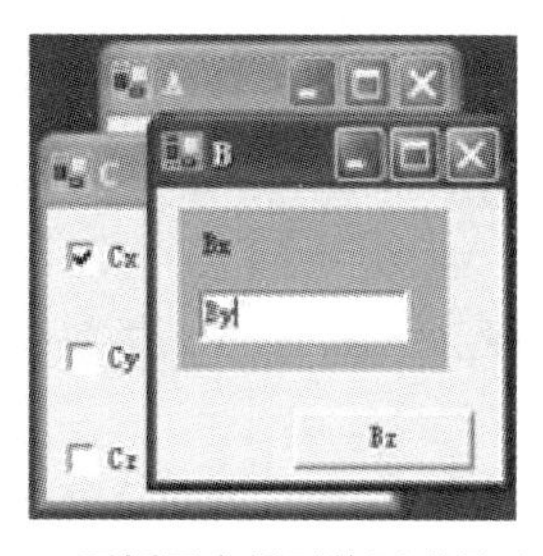

(a) 面板用户界面的图形显示

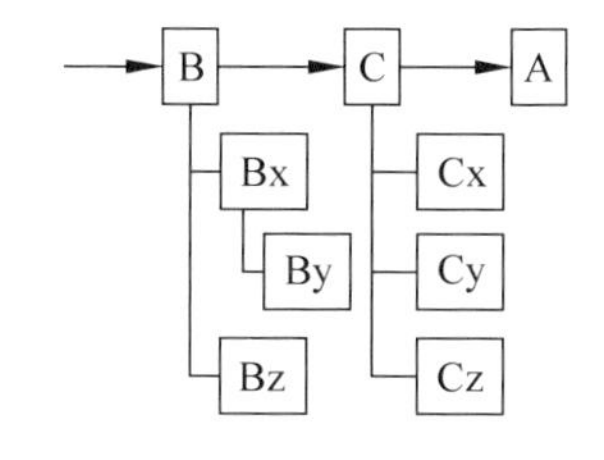

(b) 面板用户界面的数据结构表示

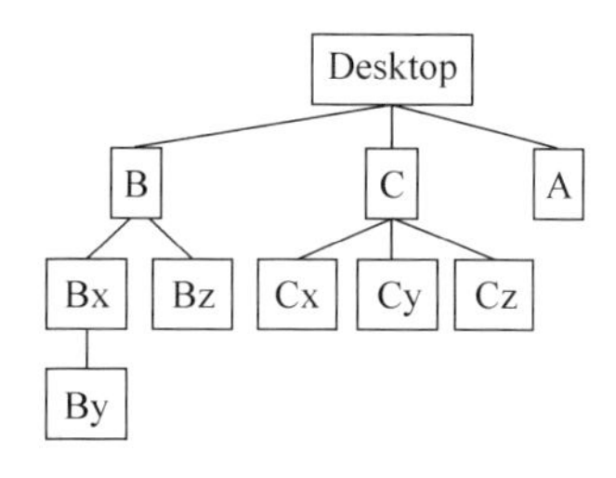

(c) 面板用户界面的绘制

图6-21 面板用户界面的逻辑组织结构

面板用户界面中各种重叠的面板以链表的形式来存储。每个面板的显示是有顺序的,显示策略是被选中的面板显示在屏幕的最上层。假设有A、B、C、D四个面板,依次按照字母顺序排列,即面板A显示在屏幕的最上层。如果选中了面板C,那么面板C就会在屏幕最上层显示,而其他三个面板的优先级按照原来的先后顺序排列。其变化方式如图6-22所示,其中靠链表的头部越近,在屏幕上显示的排列顺序越靠前。

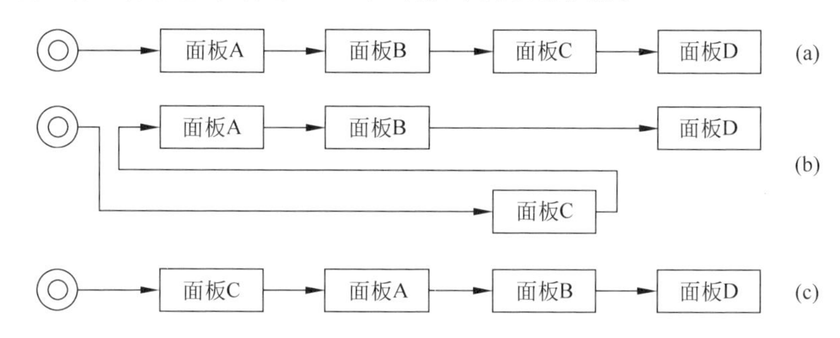

图6-22 选中屏幕中的窗体C后的各面板显示顺序关系变化示例图

2. 面板内部的事件分发及响应方式

每个面板用户界面中存储了许多界面元素,一个面板中所有界面元素交互对象构成了面板用户界面的树形表示。每个单位界面元素在屏幕上都有自己的显示区域,分布在不同面板上的单位界面元素的区域不可避免地会出现相交的区域。如果鼠标指针在屏幕上两个不同面板上界面元素所属区域的相交区域里单击,某个面板就有可能被选中,所有隶属于该面板上的界面元素就会显示在屏幕上,用户就可以通过鼠标或手写笔来选择单位界面元素了。

控制面板用户界面交互的核心模块可以看作是一个事件处理中心,事件处理中心接收并解析用户动作,然后将结果表现给用户。下面以鼠标为例,分析事件处理中心如何实现对指点设备事件的响应。假设面板A和面板B在屏幕内相互重叠,面板A遮挡了面板B,面板A内有两个界面元素Am和An,面板B内也有两个界面元素Bx和By,两个面板的图形表示如图6-23所示。当鼠标落在了An和By相交的图形表示区域时,按照上述事件处理中心的处理策略,就会搜索当前面板链表中的面板,判断鼠标是否落在了某一面板内部,发现鼠标落在了面板A内,那么,事件处理中心就会采用树的广度优先搜索算法或深度优先搜索算法,判断鼠标是否落在了面板A中某一界面元素交互对象内部,发现鼠标指针的位置在交互对象An区域内部,然后,检验An是否添加了对鼠标事件的监听,如果An存在对鼠标事件的监听,那么去完成该事件要执行的任务。

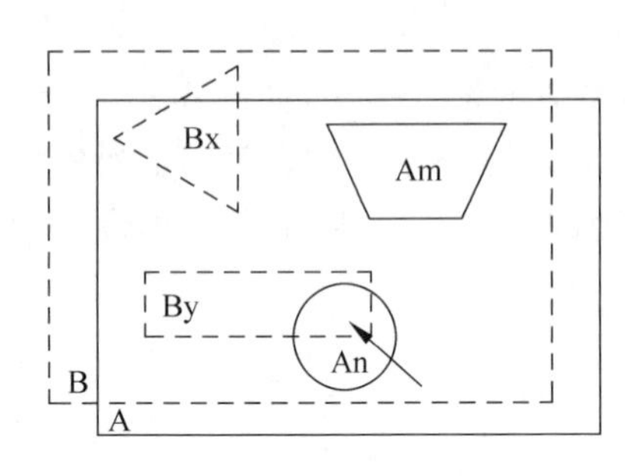

图6-23　事件处理中心对事件响应的实现

用户产生了一个动作后,事件处理中心就获得了用户的动作和屏幕上的一个坐标(x, y)。

```
使用链表搜索算法遍历链表中每个节点 {
    if (坐标落在了某个面板区域内部) {
        显示该面板及面板内包含的所有界面元素,其余面板按照原来的先后顺序排列;
        使用树的搜索算法遍历面板内的每个单位界面元素 {
            if (坐标落在了某个单位界面元素的区域内部) then {
                if(Succeed(聚焦并激活单位界面元素)){
                    if (选中的单位界面元素添加了特定事件的响应) then {
                        将控制权交给单位界面元素交互对象,执行该事件要执行的任务,返回;
                    }
                }
            }
        }
        if(Succeed(聚焦并激活面板界面)){
            if (选中的面板添加了特定事件的响应) then {
                将控制权交给面板交互对象,执行该事件要执行的任务,返回;
            }
        }
    }
    所有面板失去焦点,聚焦到系统要显示的默认界面;
}
```

3. 面板间的关系

Jacob Eisenstein创立了两种新的抽象描述,来描述基于面板的用户界面表现模型,如图6-24所示。

Logical Window (LW):任意AIO的组合,如一个物理窗口、子窗口区域、对话框和面板。每个LW是一个合成AIO,它是由简单和合成AIO组成的。所有的LW在物理上受限于用户屏幕。

Presentation Unit (PU):一个PU被定义为一个完整的表现环境需要实现一个特定的交互任务。每个PU可以分解为一个或许多同时、交替或是以某种组合的形式在屏幕上显现的 LW。每个 PU 至少存在一个主窗口，允许其他窗口导航。例如，一个 t 标签的对话框可以被描述成一个 PU，可以被分解成 LW，对应每个标签页。

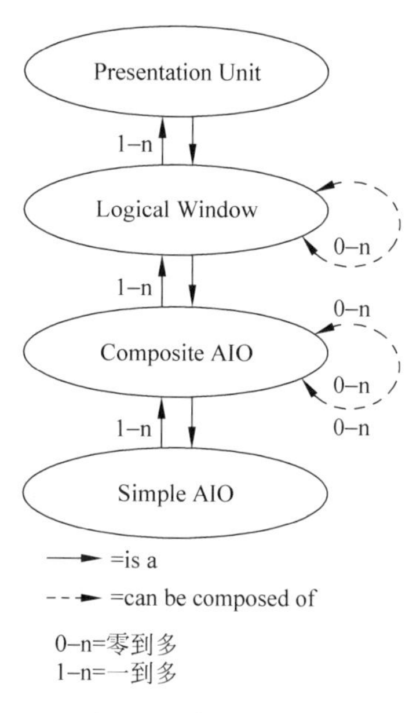

图 6-24　表现两层抽象

Jacob Eisenstein 只是从几何上做了简单的划分，并没有给出包含关系存在的约束。将面板间的关系定义为并列、嵌套、依赖三种，如图 6-25 所示。并列关系是指两个面板在功能上独立，没有任何其他关系。嵌套关系是指面板 A 在面板 B 的内部，面板 A 包含面板 B。依赖关系分为两种，一种是界面内部的依赖，即父子关系的面板，是指面板 B 依赖于面板 A 的某个界面元素开启显现活动的命令开关，这样就称面板 A 是面板 B 的父面板。这类面板又分为两类，一种是具有父子关系的面板，采用粘附或浮动的形式，在上下文使用的某个场景中通常会默认自动地表现给用户，用户可以随意地关闭或打开它；另一种是触发式显现的面板，采用对话框或自动隐藏停靠的形式，这类形式的面板一般不能自动地表现给用户，需要通过直接操纵或是意图提取获得的命令来触发显现的活动。另外一类依赖关系的面板是对服务的依赖，即分布式应用中的面板。触发窗口是指面板依赖于某个服务的存在而显现，这类情况超出了面板间关系分析的范围，这里不做深入讨论。

根据以上对面板界面关系的分析，可以把面板界面分为三类：独立显现的自由面板(Free Panel)、面板面板(Panel Panel)、原子面板(Component Panel)。如图 6-26 所示，独立显现的面板一般是可以单独运行的应用程序界面，面板面板是用户定义的、可以嵌套到任意面板而且不能独立显示的界面块，原子面板是面板中的最小单位，是不可再分的面板。具有依赖性的面板(Dependency Form)是可独立显现的自由面板的一种特殊的形式，主要表现为对话框、浮动菜单、自动隐藏的窗口或是父子窗口。

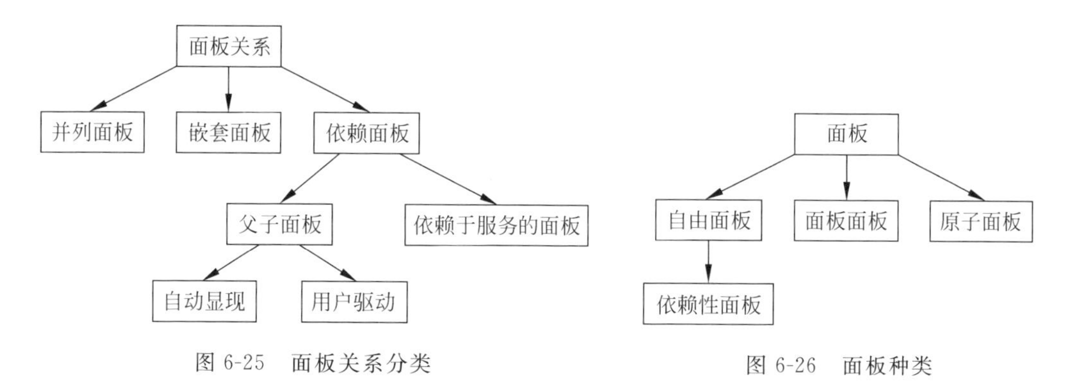

图 6-25　面板关系分类

图 6-26　面板种类

不同种类的面板的交互机制是不同的，下面从时间(生命周期长短)、空间(屏幕所占大小)、有无(创建/激活/挂起/消亡)三个方面详细给出面板的表现。

依赖性面板比较特殊，它的生命周期从触发项到关闭，自动隐藏型的面板一般不会关闭，可以看成是非模态的对话框，但是它们的生命周期都要依赖于被依赖窗体的生命周期。

一般使用指点设备激活,主要有两种方式:当指点设备的光标落在桌面上层叠面板中的某个面板的依赖性窗体上的某个界面元素时,用户将单击动作发送给界面管理器,界面管理器可激活当前依赖性窗体,激活该依赖性窗体所在的窗体,且响应当前用户界面元素的事件;也可只激活当前依赖性窗体和该依赖性窗体所在的窗体,而不响应当前用户界面元素的事件。

各面板之间的包含关系存在约束关系,自由窗体可以包含面板容器,可以作为依赖性窗体的依赖项,但是不能自我包含。面板容器对应的具体的交互对象一般是 Tab Panel 或是 Panel,它们均可以自我包含,并且可以相互包含。

6.2 界面描述语言

界面描述语言一般分为两类:命令式语言(Imperative Language)和陈述式语言(Declarative Language)。命令式语言要求编程人员明确地指定如何执行任务,陈述性语言要求编程人员只指定任务要做什么,陈述性语言要比命令式的语言更为抽象。

许多陈述性的语言都是从 XML 获取语法和句法,XML 使得描述特定域的内容变得非常便利。陈述性模型的实现最终需要一种陈述性的语言来实现,使用 XML 描述用户界面,可以使界面在多种平台间相对容易地转换。由于 XML 是一种元标记语言,格式简单,容错性强,能够描述结构和语义,很适合在用户和界面、界面和应用之间交换数据。一旦界面使用 XML 来描述,很多方面都可以使用现有的 XML 技术对界面描述文件进行操作。

为了实现用户界面,用户必须学习多种编程语言,针对手持设备需要学习 Wireless Markup Languagc (WML),对特定的操作系统需要学习用 C++ 编写特定的应用。而且,每种语言都在不断演化,需要开发者追踪多种语言的变化。另外,开发者还要对实现的编程语言进行维护,这使得在跨平台时保持一致性变得困难。

从知识表示方法的角度来看,知识有陈述性表示和过程性表示两大类,陈述性表示只给出事物本身的属性及事物之间的相互关系,对问题的解答就隐含在这些知识中,而过程性知识给出解决一个问题的具体过程。两者相比,陈述性知识比较简要、清晰、可靠,便于修改,但往往效率较低。过程性知识直截了当,效率高,但由于详细地给出了过程,这种知识表示复杂、不直观,容易出错,不便修改。但是,陈述性知识与过程性知识没有绝对的分界线,对界面来讲,使用陈述性的知识用于描述界面,必须有一个相应的过程去解释执行它。对于本文提出的、以陈述性为主的界面系统,过程性的解释往往对用户是透明的,即不是面向用户的,用户只能看到界面的陈述性表示。下面介绍几种常见的陈述性语言。

1. 用户界面标记语言(UIML)

UIML 的 interface 部分由结构(structure)、样式(style)、内容(content)和行为(behavior)四个方面来描述,如图 6-27 所示。structure 元素列举了一系列界面部件和在不同的平台中对应的组织;style 元素定义界面部件中各种属性对应的值,类似于 HTML 中的样式表;content 元素将文本、声音、图片与界面部件关联,使得不同用户组的界面国际化或自定义更为便利;behavior 元素定义起作用的用户界面事件和应该做什么。UIML 的描述和代码的内容比较相似,即使给出了界面模型对象描述,也需要特定环境下特定语言的界面解析器的支持。

2. 扩展界面标记语言(XIML)

XIML由组件(Components)、关系(Relations)和属性(Attributes)三部分构成,如图6-28所示。组件部分定义了任务、域、用户、表现和对话五类。

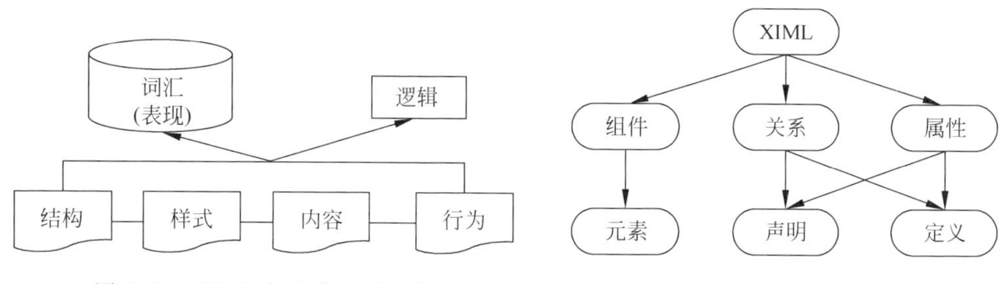

图6-27　UIML的基本表示结构　　图6-28　XIML语言的基本表示结构

任务(Task)组件描述界面支持的业务流程或用户任务,定义了任务和子任务层次性的分解,在任务之间定义期望的流程和任务的属性。当引用任务组件捕捉的业务流程时,交互数据应该被记录。业务流程指的是需要与用户交互的那部分业务流程,因此,任务组件并不用于捕捉应用逻辑。任务组件的粒度不是由XIML设定的。

域(Domain)组件是数据对象的集合,有层次结构的类对象,这种层次结构类似于本体的本质,但是只是在非常基本的层次上,对象通过"属性-值对"组成。域组件中的对象被限制在那些可被用户看到或控制的,可以是简单对象,也可以是复杂对象。

用户(User)组件定义了一个等级树,等级中的一个用户可以表示一个用户组或是用户个体。例如,用户可以是医生,也可以是Smith医生。"属性-值对"定义了这些用户的特点。XIML不捕捉用户精神模型或认知状态,而是捕捉与设计、操作和评估相关的数据和特征。

表现(Presentation)组件由层次性的交互元素组成用户界面中与用户通信的具体对象,例如窗体(Window或者Frame)、按钮(Button)、滑块(Slider)等。表现组件中的元素粒度相对比较高,交互中的逻辑和操作元素与定义分离,这样,特定交互元素的显示可以完全留给相应的目标显示系统。当我们描述跨平台的界面开发时,将会扩展这种分离的影响。

对话(Dialog)组件定义了有结构的元素集对使用界面的用户有效的交互动作,如单击、声音、手势等。对话指定了交互动作流,组成用户界面的导航,在本质上与任务组件类似,但是在具体的层次上执行。任务组件是处在抽象的层次上。

关系部分连接了一个组件内的或跨组件的两个或更多的XIML元素的定义,如数据类型A由表现元素B或表现元素C来展现。XIML以清晰的方式获取关系,为用户界面创建知识体来支持设计、操作和评估功能。XIML规范中的关系集合捕捉关于用户界面的设计知识。对这些关系即时的控制组成了用户界面的操作。XIML支持关系的定义,指定一个关系的规范形式和关系陈述;不支持关系的语义表示,语义表示留给使用XIML的特定应用。

属性是可以被赋予值的元素的特征。属性的值可以是数据类型的基本集合或既有元素的实例,支持枚举和范围集合。属性的基本机制使用元素的"属性-值对"。元素间的关系可以在属性级或元素级上表达。

3. XML用户界面语言XUL

XUL提供了创建现代图形界面大多数元素的能力,能够满足特定设备的普遍需求,对开发者来说也已经足够强大,能够创建复杂的界面。可以创建的元素有输入控制,如textbox和checkbox、拥有buttons或其他内容的Toolbar、菜单栏上的菜单或上下文菜单、Tab对话框、层次或制表信息的树控件、快捷键等。

6.3 窗口系统

窗口系统首先强调为程序员提供硬件设备独立性。交互系统的实现建立在一个抽象的设备上,对抽象设备的操作通过设备驱动程序转换成具体的设备上的操作,这种特性一方面可以使交互系统的开发变得简单,另一方面也使交互系统的移植非常方便。

窗口系统为单一输入输出设备建立多个抽象设备来实现其资源的共享。每个抽象设备都可看作一个窗口的独立的输入输出设备,窗口系统为这些设备提供并发控制。从应用的角度看,每个应用程序独立地对设备进行操作,另一方面,窗口系统还为每个窗口提供一个抽象显示设备,这可以通过为每个活动的抽象显示设备建立一个窗口来实现。

设备独立性和多任务管理是窗口系统最重要的两个特性。

6.3.1 窗口系统结构

窗口系统一般有以下三种结构。

① 在各个应用程序内部实现和管理多任务,由于每个应用程序都需要处理复杂的多任务管理,并且移植起来不方便,因此这种结构不太令人满意。

② 在操作系统核心集中处理多任务管理,应用程序不再对多任务进行管理。由于过分地依赖操作系统,应用程序需要处理因操作系统的不同而引起的差异,因此移植起来也很不方便。

③ 多任务的管理可由独立的管理程序进行管理,应用程序通过调用该管理程序提供的接口来实现对多任务的管理和设备的独立性操作,该管理程序可以在不同的操作系统下运行,因而基于此管理程序开发的交互系统是最容易移植的。图6-29给出了该结构的示意图,它是一种客户/服务器结构,6.3.5节将详细讨论依据此结构如何设计交互系统。

如图6-29所示的客户/服务器结构,其窗口系统由在服务器端运行的以下三部分程序组成:

- 资源管理器是整个窗口系统的核心,负责多任务的管理,并通过设备驱动程序来管理外部设备。
- 设备驱动程序负责外部设备的驱动,接受输入设备的输入,并将输入数据转换成统一的格式,通过设备驱动程序实现设备的独立性。
- 抽象终端负责和客户应用程序的接口,对每个应用程序由窗口管理程序为其分配一个抽象终端。

当外部设备产生一个输入请求,如鼠标单击某一个窗口内的一点,资源管理程序从设备驱动程序获得鼠标数据,产生鼠标驱动事件,并将该事件分发给与该窗口相对应的抽象终端,与抽象终端相对应的应用程序接受事件并进行相应的处理。

实现时,客户程序和服务器程序可以在同一台机器上,也可以分布在不同的机器上。

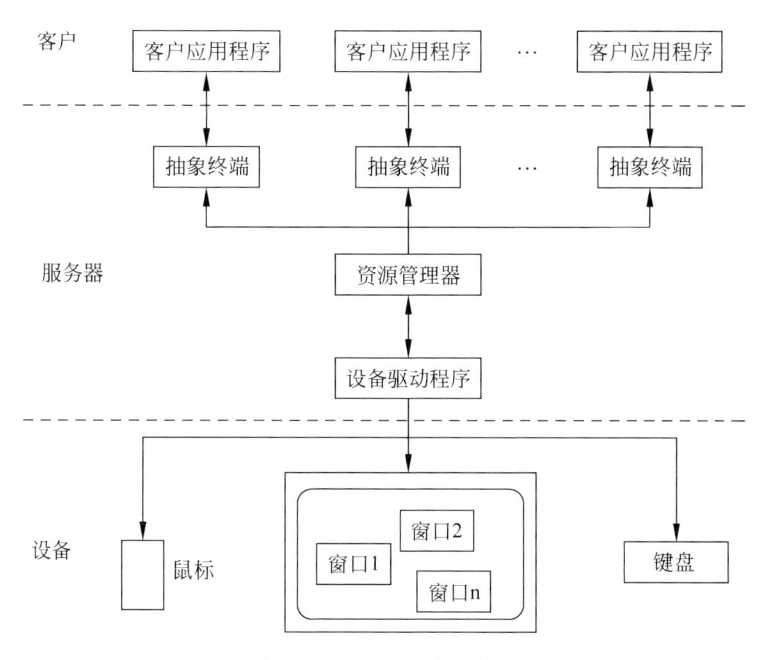

图 6-29 客户/服务器结构

6.3.2 交互事件处理

在客户/服务器结构中,交互系统的应用程序通过调用服务器端一个独立的管理程序来管理多任务和提供设备独立性,相当于客户/服务器结构中的客户。

交互应用一般来讲是由用户驱动的,即用户从外部设备上输入数据,应用程序的动作由用户输入来决定。应用程序可以采用下面的两种控制流程实现用户的交互。

1. 应用程序内部事件处理循环

图 6-30 给出了该模式的详细交互处理的流程,Macintosh 的窗口系统就采用这种方式。服务器把用户的输入作为事件送给客户应用程序,对服务器而言,重要的是决定应该把输入事件送给哪个客户程序。客户应用程序对传给它的所有事件都做出响应,对不同的事件采

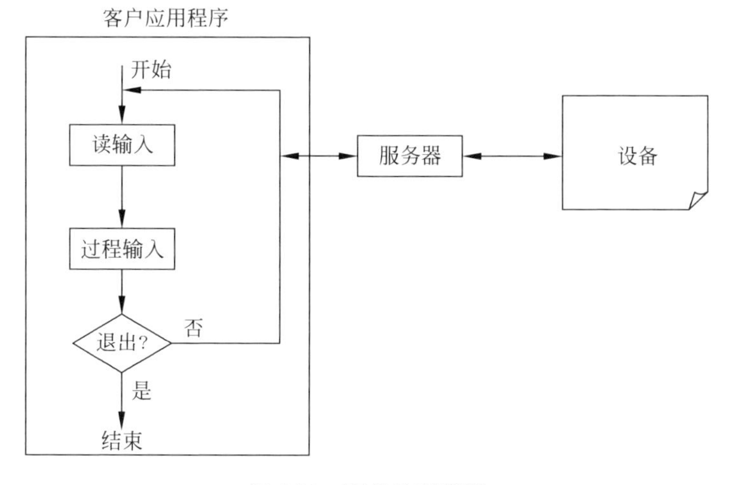

图 6-30 事件处理循环

取不同的处理。

事件处理循环的程序代码如程序清单 6-1 所示:

程序清单 6-1:事件处理循环的程序代码

```
while(1){
    read_event(myevent);
    switch(myevent.type){
    case type_1:
        do_type1_process();          /* 处理对应事件 1 的动作 */
        break;
    case type_2:
        do_type2_process();
        break;
    …
    case type_n:
        do_typen_process();
        break;
    }
    }
```

因为应用程序对传给它的事件拥有完全的控制权,并且必须对所有的事件进行处理,这是一件比较繁重的工作,早期的基于窗口系统的开发往往采用这种方式。

2. 事件注册方式

窗口系统为每一个应用程序建立一个事件处理中心,由它负责事件的处理。应用程序将自己感兴趣的事件处理事先通过登记注册的方式通知事件处理中心,注册时同时告知事件处理中心当事件产生时应用程序需要进行的处理(回应过程)。

当事件处理中心从窗口系统接收一个事件,分析这个事件属于哪个应用程序,然后把事件和控制转向该事件注册的回应过程,处理完后,回应过程把控制返还给事件处理中心,事件处理中心继续接收事件或者请求终止。图 6-31 给出了事件注册方式的流程图。

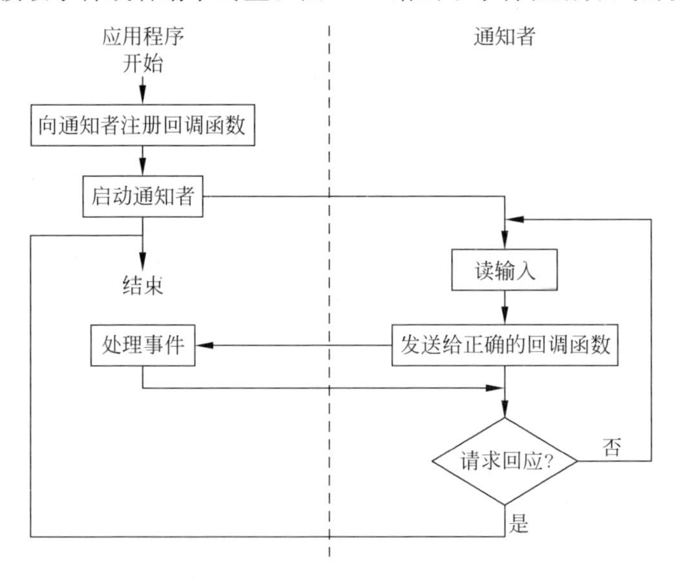

图 6-31 事件注册方式的处理流程

这种方式的好处是一般应用程序不需要设计事件处理循环，只关心应用程序需要处理哪些交互事件，当事件发生时应用程序如何处理。当应用程序不需要处理某个事件时，应用程序还可以随时取消注册。因为只处理注册的事件，事件处理中心处理事件的效率相对比较高。Java 语言中图形界面的交互就是采用这种事件注册方式，程序清单 6-2 说明了应用程序如何通知注册事件，事件处理中心通过什么方式调用应用程序的回调函数。

程序清单 6-2：quit.java

```
import java.awt.*;
import java.awt.event.*;
class Quit
    extends Frame
    implements ActionListener {
  Button cancelButton, okButton;
  public Quit() {
    cancelButton = new Button("Cancel");
    okButton = new Button("OK");
        setLayout(new FlowLayout());
    add(cancelButton);
    add(okButton);
    addWindowListener(new ProgramTerminator());
    cancelButton.addActionListener(this);
    okButton.addActionListener(this);
  }
  public void actionPerformed(ActionEvent event) {
    Button clickedButton = (Button) event.getSource();
    if (clickedButton == cancelButton) {
      setTitle("You clicked CANCEL");
    }
    else { //the event source is okButton
      setTitle("You clicked OK");
    }
  }
  class ProgramTerminator
    implements WindowListener {
    public void windowClosing(WindowEvent event) {
      System.exit(0);
    }
    public void windowActivated(WindowEvent event) {}
    public void windowClosed(WindowEvent event) {}
    public void windowDeactivated(WindowEvent event) {}
    public void windowDeiconified(WindowEvent event) {}
    public void windowIconified(WindowEvent event) {}
    public void windowOpened(WindowEvent event) {}
  }
  public static void main(String args[]) {
    Quit f = new Quit();
     f.setBounds(100,100,200,70);
     f.setVisible(true);
  }
}
```

在上面的程序中,当应用程序创建窗口对象时,通过 addWindowListener 方法通知事件处理中心该应用程序需要处理窗口关闭事件,并且当用户用鼠标单击窗口右上角的关闭按钮时,事件处理程序会自动调用 ProgramTerminator 的一个方法,结束当前的应用程序,在该程序中还用到了交互系统开发软件包中的交互对象 Button,在 6.3.3 节中将仔细讨论交互系统开发软件包。图 6-32 给出了程序初始的显示画面。

图 6-32 Quit.java 运行结果

6.3.3 交互组件开发包

一般的窗口系统中输入和显示是分离的,许多语言提供了用于开发交互系统的开发软件包。交互系统开发软件包在支持窗口管理的基础上增加了另一种抽象,它把输入和输出的行为结合起来。

从用户角度讲,图形用户界面 WIMP 非常重要的特征就是将输入和输出行为与屏幕上一个独立的对象连接在一起。例如鼠标,来自硬件设备的输入(鼠标的移动)与显示屏上鼠标的输出(小的箭头光标或窗口内坐标的位置)是分离的,然而,屏幕上光标的移动却和鼠标的物理运动密切相关,即当鼠标在桌面上移动时,屏幕上的光标也跟着移动,我们感觉输入和输出没有差别,事实上这是一种错觉。视觉上的光标与物理的设备都称为"鼠标"。

图 6-33 说明了如何将输入和输出通过一个按钮联系在一起。当用户移动鼠标到按钮时,屏幕的光标变换形状,提示用户可以单击鼠标以选中按钮,如果此时用户按下鼠标的按键,屏幕上的按钮变亮,就像按下键盘上的某些键一样,让用户感到确实按下了屏幕上的按钮,释放鼠标键时,屏幕上的按钮变暗,就像真正释放屏幕上的按钮。

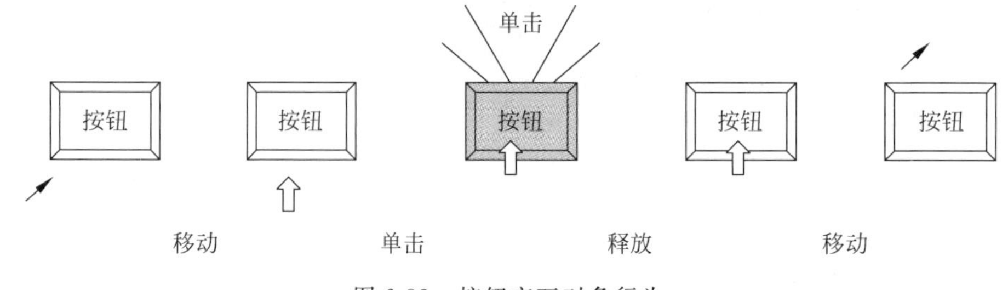

图 6-33 按钮交互对象行为

从程序员的角度讲,即使是窗口系统,输入和输出也是分离的,鼠标除外。一般来说,窗口系统提供了上述简单的输入和输出的融合,复杂情况下输入输出的融合需要程序员来实现。例如,在图形交互设计系统中,常常用鼠标来拖动变化的直线、圆等图形,来确定最终要得到的图形。

为了帮助程序员实现输入和输出的融合,需要在窗口系统之上提供更高层的对交互系统实现的支持——交互系统开发软件包。交互系统开发软件包为程序员提供一组已经定义好的交互对象,也称为交互界面元素或窗口组件,程序员可以使用这些组件编写自己的应用程序。正如前面所描述的按钮,交互对象有预先定义好的行为,用户可以根据自己的需要选择使用。

为了提供交互对象灵活性,交互对象可以根据用户的需要进行定制,程序员可以根据自己特殊的要求调用交互对象。例如，当创建一个特别的按钮时，按钮上的标签可以是程序员设置的一个参数，较复杂的交互对象可以由较小的、简单的对象构建，整个应用可以看作是一组交互对象的集合，这些对象存在着一定的关系，交互对象的行为描述了整个应用的语义。

在前面的章节中讨论了交互系统一致性和统一性的优点，由于一组窗口组件提供相似的行为，程序员使用交互系统开发软件包编程，可以增强界面的一致性。交互对象和交互系统开发软件包由于具备下面两个特性，非常适合面向对象的程序设计。

- 这些组件可以被定义为一类交互对象，这类交互对象可以在一个应用中多次激活，不同的实例可以有微小的区别。
- 复杂的交互对象可以由简单的交互对象构建。

实例和继承是面向对象程序设计的基石，类可以看作交互对象的模板。每当需要生成一个交互对象，就用某个预先定义好的类创建一个实例。创建实例时可以为不同的属性设置不同的值，并且这些属性在使用过程中可以进行重新设置。为了定义特定的交互对象，程序员也可以通过继承交互系统开发软件包，用已有的类来定义自己的类，新定义的类不仅具有原有类的特性，还可以为新的交互对象定制新的交互行为。

虽然交互系统开发软件包是面向对象的，但这并不意味着开发的应用程序所需要的语言必须支持面向对象的概念，也可以使用非面向对象的程序设计语言。

程序员通过设置不同的实例属性的值来调整交互对象的行为和外观，这些属性可以在实例程序编译之前设置。如在程序 Quit. java 中的两个按钮交互对象 cancelButton 和 okButton，这些按钮的显示文本在程序编译时已经设定。此外，一些系统允许交互对象的各个属性更改而程序不需要重新编译，这些属性的设置在实际程序运行之前，可以利用资源实现，资源是指应用程序可以访问和修改某些属性编译后的值。有些交互系统开发工具包支持应用程序在程序运行时修改组件的属性，如在程序 Quit 中，当用户用鼠标单击窗口中的 cancelButton 按钮时，窗口组件的标题属性将被更改为“You clicked CANCEL”。考虑到执行时的效率，可调整性一般要受到限制。

Java 语言中的交互系统开发软件包称为抽象窗口工具包(Abstract Windowing Toolkit，AWT)，它将交互对象(如按钮、菜单、对话框等)映射到相应的 Java 类 Button、Menu、Dialog，如 Quit. java 中的按钮 cancelButton 和 okButton。程序员要么直接使用这些类，要么使用它们的子类，从某种意义上讲，这些类规范了交互对象的行为。利用子类可以很容易增设新的属性。软件包的事件处理机制采用的就是注册方式，但不同版本的事件处理方式和交互对象的操作稍稍有所不同。

在 AWT 1.0 中，程序员需要通过继承按钮的子类来指定按钮的行为，从 AWT 1.1 以后，程序员使用一种类似于传统的回调过程的方法来指定按钮的行为，但这里注册的不再是一个回调函数，而是一个事件监听对象，如在 Quit. java 中用于处理窗口事件的 ProgramTerminator 的一个实例。

6.3.4　交互框架

交互系统根据所用的交互设备和交互方式的不同而不同。移动设备上的交互系统往往窗口界面比较小，适合于笔式的交互，主要用于手机和 PDA 这样的微型设备上，在一般的桌面应用中主要有两种交互方式，也就是通常所说的桌面方式和浏览器方式。

图 6-34 所示的是一个典型的桌面应用的框架，框架有一个主窗口，主窗口顶部是系统的标题栏，标题栏的右侧三个小图标分别是窗口最小化、窗口最大化和关闭窗口图标。

标题栏 最小化 最大化 关闭
下拉菜单栏
工具栏
树形菜单栏 工作空间(WorkSpace)
状态栏

图 6-34　桌面应用框架

标题栏下面是下拉式菜单，下拉式菜单主要为用户提供相应的交互命令。一般在下拉式菜单下面还有一行图标表示的命令选择项，这些命令选择项是为了使用户快速选择命令而从下拉式菜单命令集合中选择的常用命令，交互过程中经常用到的一些状态修改也会出现在菜单和工具栏中。图 6-35 给出了一个下拉菜单的例子。

工具栏有固定方式，也有浮动方式。固定方式一般在框架的顶部位置，这种情况适用于工具栏中的命令较少而且对屏幕空间不渴求的应用，像一般的管理信息系统的应用，浮动框可以贴合在框架的任何一边，即可以是一行，也可以是一列，或者是一个小的矩形网格面板。这种工具栏可以根据应用的要求设置多个，也可以根据实际情况由用户根据实际的需要打开和关闭，浮动的工具栏大部分应用在命令状态很多、交互设计相对复杂的系统中，如图形图像编辑设计软件、字处理软件及软件开发设计工具等。图 6-36 给出了一个工具栏的例子。

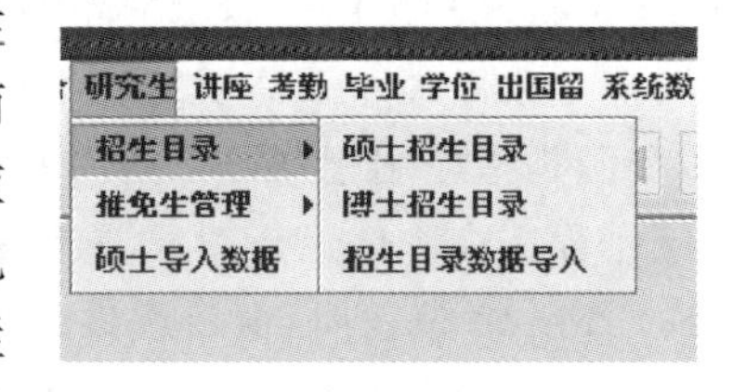

图 6-35　下拉菜单示例

图 6-36　工具栏示例

在一般的管理系统中，为了方便用户完成相应的业务，在主窗口的左侧有一个树形的菜单(如图 6-37 所示)。菜单按着模块组织成一个树性结构，树形菜单节点可以根据需要进行部分展开，这可以使得菜单区域既不受菜单空间的限制，又可以当菜单的层次比较深时不用每次像下拉式菜单那样逐层地从最高层到页节点，提高了交互命令选择的效率。

在桌面应用框架的最下方是一个状态栏，一般用于显示一些常用的静态信息和动态信息。状态栏一般分成几个部分，用于不同信息的显示，这种信息主要给用户一些对当前所处的环境的提示，如当前用户、时间、在线人数、当前正在进行的交互任务等，当然系统开发者的某些信息一般也显示在这里，包括开发单位、联系电话和版本号等。这个区域还有一个重要的应用就是用于显示需要较长时间才能完成的进度提示，如图 6-38 所示。

在整个框架中最重要的一个区域是工作空间（workspace），这个概念来自于软件开发平台中用户主要操作的内容空间。在一般面向设计或文档编辑的交互系统中，此工作区是用户操作的主要区域，有时根据需求会将整个区域切分成几个部分，每个部分根据要求显示文档的不同视图。这些切分的区域用户可根据需要任意进行调整，当然也可以随时将某一个视图设置为最大，其他隐藏，与这种方式类似的另外一种形式是在框架里可以同时打开多个窗口，这些窗口可以并列排列在框架中，也可以按照瓦片式重叠排列，这种方式往往会出现很多窗口，而用户总是在不停地打开、选择和关闭使用的窗口，浪费很多时间，目前这种交互方式已比较少见。

文件
权限管理
用户管理
用户组管理
角色管理
资源管理
时间权限控制
修改密码
密码查询
公共信息维护
帮助
培养管理
进程管理
人员管理
报到注册
论文过程管理
报表输出

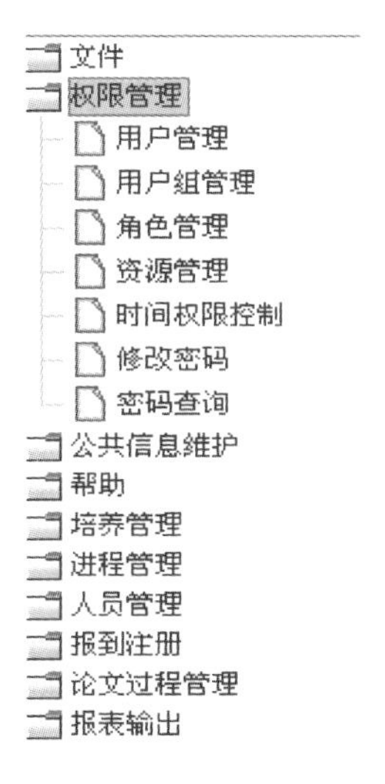

图 6-37 树形菜单示例

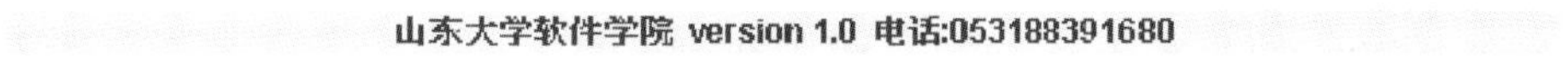
山东大学软件学院 version 1.0 电话:053188391680

图 6-38 状态栏示例

工作区的另外一种表现形式是所谓标签（table）页的方式，如图 6-39 所示。这种方式比较适合于工作空间内容比较固定的交互，这种页面主要用于各种类型的输入面板和查询输出结果的显示。用户可以逐一打开多个画面，工作区每个时刻只能显示一个画面，可以通过点击每个页面的标签用于选中当前页，这种方式比较方便用户在不同的页内进行数据的参考引用或数据的剪切和拷贝，这种工作区域是目前管理信息系统使用的较主流的交互方式。

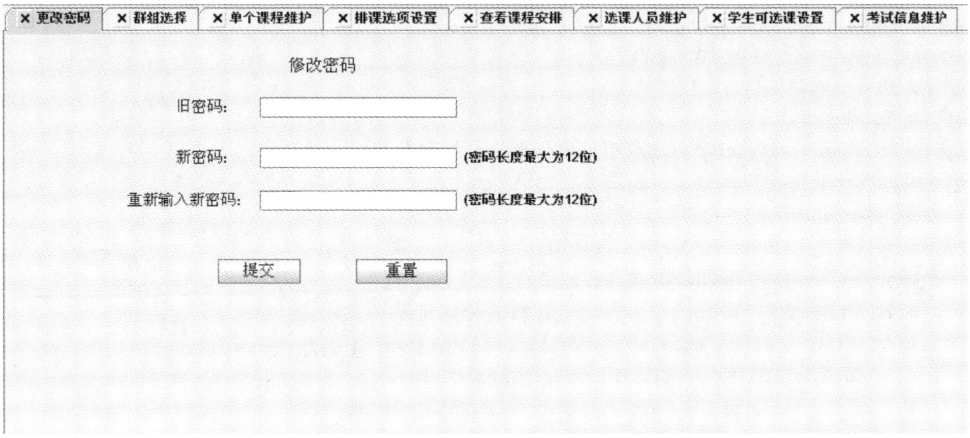
× 更改密码
× 群组选择
× 单个课程维护
× 排课选项设置
× 查看课程安排
× 选课人员维护
× 学生可选课设置
× 考试信息维护
修改密码
旧密码:
新密码:
(密码长度最大为12位)
重新输入新密码:
(密码长度最大为12位)
提交
重置

图 6-39 标签页方式工作区示例

图 6-39 是一个完整的 C/S 框架及部分的基于 Swing 组件的实现。具体实现方式的参考代码如下：

```
private void init() throws Exception {
```

```
    this.setDefaultCloseOperation(DO_NOTHING_ON_CLOSE);
    this.setTitle(sTitle);
    this.setSize(new Dimension(800, 600));
    this.setExtendedState(JFrame.MAXIMIZED_BOTH);
    jPanelSouth.setLayout(gridLayout1);
    jLabel3.setFont(font);
    jLabelCorporation.setFont(font);
    jSplitPane.setDividerLocation(180);
    jPanelSouth.add(jLabel3, null);
    jPanelSouth.add(jLabelCorporation, null);
    jSplitPane.add(jScrollPaneLeft, JSplitPane.LEFT);
    MenuGenerator.initMenuAndTree(menulist, jMenuBar, root, menuProcessListener);
    jTree = new JTree(root);
    jScrollPaneLeft.getViewport().add(jTree, null);
    getContentPane().add(jPanelSouth, BorderLayout.SOUTH);
    getContentPane().add(jSplitPane, BorderLayout.CENTER);
    initToolbar();
    getContentPane().add(jToolBar, BorderLayout.NORTH);
    initTabbedPane();
    jSplitPane.add(jScrollPaneRight, JSplitPane.RIGHT);
    setJMenuBar(jMenuBar);
```

其中菜单树的生成代码如下：

```
JMenu menu;
MyMenuItem item;
MyTreeNode menuNode = null;
MyTreeNode itemNode = null;
MenuInfo menuInfo = new MenuInfo();
MenuInfo submenuInfo = new MenuInfo();
Queue qMenu = new Queue();
Queue qTree = new Queue();
menuInfo.menuNo = new Integer(0);
qMenu.put(menuInfo);
int nodeIndex = 0;
MyTreeNode root = new MyTreeNode(nodeIndex++, "菜单");
qTree.put(root);
while (!qMenu.isEmpty()) {
    menuInfo = (MenuInfo) qMenu.get();
    menuNode = (MyTreeNode) qTree.get();
    boolean bRet = false;           // 判断分隔符是否显示
    for (int i = 0; i < menulist.size(); i++) {
        submenuInfo = (MenuInfo) menulist.get(i);
        if (submenuInfo.menuUpNo.equals(menuInfo.menuNo)
                && (submenuInfo.menuRight != null &&! submenuInfo.menuRight
                        .equals(SysAuthConstants.AuthFlag_InVisible))) {
            if (submenuInfo.menuUpNo.intValue() == 0) {
                menu = new JMenu(submenuInfo.menuName);
                submenuInfo.menu = menu;
                menu.setFont(new java.awt.Font("Dialog", 0, 12));
                menubar.add(menu);
```

```
                itemNode = new MyTreeNode(nodeIndex++,
                        submenuInfo.menuName, menu, submenuInfo);
                root.add(itemNode);
                itemNode.setParent(root);
            } else if (submenuInfo.IsLeaf == 1) {
                item = new MyMenuItem(submenuInfo.menuName,
                        menuInfo.menu, submenuInfo);
                item.setActionCommand(submenuInfo.menuID);
                item.setToolTipText(submenuInfo.menuName);

                if (listener != null)
                    item.addActionListener(listener);
                item.setFont(new java.awt.Font("Dialog", 0, 12));
                menuInfo.menu.add(item);
                bRet = true;
                itemNode = new MyTreeNode(nodeIndex++,
                        submenuInfo.menuName, item, submenuInfo);
                menuNode.add(itemNode);
                itemNode.setParent(menuNode);
            } else if (submenuInfo.IsLeaf == 2) {
                menu = new JMenu(submenuInfo.menuName);
                submenuInfo.menu = menu;
                menu.setFont(new java.awt.Font("Dialog", 0, 12));
                menuInfo.menu.add(menu);
                bRet = true;
                itemNode = new MyTreeNode(nodeIndex++,
                        submenuInfo.menuName, menu, submenuInfo);
                menuNode.add(itemNode);
                itemNode.setParent(menuNode);
            } else {
                if (bRet == true) {
                    menuInfo.menu.addSeparator();
                }
                bRet = false;
            }
            if (!submenuInfo.menuName.equals("separator") && submenuInfo.IsLeaf == 2) {
                qMenu.put(submenuInfo);
                qTree.put(itemNode);
            }
        }
    }
}
```

用于显示 table 表单的工作区实现如下：

```
void initTabbedPane() {
    tabbedPane = new JClosableTabbedPane();
    tabbedPane.setPreferredSize(new Dimension(500, 500));
    tabbedPane.addComponentListener(this);
    tabbedPane.addChangeListener(new ChangeListener() {
```

```
            public void stateChanged(ChangeEvent arg0) {
                JPanel currSelectPanel = getSelectedPanel();
                if (currSelectPanel != null) {
                    // set toolbar button's state
                    setToolBarState(currSelectPanel);
                }
            }
        });

        // 添加关闭按钮事件
        tabbedPane.addCloseListener(new ActionListener() {

            public void actionPerformed(ActionEvent e) {
                if (e.getActionCommand().equals(
                        JClosableTabbedPane.ON_TAB_CLOSE)
                        || e.getActionCommand().equals(
                                JClosableTabbedPane.ON_TAB_DOUBLECLICK)) {
                    removeSelectedTabbedPane();
                }
            }
        });
        // 设置弹出菜单
        JPopupMenu menu = new JPopupMenu();
        JMenuItem item = new JMenuItem("关闭");
        item.addActionListener(new ActionListener() {
            public void actionPerformed(java.awt.event.ActionEvent e) {
                removeSelectedTabbedPane();
            }
        });
        menu.add(item);

        item = new JMenuItem("关闭所有");
        item.addActionListener(new ActionListener() {

            public void actionPerformed(java.awt.event.ActionEvent e) {
                removeAllPanel();
            }
        });
        menu.add(item);

        tabbedPane.setPopup(menu);
    }
    public void addPanel(String tabName, JPanel inPanel) {
        int isExit = isPanelExist(inPanel.getClass().getName());
        if (isTab) {
            if(isExit == -1){
                panelList.add(inPanel);
                ImagePanel panel = new ImagePanel();
                panel.setLayout(null);
                panel.add(inPanel);
                setCenter(inPanel);
```

```
                tabbedPane.addTab(tabName, icon, panel);
                //inPanel.setOpaque(true);
                tabbedPane.setSelectedComponent(panel);
                setToolBarState(inPanel);
            }else{
                tabbedPane.setSelectedIndex(isExit);
            }
        } else {
            if(isExit ==- 1){
                ImagePanel panel = new ImagePanel();
                panel.setLayout(null);
                panel.add(inPanel);
                setToolBarState(inPanel);
                setCenter(inPanel);
                jScrollPaneRight.setViewportView(panel);
            }
        }
    }
```

6.3.5 MVC模式和基于Struts的实现

图6-40所示的MVC模型最初是在Smalltalk 80中用来构建用户界面的，是目前广泛流行的一种软件设计模式。在J2EE应用体系结构中，MVC主要适用于交互式的Web应用，尤其是存在大量页面、多次客户访问及数据显示的应用。

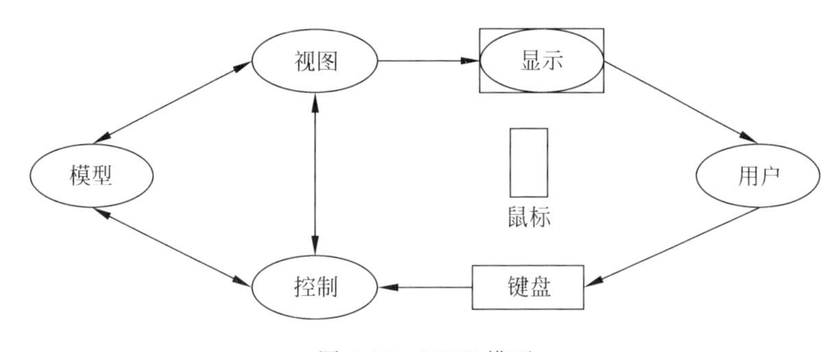

图6-40　MVC模型

MVC把一个应用的输入、处理、输出流程按照模型(Model)、视图(View)和控制(Controller)的方式进行分离，形成模型层、视图层、控制层三个层次。

(1) 视图(View)

视图代表用户交互界面，对于Web应用来说，可以概括为HTML界面，但有可能为XHTML、XML和Applet。随着应用的复杂性和规模性增大，界面的处理也变得具有挑战性。一个应用可能有很多不同的视图，MVC设计模式对于视图的处理仅限于视图上数据的采集和处理以及用户的请求，而不包括在视图上的业务流程的处理。业务流程的处理交给模型(Model)处理。如一个订单的视图只接受来自模型的数据并显示给用户，以及将用户界面的输入数据和请求传递给控制和模型。

(2) 模型(Model)

模型负责业务流程/状态的处理以及业务规则的制定。业务流程的处理过程对其他层来说是透明的,模型接受视图请求的数据,并返回最终的处理结果。业务模型的设计可以说是 MVC 最主要的核心,包含完成任务所需要的所有行为和数据。MVC 并没有提供模型的设计方法,而只告诉用户应该组织管理这些模型,以便于模型的重构和提高重用性。

(3) 控制(Controller)

控制器将模型映射到界面中。控制器处理用户的输入,每个界面有一个控制器。它是一个接收用户输入、创建或修改适当的模型对象并且将修改在界面中体现出来的状态机。控制器在需要时还负责创建其他界面和控制器。控制器决定哪些界面和模型组件在某个给定的时刻应该是活动的,负责接收和处理用户的输入,来自用户输入的任何变化都被从控制器送到模型。

MVC 的目的是增加代码的重用率,减少数据表达、数据描述和应用操作的耦合度,同时也使得软件可维护性、可修复性、可扩展性、灵活性及封装性大大提高。由于数据和应用的分离,在新的数据源加入和数据显示变化的时候,数据处理也会变得更简单。MVC 的优点体现于以下几点:

- 可以为一个模型在运行的同时建立和使用多个视图。
- 视图与控制器的可接插性,允许更换视图和控制器对象,而且可以根据需求动态地打开或关闭、甚至在运行期间进行对象替换。
- 模型的可移植性,因为模型是独立于视图的,所以可以把一个模型独立地移植到新的平台上工作。

MVC 模型的不足在于以下几点:

- 增加了系统结构和实现的复杂性。对于简单的界面,严格遵循 MVC,使模型、视图与控制器分离,会增加结构的复杂性,并可能产生过多的更新操作,降低运行效率。
- 视图与控制器间过于紧密的连接。视图与控制器是相互分离但又确实联系紧密的部件,视图没有控制器的存在,其应用是很有限的。
- 视图对模型数据的低效率访问。依据模型操作接口的不同,视图可能需要多次调用才能获得足够的显示数据。

Struts 的体系结构实现了 MVC 模式的概念,它将这些概念映射到 Web 应用程序的组件和概念中,如图 6-41 所示。

(1) 视图(View)——JSP 页面和表示组件

基于 Struts 的应用程序中的视图部分通常使用 JSP 技术来构建。每个视图都是采用了定制标签库的 JSP 页面,这些定制标签库由 Struts Framework 提供。全部面板元素都是用定制标签编码的,所以这些页面能够很方便地同控制器进行交互,每个面板都通过映射 JSP 到 servlet 的请求这一方式指向控制器的特定入口点。

(2) 控制器(Controller)——ActionServlet 和 ActionMapping

应用程序的控制器从客户端接收请求,决定执行什么业务逻辑,然后将产生下一步用户界面的责任委派给一个适当的视图组件。在 Struts 中,控制器的基本组件是 ActionServlet 类的 servlet。这个 servlet 通过定义一组映射(由 Java 接口 ActionMapping 描述)来配置。每个映射定义一个与所请求的 URI 相匹配的路径和一个 Action 类(一个实现 Action 接口

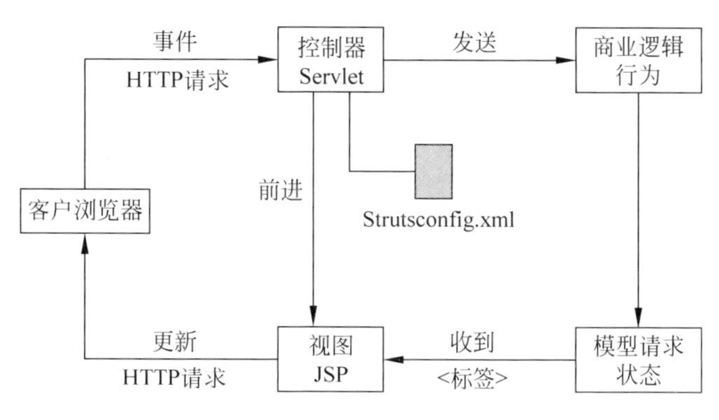

图 6-41 Struts 结构

的类)完整的类名,这个类负责执行预期的逻辑,然后将控制分派给适当的视图组件来创建响应。

(3) 模型(Model)——系统状态和商业逻辑 JavaBeans

在 Struts 中,模型分为两个部分:系统的内部状态、可以改变状态的操作(事务逻辑)。内部状态通常由一组 ActionForm JavaBean 表示。根据设计或应用程序复杂度的不同,这些 Bean 可以是自包含的并具有持续的状态,或只在需要时从某个数据库获得数据。

大型应用程序通常在方法内部封装事务逻辑(操作),这些方法可以被拥有状态信息的 JavaBean 调用。例如,购物车 bean 拥有用户购买商品的信息,可能还有 checkOut()方法用来检查用户的信用卡,并向仓库发订货信息。

小型程序中,操作可能会被内嵌在 Action 类,它是 Struts 框架中控制器角色的一部分。

Struts 跟 Tomcat、Turbine 等诸多 Apache 项目一样,是开放源代码的软件,开发者能更深入地了解其内部实现机制。除此之外,Struts 的优点主要集中体现在两个方面:Taglib 和页面导航。Taglib 是 Struts 的标记库,灵活使用它,能大大提高开发效率。关于页面导航,通过一个配置文件即可把整个系统各部分之间的联系描述出来,这对于后期的维护是很有好处的。

总之,Struts 已越来越多地运用于商业软件,是一种非常优秀的 J2EE MVC 实现方式。

下面通过一个实例来说明 Struts 的基本架构和实现,实例程序主要完成的任务是:用户通过一个登录页面输入用户名和密码,系统对所输入的信息进行有效性验证后,从数据库读出其原始密码并与用户输入的密码进行比对。如果两者相符则转入成功页面;否则提示用户出错,并要求其重新输入。

实例主要包括以下几个文件:Login. jsp,LoginAction. java,struts-config. xml 以及 LoginActionForm. java。其中 Login. jsp 就是 MVC 中的 View 部分;LoginAction. java 与 struts-config. xml 则扮演了 MVC 中的 Controller 的角色;而 Struts 没有完全实现 MVC 中的 Model 部分,这个实例中的 LoginActionForm. java 只是 Model 一个组成部分,其作用是保存用户输入的信息;另外,访问数据库并取得数据也是 Model 必须完成的任务,在这个例子中它由 LoginBO. java 和 LoginDAO. java 完成。图 6-42 表示了这个 Struts 演示的基本构架和数据流程。

用户在浏览器输入账户和密码并提交,服务器端负责将用户提交的内容放到 Formbean

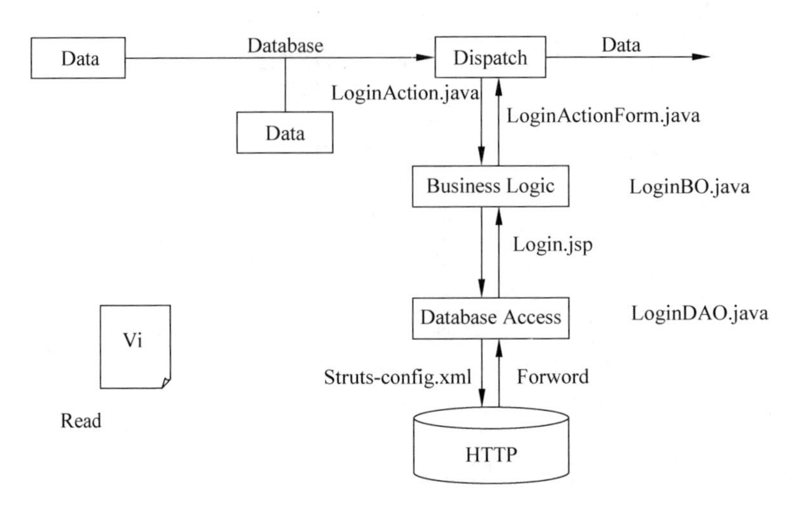

图 6-42　Struts 演示的基本构架和数据流程

中,然后把它交给 Action 中的 execute 方法。execute 方法利用 LoginBO 与 LoginDAO 从数据库中取出用户资料,并与 formbean 中的内容比对,如比对成功则通知 Struts 返回表示登录成功的页面,如失败则通知 Struts 让用户重新输入。下面来看一下各个部分在 Struts 1.1 版本中的具体实现。

1. LoginActionForm 类

这个类中的每个属性都对应于 JSP 页面中的相应域,与普通的 JavaBean 类似,其中的每个属性都有相应的读写(get/set)方法,如程序清单 6-3 所示。

程序清单 6-3:get/set 方法

```
public class LoginActionForm extends ActionForm {
  private String userName;
  private String userPassword;
  public String getUserName() {
    return userName;
  }
  public void setUserName(String userName) {
    this.userName = userName;
  }
  public String getUserPassword() {
    return userPassword;
  }
  public void setUserPassword(String userPassword) {
    this.userPassword = userPassword;
  }
  public ActionErrors validate(ActionMapping actionMapping,
                               HttpServletRequest httpServletRequest) {

    ActionErrors errors = new ActionErrors();
    if(this.getUserName().trim().equals("")) {          // Missing user name
      errors.add(ActionErrors.GLOBAL_ERROR,
              new ActionError("error.missing.userName"));
```

```
    }

    if(this.getUserPassword().trim().equals("")) {       // Missing password
      errors.add(ActionErrors.GLOBAL_ERROR,
                new ActionError("error.missing.userPassword"));
    }
    return errors;
  }
......
}
```

2. 登录页面

这个页面与普通的含有面板的 HTML 页面类似，其主要部分如程序清单 6-4 所示。

程序清单 6-4：Login.jsp

```
......
<html:errors/>
......
<html:form action = "/loginAction.do" method = "POST">
  UserName:<html:text property = "userName"/>
  Password:<html:password property = "userPassword"/>
  <html:submit property = "submit" value = "Submit"/>
  <html:reset value  = "Reset"/>
</html:form>
    ......
```

细心的读者应该注意到，这个页面使用了 Struts 中的标签库(Tag Library)。当用户单击 Submit 按钮后，该页面连同用户所填入的信息一起被提交到服务器端，剩下的任务就由 Struts 来完成了。

Struts 会利用下面将要介绍的 struts-config.xml 文件之中的映射关系，将用户在文本框中填写的数据首先封装到一个 LoginActionForm 类型的对象之中，接着调用该对象的 validate()方法对其合法性进行检查。如果所填数据不合法(例如用户名或密码为空)，那么一个 ActionError 对象将会被返回给登录页面，并把出错信息显示给用户。

3. struts-config.xml 配置文件

为了使数据按照图 6-45 所示的流程在各层和各组件间流动，在程序清单 6-5 所示的 struts-config.xml 中必须指定相应的映射关系，包括 ActionForm 与 JSP 的对应关系、*.do 别名与 Action 类的对应关系、URL 别名与其所代表的具体 URL 之间的关系。而在此文件中使用如此多别名的原因在于编程的方便。

程序清单 6-5：struts-config.xml

```
......
<form-beans>
  <form-bean name = "loginActionForm" type = "login.entity.LoginActionForm" />
</form-beans>
<action-mappings>
  <action input = "/Login.jsp"
          name = "loginActionForm"
```

```
            path = "/loginAction"
            scope = "request" type = "login.action.LoginAction"
            validate = "true">
      <forward name = "success" path = "/Success.jsp" />
    </action>
  </action-mappings>
  ......
```

Struts 完成了上一步的 formbean 封装之后，接着在 struts-config.xml 中寻找/loginAction.do 对应的 Action 类，也就是 LoginAction 这个类。然后 Struts 实例化此类，并调用其中的 execute 方法。

4. LoginAction 类

这个类继承了 Struts 中的 Action 类，通常 Action 是系统设计中最为灵活多变的部分。这里的 LoginAction 作为控制层组件，主要完成数据库的连接工作，并委派 LoginBO 业务逻辑组件完成相应的检查，如程序清单 6-6 所示。

程序清单 6-6：LoginAction.java

```
......
public class LoginAction extends Action {
  public ActionForward execute(ActionMapping actionMapping,
                               ActionForm actionForm,
                               HttpServletRequest httpServletRequest,
                               HttpServletResponse httpServletResponse) {

    LoginActionForm loginActionForm = (LoginActionForm) actionForm;
    ActionErrors errors = new ActionErrors();
    ......
    try {
      //Establish a new Connection for this request
      dataSource = getDataSource(httpServletRequest, "dataSource");
      connection = dataSource.getConnection();
      ......
        //Check user
        LoginBO loginBO = new LoginBO(connection);
        if(loginBO.checkUser(loginActionForm) == false){      //Invalid input
          errors.add(ActionErrors.GLOBAL_ERROR,
                     new ActionError("error.password.mismatch"));
          return actionMapping.getInputForword();
        }else{                                                //Check ended successfully
          return actionMapping.findForward("success");
        }
      }catch (Exception exception) {
      ......
      }finally {
      ......
    }
    ......
  }
}
```

在上面的例子中，LoginAction 类中的 execute 方法将验证的任务派发给了 LoginBO 来完成。如果 LoginBO 检查通过，它将通知 Struts 将用户重定向到"success"链接，而一旦验证失败，它会通知 Struts 将用户重定向回登录页面，并在页面上显示登录失败的原因。

6.4　用户界面管理系统 UIMS

软件包功能有限，开发费用高，并且对非程序员来说使用困难。比软件包更高层次的是用户界面管理系统(User Interface Management Systems)，简称为 UIMS。

UIMS 支持用户界面的表示、设计、实现、执行、评估和维护，能够为用户提供一致的人机界面，以极其友好的方式与用户进行人机交互，并能使开发者几乎随心所欲地使用此开发工具进行软件开发。

UIMS 可以看作是：

- 一个支持交互系统开发的 UIMS 的概念结构，该结构把应用程序(application)的语义与应用程序的表现部分(presentation)分开；
- 用来实现应用和表现的分离，并保留应用程序和表示形式之间的内在关系的技术；
- 支持一个运行的交互系统的管理、实现和评估的技术。

6.4.1　对话独立性

对话的独立性是人机交互研究领域的主要问题，主要是强调业务(应用程序的语义)与提供给用户的界面的分离。在前几节中从界面表示模型的角度讨论了各种表示模型对对话独立性的支持情况，本节将从系统结构的角度探讨如何实现对话的独立性。对话的独立性有许多优点：

- 可移植性。因为应用程序的开发与依赖设备的界面的分离，使得应用程序可以用于不同的系统。
- 可重用性。对话的独立性增加了元素可重用性，这样可以节省开发费用。
- 界面的多样性。为了增强应用程序界面的灵活性，对应同一个应用可以开发不同形式、不同风格的界面，以适应不同用户和不同环境的需求。
- 定制界面。交互界面可以按设计员和用户的习惯方式和风格进行设计，以提高程序开发和使用的效率。

虽然对话的独立性要求应用和界面的分离，但是两者存在密切的联系。事实上界面表现是为应用服务的，应用所需要的外部数据就是用户通过界面输送的，而应用内部的数据和状态也是通过界面表现展现给用户的。在一个复杂的交互任务完成后，一般界面表现都要和应用进行通信，甚至在交互任务完成的过程中也需要和应用进行通信，如在图形选择操作中，一旦用户单击屏幕上的物体，为了提示用户是否选中所需要的物体，界面要高亮度显示所选中的对象，这时就需要从应用中获取要显示的物体的数据。

为了控制应用和界面之间的通信，交互系统中包含三个主要元素：应用层、表现层和对话控制(dialog control)，其中对话控制负责应用程序和表现二者之间的通信。在 6.3.2 节介绍的交互系统编写应用程序的方法中，其中在应用程序内部事件处理循环方式中，在应用程序的内部实现对话控制；而在事件注册方式中，在应用程序外部实现对话控制，当用户操作一个外部设备(如单击鼠标),事件处理中心将控制转给应用程序的回调函数,执行完回调函数后,控制返回给事件处理中心。多数UIMS采用外部对话控制,因为这样能够更好地支持应用程序和界面的分离。

6.4.2 UIMS的表示方法

UIMS的表示方法主要包含人机界面的规格说明和它与人的因素、应用程序及其数据结构的联系等。UIMS逻辑结构模型的几个主要元素中,除了对话控制的表示方法比较成熟、研究成果比较丰富外,其他层次的表示方法尚有待发展。

1. 表现层的表示方法

表现层的表示方法主要涉及用户输入输出信息的处理,需要解决如下问题:

- 如何处理和表示图形的输入输出;
- 如何适应多媒体的需要,将输入输出信息扩充到视频、语音、动画、仿真等;
- 如何适应智能人机界面规格说明的需要,即信息流的内外映射中如何包含简单的、基于人机界面设计规格的决策,使一对一映射的关系扩充到多对一、多对多的映射关系。

2. 对话控制的表示方法

对话控制的表示方法比较多,Green M(1986)、Myers BA(1989)等曾先后将对话控制的表示方法进行了如下分类。

(1) 基于语言的表示方法

界面设计者用一种专门的人机界面描述语言(User Interface Design Language, UIDL)来说明界面,语言的主要任务是说明界面对话控制的语法,即输入输出动作的合法顺序。这种语言可能有以下多种形式:

- 菜单网络是最简单的表示方法,可以支持菜单的层次或网络结构。为了控制对话,程序员需要给菜单的层次、菜单和子菜单之间或者菜单和动作之间的联系编码。菜单代表用户在某一时刻可能采取的所有输入。菜单项目和下一个显示的菜单之间的联系模拟应用程序对先前输入的响应。
- 状态转换网络,在本章已经详细介绍了该表示语言。
- 上下文无关文法。使用上下文无关文法来描述用户和程序之间的对话,且大多以编译器为基础。上下文无关文法(如BNF)可以很好地描述基于命令的界面,可是不太适合描述基于图形的交互。另外,不清楚一个事件是由用户还是由应用程序发起的,因此很难通过对话控制应用层和表现层的通信。
- 事件语言。在事件语言中,输入数据被认为是事件并立即送给事件处理器.这些处理器能产生输出事件,改变系统的内部状态或调用应用子程序。
- 面向对象语言。提供一个面向对象的框架,设计者在该框架内编写界面程序。

(2) 基于图形的表示方法

基于图形的UIMS允许用户或至少部分允许用户使用鼠标直接将对象放到屏幕上来定义界面,它把界面的图示表示作为最重要的一个方面,而图形工具是说明这种表示的最合适的方法。

（3）基于应用语义过程的表示方法

由应用语义过程规格说明自动生成界面，并且让设计者修改界面以改进它的性能。

3. 应用层的表示方法

目前应用界面模型和应用层的表示方法很不成熟，仍处于发展初期。作为可供使用的实用界面模型，至少必须包含如下三方面内容：

- 它必须包含与用户和人机界面有关的应用数据结构的说明；
- 它必须包含人机界面调用的应用子程序的说明，如子程序名、运算对象等，这实际上是定义了人机界面和应用程序之间的界面；
- 它必须列举应用程序对用户的限制，从而使人机界面排除许多可能引起语义错误的操作，避免对应用程序的破坏。

目前正在研究的应用层的表示方法有两类：

- 对象—算子表示，对象对应于应用程序的数据结构，算子对应于人机界面调用的应用子程序；
- 基于关系和一阶逻辑的表示，关系用来表示应用程序中的数据结构，而一阶逻辑模型用来表示应用子程序。

从上面的说明中可以看到，交互系统的三个主要元素中每一种元素的说明方法都有几种不同的形式，分别有自己的特性和不同的适用性，在一个 UIMS 中可以使用不同的表示方法，从而为程序员设计交互系统提供更多的方便和灵活性。

6.4.3　一个基于 Java 的 UIMS 的实现

本节用 Java 语言实现一个实用的 UIMS 的例子。该系统以 Eclipse 作为开发平台，以 swing 组件作为实现交互组件的基础，实现了基于填表界面自动生成一个实例，并给出 UIMS 具体实现的过程。

图 6-43 表示 UIMS 系统的组成。该系统主要由模型、界面管理器和业务处理接口三部分组成，模型用于定义各种界面显示元素及各元素的关系；界面管理器由解析器、布局管理器和事件处理器组成，其中解析器由模型解析器和平台解析器组成，模型解析器负责将基于 XML 的界面描述解析成一个个的运行时模型对象，平台解析器将运行时模块解析成具体的界面组件，解析器和布局管理器共同确定了界面上组件的具体表现；事件处理器负责处理用户事件，调用业务处理接口处理相关的业务。

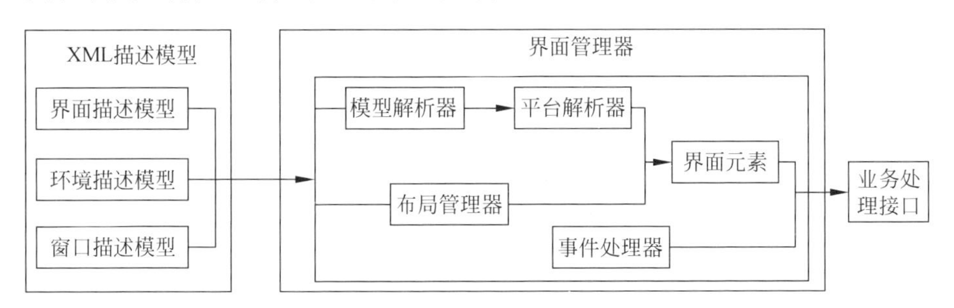

图 6-43　UIMS 系统的组成

1. 模型

图6-44为整个UIMS模型的结构图,整个模型由model、environment、mainFrame三部分构成。Model是整个模型的核心,用于描述系统的资源以及界面元素;Environment描述系统运行时所依赖的环境;Main frame为用户的操作区。

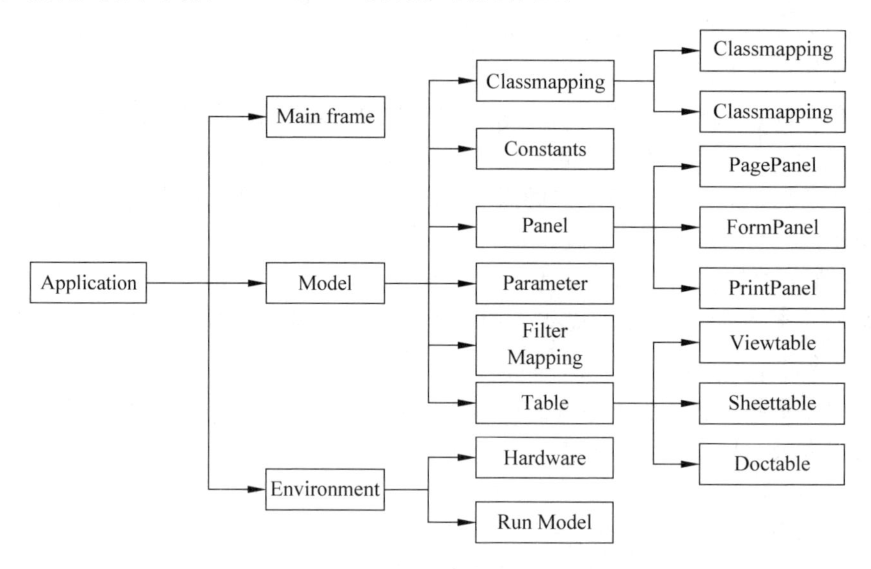

图6-44 UIMS模型的结构图

Model具体又可分为system model和rule model两种,system model包括shortcut model、constants model、parameter model、classmapping model、templatemapping model以及filter model等。shortcut model主要定义了系统的快捷键;为了在运行时刻节省内存以及方便匹配引入了constants model,用于建立系统常量到Integer类型的一个对应关系,主要包括界面元素和布局常量;系统预定义的资源并不能满足所有用户的需求,为了增强系统的适应能力并使用户定制个性化的外观,引进了parameter model。

在该模型内可以定义如字体外观、边框、段落格式以及纸张大小等属性,只需要按照定义规范,在使用时便可以定义模型的name属性作为唯一索引引用;下面是一个定义段落格式的例子:

```
<paragraph name = "pt2" type = "text" font = "font10" color = "black"
height = " - 1" firstSpace = "0" before = "0" after = "0"
horizontalAlignment = "right" verticalAlignment = "center" />
```

classmapping model定义了界面描述模型和运行时类的一个对应关系,例如<map type="label" class="cn. edu. sdu. uims. component. label. ULabel" />,用户只需设定相应的类型,系统会根据classmapping指定的类型和类的关系确定将来创建的组件对象,当然,如果用户希望使用自己特定的组件,可以在相应模型中指定自己定义的组件实现类。

每一种界面描述元素的属性在系统启动时会被赋予一个elementTemplate对象,该对象定义了大部分界面元素的公共属性。当然不同的界面元素具有不同的属性,可以通过templatemapping model对公共模版进行扩展,如下拉列表框等元素往往需要提供一系列数据供用户选择。

element model 是用来描述界面元素的，主要包括 panel model、dialog model、table model 等。其中，Dialog model 是 panel model 的一个扩展。

一个 panel(面板)描述代表了窗口内的一个页面显示，它既是一个容器，又是一个复合元素。这里引入复合元素的概念是因为模型支持面板的多层嵌套，一个 panel 可以作为另外一个 panel 的子元素出现。一个典型的 panel model 结构如图 6-45 所示。

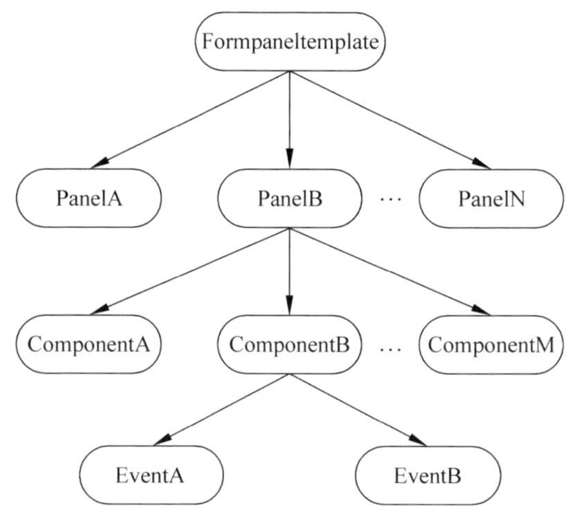

图 6-45 panel model 结构

Formpaneltemplate 位于整个树的最顶层，它由 1～n 个 panel 节点组成。Panel 包含 1～n 个 Element，一个 Element 节点对应于页面显示的一个控件。每个 Element 都可以向事件管理器注册自己的事件。

panel 的结构定义如下：PANEL =（NAME, TYPE, LOCATE, FORMCLASS, HANDLER)，NAME 代表了一个面板的唯一存在；TYPE 表示 panel 的类型；LOCATE 对应布局管理器中的一种；FORMCLASS 是面板数据的载体，用于和服务器端通信；HANDLER 是业务处理接口的一个具体实现。一套业务系统往往会涉及打印以及报表输出，它们呈现数据的方式分别是纸张和文件，这与将数据呈现在屏幕上本质上是相同的，因此模型对传统的面板进行扩展，定义了以下几种 panel：Formpanel、Pagepanel、Printpanel、Sheetpanel、Docpanel 等。Formpanel 对应于 C/S 模式下的一个输入界面，PagePanel 表示 B/S 模式的一个页面显示，Printpanel 对应于打印框架中的一个打印页面描述；Sheetpanel 和 Docpanel 分别对应于 excel 和 pdf/word 输出格式描述。

Locate 表示界面元素的布局描述，主要由以下几种组成：locate、shift、hdiv、vdiv、vhdiv、hvdiv、border、flow、table、page 等。locate 表示一种绝对定位方式，界面元素的位置由其坐标确定；shift 表示一种相对的定位方式，坐标的原点会随着界面元素的添加而移动，这种布局是本文中应用最广泛的一种布局方式；hdiv、vdiv、vhdiv、hvdiv 等都表示了一种切分的布局方式，h 表示横向切分，v 表示纵向切分；page 表示一种分页布局；border 表示 center、west、east、south、north 样式的布局；flow 表示系统会自动判断控件的大小以一种自上向下、自左向右的顺序依次排放。

HANDLER 负责向用户呈现数据以及接收事件管理器发送的请求，对用户动作做出反应，这里需要说明的是，B/S 模式下 HANDLER 对应的是 javascript 脚本，一般情况下不负责数据的初始化工作,这里的HANDLER概念要相对狭隘一些。由于B/S采用了Struts框架,因此B/S模式下Struts的数据初始化以及HANDLER功能等同于C/S模式下的HANDLER功能。

每个＜界面元素＞代表了界面上显示的一个控件,包括基本元素和由基本元素组成的复合元素。将一个元素的定义描述如下：COMPONENT =(COMPONENT_NAME, COMPONENT_TYPE, COMPONENT_EVENT, COMPONENT_PROPTY, COMPONENT_PARENT),每个界面元素包括名称、类型、事件集合、属性集合以及控件所属的父类。COMPONENT_NAME是控件在面板中的唯一标识,对应于FORMCLASS内的一个基本属性。COMPONENT_TYPE对应于constants model内componentType常量集合中的一种类型。COMPONENT_EVENT表示控件所能触发的事件,包括单击、鼠标等事件。在B/S模式下为了实现系统的自动验证功能,系统引入了一种带标签的复合控件,标签用于界面显示以及提供出错时的提示信息。例如＜component label = "国家" name="country" type="textField" y = "1" x = "1-1" /＞,由于界面布局的原因,在系统对模型解析时会自动地将这个复合控件拆分成两个控件元素。y表示控件位于第几行,x表示控件所跨列数。如果是复合控件,中间用"-"隔开,否则只填写一个数字。以下是C/S模式下一个panel model的例子：

```
<panel name = "cultivate - course - query - panel" type = "formPanel"
className = "cn. edu. sdu. uims. component. panel. UFPanel"
locateMode = "locate"
dataFormClassName = "cn. edu. sdu. service. query. form. StudentQueryForm"
handlerClassName = "cn. edu. sdu. service. query. handler. StudentQueryHandler">
    <components>
        <component name = "collegeabel" type = "label" text = "学院"
        font = "formFont" border = "fnull" x = "10" y = "10" w = "100" h = "20">
        </component>
        <component name = "college" type = "comboBoxType"  border = "f1"
        x = "120" y = "10" w = "250" h = "30" dataFormMember = "college"
        filter  =  "uims_common_filter">
        </component>
        <component name = "typeQuery" type = "button" border = "f1"
        text = "查询" x = "450" y = "10" w = "80" h = "30">
            <event type = "action" />
        </component>
    </components>
</panel>
```

Table作为一个比较复杂的界面元素,在模版中给出了特殊的描述,因为它在Panel里看作一个基本的界面元素,但本身又包含很多小的单元。一个table model结构如下：

```
<formtabletemplate>
    <table>
        <no/>
        <columns>
        </columns>
        <topItems>
```

```
        </topItems>
    </table>
<formtabletemplate>
```

Table 的各种属性定义在<table>标签内。一个<table>节点的定义如下：TABLE＝(NAME，TYPE，ITEMFORMCLASSNAME，ROWHEIGHT，ROWNUM)，name 作为一个唯一的标识被容器 panel 引用；TYPE 代表类型；每一个 TABLE ROW 都看作是一个对象，ITEMFORMCLASSNAME 对应于一个数据的载体 form。系统将 table 分为 formDataTable、viewDataTable、docDataTable、sheetDataTable、formRandomTable 等。formDataTable 应用于 C/S 模式下；viewDataTable 表示输出报表在客户端的显示模板，docDataTable、sheetDataTable 分别对应于 word 和 excel 里面 table 的模板。一个 column 节点的结构如下：

```
< column width = "50" itemFormMember = "universityTypeCode" editable = "true" comType =
"comboBox" filter = "service_base_dictionaryDXBYLBM" />
```

ItemFormMember 表示该列对应于 ITEMFORMCLASS 内的哪一个属性；editable 设置该列是否可编辑；comType 设置该列内默认的控件是哪一种类型，目前系统支持的是 label、textFiled、comboBox 以及 checkBox；Filter 表示数据的来源。<no>节点表示表格的前面是不是需要带序号；<topItems>节点是表头部分。以下是 table model 的一个例子：

```
<table name = "cultivate_stuinfo_BatchFullPostMasterTable"
type = "formDataTable" rowHeight = "40" rowNum = " - 1"
itemFormClassName = "cn.edu.sdu.cultivate.stuinfo.form.ViewFormerFullPostgraduateForm">
    <no width = "80" font = "formFont" />
    <columns>
        <column width = "100" itemFormMember = "perName" editable = "true" />
        <column width = "100" itemFormMember = "perNum" editable = "true" />
        <column width = "100" itemFormMember = "genderCode"
        editable = "true" comType = "comboBoxType"
        filter = "service_base_dictionaryXBM" />
    </columns>
</table>
```

MainFrame model 包括菜单、树形菜单、工具条、任务栏以及主工作区。菜单可以来源于配置文件的 menu model，也可以来源于数据库。主工作区用于显示各个具体的面板，所有的业务操作都在这个区域完成。

2. 事件处理器

事件处理器管理用户与应用程序之间的交互，应用程序将自己需要处理的事件事先通过登记注册的方式通知事件处理中心，注册的同时告诉事件处理中心当事件发生时应用程序需要进行的处理过程(回应过程)。

为了能实现事件的处理和消息及数据的传递，UIMS 需要用户为每一个模版配置相应的对象，进行相应的处理，共涉及下面几个类：

- UFPanel，用于显示和支持用户输入的面板组件对象；

- handler,当事件发生时,由 UIMS 处理的调用处理相关业务的程序;
- UForm,用于面板和业务处理程序 handler 之间数据传递的载体。

当事件处理器从窗口系统接收一个事件,分析这个事件属于哪个应用程序,然后把事件和控制转向该事件注册的回应过程。处理完后,回应过程把控制返还给事件处理中心,事件中心继续接收事件或者请求终止。

模型中通过配置来完成界面元素的事件注册,如下例所示:

```
<component name = "querypanel" type = "formPanel" templateName = "course - query - panel" x =
"10" y = "10" w = "200" h = "40">
    <event type =  "action" />
</component>
```

其中,type 表示属于哪一种事件类型,在面板对应的事件处理类里必须用一个形如 doEventTypeProcess 的方法来处理相应的事件。

面板的重用性带来了面板的嵌套,然而一个子面板内控件的事件往往需要通知父面板并由父面板做出相应的处理。为了解决事件传递的问题,可以通过定义一个事件处理接口 UhandlerI 和一个消息处理中心类 UeventListerner,用这两个类来控制整个流程的流转。每一个面板都要有一个相应的 Handler 来处理界面和服务器端的通信。一个事件发生后,这个事件就会被 UeventListerner 所捕获,然后它会根据这个事件的源来获得源的父亲的 handler 的具体实现,最后再根据事件的类型来调用相关的处理方法,如果父 handler 不处理这个事件,那么它可以把该事件继续往上传递,直到得到相应的处理。图 6-46 是一个事件的处理流程图。

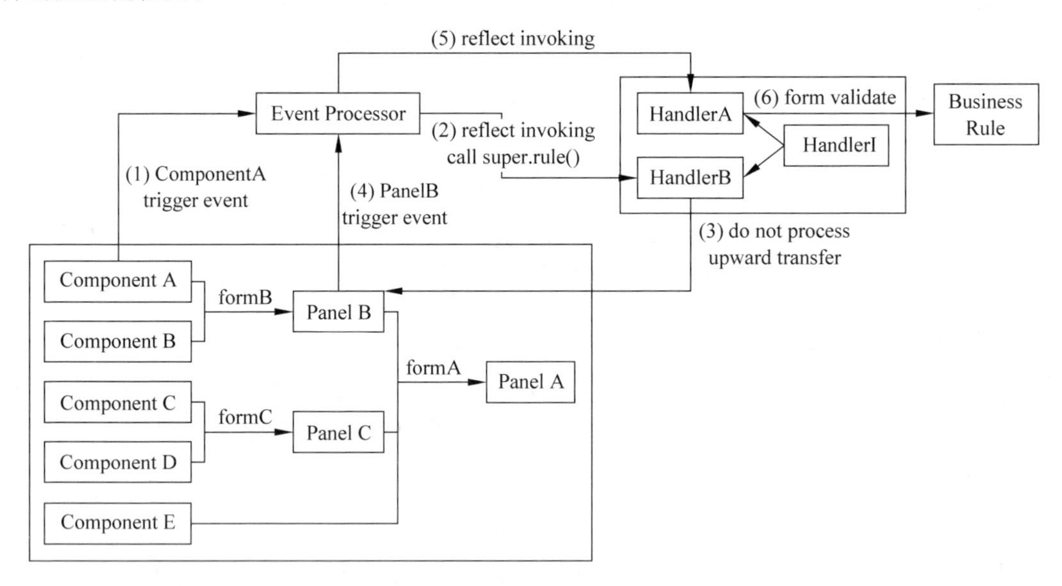

图 6-46 事件处理过程示意图

控件 A 触发的事件被事件处理类捕获,事件处理类判断事件来源并依据页面元素的父子关系找到父业务处理类 HandlerB,使用反射机制生成实例。HandlerB 不做处理,使 PanelB 触发相同的事件,使事件向上传递给 PanelA 对应的 HandlerA,HandlerA 做相应的表单数据的验证,如果不通过则给出信息提示,如通过则调用相关业务。

3. 界面生成

(1) 模型初始化

根据应用要求，系统在启动时会将 XML 表示的模型读入系统，生成运行时系统界面描述模版。当用户选择一个命令时，系统会根据界面描述模版生成供用户交互的界面，实现用户的信息输入和业务的调用。

一个应用的 model 配置如下：

```
<modetemplate>
    <mode method = "initConstants"
        fileName = "uims\configure\uims - constantsdef.xml" />
    ……
    <mode method = "initPanelTemplate" key = "formPanel"
    fileName = "service\auth\configure\service - auth - formpaneltemplate.xml" />
</modetemplate>
```

系统启动时调用下面的方法初始化各种 model：

```
private void initModels(Element root, String path) throws Exception {
//取得根节点下所有的 model 节点
Iterator it1 = root.elementIterator("mode");
Element e = null;
Method method = null;
String methodName = "", key = "", fileName = "";
while (it1.hasNext()) {
    e = (Element) it1.next();
    methodName = e.attributeValue("method");
    if (methodName == null)
        continue;
    key = e.attributeValue("key");
    fileName = e.attributeValue("fileName");
    method = this.getClass().getMethod(methodName, String.class,
                    String.class);
    method.invoke(this, path + fileName, key);
    }
}
```

对于每一种 model 都有相应的处理方法，处理的结果是将模型以 key-value 的方式放入各种 HashMap 对象内。下面是 panel model 解析方法内由 XML 界面描述元素映射到运行时模型的核心代码：

```
while (it.hasNext()) {
    e = (Element) it.next();
    it1 = e.elementIterator("component");
    while (it1.hasNext()) {
        e1 = (Element) it1.next();
        typeString = e1.attributeValue("type");
        ……
        i++;
    }
}
```

(2) 主框架生成

系统会调用 initApplication 方法初始化窗口内的各种配置，代码如下：

```
public void init() {
        initTemplate();
        if (apptemplate == null)
            return;
        Container c = this.getContentPane();
        c.setLayout(new BorderLayout());
        setTitle(apptemplate.mainFrameTemplate.title.content);
        initMenuBar(apptemplate.mainFrameTemplate.menuBarTemplate);
        initToolBar(apptemplate.mainFrameTemplate.toolbarTemplate);
        c.add(toolBar, BorderLayout.NORTH);
        JPanel p = new JPanel();
        initContents(p);
        if(apptemplate.mainFrameTemplate.treeMenuTemplate != null){
            c.add(jSplitPane, BorderLayout.CENTER);
            jSplitPane.setDividerLocation(180);
            jSplitPane.setDividerSize(UConstants.SPLIT_WIDTH);
            jSplitPane.setOneTouchExpandable(true);
            jSplitPane.add(jScrollPaneLeft, JSplitPane.LEFT);
    initMenuAndTree(apptemplate.mainFrameTemplate.treeMenuTemplate);
            jScrollPaneLeft.getViewport().add(treeMenu);
            jSplitPane.add(p, JSplitPane.RIGHT);
        }
        else{
            c.add(p, BorderLayout.CENTER);
        }
    initStatusBar(apptemplate.mainFrameTemplate.statusbarTemplate);
        c.add(statusBar, BorderLayout.SOUTH);
        initWindow();
    }
```

具体的初始化 MainFrame model 的代码如下：

```
private UApplicationTemplate initApplicationTemplate(String path,
            String appname) {
    Element root, e, el;
    Iterator it1, it2;
    String str, typeString;
    root = getRootByXMLFileName(appname);
    UApplicationTemplate app = new UApplicationTemplate();
    e = (Element) root.element("mainframe");
    if (e != null) {
        //app 是整个应用程序,mainFrameTemplate 对应于 MainFrame model
        app.mainFrameTemplate = new UMainFrameTemplate();
        app.mainFrameTemplate.name = e.attributeValue("name");
app.mainFrameTemplate.title = getCellAttribute(e.element("title"));
        app.mainFrameTemplate.logo = this.getCellAttribute(e
        .element("logo"));
        el = e.element("menuBar");
```

```
        if (e1 != null) {
app.mainFrameTemplate.menuBarTemplate = new UMenuBarTemplate();
            setMenuTemplate(e1, app.mainFrameTemplate.menuBarTemplate);
            str = e1.attributeValue("alignment");
            if (str != null) {
                app.mainFrameTemplate.menuBarTemplate.alignment = this
                .getTypeValueByString(str, "alignmentType");
            } else {
app.mainFrameTemplate.menuBarTemplate.alignment = UConstants.ALIGNMENT_TOP;
            }
            str = e1.attributeValue("dataMenu");
            if (str != null && !str.equals("")) {
                addDataMenu(app.mainFrameTemplate.menuBarTemplate, str);
            }
        }
        //初始化菜单树
        this.initTreeTemplate(e.element("treeMenu"), app);
        e1 = e.element("statusbar");
        if (e1 != null) {
app.mainFrameTemplate.statusbarTemplate = new UStatusbarTemplate();
            setStatusbarTemplate(app.mainFrameTemplate.
statusbarTemplate, e1);
        }
        e1 = e.element("toolbar");
        if (e1 != null) {
app.mainFrameTemplate.toolbarTemplate = new UToolbarTemplate();
setToolbarTemplate(app.mainFrameTemplate.toolbarTemplate, e1);
        }
        e1 = e.element("workbench");
        if (e1 != null) {
            str = e1.attributeValue("name");
app.mainFrameTemplate.workbenchTemplate = new UWorkbenchTemplate();
            setPanelTemplet(e1, app.mainFrameTemplate.
workbenchTemplate);
if (app.mainFrameTemplate.workbenchTemplate.className == null) {
app.mainFrameTemplate.workbenchTemplate.className = (String) classMappingMap.get("workbench");
            }
        }
    }
    return app;
}
```

(3) Panel 界面实现

下面将从配置、数据传递和事件触发等几方面给出图 6-47 所示的界面的详细生成过程。

① XML 配置

创建一个类，首先要配置一个 XML 文件用于描述这个界面，其中 name 用于唯一地标识一个界面，界面支持嵌套关系，对界面配置一个 form 用于数据传输，handler 用于交互和业务处理。实例中的面板由三部分组成：顶部是一个查询面板，左面是一个 list，右面是一

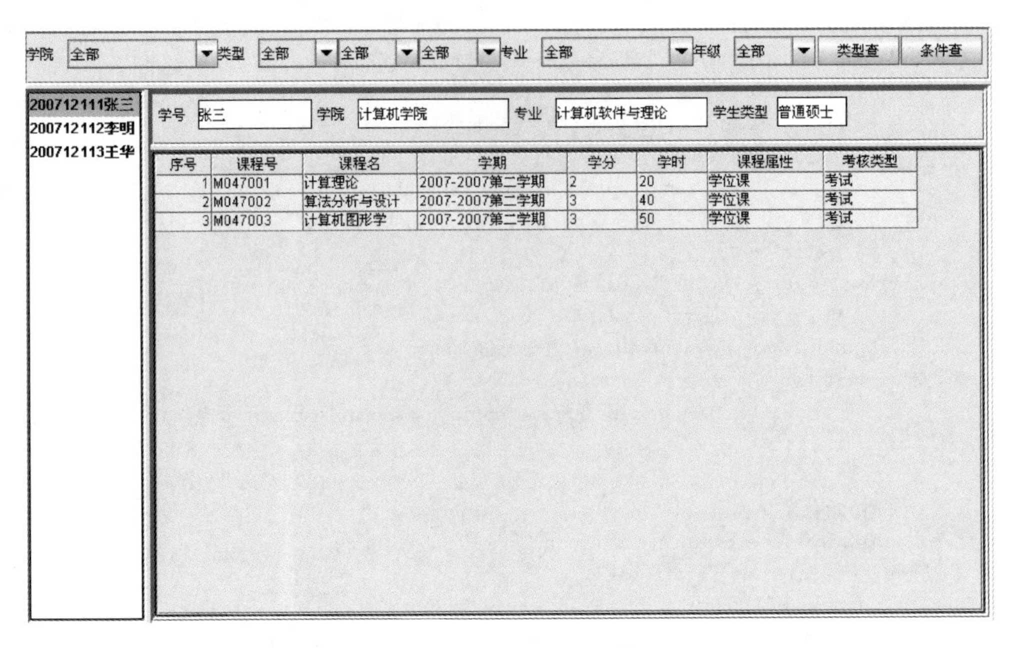

图 6-47 Panel 界面示例

个一般包含一个 table 等多个组件的面板,如下所示:

```
<panel name = "cultivate_stuSelect_panel" type = "formPanel"
        className = "cn.edu.sdu.uims.component.panel.UFPanel"
        locateMode = "vhdiv" width = "100" height = "40"
dataFormClassName = "cn.edu.sdu.cultivate.course.form.StuSelectForm"
handlerClassName = "cn.edu.sdu.cultivate.course.handler.StuSelectHandler">
        <components>
            <component name = "querypanel" type = "formPanel"
            templateName = "service_query_studentQueryPanel"
                x = "50" y = "50" w = "200" h = "40">
             <event type = "action" />
            </component>
            <component name = "studentList" type = "list" border = "f1"
                x = "350" y = "50" w = "200" h = "40"
                dataFormMember = "stuId" filter = "uims_common_filter">
                <event type = "listSelection" />
            </component>
            <component name = "contentpanel" type = "formPanel"
            templateName = "student - select - panel"
                x = "100" y = "50" w = "200" h = "40" border = "f1">
            </component>
        </components>
    </panel>
```

第一部分是公共查询 Panel(service_query_studentQueryPanel),如下所示:

```
<panel name = "service_query_studentQueryPanel" type = "formPanel"
        className = "cn.edu.sdu.uims.component.panel.UFPanel"
        locateMode = "locate"
```

```
dataFormClassName = "cn.edu.sdu.service.query.form.StudentQueryForm"
handlerClassName = "cn.edu.sdu.service.query.handler.StudentQueryHandler">
        <components>
            <component name = "collegeabel" type = "label" text = "学院"
                font = "formFont" border = "fnull" x = "0" y = "5" w = "35" h = "25">
            </component>
            <component name = "college" type = "comboBoxType"
                fornt  =  "formFont"
                x = "35" y = "5" w = "130" h = "25" dataFormMember = "college"
                filter  =  "uims_common_filter">
                <event type = "action" />
            </component>
    ……
            <component name = "gradlabel" type = "label" text = "年级"
            font = "formFont" border = "fnull" x = "575" y = "5" w = "35" h = "25" />
            <component name = "grad" type = "comboBoxType"
                font = "formFont" x = "610" y = "5" w = "70" h = "25" dataFormMember = "grad"
                filter  =  "uims_common_filter">
                <addedData label  =  "全部" value =  " - 1" />
                <addedData label  =  "2005" value =  "2005" />
                <addedData label  =  "2006" value =  "2006" />
                <addedData label  =  "2007" value =  "2007" />
                <addedData label  =  "2008" value =  "2008" />
                <event type = "action" />
            </component>
            <component name = "typeQuery" type = "button" border = "f1"
             font = "formFont" text = "类型查" x = "682" y = "5" w = "70" h = "25">
                <event type = "action" />
            </component>
            <component name = "conditionQuery" type = "button" border = "f1"
             font = "formFont" text = "条件查" x = "753" y = "5" w = "70" h = "25">
                <event type = "action" />
            </component>
        </components>
    </panel>
```

第二部分是左边的 list(studentList),如下所示:

```
<component name = "studentList" type = "list" border = "f1"
      x = "350" y = "50" w = "200" h = "40" dataFormMember = "student" filter = "uims_common_filter">
    <event type = "listSelection" />
</component>
```

第三部分是右边的 Panel(student-select-panel),如下所示:

```
<panel name = "student - select - panel" type = "formPanel"
        className = "cn.edu.sdu.uims.component.panel.UFPanel"
        locateMode = "vdiv"
        wight  =  "100" height  =  "50"
        dataFormClassName = "cn.edu.sdu.uims.form.impl.UTableForm"
    handlerClassName = "cn.edu.sdu.service.query.handler.QueryTableHandler">
        <components>
```

```
            <component name="stuInfoPanel" type="formPanel"
             templateName = "student_info_Panel"
                font="formFont" border="fnull" x="0" y="10" w="70" h="30">
            </component>
            <component name="stuSelectTable" type="formDataTable" border="f1"
                font="formFont" x="80" y="10" w="70" h="30" dataFormMember="items"
                templateName = "student_select_table"/>
            </component>
        </components>
    </panel>
```

student-select-panel 由两部分组成，上部是 stuInfoPanel，下部 stuSelectTable 是一个table。则 stuInfoPanel 如下所示：

```
<panel name="student_info_Panel" type="formPanel"  locateMode="locate"
dataFormClassName=" cn.edu.sdu.cultivate.stuinfo.form.StuInfoForm">
        <components>
            <component name="perNumLabel" type="label" text="学号"
                font="formFont" border="fnull" x="5" y="5" w="35" h="25">
            </component>
            <component name="perNum" type="textField"
                font = "formFont"
                x="45" y="5" w="130" h="25" dataFormMember="perNum"/>
            <component name="collegeLabel" type="label" text="学院"
                font="formFont" border="fnull" x="185" y="5" w="35" h="25">
            </component>
            <component name="collegeNum" type=" textField "
                font="formFont" x="230" y="5" w="130" h="25" dataFormMember="collegeNum">
            </component>
            <component name="majorLabel" type="label" text = "专业"
                x="370" y="5" w="35" h="25" />
            <component name="majorNum" type=" textField "
                font="formFont" x="415" y="5" w="130" h="25" dataFormMember="majorNum">
        </component>
        <component name="stuTypeCodeLabel" type="label" text="学生类型"
            font="formFont" border="fnull" x="555" y="5" w="55" h="25" />
            <component name="stuTypeCode" type=" textField "
                font="formFont" x="630" y="5" w="60" h="25" dataFormMember="major">
            </component>
        </components>
    </panel>
```

对 table 进行配置如下：

```
<table name=" student_select_table"
     type="formDataTable" rowHeight="40" rowNum=" -1"
itemFormClassName="cn.edu.sdu.cultivate.course.form.StuSelectTaskForm">
     <no width="50" font="formFont" />
     <columns>
          <column width="100" itemFormMember="courseNum" />
<column width="100" itemFormMember="courseName" />
```

```
        <column width="100" itemFormMember="termName" />
        <column width="80" itemFormMember="credit" />
        <column width="80" itemFormMember="classHour" />
        <column width="100" itemFormMember="subClassCodeName" />
        <column width="80" itemFormMember="examTypeName" />
    </columns>
    <topItems>
        <item value="课程号" />
        <item value="课程名" />
        <item value="学期" />
        <item value="学分" />
        <item value="学时" />
        <item value="课程属性" />
        <item value="考核类型" />
    </topItems>
</table>
```

② 界面生成

根据 XML 中配置的布局方式生成界面显示。当用户选择菜单，根据菜单 cmd 中描述的菜单模版名字，系统将根据模版的属性生成相应实例，加入 Table 面板。下面给出实例所需要的 hvdiv 布局管理方式加入的情况。

addComponent 方法将面板按照不同的布局方式显示，可以对布局方式进行扩展，根据 XML 中配置的布局方式，使用基本的 Swing 组件将面板进行划分。代码如下：

```
public void addComponent(Container p, UComponentI com, int layout) {
        int i;
        switch (panelTemplate.layoutMode) {
        case UConstants.LAYOUTMODE_HVDIV:
            if (comnum == 0) {
                sp = new JScrollPane[3];
                p.setLayout(new BorderLayout());
                splitPane = new USplitPane(USplitPane.HORIZONTAL_SPLIT);
                p.add(splitPane, BorderLayout.CENTER);
                splitPane.setDividerLocation(panelTemplate.divw);
                splitPane.setDividerSize(UConstants.SPLIT_WIDTH);
                sp[0] = new JScrollPane(com.getComponent());
                splitPane.setLeftComponent(sp[0]);
                comnum++;
            } else if (comnum == 1) {
                splitPane1 = new USplitPane(USplitPane.VERTICAL_SPLIT);
                splitPane.setRightComponent(splitPane1);
                splitPane1.setDividerLocation(panelTemplate.divh);
                splitPane1.setDividerSize(UConstants.SPLIT_WIDTH);
                sp[1] = new JScrollPane(com.getComponent());
                splitPane1.setTopComponent(sp[1]);
                comnum++;
            } else {
                sp[2] = new JScrollPane(com.getComponent());
                splitPane1.setBottomComponent(sp[2]);
                comnum++;
```

```
            }
            break;
    }
```

initContents 将利用上面的方法将在 XML 中配置的界面元素对应的组件添加到界面上显示,所有的组件都实现 UComponentI,将 XML 中配置的组件在系统初始化时读入,存放在 HashMap 中,组件名作为标识,生成界面时根据组件名获取相应组件并设置显示位置。

```
public void initContents() {
    int currentx = 0, currenty = 0;
    UComponentI component;
    computerComponentsInitPosition();
    computerInnerSize();
    int i;
        for (i = 0; i < panelTemplate.componentNum; i++) {
                component = (UComponentI) componentMap
.get(panelTemplate.componentTemplates[i].name);
                component.initContents();
                component.setBounds(currentx, currenty,
                        panelTemplate.componentTemplates[i].w,
                        panelTemplate.componentTemplates[i].h);
                setOtherAttribute(component,
                        panelTemplate.componentTemplates[i]);
                currentx += panelTemplate.componentTemplates[i].x;
                currenty += panelTemplate.componentTemplates[i].y;
                this.addComponent(component,
                        panelTemplate.componentTemplates[i].layout);
            }
}
```

③ 界面数据初始化

根据 XML 配置获取界面对应的 handler,使用 initAddedData()方法对面板中用于选择或列表的辅助数据进行初始化。初始化时根据 XML 中配置的组件名获取该组件,再取得组件对应的 filter,进行初始化 filter.setAddedData(a)和 sub.updateAddedDatas()。代码如下:

```
public void initAddedData() {
    stuTypeObj = getStudentTypeAddedDatas();
    collegeInfo = getCollegeAddedDatas();
    initAddedData("college", collegeInfo);
    initAddedData("studentType0", ((List) stuTypeObj[0]).toArray());
    initAddedData("studentType1", ((List) stuTypeObj[1]).toArray());
    initAddedData("studentType2", ((List) stuTypeObj[2]).toArray());
    ListOptionInfo[] infos = new ListOptionInfo[1];
    ListOptionInfo info = new ListOptionInfo();
    info.setLabel("全部");
    info.setValue("-1");
    infos[0] = info;
    initAddedData("major", infos);
```

```
}
public void initAddedData(String name, Object[] a) {
    UComponentI sub = component.getSubComponent(name);
    if (sub != null) {
        FilterI filter = sub.getFilter();
        filter.setAddedData(a);
        sub.updateAddedDatas();
    }
}
```

④ 事件处理

在事件适配器中注册了一系列的事件，当需要事件触发时，在 XML 中为触发事件的组件添加<event type= "action" />和<event type= "listSelection" />进行监听。processEvent 方法获取配置的事件类型，组合成相应的 processActionEvent、processListSelection 等方法，开发者继承 handler 中定义的 processActionEvent 等处理交互和业务的方法，用于完成自己的业务。由于组件可能是嵌套的，系统要通过 sendActionEvnetToParent("typeQuery")将组件事件传给它所属的组件，参数是组件名，这样在外部使用时只需要监听该组件的父组件就可以处理相关细节。由于嵌套的组件内部可能有不同的触发命令，通过方法中的 cmd 参数进行区别。

```
public void processActionEvent(Object o, String cmd){
    UComponentI com = (UComponentI)((ActionEvent)o).getSource();
    if(com.getComponentName().equals("queryPanel")){
        String cmd1 =  ((ActionEvent)o).getActionCommand();
        StudentQueryForm form = (StudentQueryForm) com.getHandler().getForm();
        if(cmd1.equals("typeQuery")){
            StudentQueryHandler handler = (StudentQueryHandler) com.getHandler();
            StudentQueryConditionForm f = handler.getStudentQueryConditionForm(form);
            List list = getStudentListAddedDatas(f);
            UComponentI com_stuList = this.component.getSubComponent("studentList");
com_stuList.getFilter().setAddedData(getStudentListAddedDatas(f));
            com_stuList.updateAddedDatas();
        }
    }
}
```

⑤ 数据的获取和显示

使用 XML 中配置的 form 进行数据传输，要确保配置文件中 dataFormMember 或 table 配置中的 itemFormMember 与 form 中的属性相对应，这样才能通过反射机制对应到相应的值。

```
public Object getData() {
    String attrName, methodName = "";
    UComponentI component;
    Method method;
    int i;
    UFormI dataForm = null;
    Field field;
```

```
        if (handler == null)
            return null;
        try {
            dataForm = handler.getForm();
            for (i = 0; i < panelTemplate.componentNum; i++) {
                attrName = panelTemplate.componentTemplates[i].dataFormMember;
                component = (UComponentI) componentMap
                        .get(panelTemplate.componentTemplates[i].name);
                if (component == null) {
                    continue;
                }
                if (dataForm != null && attrName != null
                        && !attrName.equals("")) {
                    Object o = component.getData();
                    Object ro;
                    if (o != null) {
                         method = (Method) setMethodMap.get(panelTemplate.componentTemplates[i].
    name);
                        Class types[] = method.getParameterTypes();
                                method.invoke(dataForm, o);
                        }
                    }
                } else {
                    if (component instanceof UPanelI)
                        component.getData();
                }
            }
        } catch (Exception e) {
        }
        return dataForm;
    }
    public void setData(Object obj) {
        String attrName, methodName = "";
        UComponentI component = null;
        Method method;
        int i;
        Object o;
        if (handler == null && obj == null)
            return;
        if (obj == null)
            obj = handler.getForm();
        try {
            for (i = 0; i < panelTemplate.componentNum; i++) {
                component = (UComponentI) componentMap
                .get(panelTemplate.componentTemplates[i].name);
                if(component == null )
                    continue;
                attrName = panelTemplate.componentTemplates[i].dataFormMember;

                if (obj != null && attrName != null && !attrName.equals("")) {
                    method = (Method)getMethodMap.get(panelTemplate.componentTemplates[i].name);
```

```
                o = method.invoke(obj);
                if(o!= null)
                    component.setData(o);
            } else {
                if (component instanceof UPanelI) {
                    component.setData(null);
                }
            }
        }
    } catch (Exception e) {
    }
}
```

不同的组件可能对应不同的 form，通过组件名称获取组件，获取它对应的 handler，可以通过 this.componentToForm()和 com.getHandler().getForm()方法获得对应的 form 值。将 form 中的值回显在面板上：对于简单情况，执行方法 formToComponent()即可；对于 table，form 中有一个对应于 dataFormMember 的属性数组 items，数组中的每一项对应于 table 中的一行，即 table 内部的一个 form，通过给 items 赋值和 formToComponent()方法可以将业务中获取的值显示在界面上。

习题

6.1 用 Java 语言实现事件处理中心管理程序。

6.2 用 Java 语言实现面板输入界面的 UIMS 系统管理程序。

6.3 用 GOMS 模型给出一个拼图游戏的任务描述，要求用户能从给定的几种图形随机产生需要拼接的图案。

6.4 用状态转换图描述一个绘制折线的对话过程，并按照状态设计模式给出具体实现过程。

CHAPTER 7

第7章 Web界面设计

Internet已成为人们日常生活的重要部分，为信息的传播、获取提供了广阔的平台，使人类生活发生了巨变。其中，WWW(World Wide Web，也称为Web)技术对Internet的普及起到了至关重要的作用。从人机交互界面的角度，可以将Web理解为一个用户和其他用户之间通过Internet进行信息交流的抽象界面。Web界面设计的好坏将会影响用户的使用兴趣和效率。

本文主要从人机交互界面的角度，探讨Web界面设计的原则、基本要素和支撑技术。对于Web界面的评估将在第9章探讨。

7.1 Web界面及相关概念

Web是一个由许多相互链接的超文本(HyperText)文档组成的系统。分布在世界各地的用户能够通过Internet对其访问，彼此交流与共享信息。在这个系统中，每个有用的事物称为一种“资源”，其由一个全局“统一资源标识符”(URI)标识；这些资源通过超文本传输协议(HyperText Transfer Protocol)传送给用户；而用户通过点击链接来获得这些资源。

超文本是一种用户接口范式，用以显示文本及与文本相关的内容。超文本中的文字包含可以链接到其他字段或者文档的超文本链接，允许从当前阅读位置直接切换到超文本链接所指向的文字。

超文本标记语言(HyperText Markup Language，HTML)是超文本最常使用的格式。HTML是为“网页创建和其他可在网页浏览器中看到的信息”设计的一种标记语言。它被用来结构化信息(如标题、段落和列表等)，也可用来在一定程度上描述文档的外观和语义。2013年5月6日，HTML 5.1正式草案公布，在这个版本中新功能不断推出，以帮助Web应用程序的作者努力提高新元素的互操作性。2014年10月29日，万维网联盟宣布，经过几乎8年的艰辛努力，HTML5标准规范最终制定完成并公开发布。

超文本主要是以文字的形式表示信息，建立的链接关系主要是文本之间的链接关系。超媒体(Hypermedia)则是超文本和多媒体在信息浏览环境下的结合，不仅可以包含文字，而且还可以包含图形、图像、动画、声音和视频等。这些媒体之间也是用超级链接组织的，而且它们之间的链接也是错综复杂的。在超媒体中，用户不仅可以从一个文本跳到另一个文本，而且可以激活一段声音，显示一个图形，甚至可以播放一段动画。正是由于超媒体技术的出现，使得Web的功能变得强大，促进了网络游戏、网络会议、远程教育等的快速发展。

Web应用的成功与否，除了受其所采用的技术和所能够提供的功能的限制，还受Web网页的外观的影响。Web网页的外观经常是最先被用户注意到的。用户对网站的第一印象与界面外观是否友好、吸引人密切相关。所以对于设计人员来说，Web界面设计至关重要。Web界面设计的人性化、易用性是Web界面设计的核心。如何根据人的心理、生理特征，运用技术手段，创造简单、友好的界面，是Web界面设计的重点。Web界面设计可以看作是人机交互界面设计的一个应用与延伸。

在下面的几节中将分别讨论Web界面的设计原则、要素设计、设计技术以及HTML5技术等。

7.2 Web界面设计原则

一般的Web界面设计应该遵循如下基本原则。

1. 以用户为中心

以用户为中心是Web界面设计必须遵循的一个主要原则。它要求把用户放在第一位，设计时既要考虑用户的共性，同时也要考虑他们之间的差异性。

一方面，不同类别的Web网站面向的访问群体不同；同一类型的Web网站用户群体也有年龄、行业等差别。因此，Web界面的设计只有了解不同用户的需求，才能在设计中体现用户的核心地位，设计出更合理、更能满足用户需求的界面，以吸引用户。

例如，女性对网站的感性理解比较重要。由于女性具有较高的审美需求以及高敏感的颜色感应，所以在Web界面设计上要充分运用颜色的力量，尽量选用柔和、明快的暖色作为主色调，给女性浏览者以热情、柔美的感觉；在页面构成上要选用大量清晰度高的图片做视觉上的冲击。而男性网站则往往采用简洁、明了的表现方式，色调也主要由冷色调构成。前者如天女网（http://www.tiannv.com/，2015年4月），或者如男人志（http://www.mansuno.com/，2015年4月），它们适应了这两类特定用户群的需求，采用了两种不同的设计风格。又如迪士尼网站（见图7-1），它充分考虑了儿童的特点，其设计的界面非常活泼有趣。

另一方面，设计者也需要考虑目标用户的行为方式。按照人机工程学的观点，行为方式是人们由于年龄、性别、地区、种族、职业、生活习俗、受教育程度等原因形成的动作习惯、办事方法。行为方式直接影响人们对网站的操作使用，是设计者需要加以考虑或利用的因素。

2. 一致性

Web界面设计还必须考虑内容和形式的一致性。内容指的是Web网站显示的信息、数据等，形式指的是Web界面设计的版式、构图、布局、色彩以及它们所呈现出的风格特点。Web界面的形式是为内容服务的，但本身又有自己的独立性和艺术规律，其设计必须形象、

图 7-1　迪士尼网站

(http://www.disney.com.hk/index.html,2015 年 4 月)

直观,易于被浏览者所接受。

其次,Web 界面自身的风格也要有一致性,保持统一的整体形象。Web 网站标识以及界面设计标准决定后,应积极地应用到每一页界面上。例如,各个界面要使用相同的页边距,文本、图形之间保持相同的间距;主要图形、标题或符号旁边留下相同的空白;如果在第一页的顶部放置了公司标志,那么在其他各界面都放上这一标志;如果使用图标导航,则各个界面应当使用相同的图标。另外,界面中的每个元素也要与整个界面的色彩和风格上一致,如文字的颜色要同图像的颜色保持一致并注意色彩搭配的和谐等。

例如,图 7-2 给出了皮克斯动画工厂(Pixar Animation Studios)的首页以及动画短片展示的页面。整个 Web 界面设计体现了公司性质,符合动画主题的需求;界面保持统一的卡通风格和布局形式,采用 Flash 等多媒体展示方式展现公司信息、作品等。

图 7-2　皮克斯动画工厂的网站页面

(http://www.pixar.com,2015 年 4 月)

3. 简洁与明确

Web 界面设计属于设计的一种,要求简练、明确。保持简洁的常用做法是使用一个醒目的标题，这个标题常常采用图形来表示，但图形同样要求简洁。另一种保持简洁的做法是限制所用的字体和颜色的数目。另外，界面上所有的元素都应当有明确的含义和用途，不要试图用无关的图片把界面装点起来。除此之外，还要确保界面上每一个元素都能让浏览者看到。

例如，图 7-3 所示的 Google 网站主页采用简洁、明了的关键字搜索引擎，及不同搜索类型的导航。

图 7-3　Google 网站首页
（http://www.google.com，2015 年 2 月）

此外，Web 界面设计时需要尽量减少浏览层次。据有关调查显示，在主页的访问率为 100 人次的情况下，下一页的访问率会降到 30～50 人次。这说明网页的层次越复杂，实际内容的访问率也将越低，信息也就越难传达给浏览者。所以，设计 Web 界面时要尽量把网页的层次简化，力求以最少的点击次数连接到具体的内容。

4. 体现特色

只有特色丰富、内容翔实的网页才能使浏览者驻足阅读。特色鲜明的 Web 网站是精心策划的结果，只有独特的创意和赏心悦目的网页设计才能在一瞬间打动浏览者。设计者应清楚地了解 Web 网站背景、所体现主题和服务对象的基本情况，选择合适的表现手法，展示关键信息和特色内容，并形成独特、鲜明的风格。例如，图 7-4 所示的清华大学网站采用清华大学建校初期兴建的首批主体教学建筑之一——清华学堂作为首页设计背景，突出治学悠久之道。

5. 兼顾不同的浏览器

随着 Internet 的发展，浏览器也在不断更新。不同公司不断推出自己的浏览器，同一种浏览器在不同阶段也有不同的版本。由于产品竞争和开发周期等原因，不同浏览器的类别和版本在功能支持上有所区别。以某一个浏览器的某一个版本为依据编写的网页程序，可能在其他浏览器或其他版本上不能正常显示或运行。因此在 Web 界面设计时，应当根据当时用户浏览器分布情况决定设计所面向的浏览器类别和版本，在设计开发和使用某些功能上要在这些浏览器上进行全面测试，以保证其正常工作。

另外的适用不同浏览器的方法是使用诸如 JavaScript 等编程工具或功能，探测用户浏览器的类型和版本等参数或对于某功能的支持情况，然后根据探测结果显示适用于用户特

图 7-4　清华大学网站首页

(http://www.tsinghua.edu.cn/,2009 年 9 月)

定浏览器的网页内容。

6. 明确的导航设计

由于网站越来越复杂,导航系统变得十分必要。导航系统是网站的路径指示系统,可指导浏览者有效地访问网站。只有能够让用户感觉到他们能以一种满意的方式找到所需的信息,这样的导航系统才是合适的。导航系统的设计要从使用者的角度来考虑,力争做到简便、清晰和完整、一致。

在网站的导航设计中,网站首页导航应尽量展现整个网站的架构和内容;导航要能让浏览者确切地知道自己在整个网站中的位置,可以确定下一步的浏览去向。例如,图 7-5 所

图 7-5　数字上古科技博物馆网站导航

(http://202.194.15.217/～ggq/shanggukeji/daohang.html,2009 年 9 月)

示的数字上古科技博物馆的首页导航，通过罗盘的形式展示网站整体结构和内容。罗盘上显示了网站的主要信息频道；当指针指向某个频道时，一是显示其中的子频道列表，二是以图片的形式显示其中的主题内容。

在 Web 界面中，还需要进行样式控制。通过样式控制对网站上的链接点进行标示（如用户未点击的链接是蓝色，已点击的是紫色等）。另外，导航条的放置也是一个值得注意的问题。导航应该是一致的，元素在位置、次序和内容上应当是稳定的。不管为导航选择了哪种位置，导航的布置应和 Web 界面的布局保持一致。

7.3　Web 界面要素设计

7.3.1　Web 界面规划

无论哪种类型的 Web 网站，想要把界面设计得丰富多彩，吸引更多的用户前来访问，Web 界面规划至关重要。

在规划设计 Web 界面时，第一个步骤就是要明确网站的目标和用途（如企业的 Web 网站和个人 Web 网站有不同的目标和用途）。Web 界面的布局、元素的设计都要以这个目标为中心。还有一点也非常重要，即在制定建立网站目标的同时，也有必要将网站作为一种文化、一种艺术作品看待，确定 Web 界面的设计风格，力求在设计 Web 界面时追求艺术效果与美感。从长远的角度看，在建立 Web 网站时，这一点会带来意想不到的收获。例如图 7-6 给出的一个个人网页，设计十分优美。

图 7-6　个人网页示例

（http://llf123.35123.net/wyxs/kkk.files/kkk.htm，2006 年 2 月）

在确定了 Web 界面设计的目标以后,接下来需要确定 Web 网站的用户群体,进行以用户为中心的设计。如 7.2 节所述,网站在专注于用户共性的同时,也应该考虑个性的差异。

7.3.2 文化与语言

网站一经发布,意味着全世界都可以看到其中的信息。所以,全球服务型的网站还要考虑如何适应不同国家、不同类型的文化与语言环境。目前,许多跨国公司的网站都设置了多语言选择,并考虑了文化背景。例如,Google 网站不仅有中文版(www.google.cn),而且在 2009 年中国农历七月初七(七夕)当天,其界面通过鹊桥展示了"Google"的标志(见图 7-7)。

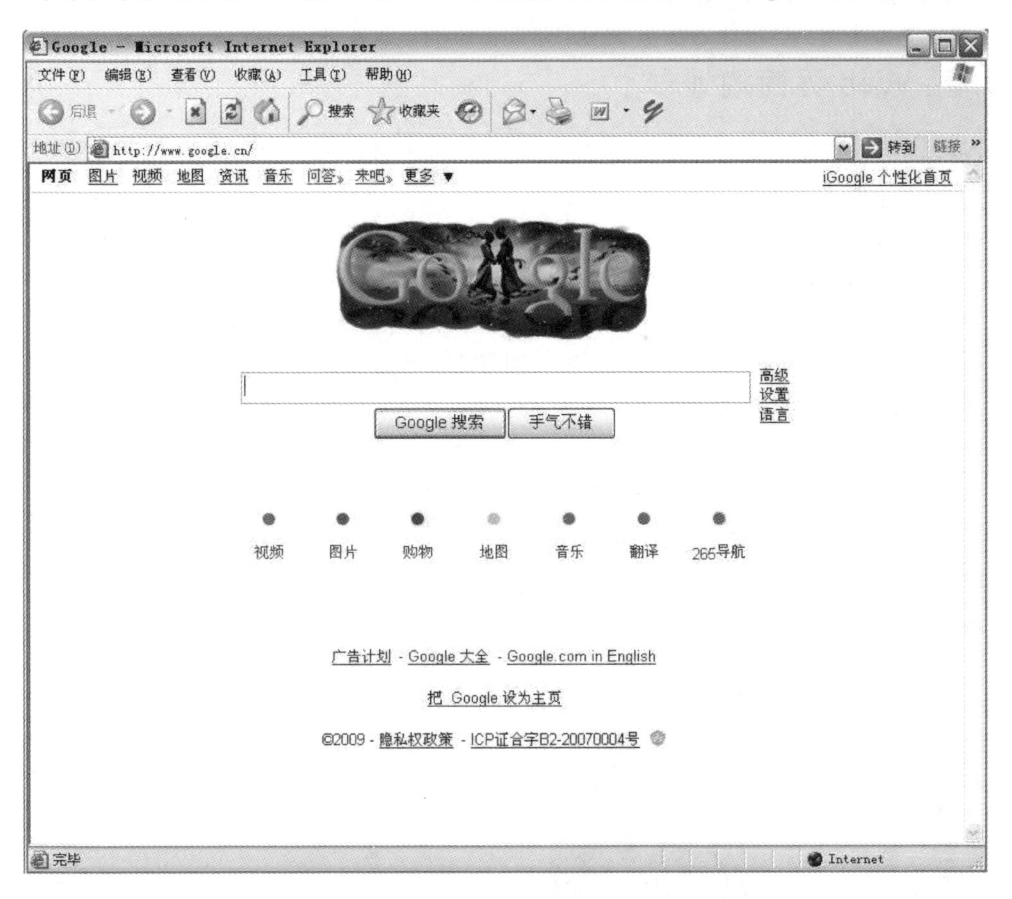

图 7-7 Google 中文网站首页(www.google.cn,2009 年农历七月初七)

一般地,在设计 Web 界面时,要将选择语言版本的功能放在网站的主页,并以不同版本的语言进行标注。例如,Amazon 网站通过提供多种语言,适应不同浏览者的需求(如图 7-8 所示)。这样做就使完全只懂单种语言的用户在到达主页后马上知道如何进入自己语言的版本。另外,由于不同语言文字的物理结构不同,在设计界面布局时也要分别考虑。例如表达同样的意义时,德语书写所需要的长度一般要大于英语,而英语书写所需要的长度一般要大于汉语,并且汉语比英语或德语更容易对齐,因此在同样大小的屏幕上不同语言版本可能需要使用不同的界面布局,甚至不同的界面元素和表达方式。

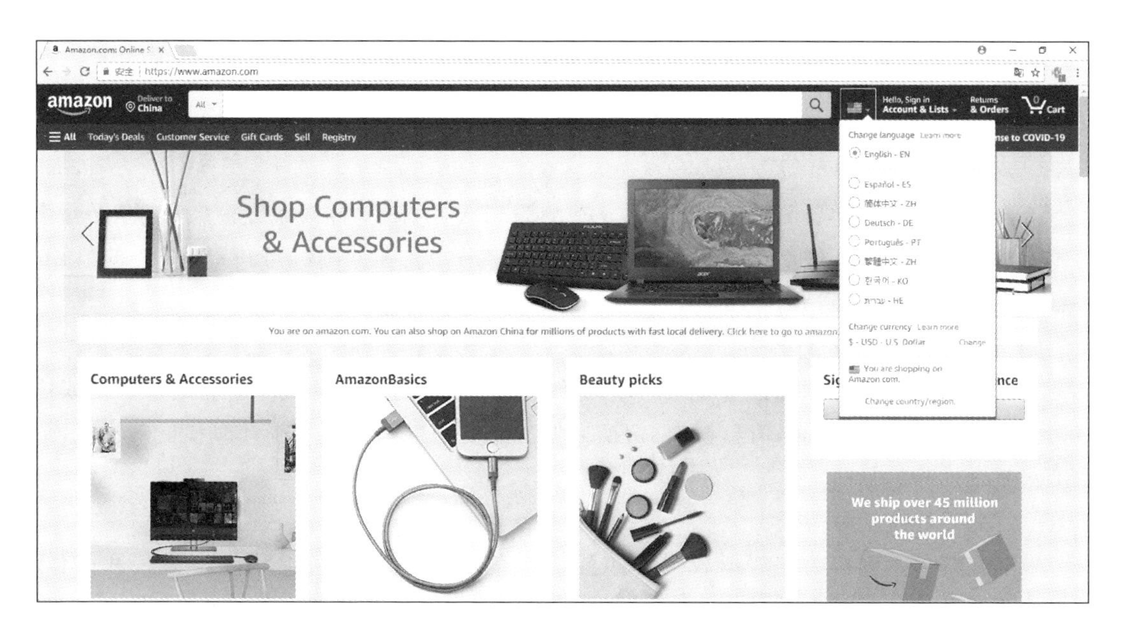

图 7-8 Amazon 网站首页
(http://www.amazon.com/,2021 年 2 月)

设计不同语言的网站版本不仅仅是简单的语言翻译,还应当注意到不同地区的文化特点。例如,某些颜色在不同的文化背景下的理解是不同的,并且有些内容在一个地区是允许的或适用的,但是在另外一个地区使用却是不合适的。为不同地区设计的内容还应当符合各个地区的货币单位、时间格式的习惯等。应当避免显示对目标用户不适合的内容。

7.3.3 内容、风格与布局、色彩设计

1. 内容

Web 界面的内容不仅要遵循简洁、明确的原则,也要符合确定的设计目标,面向不同的对象要使用不同的口吻和用词。例如,面对广泛消费者的网站应当用通俗的词汇、引人注目的广告方式、个性化并有趣味性的语言等;但是,面对专业人员设计的网站就应当采用最科学、最准确的词语和表达方式,避免可能造成的任何误解,尤其是推销式的语言。又如,在设计未成年人可以浏览的网页时,要杜绝任何只适用于成年人的内容成分。

2. 风格

Web 界面的风格是指网站的整体形象给浏览者的综合感受。这个整体形象包括网站的标志、色彩、字体、布局、交互方式、内容价值、存在意义等。一个优秀的网站与实体公司一样,也需要整体的形象包装和设计。例如,为儿童设计的网站应当使用比较丰富的色彩和图形,并且较多使用动画和声音等多媒体表现工具(如图 7-1 所示的迪斯尼网站);为老年人设计的网站则需要考虑采用较大的字体、直截了当的信息显示和简单的浏览方式,以适于老年人可能逐渐减弱的视力和记忆力。

3. 布局

Web 界面布局就是指如何合理地在界面上分布内容。在 Web 界面设计中,应努力做

到布局合理化、有序化、整体化。优秀之作善于以巧妙、合理的视觉方式使一些语言无法表达的思想得以阐述,做到丰富多彩而简洁明了。

常用的Web界面布局形式有以下几种。

(1)“同”字形结构布局

该布局就是指界面顶部为主菜单,下方左侧为二级栏目条,右侧为链接栏目条,屏幕中间显示具体的内容。其优点是界面结构清晰、左右对称、主次分明,因而得到广泛的应用。缺点是太过规矩呆板,需要善于运用细节色彩的变化来调剂。

(2)“国”字形结构布局

“国”字形结构布局在“同”字形结构布局的基础上,在界面下方增加一个横条菜单或广告,其优点是充分利用版面,信息量大,切换方便。还有的网站将界面设计成镜框的样式,显示出网站设计师的品味。

(3)左右对称布局

采取左右分割屏幕的方法形成对称布局。优点是自由活泼,可显示较多文字和图像。缺点是两者有机结合较为困难。

(4)自由式布局

自由式布局打破上述两种布局的框架结构,常用于文字信息量少的时尚类和设计类网站。其优点是布局随意,外观漂亮,吸引人。缺点是显示速度慢。

4. 色彩

Web网站给人的第一印象来自视觉冲击。颜色元素在网站的感知和展示上扮演重要的角色。某个企业或个人的风格、文化和态度可以通过Web界面中的色彩混合、调整或者对照的方式体现出来。所以,确定网站的标准色彩是相当重要的一步。一个网站的标准色彩不宜超过三种,否则色彩太多则让人眼花缭乱。标准色彩主要用于网站的标志、标题、主菜单和主色块,给人以整体统一的感觉。

一般地,Web界面中的色彩选择可考虑如下原则。

- 鲜明性:网页的色彩要鲜艳,容易引人注目。
- 独特性:要有与众不同的色彩,使得浏览者印象深刻。
- 合适性:色彩和所表达的内容气氛相适合。如用粉色体现女性网站的柔性(参见http://www.tiannv.com/)。
- 联想性:不同色彩会产生不同的联想,如蓝色想到天空、黑色想到黑夜、红色想到喜事等,选择色彩要和所设计网页的内涵相关联。例如,新浪网(http://www.sina.com/)在2009年国庆前夕,主页采用红色调庆祝新中国成立60周年。
- 和谐性:在设计Web界面时,常常遇到的问题就是色彩的搭配问题。不同的色彩搭配产生不同的效果,并可能影响到访问者的情绪。一般说来,普通的底色应柔和、素雅,配上深色文字,读起来自然、流畅。而为了追求醒目的视觉效果,可以使用较深的颜色,然后配上对比鲜明的字体,如白色字、黄色字或蓝色字。其实底色与字体的合理搭配要胜过用背景图画,因为背景图画太花哨,有种不安静的感觉。而纯色给人感觉较好,尤其是看多了图片之后。

7.3.4　文本设计

文本是每一个 Web 界面的必要内容，文本设计遵循如下几个重要原则。

① 文本不要太多，以免转移浏览者注意力。

② 要选择合适的颜色，以便使文本和其他界面元素一起产生一个和谐的视觉效果；文本的颜色应该一致，让用户可以容易地确定不同文本和颜色所代表的内容。

③ 选择的字体应和整个界面应融为一体；一旦已经为某些元素选择了字体，应该保证其在整个网站中应用的一致性。

④ 网站中可能会使用多种字体，但是同一种字体应该表示相同类型的数据或者信息。

⑤ 通过合理设置页边框、行间距等，使 Web 界面产生丰富变化的外观和感觉。

⑥ 应该重视标题的处理，把标题排版作为界面修饰的主要手段之一。标题一般无分级要求，其字形一般较大，字体的选择一般具有多样性，字形的变化修饰则更为丰富。

7.3.5　多媒体元素设计

图形、图像、动画、音频和视频等多媒体元素可以弥补平淡文本的不足，增强 Web 界面的艺术表现力。因此，在设计 Web 网页时有必要考虑使用不同类型的多媒体元素，使得网站更生动、更具吸引力。

图形图像元素主要包括背景、按钮、图标、图像等。设计者需要考虑如何把它们布置在界面这个“大画布”里。这些元素都可以被大多数浏览器直接显示，无需其他外部程序或模块支持。

动画是一个重要的 Web 多媒体表现形式。动画既有简单的 GIF 图像，也有 3D 虚拟环境。最常用的基本动画类型是 GIF、Rollover 和 Macromedia Flash 文件，前两者可以被大多数浏览器显示，后者需要特定插件才能显示。GIF 动画是静止图像的汇集，可以按照指定的序列号和速度重复运动。Rollover 是按钮、图像或者界面上的其他指定区域，当用户鼠标穿过时触发动作。图 7-9 是 Rollover 按钮的一个实例，三幅图分别代表了按钮的三种不同的状态：第一个是初始状态，第二个是鼠标穿过时的状态，当鼠标点击按钮后，按钮转换为第三种状态。Rollover 通常用于导航元素。Macromedia Flash 文件在网站设计中被广泛地接受。Flash 引入了一种新的动画形式，在节省带宽的情况下可以丰富 Web 展示的内容。

图 7-9　Rollover 按钮示例

全景图作为虚拟实景的一种重要表现形式，会让使用者有进入照片中的场景的感觉，如图 7-10 所示。360 度的高质量全景图主要有三个特点：①全方位。全面展示 360 度球型范围内的所有景致；可在其中通过鼠标拖动等观看场景的各个方向；②真实的场景：三维全景大多是在照片基础之上拼合得到的图像，最大限度地保留了场景的真实性；③三维立体的效果。虽然照片都是平面的，但是通过软件处理之后得到的三维全景却能给人以三维立体的空间感觉，使观者犹如身在其中。

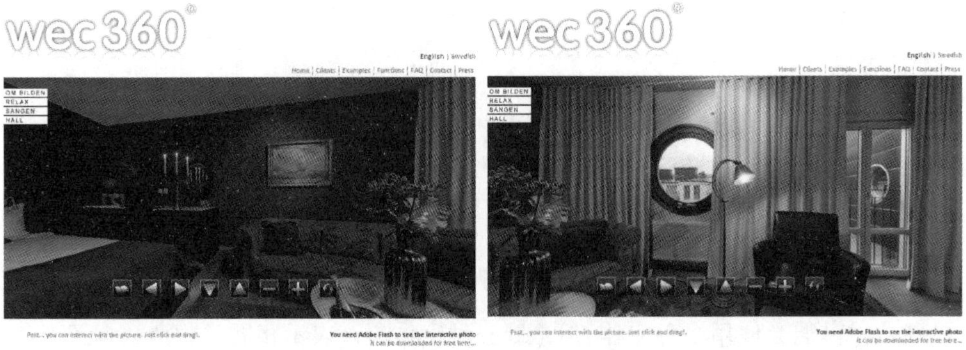

图 7-10　房间展示的全景图
(http://www.wec360.com/,2009 年 9 月)

另外,还有些声音、视频等多媒体元素(如 MP3 音乐)需要先下载到本地硬盘或内存中,然后启动相应的外部程序来播放。在浏览器中使用插件(Plug-in)可以播放更多格式的多媒体文件。

需要注意的是,在使用多媒体元素时,Web 设计者还需要考虑网络带宽的限制。丰富的多媒体展现形式可以增强 Web 界面的艺术性和趣味性,但是,过多的使用多媒体元素会降低浏览速度,影响访问效果和质量。

7.4　Web 界面设计技术

对于 Web 界面的设计,可采用 MicroSoft 公司的 Frontpage 和 Macromedia 公司的 Dreamweaver 网页编辑器工具。Web 界面设计中常用到 HTML 标注语言、JavaScript 客户端脚本语言、ASP/JSP 等服务器端脚本语言、AJAX 以及 WebGL 等技术。

7.4.1　HTML

HTML 是用来表示网上信息的符号标记语言,是一个跨平台语言,能在 Windows、Macintosh 和 Unix 平台上工作。HTML 已经成为 Web 文档信息的标准方法,是构成 Web 界面的主要工具。HTML 标准定义了构成语言的每一个独立元素,这些元素用于指示如何在浏览器中显示 HTML 文档的指令或标记符。这一标准可确保在不同的浏览器和计算机平台上超文本显示的一致性。

HTML 语言作为一种简单的文本形式的标记语言,由客户端的浏览器对其进行解释,达到所要展示的效果。通过 HTML 将所需要表达的信息按某种规则写成 HTML 文件,通过专用的浏览器来识别,并将这些 HTML 翻译成可以识别的信息,就是现在所见到的网页。

HTML 包含以下功能:在线文档的出版,其中包含了标题、文本、表格、列表以及照片等内容;通过超链接检索在线的信息;为获取远程服务而设计表单,可用于检索信息、订购产品等;在文档中直接包含电子表格、视频剪辑、声音剪辑以及其他一些多媒体应用。

HTML 文件看起来像是加入了许多被称为标签的特殊字符串的普通文本文件。从结构上讲,HTML 文件由各种标记元素组成,用于组织文件的内容和指导文件的输出格式。

HTML 语言的标记元素通常分为如下几类。

（1）基本标记元素

标记构成 Web 界面的一些基本元素。

（2）图形标记元素

目前能被 Web 浏览器直接解释的常见图像格式有：GIF 格式（.GIF 文件，支持 256 色）；X 位图格式（.XBM 文件，黑白图像）；JPEG 格式（.JPG、.JPEG 文件，支持 RGB 色）。

（3）表格标记元素

标记构成 Web 界面中表格的一些元素。

（4）表单标记元素

表单（Form）是实现交互功能的主要方式，用户一般通过表单向服务器端的 CGI 程序提交信息。下面给出一个表单实例及其运行结果。

2014 年 10 月 29 日，万维网联盟宣布，HTML5 标准规范最终制定完成并公开发布，在这个版本中推出了很多新功能。HTML5 主要在图像、位置、存储、速度等方面进行了改进和优化。

HTML5 已经确定引入 canvas 标签。通过 canvas，用户将可以动态地生成各种图形图像、图表以及动画。不仅如此，HTML5 也赋予图片图形更多的交互可能，HTML5 的 canvas 标签还能够配合 JavaScript 来利用键盘控制图形图像，这无疑为现有的网页游戏提供了新的选择和更好的维护性、通用性，脱离了 Flash 插件的网页游戏必然能够获得更大的访问量和更多的用户。一些统计数据表格也可以通过使用 canvas 标签来达到和用户的交互，例如图 7-11 是某网站对 2009 年德国的大选情况统计，它全部通过 HTML5 来实现用户点击和数据的变更，点选某个区域就可以实时地看到该区域的各党派选票率，大大增强了统计图表的可读性。

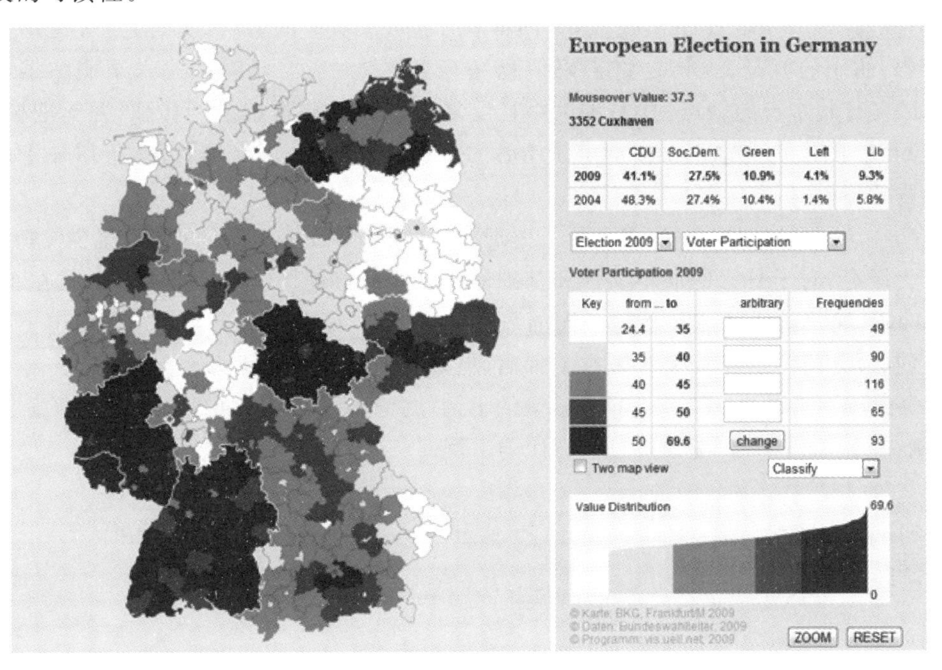

图 7-11　2009 年德国的大选情况统计

HTML5通过提供应用接口Geolocation API,在用户允许的情况下共享当前的地理位置信息,并为用户提供其他相关的信息。HTML5的Geolocation API主要特点在于:本身不去获取用户的位置,而是通过其他的三方接口来获取,如IP、GPS、WIFI等方式;用户可以随时开启和关闭,在被程序调用时也会首先征得用户同意,保证了用户的隐私。如图7-12所示的大头针图标从2010年到2011年在各类应用和互联网上非常火爆。人们在不同的地理位置进行签到,并查找自己当前的地理位置和周边。

图7-12 地理位置信息

HTML5的Web storage API采用离线缓存生成一个清单文件(manifest file),这个清单文件实质就是一系列的URL列表文件,这些URL分别指向页面当中的HTML、CSS、JavaScrpit、图片等相关内容。当使用离线应用时,应用会引入这一清单文件,浏览器会读取这一文件,下载相应的文件,并将其缓存到本地,使得这些Web应用能够脱离网络使用,而用户在离线时的更改也同样会映射到清单文件中,并在重新连线之后将更改返回应用,工作方式与现在所使用的网盘有着异曲同工之处。

缓存的强大并不仅在于离线应用,同样在于对cookies的替代。目前经常使用的保存网站密码,使用的就是cookies将密码信息缓存到本地,当需要时再发送至服务器端。然而,cookies有其本身的缺点,4KB的大小且反复在服务器和本地之间传输,并无法被加密。对于cookies的反复传输不仅浪费了使用者的带宽、供应商的服务器性能,更增加了用户信息被泄露的危险。

Web storage API解救了cookies。据现有的资料,Web storage API将至少支持4M的空间作为缓存,对于日常的清单文件和基础信息已经足够使用。速度的提升方式在于,Web storage API将不再无休止地传输相同的数据给服务器,而只在服务器请求和做出更改时传输变更的必需文件,这样就大大节省了带宽,也减轻了服务器的压力。

下面给出一个通过HTML5播放视频的示例,浏览器可以在无插件的情况下播放视频。

【例7-1】 HTML5视频播放核心代码示例。

```
<html>
  <link href = "./style.css" rel = "stylesheet" type = "text/css"  media = "all" />
<body>
        <div class = "grid_1_of_3 images_1_of_3 top_grid">

     <div>
             <h3>繁华市中心</h3>
```

```
        <p>动画片段展示了一个繁华的市中心场景,360 度全景展示! </p>
    </div>
            <video src = "./FormFactory_c.webm"  width = "100 % " height = "80 % "
            controls = "controls" type = "video/webm">
            Your browser does not support the video tag.
    </div>
</body>
</html>
```

所使用的 CSS 格式如下：

```
.grid_1_of_3{
    display: block;
    float:left;
    margin: 0 % 0 0 % 2 % ;
}
.images_1_of_3 {
    width:80 % ;
    high: 80 % ;
    padding:0 % ;
}
.top_grid{
    background: # f4f5f5;
    border:1px solid # f5eef3;
    border - radius:5px;
     - webkit - border - radius:5px;
     - moz - border - radius:5px;
     - o - border - radius:5px;
}
```

其运行结果如图 7-13 所示。

图 7-13 HTML5 视频播放示例

7.4.2 JavaScript

JavaScript 是一种内嵌于 HTML 中的脚本语言,它是一种基于对象和事件驱动并具有安全性能的脚本语言。它可以弥补 HTML 无法独自完成交互和客户端动态网页任务的不足,与 HTML、JavaApplet 一起实现在一个 Web 界面中链接多个对象,提供了一种实时的、动态的、可交互的表达手段,可使基于 CGI(Common Gateway Interface)的静态 HTML 界面提供动态实时信息,并对客户操作进行反馈。

JavaScript 具有以下几个基本特点。

(1) 它是一种脚本编写语言

JavaScript 采用小程序段的方式实现编程。像其他脚本语言一样,JavaScript 同样是一种解释性语言,提供了一个简易的开发过程。它与 HTML 结合在一起,从而方便用户的使用操作。

(2) 基于对象的语言

这意味着 JavaScript 能运用自己已经创建的对象。因此,许多功能可以来自于脚本环境中对象的方法与脚本的相互作用。

(3) 简单性

它是一种基于 Java 基本语句和控制流之上的简单而紧凑的设计,它的变量类型是采用弱类型,并未使用严格的数据类型。

(4) 安全性

JavaScript 是一种安全性语言,它不允许访问本地的硬盘,并不能将数据存入到服务器,不允许对网络文档进行修改和删除,只能通过浏览器实现信息浏览或动态交互,从而有效地防止数据的丢失。

(5) 动态性

JavaScript 是动态的,它可以直接对用户或客户输入做出响应,无须经过 Web 服务程序。它对用户的反映响应是采用以事件驱动的方式进行的。

(6) 跨平台性

JavaScript 依赖于浏览器本身,与操作环境无关。只要计算机能运行浏览器,支持 JavaScript 的浏览器就可正确执行。

下面通过一个程序说明 JavaScript 脚本是怎样嵌入到 HTML 文档中的。

【例 7-2】 Test.html 文档。

```
<HTML>
<head>
<Script Language = "JavaScript">
alert("这是第一个 JavaScript 例子!");
alert("欢迎你进入 JavaScript 世界!");
alert("今后我们将共同学习 JavaScript 知识!");
</Script>
</head>
</HTML>
```

Test.html 是 HTML 文档,其标签格式与标准的 HTML 格式相同。JavaScript 程序代码是一些可用字处理软件浏览的文本，在标签<Script Language ="JavaScript">...</Script>之间加入 JavaScript 脚本。例 7-2 中，alert()是 JavaScript 的窗口对象方法，其功能是弹出一个具有"确定"按钮的对话框，并显示括号中的字符串。该程序运行结果如图 7-14 所示。

图 7-14 JavaScript 示例

7.4.3 服务器端脚本语言

目前流行的三大服务器端脚本语言是 ASP、PHP、JSP。对于 Web 服务器来说，提供一个接口使其他应用程序能够与之相连成为一种常用的方法。通过这个接口，定制的可执行程序能够接收来自客户端的信息，包括通过单击超链接或在浏览器中输入统一资源定位符(URL)所提出的界面请求的细节。应用程序对客户端的请求能够生成相应的响应，而不是从服务器磁盘上读取文本或标记文件。

ASP(Active Server Pages)是一个 Web 服务器端的脚本语言，利用它可以产生和运行动态的、交互的、高性能的 Web 服务应用程序。客户端脚本语言 VBScript、JavaScript 可以嵌入 ASP 中，增强 Web 界面动态效果。下面是一个典型的在同一 ASP 文件中使用两种脚本语言的例子。

【例 7-3】 ASP 脚本语言示例。

```
<HTML>
<BODY>
<TABLE>
<% Call Callme %>
</TABLE>
<% Call ViewDate %>
</BODY>
</HTML>
<SCRIPT LANGUAGE = VBScript RUNAT = Server>
    Sub Callme
    Response.Write "<TR><TD>Call</TD><TD>Me</TD></TR>"
    End Sub
</SCRIPT>
<SCRIPT LANGUAGE = JavaScript RUNAT = Server>
    function ViewDate()
```

```
    {
        var x
        x = new Date()
        Response.Write(x.toString())
    }
</SCRIPT>
```

例7-3中,“< SCRIPT>< /SCRIPT>”之间分别是VBScript和JavaScript脚本语言,通过<%和%>嵌入ASP中;ASP通过包含在<%和%>中的表达式将执行结果输出到客户端浏览器。

PHP(HyperText Preprocess)是一种跨平台的、服务器端的嵌入式脚本语言。它大量地借用了C、Java和Perl语言的语法,并耦合PHP自己的特性,使Web开发者能够快速地写出动态生成界面。它支持目前绝大多数数据库。

JSP(Java Server Page)是Sun公司推出的新一代网站开发语言,它完全解决了目前ASP、PHP的一个通病——脚本级执行。JSP可以在Servlet和JavaBeans的支持下,编写出功能强大的Web网站程序。

上述三者都提供在HTML代码中混合某种程序代码、由语言引擎解释执行程序代码的功能。在ASP、PHP、JSP环境下,HTML代码主要负责描述信息的显示样式,而程序代码则用来描述处理逻辑。普通的HTML界面只依赖于Web服务器,而ASP、PHP、JSP界面需要附加的语言引擎分析和执行程序代码。程序代码的执行结果被重新嵌入到HTML代码中,然后一起发送给浏览器。ASP、PHP、JSP三者都是面向Web服务器的技术,客户端浏览器不需要任何附加的软件支持。

7.4.4 AJAX技术

AJAX(Asynchronous JavaScript and XML)的全称为“异步JavaScript和XML”,它是一种创建交互式Web界面应用的开发技术,是一种新的架构模式。AJAX尝试建立桌面应用程序的功能和交互性与不断更新的Web应用程序之间的桥梁。在Web应用程序中可以使用像桌面应用程序中常见的动态用户界面和漂亮的控件。它是多种已存在技术的综合,包括JavaScript、DHTML、XHTML和CSS、DOM、XML和XSTL、XMLHttpRequest等技术。其中,使用XHTML和CSS实现标准化呈现,使用DOM实现动态显示和交互,使用XML和XSTL进行数据交换与处理,使用XMLHttpRequest对象进行异步数据读取,使用JavaScript绑定和处理所有数据。

AJAX实质是遵循Request/Server架构,所以这个框架基本流程是:对象初始化→发送请求→服务器接收→服务器返回→客户端接收→修改客户端界面内容。只不过这个交互过程是异步的。这样把以前的一些服务器负担的工作转嫁到客户端,利用客户端闲置的处理能力来处理,减轻服务器和带宽的负担。例如,在AJAX中,如果用户在分页列表上单击Next,则服务器数据只刷新列表而不是整个页面,这样消除了每次用户输入时的页面刷新。

AJAX在用户与服务器之间引入一个中间媒介,从而消除了网络交互过程中的“处理—等待—处理—等待”缺点。用户的浏览器在执行任务时即装载了AJAX引擎。AJAX引擎用JavaScript语言编写,通常藏在一个隐藏的框架中。它负责编译用户界面及与服务器之间的交互。AJAX引擎允许用户与应用软件之间的交互过程异步进行,独立于用户与网络服务器间的交流。现在，可以用JavaScript调用AJAX引擎来代替产生一个HTTP的用户动作，内存中的数据编辑、页面导航、数据校验等不需要重新载入整个页面的需求，可以交给AJAX来执行。

AJAX的核心是JavaScript的对象XMLHttpRequest。XMLHttpRequest使我们可以使用JavaScript向服务器提出请求并处理响应，且不阻塞用户。

下面以两个验证通行证账号是否存在的例子来讲述AJAX在实际中的应用：用文本字符串的方式返回服务器的响应来验证网易通行证账号是否存在；以XMLDocument对象方式返回响应来验证金山通行证账号是否存在。

1. 创建XMLHttpRequest类

首先，需要用JavaScript来创建XMLHttpRequest类，向服务器发送一个HTTP请求，XMLHttpRequest类首先由Internet Explorer以ActiveX对象引入，称为XMLHTTP。其他浏览器也提供了XMLHttpRequest类，不过它们创建XMLHttpRequest类的方法不同。

由于在不同Internet Explorer浏览器中XMLHTTP版本可能不一致，为了更好地兼容不同版本的Internet Explorer浏览器，我们需要根据不同版本的浏览器来创建XMLHttpRequest类，下面代码就是根据不同的浏览器创建XMLHttpRequest类的方法：

```
xmlhttp_request = new ActiveXObject("Msxml2.XMLHTTP.3.0");     //3.0或4.0、5.0
xmlhttp_request = new ActiveXObject("Msxml2.XMLHTTP");
xmlhttp_request = new ActiveXObject("Microsoft.XMLHTTP");
```

在实际应用中，为了兼容多种不同版本的浏览器，一般将创建XMLHttpRequest类的方法写成如下形式：

```
try{
    if( window.ActiveXObject ){
        for( var i = 5; i; i-- ){
            try{
                if( i == 2 ){
                    xmlhttp_request = new ActiveXObject( "Microsoft.XMLHTTP" ); }
                else{
                    xmlhttp_request = new ActiveXObject( "Msxml2.XMLHTTP." + i + ".0" );
                    xmlhttp_request.setRequestHeader("Content-Type","text/xml");
                    xmlhttp_request.setRequestHeader("Content-Type","gb2312");
                }
                break;
            }
            catch(e){
                xmlhttp_request = false;
            }
        }
    }
    else if( window.XMLHttpRequest ){
        xmlhttp_request = new XMLHttpRequest();
        if (xmlhttp_request.overrideMimeType){
            xmlhttp_request.overrideMimeType('text/xml');
        }
```

```
        }
    }
    catch(e)
        { xmlhttp_request = false; }
```

2. 发送请求

在定义了如何处理响应后,就要发送请求。可调用 HTTP 请求类的 open()和 send()方法,如下所示:

```
xmlhttp_request.open('GET',URL,true)
xmlhttp_request.send(null)
```

Open()的第一个参数是 HTTP 请求方式:GET、POST 或任何服务器所支持的想调用的方式。按照 HTTP 规范,该参数要大写;否则,某些浏览器(如 Firefox)可能无法处理请求。第二个参数是请求页面的 URL。第三个参数设置请求是否为异步模式。如果是 TRUE,JavaScript 函数将继续执行,而不等待服务器响应。这就是“AJAX”中的“A”。

3. 响应处理

用 JavaScript 来创建 XMLHttpRequest 类、向服务器发送一个 HTTP 请求后,接下来要决定当收到服务器的响应后需要做什么。这需要告诉 HTTP 请求对象用哪一个 JavaScript 函数处理这个响应。可以将对象的 onreadystatechange 属性设置为要使用的 JavaScript 的函数名,如下所示:

```
xmlhttp_request.onreadystatechange = FunctionName;
```

FunctionName 是用 JavaScript 创建的函数名,注意不要写成 FunctionName(),当然也可以直接将 JavaScript 代码创建在 onreadystatechange 之后,例如:

```
xmlhttp_request.onreadystatechange = function(){
// JavaScript 代码段
}
```

首先要检查请求的状态。只有当一个完整的服务器响应已经收到,函数才可以处理该响应。XMLHttpRequest 提供了 readyState 属性来对服务器响应进行判断。

readyState 的取值如下:0(未初始化)、1(正在装载)、2(装载完毕)、3(交互中)、4(完成)。

所以只有当 readyState=4 时,一个完整的服务器响应已经收到,函数才可以处理该响应。具体代码如下:

```
if (http_request.readyState == 4) { // 收到完整的服务器响应 }
else { // 没有收到完整的服务器响应 }
```

处理响应时,函数会检查 HTTP 服务器响应的状态值。完整的状态取值可参见 W3C (World Wide Web Consortium)文档。当 HTTP 服务器响应的值为 200 时,表示状态正常。

在检查完请求的状态值和响应的 HTTP 状态值后,就可以处理从服务器得到的数据了。有两种方式可以得到这些数据:

- 以文本字符串的方式返回服务器的响应;

- 以 XMLDocument 对象方式返回响应。

4. 用文本字符串的方式返回服务器的响应

通过用文本字符串的方式返回服务器的响应来验证“网易通行证账号”是否存在。

首先,登录网易通行证注册界面(http://reg.163.com/reg0.shtml),可以看到检测用户名是否存在的页面并将用户名提交给 checkssn.jsp 页面进行判断,格式为:

```
reg.163.com/register/checkssn.jsp?username=用户名
```

根据上面讲到的方法,可以利用 AJAX 技术对网易通行证用户名进行检测。

第一步:新建一个基于 XHTML 标准的网页,在区域插入 JavaScript 函数如下:

```
function getXMLRequester( )
{ var xmlhttp_request = false;
try
{ if( window.ActiveXObject )
{ for( var i = 5; i; i-- ){
try{
if( i == 2 )
{ xmlhttp_request = new ActiveXObject( "Microsoft.XMLHTTP" ); }
else
{ xmlhttp_request = new ActiveXObject
( "Msxml2.XMLHTTP." + i + ".0" );
xmlhttp_request.setRequestHeader("Content-Type","text/xml");
xmlhttp_request.setRequestHeader("Content-Type","gb2312"); }
break;}
catch(e){ xmlhttp_request = false; } } }
else if( window.XMLHttpRequest )
{ xmlhttp_request = new XMLHttpRequest();
if (xmlhttp_request.overrideMimeType)
{ xmlhttp_request.overrideMimeType('text/xml'); } } }
catch(e){ xmlhttp_request = false; }
return xmlhttp_request ; }
function IDRequest(n) { //定义收到服务器的响应后需要执行的 JavaScript 函数
url = n + document.getElementById('163id').value;          //定义网址参数
xmlhttp_request = getXMLRequester();                       //调用创建 XMLHttpRequest 的函数
xmlhttp_request.onreadystatechange = doContents;           //调用 doContents 函数
xmlhttp_request.open('GET', url, true);
xmlhttp_request.send(null); }
function doContents()
{ if (xmlhttp_request.readyState == 4) {                   // 收到完整的服务器响应
if (xmlhttp_request.status == 200) {                       //HTTP 服务器响应的值 OK
document.getElementById('message').innerHTML = xmlhttp_request.responseText;
//将服务器返回的字符串写到页面中 ID 为 message 的区域 }
else { alert(http_request.status); } } }
```

在区域建立一个文本框,id 为 163id,再创建一个 id 为 message 的空白区域用来显示返回字符串(也可以通过 JavaScript 函数截取一部分字符串来显示):

```
<input type = text id = "163id">
<span id = "message"></span>
```

这样,一个基于 AJAX 技术的用户名检测页面就做好了,不过这个页面将返回服务器响应生成页面的所有字符串,当然还可以对返回的字符串进行一些操作,便于应用到不同的需求。

5. 以 XMLDocument 对象方式返回服务器的响应

通过以 XMLDocument 对象方式返回响应来验证金山通行证账号是否存在。

在上面的实例中,当服务器对 HTTP 请求的响应被收到后,会调用请求对象的 reponseText 属性。该属性包含了服务器返回响应文件的内容。现在以 XMLDocument 对象方式返回响应,此时将不再需要 reponseText 属性而使用 responseXML 属性。

首先登录金山通行证注册界面(https://pass.kingsoft.com/register-reg),我们发现金山通行证用户名的检测方式为 pass.kingsoft.com/ksgweb/jsp/login/uid.jsp? uid=用户名,并且返回 XML 数据:

```
isExistedUid -2
```

当 result 值为-1 时表示此用户名已被注册,当 result 值为-2 时表示此用户名尚未注册,因此通过 result 值可以判断用户名是否被注册。

对上例代码进行修改如下。

首先找到:

```
document.getElementById('message').innerHTML = xmlhttp_request.responseText;
```

改为:

```
var response = xmlhttp_request.responseXML.documentElement;
var result = response.getElementsByTagName('result')[0].firstChild.data;  //返回 result 节点数据
if(result ==- 2){
document.getElementById('message').innerHTML = "用户名" + document.getElementById('163id'
).value + "尚未注册";}
else if(result ==- 1){
document.getElementById('message').innerHTML = "对不起,用户名" + document.getElementById(
'163id').value + "已经注册";}
```

通过以上两个实例说明了 AJAX 的客户端基本应用采用的是网易和金山现成的服务器端程序。当然为了开发合适自己页面的程序,还需要自己编写服务器端程序,这涉及到程序语言及数据库的操作,这里不再详述。

AJAX 的主要优点如下。

① 通过异步模式,提升了用户体验。

② 减轻服务器的负担。AJAX 的原则是"按需取数据",可以最大程度地减少冗余请求,和响应对服务器造成的负担。

③ 无须刷新更新页面,减少用户心理和实际的等待时间。当要读取大量的数据的时候,不会出现白屏的情况。AJAX 使用 XMLHTTP 对象发送请求并得到服务器响应,而不重新载入整个页面。所以在读取数据的过程中,用户所面对的不是白屏,而是原来的页面内容,只有当数据接收完毕之后才更新相应部分的内容。

④ 可以把以前服务器负担的一些工作转移到客户端,利用客户端闲置的能力来处理,

减轻服务器和带宽的负担。

⑤ 基于标准化的并被广泛支持的技术，不需要下载插件或者小程序。

⑥ 进一步促进页面表现和数据的分离。

AJAX 的主要缺点如下。

① 使用了大量的 JavaScript 和 AJAX 引擎，而这取决于浏览器的支持的。所以使用 AJAX 的程序必须测试针对各浏览器的兼容性。

② AJAX 更新页面时并不是刷新整个页面，因而后退功能是失效的。

③ 对于流媒体的支持不如 FLASH 和 Java Applet。

④ 一些手持设备现在还不能很好地支持 AJAX。

由于 AJAX 的不足对于大部分 WebGIS 开发影响不明显，而其优点给用户带来的方便却是显著的，所以 WebGIS 开发中可以充分发挥 AJAX 的作用，这一点在 Google maps、Gmail 中已得到了证明。

7.4.5 WebGL 技术

WebGL 技术是一种在 Web 技术的基础上实现在网页上绘制和渲染复杂的三维立体图形且用户可以与之交互的技术。WebGL 的基本目标是建立网页上的 3D 复杂图形，其基本特征包括交互性、三维、简洁性、高度真实感等。通过 WebGL 技术的帮助，开发人员可以开发出具有三维效果的用户界面，用户可以在浏览器中运行三维的交互应用，而不需要安装任何插件。

顾名思义，WebGL 是 Web 技术和 OpenGL 技术结合的产物。其中，Web 技术主要是指最新的 HTML5 语言和 JavaScript 语言。HTML5 中新增的 Canvas 画布标签使得可以在网页上绘制二维图形甚至是三维图形，而 JavaScript 允许通过网页显示和操作这些绘制好的二维、三维图形。三维图形的绘制则主要是依靠 OpenGL 技术。

WebGL 和业内使用最广泛的三维图形渲染技术 OpenGL 来自于同一个组织 Khronos Group。虽然 WebGL 根植于 OpenGL，但它却是从 OpenGL 的另一个版本 OpenGL ES 2.0 发展而来。OpenGL ES 2.0 专用于嵌入式计算机、智能手机、家用游戏机等设备，其在 OpenGL 的基础上删减了一切低效能的操作方式，使得它在保持轻量级的同时仍然能渲染出高质量的三维图形。

从 OpenGL 2.0 以后的版本都支持可编程着色器(Programmable Shader)这一重要特性。该特性被 OpenGL ES 2.0 继承并成为了 WebGL 1.0 标准的核心部分。着色器使用一种类似于 C 的编程语言进行编写，称为着色器语言(shading language)，OpenGL ES 2.0 基于 OpenGL 着色器语言(GLSL)，称为 OpenGL ES 着色器语言(GLSL ES)。

WebGL 网页的软件结构如图 7-15 所示。WebGL 页面包含三种语言：HTML5、JavaScript 和 GLSL ES。通常 GLSL ES 是(以字符串的形式)在 JavaScript 中编写的，实际上 WebGL 程序也只需要用到 HTML 文件和 JavaScript 文件。

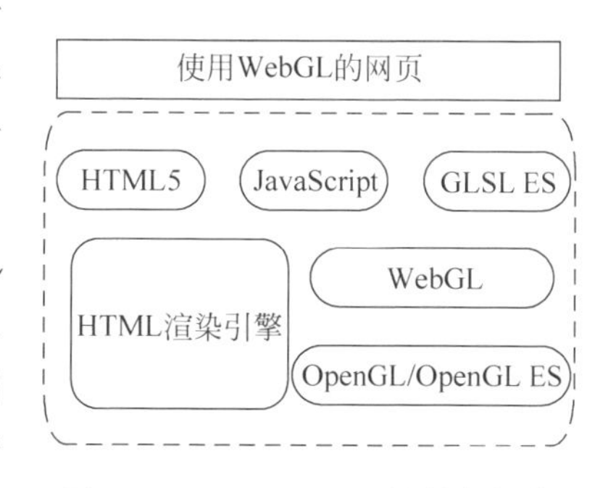

图 7-15　WebGL 网页的软件结构

现在主流的浏览器都支持 WebGL。从 Google Chrome 4.0、Mozilla Firefox 9.0、Opera 预览版、Safari 5.1 开始都支持 WebGL,而微软的 Internet Explorer 也从 11 开始支持 WebGL。早期的 IE 版本不支持 WebGL,但用户可以安装第三方插件(如 IEWebGL)来提供对 WebGL 的支持。

WebGL 原生 API 是一种非常低等级的接口,现在主要的 WebGL 第三方库有 Three.js、Oak3D、PhiloGL 等。下面将以主流的 Three.js 为例进行简单介绍。Three.js 包含以下三大基本组件。

(1) Scene 组件

绘制三维图形的场景,场景中包含了待绘制的所有三维物体。新建一个场景对象后,可以通过 add 语句将三维物体添加到场景中。

(2) Camera 组件

该组件定义相机的属性,即观察者的视点和视线方向等信息。相机实际上是通过投影变换将三维场景转换为二维图像并显示在屏幕上的。投影变换主要有两类:正投影和透视投影,分别对应着正投影相机(THREE.OrthographicCamera)和透视相机(THREE.PerspectiveCamera)。例如,创建一个透视相机和正投影相机的方法分别如下:

```
var camera = new THREE.PerspectiveCamera( fov, aspect, near, far);
var camera = new THREE.OrthographicCamera( left, right, top, bottom, near, far );
```

(3) Renderer 组件

该组件决定了渲染的结果应该显示在页面的什么元素上,并且以怎样的方式来绘制。创建一个渲染器的方法如下:

```
var renderer = new THREE.WebGLRenderer();
```

除了上述三大基本组件外,在 Three.js 中还包含其他基本的组件,如光源、材质、纹理等基本绘制图形的组件;以及动态描述物体的组件,包括平移、旋转、缩放等。

下面通过一个简单的示例来具体看看怎样通过 Three.js 在网页中绘制一个三维图形并使之运动,在浏览器中显示的结果如图 7-16 所示,为一个旋转的立方体。

【例 7-4】 WebGL 应用示例。

```
<html>
<head>
    <title></title>
    <style>canvas { width: 100%; height: 100% }</style>
    <script src="js/three.js" data-ke-src="js/three.js"></script>
</head>
<body>
    <script>
        var scene = new THREE.Scene();
        var camera = new THREE.PerspectiveCamera(75, window.innerWidth/window.innerHeight,
0.1, 1000);
        var renderer = new THREE.WebGLRenderer();
        renderer.setSize(window.innerWidth, window.innerHeight);
        document.body.appendChild(renderer.domElement);
        var geometry = new THREE.CubeGeometry(1,1,1);
```

```
        for ( var i = 0; i < geometry.faces.length; i += 2 ) {
              var hex = Math.random() * 0xffffff;
              geometry.faces[ i ].color.setHex( hex );
              geometry.faces[ i + 1 ].color.setHex( hex );
        }
        var material = new THREE.MeshBasicMaterial( { vertexColors: THREE.FaceColors} );
        var cube = new THREE.Mesh(geometry, material);
        scene.add(cube);
        camera.position.z = 5;
        function render() {
              requestAnimationFrame(render);
              cube.rotation.x += 0.1;
              cube.rotation.y += 0.1;
              renderer.render(scene, camera);
        }
          render();
    </script>
</body>
</html>
```

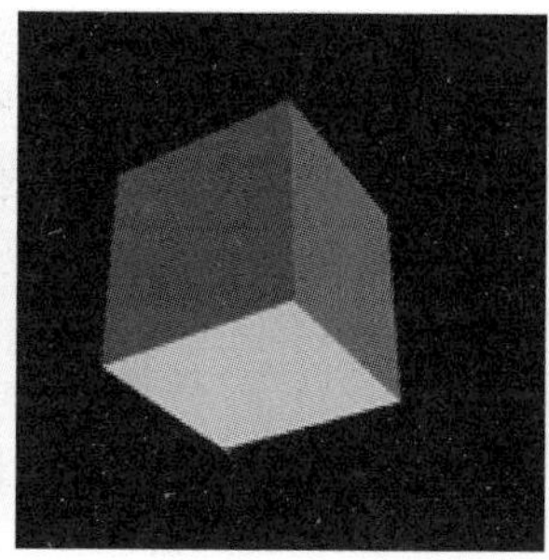

图7-16 WebGL三维显示效果示例

习题

7.1 简述Web设计的原则。

7.2 简述Web界面一般包括哪些主要元素及其所产生的作用。

7.3 用HTML5实现一个交互界面。

7.4 用JavaScript编写程序，并嵌入HTML网页。

7.5 利用WebGL显示一个三维模型，并通过浏览器从各个角度观察此模型，能使之简单地运动。

7.6 利用WebGL设计简单的三维迷宫场景。

CHAPTER 8

第8章 移动界面设计

近年来,智能手机、PDA(Personal Digital Assistant)等各式各样的移动设备不断出现,广泛应用于人们的日常生产和生活。相关的移动应用开发受到了越来越多的关注,其中针对移动应用的界面设计也已成为人机交互技术的一个重要研究内容。

移动界面的设计符合人机交互设计的一般规律,可以利用人机交互界面的一般设计方法。但由于移动设备的便携性、位置不固定性和计算能力有限性,以及无线网络的低带宽、高延迟等诸多的限制,移动界面设计又具有自己的特点。

本章主要介绍移动设备及其交互方式,移动界面的设计原则、要素设计以及相关设计技术与工具,并给出移动界面设计的两个实例。

8.1 移动设备及交互方式

8.1.1 移动设备

移动设备也称为移动装置(Mobile Device)、流动装置、手持装置(Handheld Device)等,是一种口袋大小的计算设备,通常有一个小的显示荧幕,带有触控输入或是小型的键盘。

目前主要的移动终端设备种类包括智能手机、PDA(Personal Digital Assistant)以及各种特殊用途的移动设备(如车载电脑等)。其中,基于可移动性(Mobility)的考虑,手机与PDA是目前最常见的主流移动设备。不过随着技术的进步,各种设备之间的界限正在逐渐淡化,也出现了一些新的移动设备形态,特别是介于PDA和笔记本电脑之间的移动互联网设备(Mobile Internet Device,MID)以及超移动个人电脑(Ultra-Mobile PC,UMPC)。

图8-1给出了苹果公司目前主流的几种移动终端设备,如苹果智能手机iPhone(见图8-1(a))、智能手表Apple Watch(见图8-1(b))、iPad(见图8-1(c))及iPod(见图8-1(d))等。

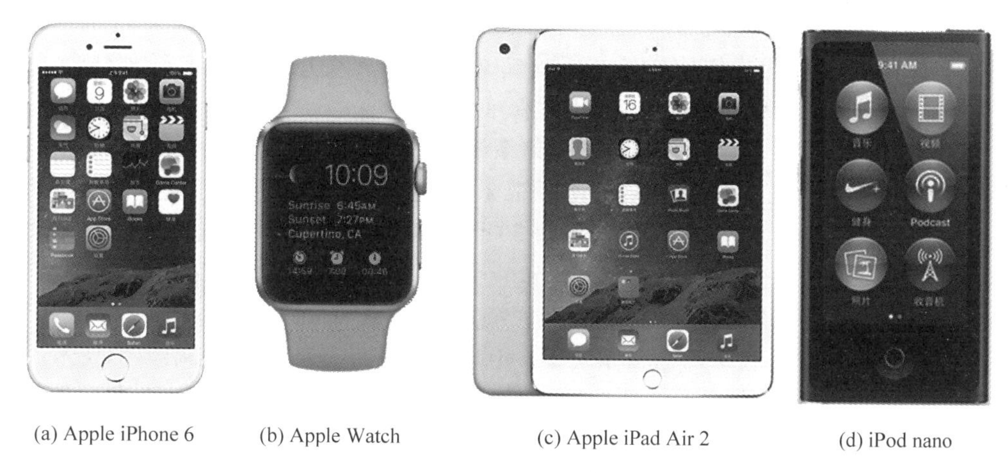

(a) Apple iPhone 6　(b) Apple Watch　(c) Apple iPad Air 2　(d) iPod nano

图 8-1　苹果移动设备

这些设备设计精巧，屏幕一般在 3～7 英寸大小，具备手写输入功能，如同掌上电脑一样携带方便，同时拥有接近于传统笔记本电脑的计算能力与存储空间，并能支持主流的无线连接技术，比如 WIFI 无线局域网技术与 Bluetooth 等无线个域网技术，甚至配备 3G、4G 等无线广域网及 WiMax 等无线城域网连接功能，再配合长时间的电池供电能力，能够很好地适应移动互联的要求。

不同品牌甚至不同型号的移动设备所采用的软硬件平台差别较大，这给开发通用的移动应用及设计通用的移动界面带来了极大的不便。

8.1.2　连接方式

移动互联网的数据接入方式是影响移动界面设计的另一重要因素，目前也是多种标准并存，主要形式包括无线局域网(Wireless Local Area Network，WLAN)、无线城域网(Wireless Metropolitan Area Network，WMAN)、无线个域网(Wireless Personal Area Networks，WPAN)、高速无线广域网(Wireless Wide Area Networks，WWAN)以及卫星通信等。

无线局域网采用无线的方式提供传统有线局域网的所有功能，具有极大的灵活性。目前主要的标准包括：IEEE 制订的 IEEE 802.11 无线局域网标准(一般又称为"WiFi")、欧洲电信标准协会(European Telecommunications Standards Institute，ETSI)制订的 HiperLAN 与由 HomeRF 工作组(HomeRF Working Group，HRFWG)开发的、适合家庭区域范围内的移动设备之间实现无线数字通信的开放性工业标准。前期无线局域网的传输速率基本上在 10Mbps 左右，目前随着高速无线通信的发展，无线局域网最大的数据传输速率超过 100Mbps。

无线城域网技术的目标是提供类似于有线 Modem、DSL(Digital Subscriber Line)、以太网以及光纤网等有线方式的高速 Internet 接入，优势是可以在较大的地理区域内且无须布线。主要标准为 IEEE 制订的 IEEE 802.16 和 IEEE 802.16a(又称为 WiMAX)。

无线个域网工作于超短距离的个人操作环境中，特点是需要相互通信的设备可以按需建网，并具有动态拓扑的特点，以适应网络节点的移动性。IEEE 的 802.15 工作组负责制订 WPAN 相关的各项标准。其中 IEEE 802.15.1 标准就是为大家所熟知的"蓝牙"

(Bluetooth)技术。高速的IEEE 802.15.3标准则可以将数据传输速率提高到55Mbps,完全适合多媒体数据的无线传输。另外一项超短距离的无线互联技术是红外线数据协会(Infrared Data Association,IrDA)的IrDA标准。

高速无线广域网技术是在无线语音通信系统之上发展起来的。一般将无线通信技术分为四代。其中第一代是模拟通信系统,出现于20世纪的80年代,目前已基本淘汰。第二代是目前正在使用的数字移动通信系统,包括20世纪90年代出现于欧洲的全球移动通信系统(Global Systems for Mobile Telecommunications,GSM)、日本的个人数字蜂窝电话(Personal Digital Cellular,PDC)以及美国的窄带CDMA(Code Division Multiple Access)等为第二代系统。第三代移动通信系统即3G(3rd Generation)系统,采用数字技术能够实现语音、数据以及多媒体信息的高速传输,这就是说,用第三代手机除了可以进行普通的寻呼和通话外,还可以上网查信息、下载文件和图片,以及进行可视电话业务。其中规定高速移动环境下至少达到144kbps,慢速移动环境至少达到384kbps,室内环境至少达到2Mbps的数据传输速率。目前主要的3G标准包括欧洲的WCDMA(Wideband CDMA)、美国的CDMA 2000以及中国研发的时分同步CDMA技术(Time Division-Synchronous Code Division Multiple Access,TD-SCDMA)。第四代移动通信技术即4G(4rd Generation)为宽带接入和分布网络,具有非对称的、超过2Mbps的数据传输能力,它包括宽带无线固定接入、宽带无线局域网、移动宽带系统和交互式广播网络。第四代移动通信可以在不同固定、无线平台和跨越不同频带的网络中提供无线服务,能够提供定位定时、数据采集、远程控制等综合功能。4G传输速率可达到20Mbps,甚至可达100Mbps,高移动性和高吞吐量必然是未来无线通信市场的发展趋势,对于移动多媒体应用提供更好的支持。

卫星通信始于20世纪60年代,最初是作为已有陆地通信的一种替代方式,一般被用于电视节目的广播,近年来逐渐开始提供双向的数据通信服务。休斯网络系统公司推出的DirectPC系统使微机用户可以利用小口径卫星接收天线下载数据,速率可以达到400kbps,不过这是一种单向的服务,因为上行数据需要通过modem传送,这一般称为单向卫星Internet接入。宽带卫星系统可以用于多信道广播、远程数据传送以及地面多媒体通信系统的接入手段,在新一代的移动通信系统中可望发展成为重要组成部分。

8.1.3 交互方式

移动设备种类繁多,其相应的输入方式也相当复杂。特别是对于目前主要的移动设备形式——智能手机与掌上电脑而言,由于尺寸较小,接口较为简单,全尺寸键盘、鼠标等诸多传统的输入输出设备较难在移动界面中使用,因此需要设计专门的输入输出方式,以适应移动界面的特点。本节介绍移动界面的主要输入方式和输出方式。

1. 输入方式

(1) 键盘输入

键盘输入是传统计算机获取文本信息的最主要形式,手机等移动设备同样离不开键盘。但是由于尺寸的限制,只有少量的智能手机和PDA提供了折叠式的、精简尺寸的QWERTY键盘,随着移动终端多点触摸屏幕的普及,目前大多数移动设备采用软键盘(Soft Keyboard)的方式。常用的移动终端提供的软键盘形式有QWERTY键盘、T9键盘等,如图8-2所示。用户在屏幕上选择需要的软键盘形式并完成输入。

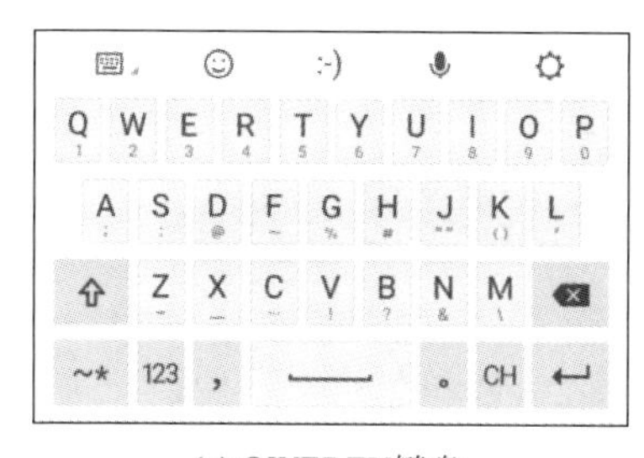

(a) QWERTY键盘

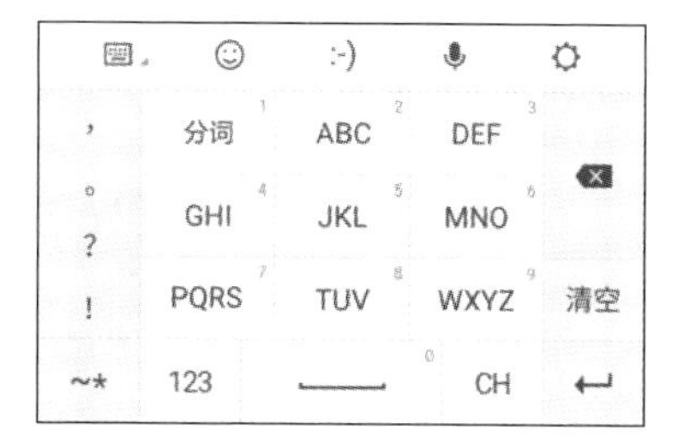

(b) T9键盘输入法

图 8-2　Android 手机的软键盘形式

软键盘的设计是假设用户已经习惯了某种键盘的输入形式，通过模拟用户的习惯输入方式达到提高输入效率的目的。不过，在尺寸较小的移动设备上使用软键盘并非如想象的那样高效。受屏幕大小限制，软键盘按键的大小往往比手指指尖小，且软键盘缺乏硬件键盘按下后的力反馈，因此软键盘的输入效率和准确率会小于传统的手机硬件键盘。为了提高用户输入的准确率，软键盘在用户触摸某个按键后，通过在交互界面上放大按键或者变换颜色等方式给予用户反馈，如图 8-3 所示。

图 8-3　Android 手机软键盘在某个按键按下后的界面反馈

此外，对于不同的键盘形式，其输入效率和准确度均有所不同。有关研究表明，T9 键盘输入法和 QWERTY 键盘输入法相比，效率更高。

- 用户熟悉 QWERTY 键盘的假设只是对于长期使用计算机的用户而言，而 T9 输入法所支持的手机键盘是基于日常生活中更为常见的电话键盘设计的，手机用户群往往未必熟悉计算机。
- 由于 T9 键盘采用一个按键对应多个字符，键的大小自然可以比相近大小的 QWERTY 键盘的按键要大得多，而更大的按键往往意味着更高的输入效率和准确度。
- T9 键盘按键的设计更加紧凑，按键间距相对较小，手指移动距离短，也可以提高输入速度。

(2) 手写输入

随着手写输入技术的日益成熟，在包括平板电脑(Tablet PC)、智能手机、掌上电脑等多种移动设备中得到了广泛应用。手写输入是目前掌上电脑与大多数智能手机最主要的一种输入方式。特别是在中国，由于汉字书写的复杂性，手写输入成为最自然、最符合中国人书写习惯的输入方式，在掌上电脑的键盘一般尺寸较小、甚至只能使用软键盘的情况下，手写输入最终将成为众多移动便携设备的首选输入方式。

移动设备上常用的手写输入方式有笔输入和手指输入两种，通过记录使用手写笔或者手指在触摸屏上所绘制的图形或手写的笔迹进行识别。随着手写识别技术的成熟，目前移动设备支持的手写输入能力也在逐步增强。例如，支持 Android 4.0.3 及以上版本的移动终端的手写输入支持82种语言,能识别楷书、草书等20种字体,并且还能识别手画的表情符号,如图8-4所示。

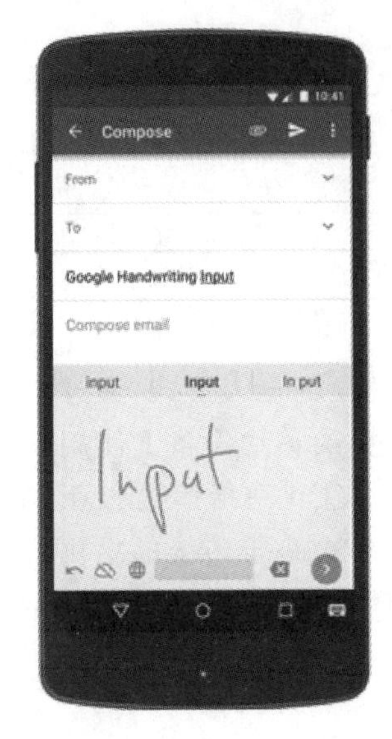

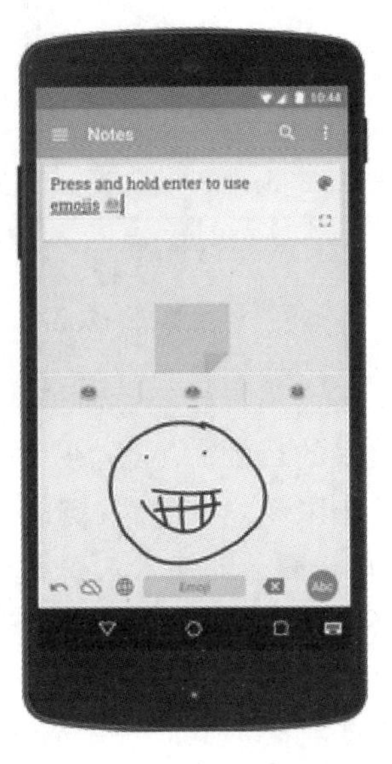

图8-4　Android手机的英语手写识别和手画表情识别

(3) 语音识别

语音是人们在日常生活中进行交流最主要的手段,因此语音技术也是新一代人机交互中的最重要技术之一。随着移动互联网等相关技术的发展,语音输入通过和云计算的结合,让平板电脑和智能手机的语音识别向最佳答案加速靠拢。在这种环境下,用户可以在办公室、家里或旅行途中随时随地通过手机等具有语音通信功能的移动设备与具备语音识别与合成技术的语音门户网站进行对话,享受诸如收听天气预报、预订航班或酒店、发送生日贺卡、获取最新股市行情等各种信息服务,如图8-5所示。这样可充分利用现有的手机等移动终端的语音通信功能优势,而避免了使用很小的手机屏幕浏览网页所带来的诸多不便。

图8-5　手机语音输入应用

除了获取信息、享受信息服务以外，语音识别技术还可以用于人机界面的语音命令导航，使得用户可以直接用语音发出各种操作指令。

当然，目前的语音识别技术仍存在诸多问题，如对于一些含有方言口音等的语音识别率还不够高，因此能够实现的应用领域还有一定的局限性，不会立即给人机交互方式带来本质性的影响。

和语音识别技术相关的输入方式就是语音录制。例如，微软公司的Pocket PC系统提供的语音录制程序(Voice Recorder)可以随时在任何可执行屏幕手写或绘制操作的程序中进行语音录制，可以单独生成一段录音，还可以将一段录音嵌入文本便笺中。

(4) 多点触控手势输入

目前移动设备大多具有多点触摸屏，支持多点触控手势输入。iOS及Android系统2.0以上版本均支持多点触控手势输入。人机交互过程中常用的基本手势如图8-6所示。

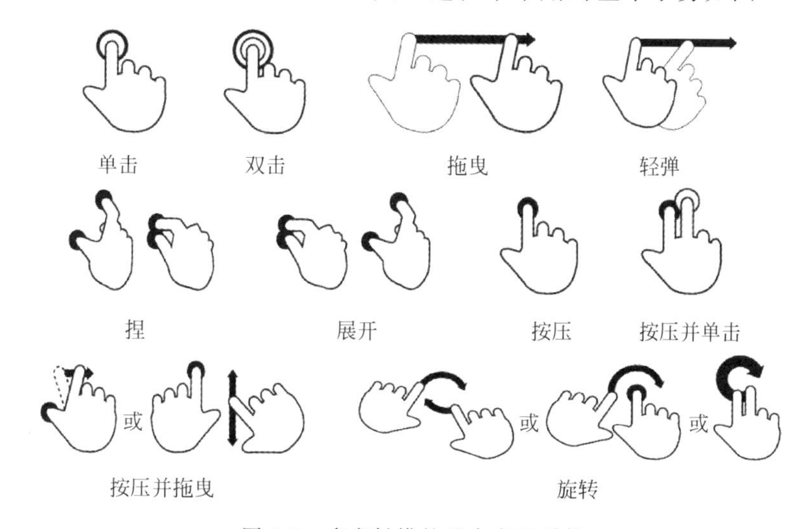

图8-6　多点触摸的基本交互手势

单击：手指轻击屏幕后离开；

双击：手指快速单击屏幕两下；

拖曳：在屏幕上移动指尖一段距离，移动期间保持接触；

轻弹：指尖快速划过屏幕；

捏：两个手指放在屏幕上，中间隔开小段距离，之后靠拢到一起，像捏东西一样；

展开：两个手指放在屏幕上，先靠在一起，然后划开；

按压：手指按住屏幕，持续较长的一段时间；

按压并单击：一个手指按压，另一个手指同时单击；

按压并拖曳：一个手指按压，另一个手指同时拖曳；

旋转：两个手指接触屏幕，之后顺时针或逆时针旋转。

(5) 其他感知信息输入

相对于PC，移动设备一般还集成摄像头、运动和方向感知等设备，因此具有更多的感知信息输入方式。

地理定位：常用的移动设备提供GPS、Wifi、基站三种地理定位方式。其中，GPS可定位到10m精度,耗时2～10分钟,可在户外使用,但是耗电大;Wifi可定位到50m精度,耗时、耗电忽略不计;基站可定位到100～2500m精度,耗时、耗电忽略不计。

运动方向:通过手机内置的加速器侦测手机运动方向。

手持定向:通过手机内置的数字罗盘实现,智能手机可识别用户是横向还是竖向握机,从而自动调整页面。

视频/图片:利用照相机捕捉或输入图片。例如,新浪微博和腾讯微信的手机客户端已经实现拍照上传功能。

环境识别:手机可感知周围环境光线的强弱,可以依据环境光强度自动调节界面亮度。

电子标签:通过射频信号自动识别目标对象并获取相关数据,可用于图书馆借书、超市购物、物流管理等应用。

生理识别:具有视网膜、指纹识别等功能,可以通过指纹实现锁定手机。

陀螺仪:早在iPhone 4中已经实现360度运动感知,可以应用于游戏控制。

2. 输出方式

移动设备的输出方式较为简单,主要是显示屏幕和声音输出。

(1) 显示技术

显示屏对于移动设备满足用户需求一直是一个关键因素。各种移动应用的成功与否往往也取决于是否能够有合适的显示技术相适应。例如,图像浏览、视频播放及交互游戏等应用如果没有一定分辨率的显示屏支持,往往会难以实现,不可能真正得到有效的推广和发展。

移动设备的显示屏幕从最早的仅能提供简单的文本显示,发展到今天已经有了较大的进步。例如,iPhone6的屏幕分辨率为1334×750像素,这种“高”分辨率的彩色显示屏对于运行图片浏览、视频回放等多媒体应用往往是必不可少的条件。通过采取进一步的软件措施,还可以增强显示的效果,如微软提供的ClearType®技术。

就显示技术的选择而言,分辨率、色彩、尺寸、功耗及显示响应速度是其中的关键因素。近年来有多种液晶显示技术应用于移动互联设备,如超扭曲阵列(Super-Twisted Nematic,STN)、DSTN(Dual STN)、CSTN(Color STN)、薄膜式晶体管(Thin Film Transistor,TFT)及薄膜二极管(Thin Film Diode,TFD)等。

除了液晶显示技术以外,多点触摸屏幕已经在移动设备上广泛应用,其中电容式触摸屏是目前移动设备最常用的触摸屏,例如iPhone手机即采用电容式触摸屏(详见本书第3章中的触摸屏介绍)。

此外,目前市场上约百分之九十的电子纸阅读器皆采用E-Ink电子纸,提供使用者舒适的阅读感,例如kindle。E-Ink电子纸由电子墨水及两片基板组成,上面涂了一层由无数微小的透明颗粒组成的电子墨水,这个“颗粒”实际上只有人的头发丝一半还不到。为了更易于理解,可以把电子墨水颗粒想象成一粒“胶囊”,胶囊里面分别装入了带负电的黑色颗粒和带正电的白色颗粒,通过控制基板电流的极性,按照同性相斥、异性相吸的原理,可以吸附白色或者黑色颗粒到基板上。通过控制整个面板的电流,即可以控制同时吸附的黑色粒子和白色粒子的数量,从而实现该点不同灰度的显示。

(2) 声音输出

和早期的个人电脑仅能发出单调的声音类似,手机与PDA等掌上设备的声音输出功能一般较弱。近年来逐渐引入声音合成技术，使得其可以播放较为动听的 MIDI(Musical Instrument Digital Interface)电子音乐。其工作原理与电脑中的 MIDI 合成系统基本相同，效果好坏主要可以从复音数目、合成技术及扬声器效果等角度进行评价。

移动设备的音乐合成技术主要包括两种：调频(Frequency Modulation，FM)合成与波表(Wave Table)合成，其中后者的效果要好很多。波表合成技术是将真实乐器的音色采样用于合成，因此波表容量越大，效果就越好。一般手机由于存储空间的限制多采用 FM 合成，不过也有一些高档机型采用波表合成技术，成本较高。

复音就是俗称的“和弦”，指的是音乐合成系统中能够同时发出的声音的数目，而并非音乐理论中的和弦。一般而言，达到 16 个复音以上的系统效果较好，如果能够达到 40 甚至 64 个复音，表现复杂的乐曲就绰绰有余了。

掌上设备的发声装置(即扬声器或小喇叭)的效果好坏也会直接影响声音输出的效果。

8.2　移动界面设计原则

通过前面的介绍可以注意到，移动设备特别是掌上设备的自身特点使其在作为移动应用的开发目标平台方面存在诸多限制。

(1) 资源相对匮乏

受到成本、能耗以及移动性的要求，移动设备的计算能力、存储容量、显示屏幕大小、屏幕分辨率等参数往往小于普通 PC，属于瘦客户端；且移动设备接口欠缺，无法连接丰富的外围输入输出设备等，这从根本上限制了对于现有应用系统的直接访问。例如，一般网站的默认分辨率高于手机的显示分辨率，且目前手机尺寸多在 4～6 英寸，例如 iPhone5 的屏幕尺寸为 5.5 英寸，三星 Galaxy S6 的屏幕尺寸为 6 英寸。屏幕大小的限制使得普通的手机和 PDA 往往无法直接访问一般的网站，需要设计专门的浏览器，或者定制网站内容，使其适应移动设备的能力。同时常用的手机计算能力依然比较低，且缺乏独立的 GPU 等硬件加速卡的支持，因此难以运行高质量的 3D 交互游戏。

从某种角度上讲，移动界面比桌面系统的用户界面要简单得多。初看是界面中元素多少的问题，实际上移动界面并非简单的、缩小版的桌面系统用户界面，二者的设计应该从理念上就加以区别：桌面系统用户界面中采用的一般是并行展示(Parallel Representation)，其中各种选择可以在一个大小可调的屏幕中同时显示出来；而在移动界面中，这些选择只能采用顺序展示(Sequential Representation)的方式，用户一屏一屏的浏览，每一屏中的元素一般较少，而且用户对这些元素的操作往往受到很多的限制。由于用户需要逐屏翻页寻找合适的选择，当选择过多、用户不能很快找到自己所需要的内容时，就会出现不满意的情况。从另一个角度考虑，手机的很多应用中菜单选项简单明了，用户的操作也仅须使用两个按键，用户出错的概率就可以降低。

因此移动界面设计的难题就是如何在有限的资源条件下有效地为用户提供信息服务，提供的选择必须根据重要性排列。

(2) 移动设备的种类繁多

在前面提到过，移动设备的种类极其繁多，软硬件平台规范各不相同，相互之间的兼容性不太好，其计算能力、存储容量、显示能力以及声音效果等也千差万别，使得在开发移动应用时,很多情况下需要专门针对某一型号的一种设备开发,大大增加了应用开发的复杂度。移动界面的设计也不例外,各种设备间的差异甚至可能是移动应用开发过程中最需要考虑的一个环节,因此移动界面需要具有一定的自适应性。

(3) 连接方式复杂

目前移动互联网的数据接入方式也是形式繁杂,多种标准并存,并在较长的一段时间内也很难完全统一。由于移动应用运行于移动互联网环境中,而移动设备的位置具有很强的移动性,同一设备可能在不同的时间段处于不同的网络连接条件下,网络的性能变化可能很大。目前,诸如GPRS等无线网络的网络带宽小,单位带宽成本高,传输延迟大,连接可靠性低,安全性差,连接也会出现时断时续的现象,而设备在移动的同时往往需要保持应用执行的连续性。这进一步增加了移动应用和移动界面设计的难度,除了考虑目标设备的计算资源、存储资源以及显示资源外,还要将网络连接状况视为一种资源,在设计时制订相应的策略。

通过上述的分析可以看到,移动界面设计中的最大问题就是界面的定制。无论是移动设备的各种资源的匮乏,还是其种类与连接方式的繁复,最终均可以归结为根据需要定制合适的移动应用界面。

正是由于上述诸多限制,使得在设计移动界面时,在考虑一般界面设计原则的同时,还要考虑移动设备的特殊性。下面介绍在各种软硬件移动平台(特别是掌上设备)上创建移动应用时应当遵守的一些重要的设计原则。

1. 简单直观

前面提到,由于移动设备的资源限制,移动界面不同于桌面系统用户界面,其设计要简单得多,但不能简单地将其看做缩小版的桌面系统用户界面。另外,在移动界面设计中,也不要默认地认为移动应用用户已熟悉桌面计算机的操作,因此假想他们能够同样熟悉移动设备系统的操作。实际上,手机等移动设备的用户数量远远大于计算机,很多手机用户并不使用计算机,而且移动性很强,很可能是在旅途中使用移动应用。他们往往希望移动应用能够按照自己所熟悉的操作方式来工作。因此,移动界面的设计应当尽可能地简单、直观。

图8-7所示是美国西南航空公司的Web站点及其对应的iPhone APP的用户界面比较,相对于Web站点,手机应用采用了更为简洁的方式,更专注于客户需求,如机票预订、办理登机手续、查询航班状态、查询里程等,没有其他的多余内容。

2. 个性化设计

移动设备的复杂多样性使得我们需要了解具体设备的性能,以便在移动界面设计时充分利用它们的优势,设计出个性化的界面,从而提高移动应用的可用性。

例如,图8-8为iOS 8 Maps在iPad、iPhone上的用户界面,地图在屏幕上均采用全屏显示方式,且依据不同环境采用个性化设计方式。如通过设备感知到的环境光的强弱,可自动设置开启夜间模式,将搜索的道路高亮显示,以保证界面信息的可读性,避免道路迷失;当用户在行走或者驾驶状态下,开启实时语音导航模式,以保证用户视线集中在道路上。

3. 易于检索

避免嵌套过深的多级菜单,缩减不必要的功能,以满足用户的目标需要为准,尽量减少

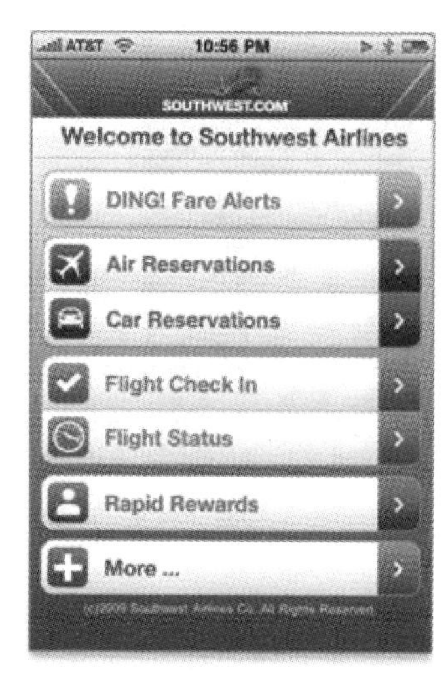

图 8-7 美国西南航空公司的 Web 站点和对应的 iPhone APP 的用户界面比较

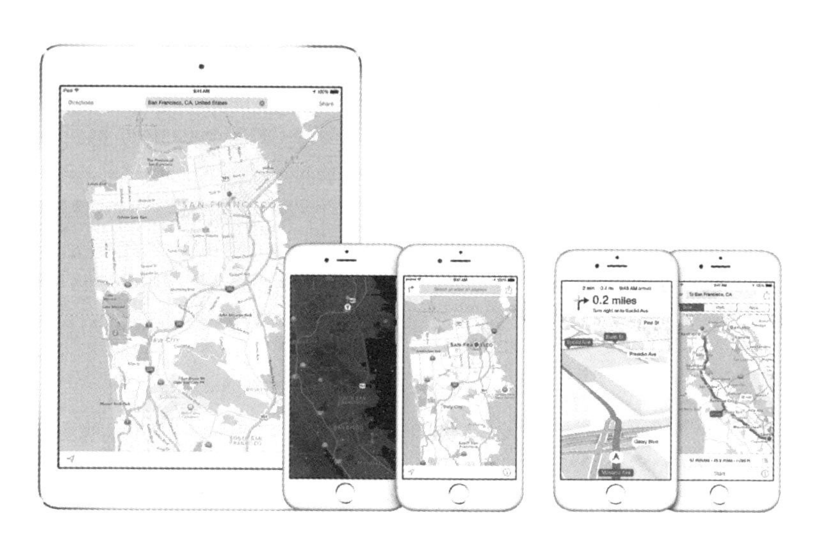

图 8-8 iOS 8 Maps 在不同移动设备上的用户界面

用户进行信息访问时所要采取的步骤，同时尽可能创建多种信息访问途径。

例如，图 8-9 为 Google 搜索引擎在手机上的用户界面。针对移动设备文本输入的困难，提供语音搜索功能，用户可以用英语、汉语（普通话）或日语说出想查询的内容（图 8-9(a)）；提供 Google Suggest 输入提示信息功能，当用户输入检索关键字后，系统自动提示建议查询的文字（图 8-9(b)）；记录搜索记录，以便用户再次快速执行近期曾执行的查询（图 8-9(c)）；此外还提供行业分类搜索途径，如搜索 Google 地图、Google 图片、Google 新闻及购物等（图 8-9(d)）。

(a) (b) (c) (d)

图 8-9　Google 搜索引擎在手机上的用户界面

4. 界面风格一致

一致的界面风格对用户来说很直观。在应用设计过程中,应当检查每个布局和每个显示来保证其一致性,不必要的差异常常会让用户感到不习惯,从而降低可用性。例如,在一个显示过程中使用单行的滚动文本形式,而在另一个显示过程中却使用换行文本形式。

为了保证界面风格的一致性,特别是在一个应用由多个程序员一起完成的情况下,编写风格指南或规范是有效的方法。可用性指南是一系列关于移动设备的概念、用户界面和信息结构的建议,一般应该通过大规模的用户测试之后得到。通过指南,可以避免一些最典型的可用性问题。因此,各种移动应用开发平台都提供某种形式的应用界面风格指南,仔细研究这些指南对于移动应用的界面设计非常重要。

5. 避免不必要的文本输入

尽量使用户避免不必要的文本信息的输入,而采用选择列表或模糊查询,即输入一部分查询关键词就可以获得检索目标或包含目标的列表可供用户选择,这样可以降低用户进行关键字文字输入的麻烦,因为移动设备特别是手机等掌上设备的文本输入较为繁琐。

例如 12306 手机订票软件,进行验证码的输入时为了减少用户文本输入的负担,将传统的字母、数字输入方式改为图片验证码,通过选择图片的方式进行验证,如图 8-10 所示。

图 8-10　12306 订票软件的图片验证码

6. 根据用户的要求使服务个性化

允许应用保留用户信息,以便能够记录用户的个性化信息。例如,可以利用 cookie 记录,或存储在该应用所在的服务器中,下一次用户启动应用时可以得到个性化的服务。

7. 最大限度地避免用户出错

预测用户可能出现的错误，提供相应的机制以尽可能避免。例如，如果用户要输入日期，可以采用格式化输入的方法，检查用户输入是否全部是数字，以及代表日期、月份和年份的数字的取值范围是否在合法的范围内。

8. 文本信息应当本地化

要根据应用所使用的地域特点，使应用本地化。例如，同样是邮政编码，在美国使用zipcode，而在英国和澳大利亚使用post或postal code。有时用词得当与否也可以影响某种应用的可用性。词义表达清楚是关键，要避免使用含混不清的用语。

8.3 移动界面要素设计

移动界面与一般的图形用户界面一样，包含很多种类的设计要素，在设计时需要遵循一定的原则才能更好地适应移动用户的需要。

不同的移动应用中其界面要素从形式上差别较大，占据主流市场的Android和iOS的App界面大多由四部分组成：状态栏、导航栏、主菜单栏以及中间的内容区域，如图8-11所示。其中，状态栏是显示信号、运营商、电量等手机状态的区域；导航栏显示当前界面的名称，包含相应的功能或者页面间跳转的按钮；主菜单栏类似于页面的主菜单，提供整个应用的分类内容的快速跳转；内容区域展示应用提供的相应内容，是整个应用中布局变更最为频繁的部分。

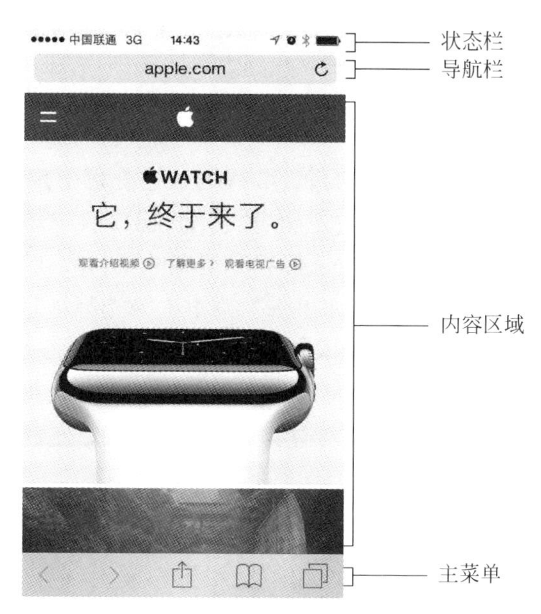

图8-11 移动界面组成

下面主要围绕手机应用，特别是Android应用和iOS应用（有关Android和iOS的介绍请参阅8.4节）的要素设计进行介绍。

1. 菜单

移动界面中的菜单的主要目的是用于提供项目选择,可以采用列表或弹出式的选项菜单的形式。可能的应用包括显示一个数据列表(如电子邮件信息列表)或选择一个选项,如为一个预订事件选择日期或允许用户改变设置等。

图 8-12 给出了 Android 常用的几种菜单形式。选项菜单(如图 8-12(a)所示)是最常规的菜单,可以是带图表的菜单项。选项菜单最多只能显示 6 个菜单项,超过 6 个时,第 6 个菜单项会被系统替换为一个名为“更多”的子菜单,显示不下的菜单项都作为“更多”菜单的子菜单项。子菜单项通过弹出悬浮窗口显示,如图 8-12(b)所示。子菜单不支持嵌套,即子菜单中不能再包括其他子菜单。此外,还可以通过长按某个视图元素来弹出上下文菜单,用于模拟在 PC 上右击弹出菜单的功能,如图 8-12(c)所示,长按“文件 1”后,显示“文件操作”上下文菜单选项。

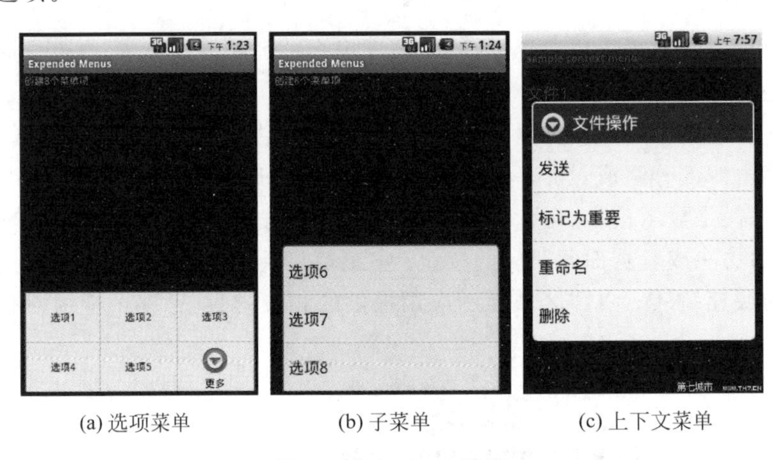

(a) 选项菜单　(b) 子菜单　(c) 上下文菜单

图 8-12　Android 菜单

为了设计适用于移动界面的可用性好的菜单,建议遵守以下规则:

- 供选择的项目应该根据需要进行逻辑分类,如按日期、字母顺序等。如果没有逻辑顺序,可以按优先级分类,即将被选择频率最高的项目放在列表的最顶端。
- 每一屏中不宜设计过多的选项,如果一个菜单上的选择项目太多,应该建立一个“更多”链接,将菜单扩展到多个屏幕。
- 菜单上的每一选项一般应当简明扼要,不宜超过一行。占据多行甚至多个显示窗口的大量文本则应当换行,并可以通过设计“跳过”连接使用户能够直接进入下一个选项。

2. 按钮

在按钮属性的设置上根据所显示的应用类型和信息类型,应该使用风格和标注一致的标签。如果使用了“确定”按钮,就在整个应用中的同等场合下使用同样的标签,而不是随意地只求意思相近即可,否则容易引起用户的混淆。如果采用英文标签,除个别始终用大写体的单词(如 OK)外,其他单词只有首字母需要大写。汉字标签则一般需要注意字数的控制。

例如,对于 iPhone 来说,红色一般代表着警戒和删除。如图 8-13 所示,QQ(a)以及微信(b)中删除好友均采用红色按钮,以表示警戒。

(a) QQ　　(b) 微信

图 8-13　iPhone 手机中不同应用的删除按钮

又如，对于按钮的排列位置方面，Android 的按钮保留和 Windows 系统一样的用户习惯，即固定把"确定"(或积极意义的操作)放到左边，把"取消"(或消极意义的操作)放到右边，如图 8-14 所示。

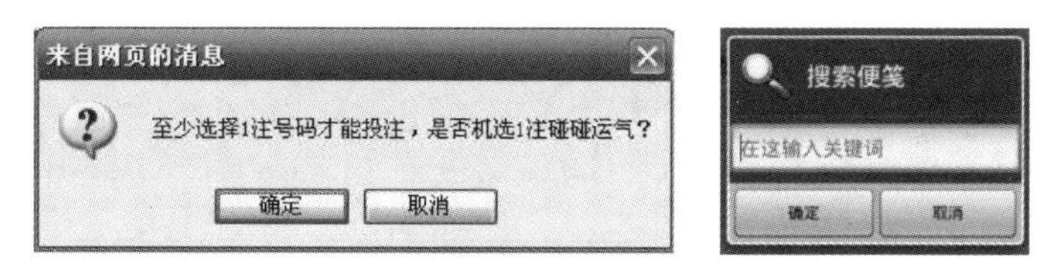

图 8-14　Windows 系统和 Android 系统中的按钮设置

3. 多选列表

多选列表的作用和菜单类似，不过可以用于从一个列表中选择一个以上的项目。在移动应用中使用多选列表，可以最大限度地减少文本输入。例如，使用一个电子邮件地址簿，可以使用户不必过多使用移动设备的输入功能来输入电子邮件地址，而是简单地通过多选列表将需要的电子邮件地址插入到一封电子邮件的收件人或抄送人地址中，如图 8-15 所示。

图 8-15　多选列表模拟显示画面

4. 文字显示

文字显示控件主要用于显示数量较多的文字信息，如显示电子邮件信息、新闻项目或股票行情等，一般不能用于文本输入。根据显示的需要，可以使用以下几种形式的链接。

- View(查看)：如果一个数据列表中每个项目包含额外的详细信息，可以使用该链接来显示这些数据。
- More(更多)：一般作为数据页末尾的一个链接，使用户进入下一页的相关数据。
- Skip(跳过)：跳过当前选项，链接到下一个类似的数据，如下一封电子邮件信息。

关于文字显示的一般可用性建议包括以下几点：

- 每一屏幕显示内容不宜过多，如果信息较多，应定义一个 More 链接。
- 一般情况下文字信息应当使用换行方式进行显示。

当显示一系列相关数据(如新闻报道或电子邮件信息)时使用一个 Skip 链接，使用户可以直接进入下一条信息。一般不要使用 Next 链接，因为测试结果表明，多数用户认为 Next 指的是“进入当前信息的下一页”，而不是“进入下一条信息”。

图 8-16 为某些应用中文字显示的例子，将“查看更多”、More 等链接置于活动状态下的页面中，引导用户进入下一页浏览文字。

图 8-16　文字显示页面

5. 数据输入

针对数据输入的可用性原则包括以下几点：

- 对于数据输入一般应该进行长度、数据类型以及取值范围等形式的格式化，以指导用户输入合法的可用信息。例如，如果用户必须输入的信息中有身份证号时，这个输入字段可被格式化为接受 15 个或 18 个字符，还可以进一步被限制为只接受数字或个别字母。

- 建立数据输入标题，并根据需要在标题中加入所要求的输入格式。
- 如果已经可以确定数据的某些输入部分，可以预先填好，且不允许用户修改。
- 应当具有检错机制，如果某些信息必须填写，应当设置成禁止提交空数据。
- 在格式设置中适当地添加分隔符，以提示用户输入合法的信息。

在图8-17中，QQ邮箱自动验证用户输入的电子邮件地址是否符合邮箱格式规范，即 * @qq.com。若不符合邮箱规范，则系统显示“电子邮箱地址无效”，提示用户出错（如图8-17左图所示）；如输入邮箱符合规范，系统将用户信息提交验证，看邮箱地址是否真正存在，如图8-17右图所示。

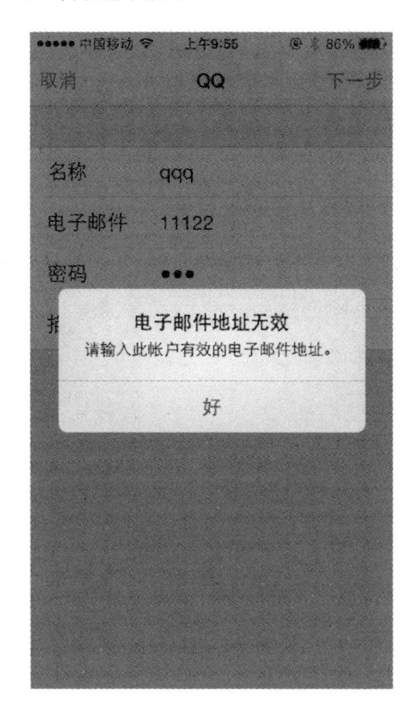

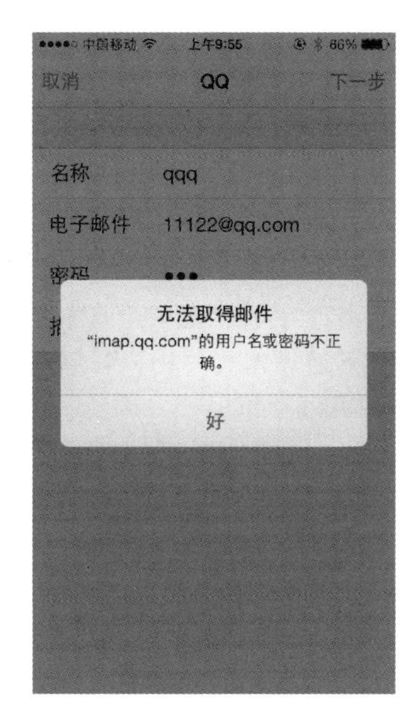

图8-17　QQ邮箱地址验证界面

6．图标与图像

图形和图像相较于文字更易于记忆和了解，故最合理的方式是“恰当的图形元素＋简短的文字”并整合到一个展示层面上，这种方式既有利于用户阅读，也可以使多步骤的流程更直观、易懂、易记忆。

图标采用的图形尽量简单易懂、形象具体。避免让人产生歧义的图标，因为这样反而会误导用户，损失设计交互体验。移动界面的程序图标设计通常有三种表现形态：图形表现方式、文字表述方式、图形和文字结合方式。图8-18列举了上述几种类型的图标。

图标在移动界面中常用圆角矩形或者圆形。圆润的形状是最容易让人觉得舒服的形状，尤其是在充满各种方框的手机屏幕内，增加一些圆润的形状点缀，立刻就会感到活泼的气息，增加好感。图8-19给出了圆形图标示例。

在手机等设备上使用图像往往有很多限制，需要注意的问题包括以下几点：

- 了解目标设备所支持的图像格式，如果希望应用跨平台使用，应当尽量使用得到较多支持的图像格式，如手机上的wbmp格式和png格式。

(a) 图形表现方式

(b) 文字表述方式

(c) 图形和文字结合方式

图 8-18　图标的三种表现形态

- 对于不支持图像的设备,应当提供替换的信息展示方式。
- 进行图像浏览时,图像默认应当充满整个可用区域,并在允许的条件下通过缩放使用户看到完整的图像。必须滚屏时,尽量使用垂直滚屏。
- 尽量使用户在上下文中直接浏览嵌入的图像,而不必使用独立的显示工具。

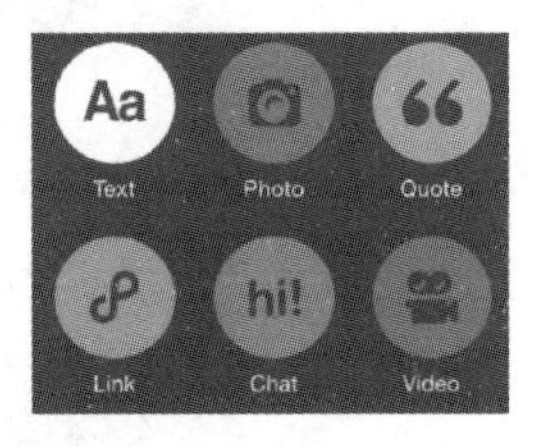

图 8-19　圆形图标

7. 警报提示

警报提示(Alert)主要起到反馈的作用,可以将用户所关心的最新信息通知给用户,或向用户提供有关当前状况的信息。一般使用文字信息,也可能加入一定的图标。如果要让用户看到所发出的信息并要求其回应,一般不使用提示。

常用的提示类型有以下几种。

(1) 确认提示

向用户发出操作成功的信息,一般持续时间较短,提示音比较柔和。如在 E-mail 或短信发出后提示"消息已发送"。不能在每种操作成功后都使用这种提示,否则容易引起用户的反感。

(2) 信息提示

提供设备使用期间的异常状况信息,一般持续时间较长,提示音比确认提示音更突出。用于不太严重的错误提示。

(3) 警告提示

提示用户完成某个必要的操作,一般持续时间很长,其提示音也非常突出,使用户马上引起注意。例如电池的低电量报警。

(4) 出错提示

当用户执行可能引起严重问题的某种操作时才使用。如用户输入了错误的 PIN 码,由于如此重复几次会锁定 SIM 卡,应当使用出错提示。对大多数不太严重的错误,应该使用信息提示。

(5) 持久性提示

这种提示在屏幕上保留一段不确定的时间,用户必须对此做出反应,例如提示插入SIM卡。

(6) 等待提示

当执行某个耗时的操作时会用到这种提示。为了使用户能够终止该操作,一般需要提供"取消"按钮或功能键。提示信息中往往含有进度图标或等待图标,其中等待图标是一个不确定时间间隔的动态图片,而进度图标则是一个不断增长的进度条,用于估计完成该操作的可能时间。

8. 多媒体展示

虽然移动设备的多媒体性能与桌面计算机相比并不尽如人意,但目前移动设备的多媒体支持还是进步很大,已经可以播放大多数类型的音频和视频文件,甚至还可以使用内置或外接的摄像头来抓取图像或者视频。因此移动应用开发平台也开始提供支持多媒体数据的编程接口,如Android平台媒体库支持多种常用的音频、视频格式的回放和录制,同时支持静态图像文件,编码格式包括MPEG4、H.264、MP3、AAC、AMR、JPG、PNG等。

为了制作能够在移动设备上播放的多媒体音频或视频文件,应当注意以下一些问题:

- 尽量使用标准文件格式。如手机平台上可以考虑的视频格式有3GPP、MPEG1/2、MPEG4或AVI等,其中3GPP是由3G标准制定组织3GPP提出的,采用MPEG4标准。音频文件则可以包括WAV、MIDI、MP3等。
- 根据平台的计算能力特点,选择合适的格式。虽然新的多媒体文件格式可以提供更小的文件尺寸,但是往往同时要求更高的运算能力,因此需要量力而行。使用简单的压缩甚至非压缩格式往往也是可行的。
- 不必一味追求动态视频,有的应用场合下静态图像也可以达到很好的展示效果;一旦使用动态效果,应当尽可能保证播放的速率要达到一定的标准,如视频播放的帧速率要尽可能高,使得画面比较流畅,这可能需要牺牲一定的画面质量。
- 高品质的音视频文件可能在很多移动平台上很难进行完美的回放,因此也没有必要保留过多的细节,要根据平台的多媒体回放能力制作相应质量的多媒体数据。如手机平台上视频的画面大小如果超过屏幕分辨率就意义不大,反而增大了数据传输时间与存储空间。
- 视频内容应该精炼,特别是比较短的视频没有必要包含太多的特技效果。
- 如果在应用中使用音频增强效果,音频的使用与否应当不改变程序的运行结果;如果使用,应当根据应用场合区分音频的属性,如在游戏中过关的声音应当比较欢快,而失败的声音则应当比较沉重。
- 录制音频时应当尽可能地提高音量,以保证回放时的效果。

此外,随着移动端计算和存储能力的增强,数据可视化设计在移动端越来越多地被使用。它将枯燥繁琐的列表和文字转换为直观的饼图、扇形图、折线图、柱状图等丰富直观的设计元素,提高用户体验,如图8-20所示。而且如今数据可视化不只是静态展现数据,用户希望通过互动及时获取数据流,若以动态效果来呈现,能多维度呈现给用户实时信息,同时能与用户形成互动,提高数据表现的趣味性。动态数据可视化将更加强调数据实时更新的图形,以及动态的图形化表达。

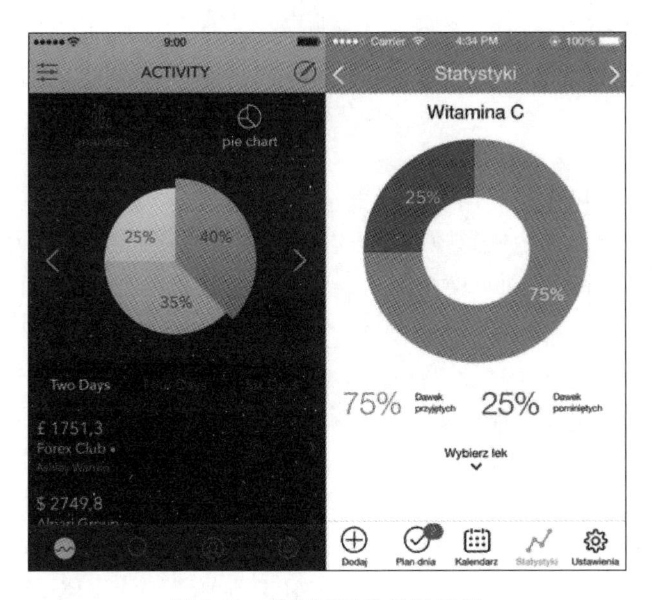

图 8-20 数据可视化效果示例

9. 导航设计

确定移动界面导航一般应该在应用设计完成后,建立导航流程图表,规划移动应用的导航流程。导航设计的基础是按传统的树结构编排的层次状态结构,如图 8-21 所示。

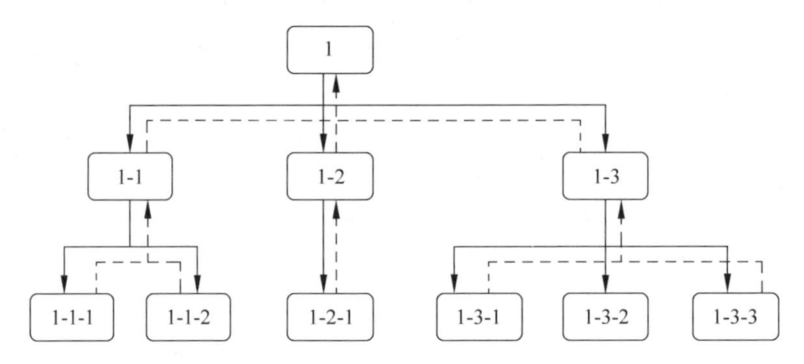

图 8-21 导航层次状态结构示意图

在这种层次状态结构中,每一节点代表一个状态,具体体现在移动界面开发中,往往是一个新的显示画面。在层次状态结构中,用户点击按键,打开一个可选项,或从菜单中选中一项,就实现了状态转换的过程,而返回功能(手机应用中常用右功能键实现返回功能)一般返回到层次树的上一级。在应用的初始状态下,返回功能的实现就变成了退出功能,将会关闭该应用。

在一些移动应用设计平台的用户界面中可以使用标签(Tab)进行导航控制。一般来说,如果内容相关的几页信息无法在单屏或单个列表显示时,通过标签可以将其合并成为一个单一状态,用户可以通过左右移动键来切换这些标签,这时的状态示意图如图 8-22 所示。

可以看到,加入标签导航以后,状态 1-3 用两个标签表示其信息。用户可以在 1-3a 和 1-3b 之间相互切换,原来的 1-3 节点成为复合节点。

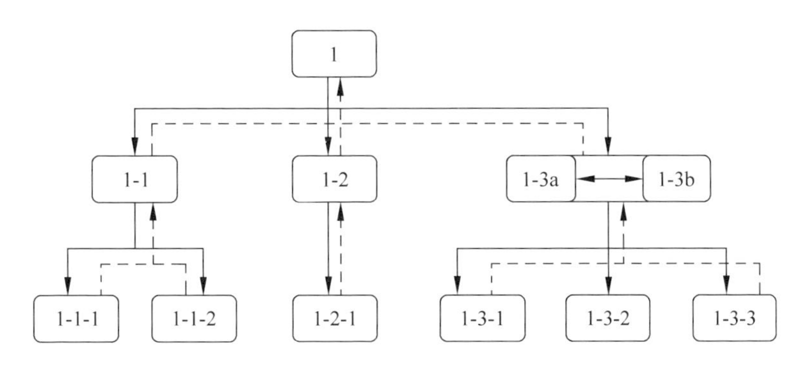

图 8-22　加入标签的导航层次状态结构示意图

采用标签进行导航的视图一般应当遵循以下原则：

- 从一个标签视图转到另一个并不影响这些视图中的返回键功能；它们中的任何一个返回功能指向同一个地方，即该应用的上一层。如在上例中，这两个标签视图之间并没有返回功能，如果从这两个中的任何一个返回，都将退回到状态 1。
- 当某个状态拥有标签视图时，如果用户从上一层进入到该状态，打开的将是默认视图。
- 如果用户从某个标签视图进入到其下面一层，这时的返回功能将导致返回到原先的视图（不一定是上面提到的默认视图）。

有时这种同层次的导航可以体现为不同节点间的相互访问，如图 8-23 所示。

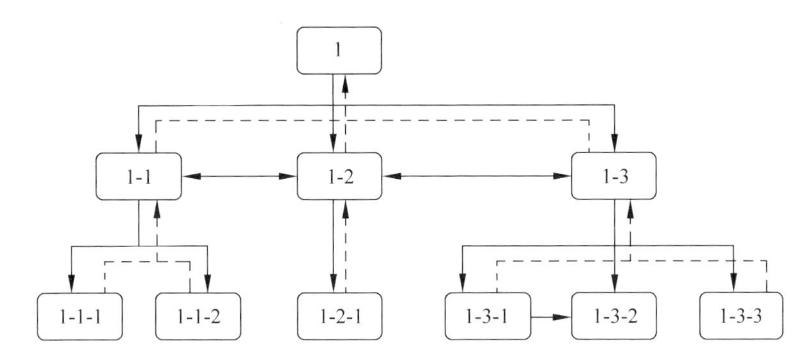

图 8-23　加入同层次访问的导航层次状态结构示意图

在这一示例中，节点 1 包含三个子节点（1-1，1-2，1-3）。当用户访问其中一个子节点时，可以在不返回节点 1 的情况下直接访问其他子节点。

这种同层次的应用导航也可以是单方向的，如图 8-23 中的 1-3-1 到 1-3-2 的访问。一般这种访问意味着从被访问方到访问发起方没有直接的返回通道。

这种关系使得这种层次状态结构不再是严格的树形结构，而变成了一种图结构。

可以使用导航流程图来完成具有较为复杂的导航流程的规划工作。图 8-24 所示为一个经过了适当简化的手机游戏的导航流程图，并且没有完全展开。有些节点如“选项”和“积分榜”等还可能存在下一级菜单导航。

这是一个典型的手机游戏的导航流程。可以注意到，每一个状态的下一状态最多仅有两个可能，分别对应手机中的两个功能键。如“继续”节点的左选项为“继续游戏”，右选项为

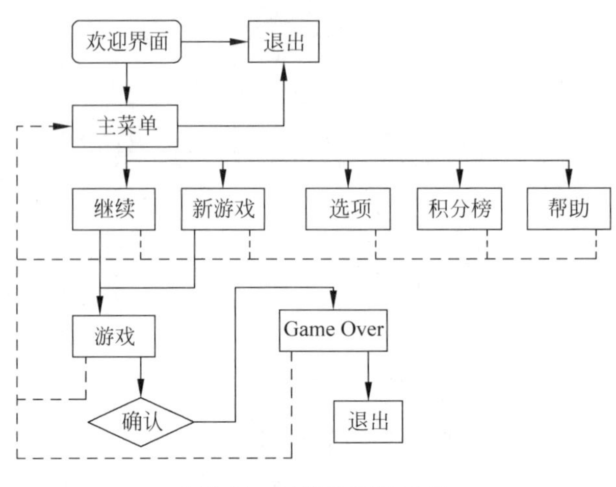

图 8-24　导航流程图示例

“返回”；而“游戏”节点的左选项为“暂停”，右选项为“退出”。在操作中手机用户可以使用左右功能键直接选择。

8.4　移动开发平台与工具

8.4.1　移动开发平台技术

开发移动应用是一项复杂的任务，不仅需要考虑各种复杂的网络连接方式、各种不同的硬件设备甚至不同型号的设备之间的差异，还要与现有的应用体系尽可能地集成，因此选择适当的开发平台也很重要。使问题更加复杂的是，目前市场上有各种不同的移动应用开发体系结构、移动设备操作系统和移动应用标准等，需要在综合考虑多种因素后进行决策。下面介绍目前常用的几种移动应用开发平台的体系结构。

1. Android 操作系统

Android 是一个以 Linux 为基础的、开放源代码的移动设备操作系统，主要用于智能手机和平板电脑，由 Google 公司成立的 Open Handset Alliance(开放手持设备联盟，OHA)持续领导开发。

(1) Android 的发展

Android 系统最初由安迪·鲁宾(Andy Rubin)等人开发制作，最初开发这个系统的目的是创建一个数码相机的先进操作系统，但是后来发现市场需求不够大，加上智能手机市场快速成长，于是 Android 被改造为一款面向智能手机的操作系统。该公司于 2005 年 8 月被美国科技企业 Google 收购。2007 年 11 月，Google 公司与 84 家硬件制造商、软件开发商及电信运营商联合成立开放手持设备联盟，共同研发和改良 Android 系统。随后，Google 公司以 Apache 免费开放源代码许可证的授权方式，发布了 Android 的源代码，让生产商推出搭载 Android 的智能手机，Android 操作系统后来逐渐拓展到平板电脑及其他领域上。

2010 年末的数据显示，仅正式推出两年后的 Android 操作系统在市场占有率上已经超越称霸逾十年的诺基亚 Symbian 系统，成为全球第一大智能手机操作系统。

(2) Android 架构

如图 8-25 所示，Android 系统架构由 5 部分组成，分别是 Linux Kernel、Android Runtime、Libraries、Application Framework、Applications。下面详细介绍这 5 个部分。

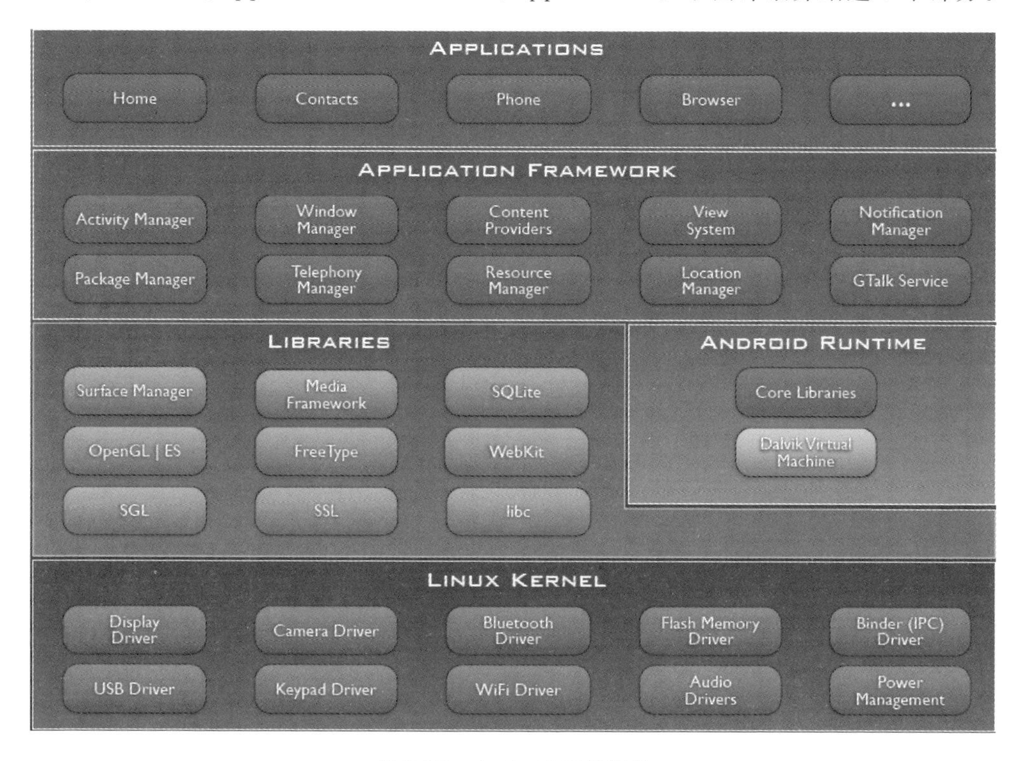

图 8-25　Android 系统架构

Linux Kernel 是基于 Linux 2.6 提供核心系统服务，如安全、内存管理、进程管理、网络堆栈、驱动模型。Linux Kernel 也作为硬件和软件之间的抽象层，它隐藏具体的硬件细节而为上层提供统一的服务。

Android Runtime 包含一个核心库的集合，提供大部分在 Java 编程语言核心类库中可用的功能。

Libraries 包含一个 C/C++库的集合，供 Android 系统的各个组件使用。这些功能通过 Android 的应用程序框架(Application Framework)提供给开发者。

Application Framework 提供开放的 Android 开发平台，使开发者能够编写极其丰富和新颖的应用程序。开发者可以自由地利用设备硬件优势，访问位置信息，运行后台服务，设置闹钟，向状态栏添加通知等。

Application 装配一个核心应用程序集合，包括电子邮件客户端、SMS 程序、日历、地图、浏览器、联系人和其他设置。所有应用程序都是用 Java 编程语言编写的。

2. iOS 操作系统

iOS(原名 iPhone OS)是由苹果公司为移动设备所开发的操作系统，支持的设备包括 iPhone、iPod touch、iPad、Apple TV 等。与 Android 及 Windows Phone 不同，iOS 不支持非苹果的硬件设备。

(1) iOS的发展

2007年1月9日,苹果在Macworld大会上公布iOS,并于同年6月29日发布了iOS的第一个版本,目前已发布iOS 8,2014年9月18日可公开下载。iOS可以通过iTunes对设备进行升级,iOS 5.0及以上版本也可以通过OTA的方式进行软件更新。iOS必须由设备通过苹果服务器激活,激活方式可以通过iTunes,iOS 5.0及以上版本也可以通过iCloud服务激活并且自动同步。最新版本的iOS 8占用约1GB左右的存储空间。WWDC2013上发布的iOS 7彻底更改了用户界面接口,并加入近200项新功能、超过1500个API。WWDC2014上苹果发布了iOS 8 beta系统。

(2) iOS架构

iOS的系统架构(如图8-26所示)分为四个层次:核心操作系统层(Core OS Layer)、核心服务层(Core Services Layer)、媒体层(Media Layer)和可触摸层(Cocoa Touch Layer)。

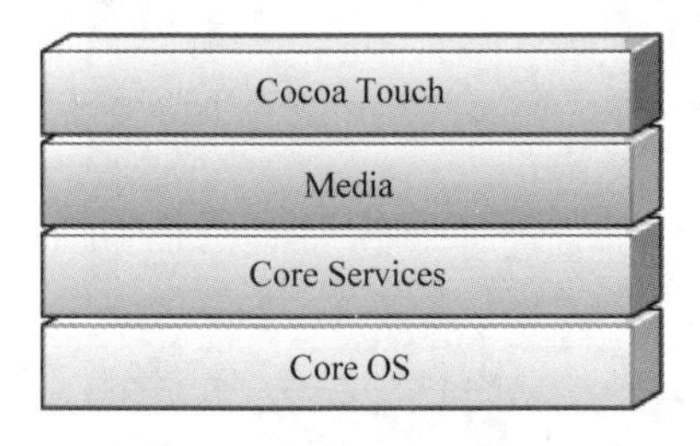

图8-26 iOS系统架构

Core OS是位于iOS系统架构最下面的一层,是核心操作系统层,它包括内存管理、文件系统、电源管理以及一些其他的操作系统任务。它可以直接和硬件设备交互。APP开发者不需要与这一层打交道。

Core Services是核心服务层,可以通过它来访问iOS的一些服务。

Media是媒体层,通过它可以在应用程序中使用各种媒体文件,进行音频与视频的录制、图形的绘制,以及制作基础的动画效果。

Cocoa Touch是可触摸层,这一层为应用程序开发提供了各种有用的框架,并且大部分与用户界面有关,本质上来说它负责用户在iOS设备上的触摸交互操作。

3. Windows Phone操作系统

Windows Phone(简称WP)是微软发布的一款移动操作系统,它将微软旗下的Xbox Live游戏、Xbox Music音乐与独特的视频体验集成在手机中。

2010年10月11日,微软公司正式发布了智能手机操作系统Windows Phone,其使用接口用了一种称为"Modern"的接口。2011年2月,诺基亚公司与微软达成全球战略同盟并深度合作共同研发。2011年9月27日,微软发布Windows Phone 7.5。2012年6月21日,微软正式发布Windows Phone 8,采用和Windows 8相同的Windows NT内核,同时也针对市场的Windows Phone 7.5发布Windows Phone 7.8。现有的Windows Phone 7手机都将无法升级至Windows Phone 8。2014年,微软发布Windows Phone 8.1系统,其可以向下兼容,让使用Windows Phone 8手机的用户也可以升级到Windows Phone 8.1。而在Windows 10时代,微软宣布Windows Phone即将结束,Windows将作为微软统一的平台系统。

Windows Phone 7和Windows Phone 8采用了不同的系统架构。从Windows Phone 7到Windows Phone 8的最大区别就是把WinCE内核更换为WinRT内核,且底层的架构使用了Windows Runtime的架构。

4. BlackBerry 操作系统

BlackBerry OS 是由 Research In Motion（现为 BlackBerry）为其智能手机产品 BlackBerry 开发的专用操作系统。这一操作系统具有多任务处理能力，并支持特定的输入设备，如滚轮、轨迹球、触摸板以及触摸屏等。

2010 年末的数据显示，BlackBerry OS 在市场占有率上已经超越诺基亚，仅次于 GoogleAndroid 操作系统及苹果公司 iOS 操作系统，成为全球第三大智能手机操作系统。2013 年，黑莓宣布将使用 BlackBerry 10 取代现有的 BlackBerry OS。

5. 其他操作系统

塞班（Symbian）是一种移动操作系统，由诺基亚公司拥有，曾广泛使用于诺基亚手机上，2013 年后停止发展。

Palm OS 是一套专门为掌上电脑编写的操作系统，因此在设计中充分考虑到了掌上电脑的资源受限等特点，不仅本身所占的内存很小，其上所编写的应用程序的内存占用也很小，通常只有几十 KB，所以可以运行众多的应用程序。2005 年 9 月，负责开发 Palm OS 的 Palm Source 公司被爱立信公司收购，并于 2007 年将系统名称更改为 Garent OS。

8.4.2 移动浏览标准协议

采用 J2ME 等技术开发的应用软件需要在运行程序的用户终端上进行安装和配置，同时也对终端的性能具有一定的要求。移动应用的开发还有一种模式，就是类似于 Web 应用的开发，用户端仅须支持一定的移动浏览标准协议，通过移动浏览器，就可以在网络上访问移动应用服务器，获取信息或完成某些操作。

1. WAP

WAP（Wireless Application Protocol）是专门为移动系统设计的一种通信协议和应用环境，由一个称为“WAP 论坛”的组织负责制订。于 1998 年通过的 WAP 1.0 版本包括了 WAP 协议的核心内容、WML 以及 WMLScript 等。后来陆续通过了 WAP 1.1、WAP 1.2 以及 WAP 2.0 版本。

WAP 的 1.x 版本和 HTTP 等协议不相兼容，其实现被定义为五层，自底向上分别是 WDP（Wireless Datagram Protocol）、WTLS（Wireless Transport Layer Security）、WTP（Wireless Transaction Protocol）、WSP（Wireless Session Protocol）和 WAE（Wireless Application Environment），每一层都和相应的 WWW 分层基本一致，其中 WDP 对应 IP，WTP 对应 TCP，WTLS 对应 SSL，WSP 对应 HTTP，而 WAE 层定义的 WML（Wireless Markup Language）及其脚本语言 WMLScript 对应于 HTML 和相应的脚本语言。

WAP 2.0 于 2001 年 8 月正式发布，在 WAP 1.x 的基础上集成了 XHTML、TCP/IP、超文本协议（HTTP 1.1）和传输安全层（TLS）等 WWW 标准和技术，并应用到无线领域。WAP 2.0 增加了数据同步（Data Synchronization）、多媒体信息服务（Multimedia Messaging Service，MMS）、持久存储接口（Persistent Storage Interface）、配置信息提供（Provisioning）和小图片（Pictogram）等新的业务和应用，同时加强了无线电话应用（Wireless Telephony Application，WTA）、WAP 推送（WAP Push）技术和用户代理特征描述（User Agent Profile，UAProf）等原有的应用。

这些新技术与标准的应用使得应用开发商能够利用原有的WWW应用开发的知识与技术开发各种移动应用,增强了移动互联网服务的实用性与安全性。

2. WML与WMLScript

无线标记语言(Wireless Markup Language,WML)是基于扩展标记语言XML设计的,是WAP论坛随着WAP协议提出并专为无线设备用户提供交互界面而设计的,可以显示各种文字、图像等数据。

WMLScript也是属于WAP应用层的一部分,基于JavaScript的标准版本ECMAScript脚本语言设计,与WWW页面中JavaScript的作用基本一致,是一种面向WML页面语言的客户端脚本语言,可以向WML卡片组和卡片中添加客户端的处理逻辑,有效增强客户端应用的灵活性。

WML与WMLScript专为移动设备设计,因此在基于WML与WMLScript的移动应用开发特别是界面设计过程中,需要充分考虑移动设备的屏幕大小及计算能力来组织其内容。本节后面将结合具体的应用实例介绍基于WML的应用开发。

与数量庞大的WWW网站相比,目前专门用于移动浏览的WAP网站(如中国移动的移动梦网、空中网等)数量还相对较少。因为需要重新制作网站内容,特别是大型网站的重新建站成本很高,采用中间件和服务器端生成技术对现有的HTML页面内容进行动态的转换是一种有效的解决手段。

3. XHTML Basic与XHTML MP

2000年12月,W3C发布了XHTML Basic规范,作为面向移动应用的浏览页面语言的推荐规范。XHTML Basic是XHTML的移动版本,借助于XHTML模块化(Modularization)技术,包括了保持XHTML语言特征的最小的模块集合,去掉了一些不适合小屏幕设备的功能如框架功能,适用于手机、PDA、寻呼机和机顶盒等移动设备。

XHTML MP(XHTML Mobile Profile)是WAP论坛为WAP 2.0所定义的内容编写语言。以XHTML Basic为基础,加入了层叠样式表(Cascading Style Sheets,CSS)等模块的支持。和XHTML Basic一样,XHTML Mobile Profile是严格的XHTML 1.0子集。

XHTML的模块化架构可以很容易、很快地适应不同的硬件环境下的应用。基于XHTML MP开发的移动应用具有良好的兼容性,前景广阔,目前得到了广泛的支持。

8.4.3 移动界面开发工具

由于开发移动应用的环境复杂性,选择一种合适的开发工具也是很有必要的。一般由于移动设备的特殊性,很多开发工具特别是设备厂商提供的开发包和硬件密切相关,不少的设备虽然支持标准的协议,但是又增添了很多专有的属性,使得互相之间的兼容性较差。因此无论选择哪一种工具,都需要有针对性地对各种可能运行的平台进行测试,以便充分保证移动应用的运行效果。由于移动设备的硬件形式繁多,而且需要在本机上提供良好的开发环境,所以模拟器软件就成为移动应用开发必不可少的一种工具。

所谓模拟器就是在一种平台上采用软件来模拟另外的软硬件环境。移动设备的模拟器主要由相应的开发商推出,如Apple公司、Google公司、微软公司及硬件厂商诺基亚、爱立信等均有相应的PC模拟器。

模拟器可以有几种不同的形式，一种是单纯的模拟界面，不同设备的差别就在于采用了不同的贴图，J2ME 环境中的模拟器很多属于此列。另外一种是硬件与软件环境分别模拟，即使用模拟器引擎模拟硬件环境，然后再针对特定的设备使用专门的 ROM 实现软件环境的模拟，Palm、Windows Mobile、Android、iOS 等模拟器属于这一类。还有一种简单的软硬一体式的模拟工具，一般为每一款移动产品设计一种模拟器，应用范围较窄，国内文曲星的模拟器就是为每一个款式提供一个专门的模拟器。目前来看，第二种模式由于模拟引擎相对固定，支持新的设备仅须设计新的 ROM，因而成为主流的模拟器类型。图 8-27 分别列举了几种常见的模拟器。

(a) Android模拟器

(b) iOS模拟器

(c) Windows Phone模拟器

图 8-27　模拟器示例

1. Android 开发工具

目前有两款主流的 Android 环境开发工具：Eclipse ADT 和 Android Studio。

ADT 作为 Eclipse 工具插件，其支持 Android 快速入门和便捷开发。图 8-28 所示即为 Eclipse ADT。

Android Studio 是 Google 公司开发的一款面向 Android 开发者的 IDE，支持 Windows、Mac、Linux 等操作系统，基于流行的 Java 语言集成开发环境 IntelliJ 搭建而成。该 IDE 在 2013 年 5 月的 Google I/O 开发者大会上首次露面，此后推出了若干个测试版，2013 年 12 月 8 日发布的版本是 Android Studio 的首个稳定版。Google 称，相对于其他开发工具，Android Studio 更快、更具生产力，Android Studio 1.0 推出后，Google 将逐步放弃对原来主要的 Android 开发工具 Eclipse ADT 的支持，并为 Eclipse 用户提供了迁移步骤。图 8-29 即为 Android Studio 开发工具界面。

2. iOS 开发工具

Xcode 是苹果公司提供的开发工具集，提供项目管理、代码编辑、创建执行程序、代码级调试、代码库管理和性能调节等功能。Xcode 工具集的核心就是 Xcode 程序，提供了基本的

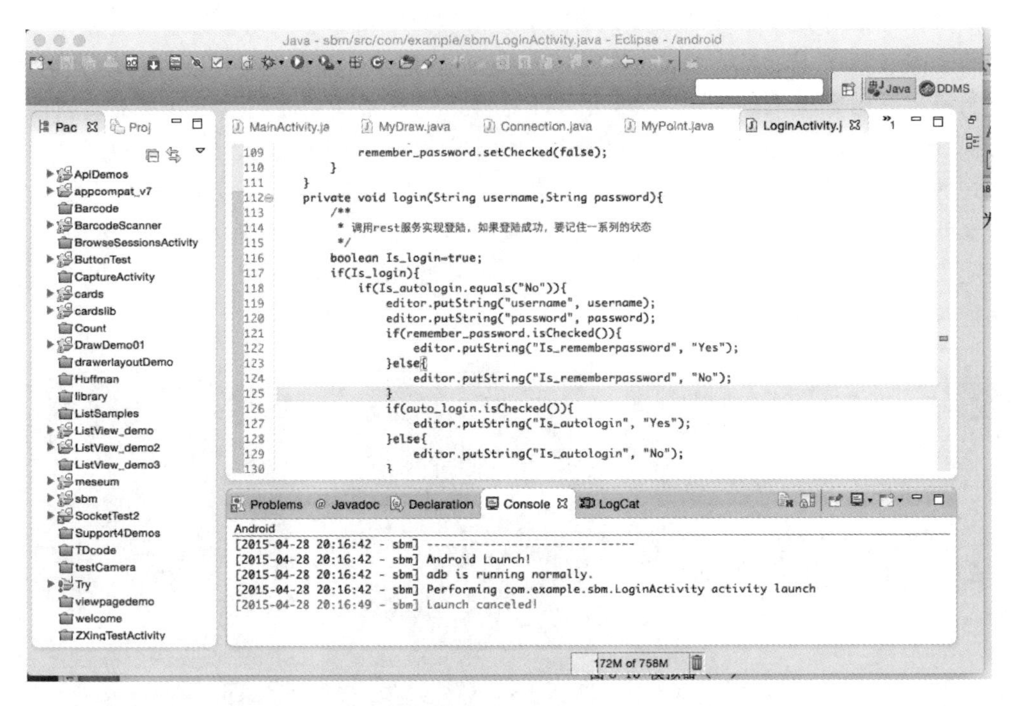

图 8-28　Eclipse ADT 界面

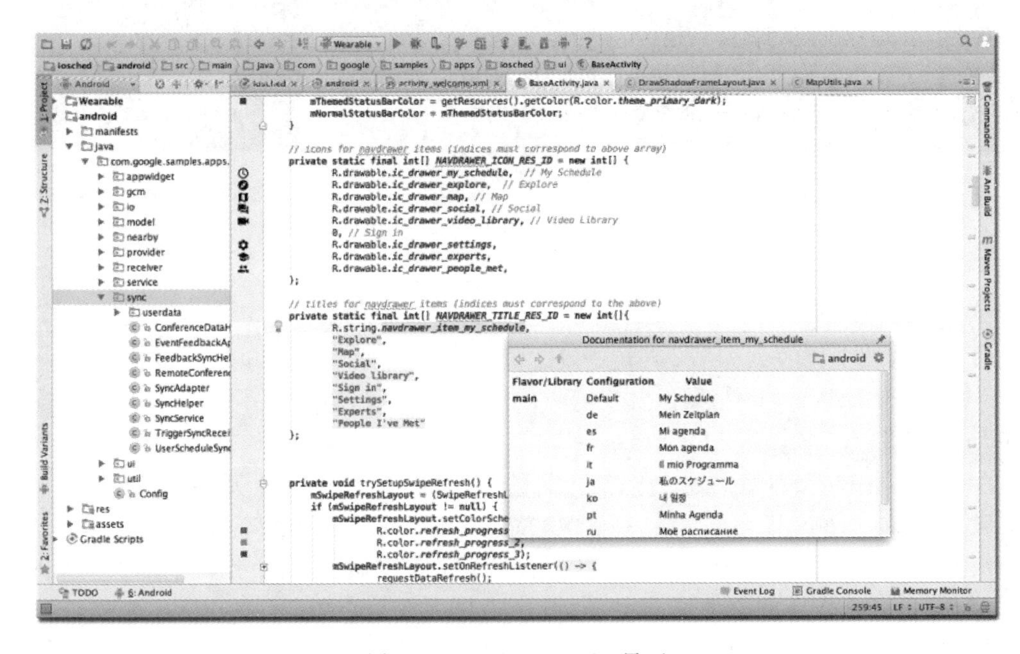

图 8-29　Android Studio 界面

源代码开发环境,这是开发 iOS 应用程序必需的工具集。图 8-30 即为 Xcode 开发工具。

3. Windows Phone 开发工具

对于 Windows Phone 开发,主要的工具仍然是 Visual Studio。和 Android 开发工具相同,可以选择安装 Visual Studio Express for Windows Phone,其包括诸如基于 Windows

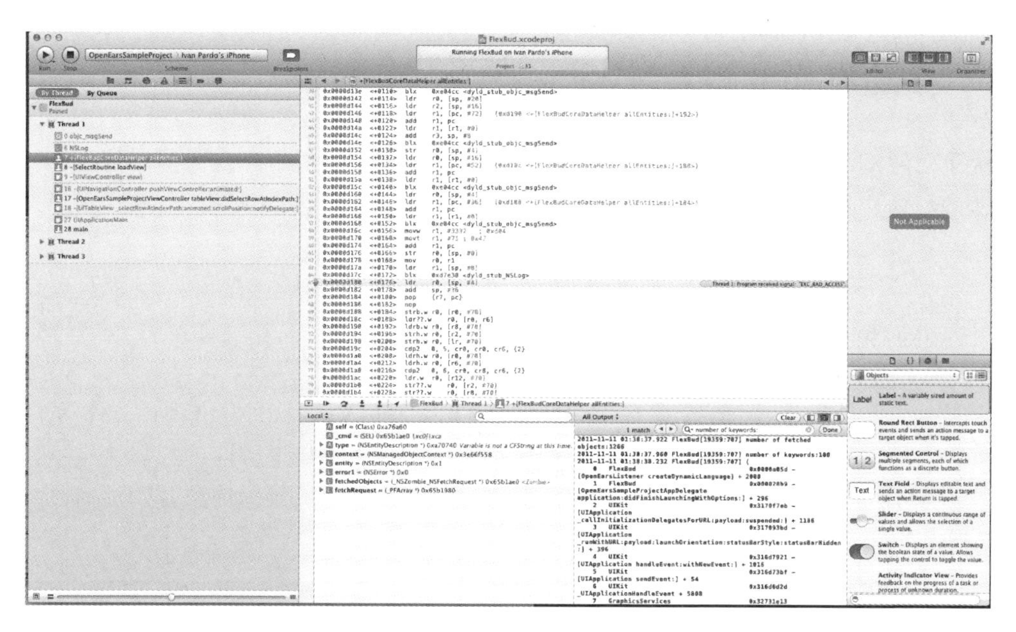

图 8-30　Xcode 界面

Phone 的设计界面、代码编辑器、Windows Phone 项目模板和包含 Windows Phone 控件的工具箱等功能。此外，也可以在原来的 Visual Studio 基础上安装 Windows Phone SDK。该工具允许在 Windows Phone 模拟器或 Windows Phone 设备上调试和部署应用程序。图 8-31 即为安装 Windows Phone SDK 后的 Visual Studio 开发工具。

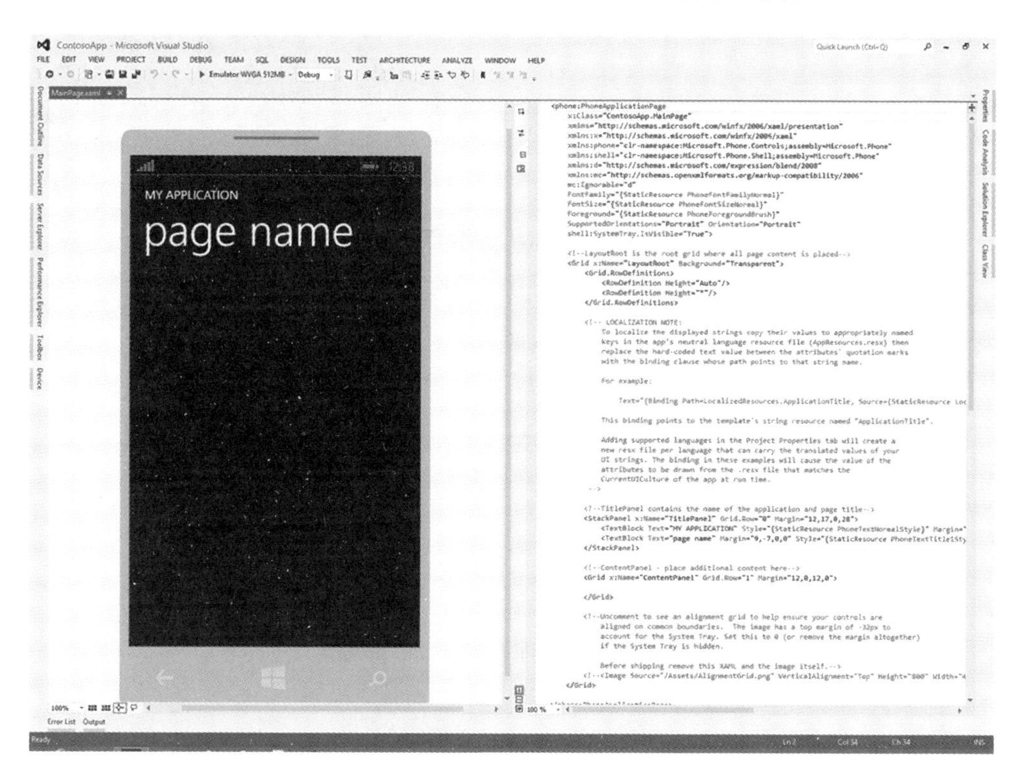

图 8-31　Visual Studio 的 WP 开发界面

8.5 移动界面的设计实例

为了对移动界面的开发有全面的了解,本节以Android应用的开发为例,对移动界面设计方法的具体应用进行讨论。

8.5.1 Android移动界面开发

开发Android应用需要下载用于建立Android应用程序开发环境的软件包(包括Java SE、Eclipse和Android SDK)并进行配置。

Android应用程序由Java代码、XML标记语言和Android Manifest文件等构成。Android中大量使用基于XML的标记语言来定义应用程序的基本组件,尤其是一些可见的组件;且XML还可以用于定义应用程序的细节,包括用户界面、数据访问,甚至是程序架构等,如Java对象的定义和配置。

图8-32所示的登录界面即通过XML定义了界面组件,如图片、按钮、输入框、文字等。例如,"登录"按钮的XML定义如下:

```
<Button
android:id = "@ + id/signin_button"
android:layout_width = "wrap_content"
android:layout_height = "wrap_content"
android:layout_alignLeft = "@ + id/imageView1"
android:layout_alignRight = "@ + id/message_text"
android:layout_below = "@ + id/imageView1"
android:layout_marginTop = "47dp"
android:background = "@color/skyblue"
android:text = "@string/login_label_signin"
android:textColor = "@color/white" />
```

图8-32 订单系统登录界面

上述属性分别规定了按钮的背景颜色、字体颜色、布局、显示文字等要素。

在上述代码中,按钮在XML定义的时候添加了id,而在Java源代码中,可以通过这个资源id来和XML建立连接并设置监听器,代码如下:

```
signin_button = (Button)findViewById(R.id.signin_button);
signin_button.setOnClickListener(new OnClickListener() {
  public void onClick(View v) {
    proDialog = ProgressDialog.show(LoginActivity.this, "连接中...", "连接中...请稍候...",
true, true);
    username = user_text.getText().toString();
    password = message_text.getText().toString();
    login(username, password);
}
});
```

8.5.2 Android 系统界面设计

下面针对一个移动供应商关系管理系统，对用户界面设计进行分析。该系统对用户提供订单查询、订单修改和订单状态查看等功能。该应用界面的设计过程包括以下步骤。

1. 明确用户群

移动供应商关系管理系统应用的目标用户包括以下两种：

- 主机厂商。将供应商提供的客车零部件进行整合装配，因此可能会和大量的供应厂商进行沟通。
- 供应商。将不同物料的零部件加工，然后提供给主机厂商进行装配。

在这两种用户中会有大量用户是第一次使用该应用，这也是需要考虑的一个因素。

2. 明确用户需求

在确定了目标用户群以后，就可以分别针对不同的用户群明确其使用需求。确定用户需求的操作是设计用户界面导航流程并进行优化的基础。在这一应用中，主机厂商主要的操作包括给供应商下订单、查看供应商订单状态、变更对供应商的订单等；供应商的主要操作包括查看供应商下的订单、查看订单是否发货、查看已经完成的订单、查看主机厂商是否对订单进行变更等。第一次使用的用户需要适当的帮助提示。

3. 确定界面的设计目标

根据上述的用户需求，可以确定用户界面的设计目标。例如在客车订单服务应用中，主机厂商可能会修改下达的订单，可以用于实现用户使用界面的个性化，包括将修改的订单推送给供应商等。对于供应商来说，需要经常查看主机厂商下达的订单和修改再计划的订单，并及时做出反馈，在设计中需要简化这些内容的访问。

4. 建立导航流程

界面设计的实现需要导航流程的建立。由于对于供应商来说，需要经常查看主机厂商下达的订单和修改再计划的订单，并及时做出反馈，因此用户登录后，应当允许其立刻能够查看这些信息，这一选项需要安排在菜单项的突出位置。对于主机厂商来说，需要及时了解供应商是否已经收到了订单的下发和订单的修改。

从导航流程的设计来说，需要安排这些状态的访问路径尽可能地短，使用户可以在最短的时间内获得最重要的信息，而其他相对次要的操作功能如用户信息修改需求就低一些。不过虽然操作路径的长短不同，一旦用户通过导航路径进入了某一操作界面，其界面的安排和操作都应当是简洁、方便的，而不能有优劣之分。

5. 可用性设计要点

通过前面的一系列分析与规划，就可以开始用户界面的详细设计，重点应用相关的可用性原则。

(1) 保持应用界面的一致性

界面中各种元素（如菜单、标签、文字输入等）的风格样式和操作方式在整个应用中保持一致，这样可以降低用户的操作复杂度和出错的概率，而且也降低了开发工作的强度。

在这个案例应用中，使用了现在的移动界面交互设计比较流行的风格样式，并对其进行统一。

① 扁平化风格

扁平化最核心的理念就是放弃一切装饰效果，如阴影、透视、纹理、渐变等能做出3D效果的元素一概不用。所有元素的边界都干净利落，没有任何羽化、渐变或者阴影。尤其在手机上，更少的按钮和选项可使得界面干净整齐，使用起来简洁。扁平化风格可以更加简单直接地将信息和事物的工作方式展示出来，减少认知障碍的产生。如图8-32所示，按钮采用单色，没有在边缘加阴影和渐变。

② 卡片风格

卡片风格有两个特点。一是实现信息层级的扁平化，将原本需要跳转的信息加入到卡片中。如图8-33(a)所示，“收件人信息”和“发件人信息”是两个卡片，单击“收件人信息”后，收件人详细信息从卡片中弹出显示。二是卡片之间需要设置缝隙，让用户更加清楚地认知卡片中的信息。如图8-33(b)所示，不同订单在不同卡片中，订单卡片之间留有缝隙，方便用户划分订单。

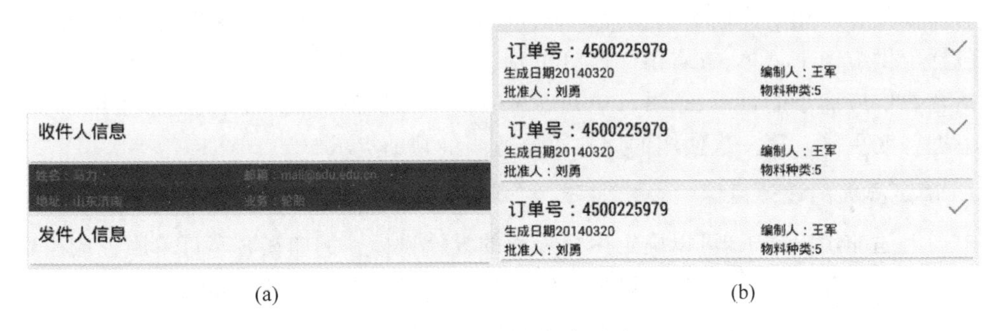

(a) (b)

图8-33 卡片风格的应用界面

(2) 将文字录入的工作减到最低

由于手机等掌上设备的文字录入工作容易出错，因此须尽量避免用户进行文字输入。而且由于手机上在对不同类型的文字信息进行输入时往往需要切换输入法，因此，如果可以确定用户需要输入的信息的类型，就尽可能地将输入法设置成为对应的输入法，而尽量避免强迫用户手工切换。同时应当在输入中安排格式化信息，减少用户输入出错的概率。

借助于储存的用户个性化信息，还可以自动帮助用户完成一些复杂的信息输入工作，如供应商姓名、联系方式等。提供搜索时，允许用户通过多种不同的方式进行查询，例如，订单信息的查询条件可以包括订单编制人、下订单的日期等。

总之，尽一切可能降低用户的输入工作强度。

在这个应用中同时也需要用户去输入冗长的订单号来了解某个订单的具体情况。因此，为了减少用户输入的难度，对每一个订单都生成一个独特的二维码。其他用户可以通过扫描二维码来减少订单号输入的工作强度。图8-34所示分别是生成的订单二维码和扫描二维码的界面。

(3) 访问路径应当尽可能地短

当用户的应用需要进行跳转时，安排这些状态的访问路径应当尽可能地短，使用户可以在最短的时间内获得最重要的信息，避免因为层级跳转过多而导致用户不知道自己现在在哪一个层级之下。

图 8-34　二维码的生成和扫描

例如，订单包含很多物料，每一个物料都含有许多其他信息，为了避免用户进行再次跳转，可以将这些信息进行折叠，在不需要的时候向用户隐藏，需要了解信息的时候就可以对用户展开信息。图 8-35 分别为物料信息折叠和展开的界面。

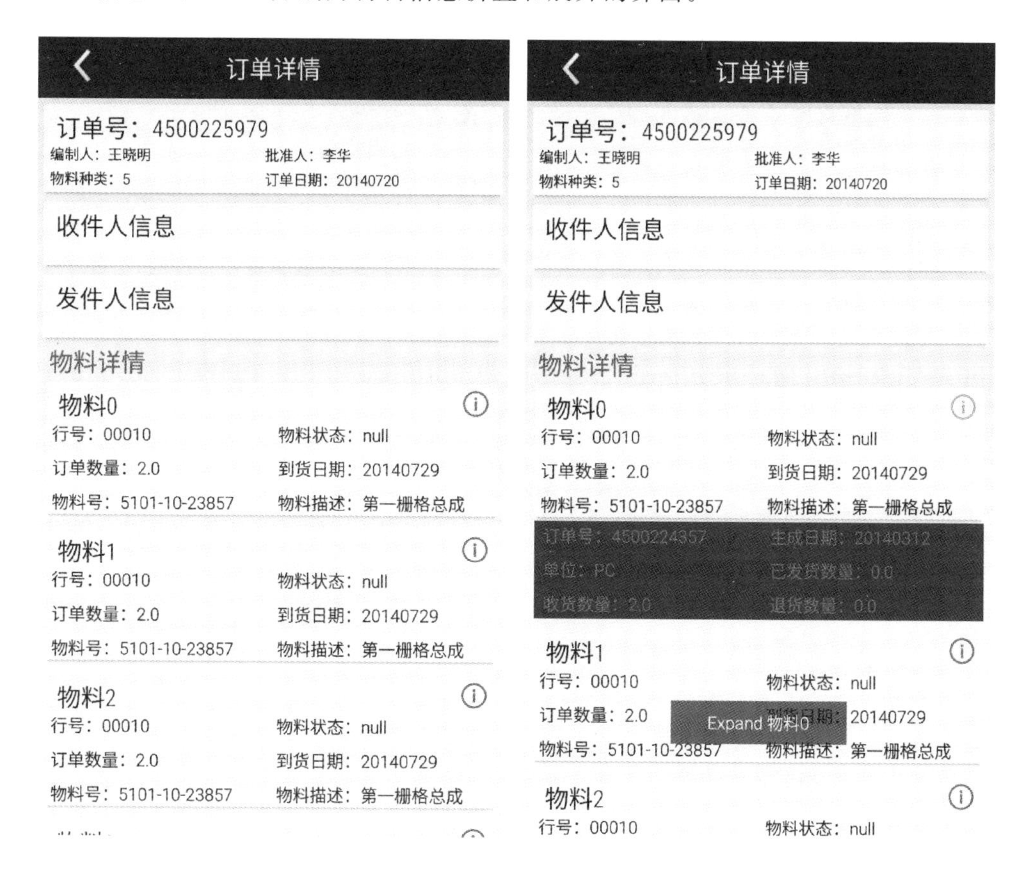

图 8-35　物料信息的折叠和展开

(4) 预防用户可能出现的各种错误操作

一旦用户出错,应当尽可能地给用户提供修正错误的机会。前面已经提到一些降低用户出错概率的手段,还可以采取进一步的措施,如准确的报警提示。如果用户用了十几分钟通过选择、文字输入等完成了订单下达或订单修改信息的录入,由于误操作而导致信息的丢失和重新输入会严重影响该应用的可用性,因此像“您肯定取消该订单?”一类的误操作提示非常有用。

以上是一个简单的移动应用设计实例,建议读者通过本章的习题进一步完善并扩展该应用。

习题

8.1 用 XHTML MP 编写一个移动端的 Web 程序,并进一步分析用 WML 与 XHTML MP 进行移动 Web 界面设计的优劣。

8.2 测试同一个 Android 应用在不同模拟器环境中的运行结果,并进一步测试在真实手机上的运行效果。

8.3 将图 8-24 中的流程图补充完整,并基于这个流程,参考本章的移动界面设计原则,使用 Android 开发工具实现一个手机游戏,并总结游戏设计中可能涉及的可用性问题。

CHAPTER 9

可用性与用户体验评价　第9章

可用性是人机交互系统设计中需要重点考虑的一个方面，它关系到人机交互能否达到用户的预期目标，以及实现这一目标的效率与便捷性。用户体验是指使用者在使用一个产品的整个过程中建立的全部印象和感受，体现了交互设计的主要目的，强调面向最终用户的、具有双向信息交流的交互式产品设计。本章将分别介绍有关可用性和用户体验的概念与评价方法。

9.1　可用性与可用性评估

9.1.1　可用性的概念

国际标准化组织(ISO 9241—11)给出的可用性定义是指特定的用户在特定环境下使用产品并达到特定目标的效力、效率和满意的程度。可用性概念的内涵可以从五个方面去理解，这五个方面集中反映了用户对产品的需求，从它们的英文表示上被归纳为五个"E"，如图9-1所示。

- 有效性(Effective)：怎样准确、完整地完成工作或达到目标。
- 效率(Efficient)：怎样快速地完成工作。

图9-1　可用性的五个方面

- 吸引力(Engaging):用户界面如何吸引用户进行交互并在使用中得到满意和满足。
- 容错能力(Error Tolerant):产品避免错误的发生并帮助用户修正错误的能力。
- 易于学习(Easy to Learn):支持用户对产品的入门使用及在以后使用过程中的持续学习。

在产品开发过程中,增强可用性可以带来很多积极作用,包括:

- 提高生产率;
- 增加销售额和利润;
- 降低培训和产品支持的成本;
- 减少开发时间和开发成本;
- 减少维护成本;
- 提高用户的满意度。

9.1.2 成功与失败的可用性案例

如果产品设计者注重可用性设计并进行可用性改进,则有助于设计出用户满意的产品。然而,当开发组织忽视可用性,或者为了降低成本而没有在提高可用性上充分投入,可能最终导致项目失败,或者制造出低效或不能使用的产品。关于可用性,实际生活中有很多正反两类案例。

一个典型的可用性成功案例是支持多点触控的iPhone。多点触控技术是采用人机交互与硬件设备共同实现的技术,能在没有传统输入设备的支持下进行计算机与人之间的交互操作。与单点触控技术相比,多点触控技术能够实现在一个触控屏或触控面板上同时接受多个点的输入信息,如图9-2所示。使用多点触控技术,可以通过两根手指的分开或收拢来放大或缩小界面,操作简单而且富有趣味性,比过去的按钮设计更符合人体工程学原理,不管是用在手机游戏还是各种手机应用,均为用户带来了极大的便利。

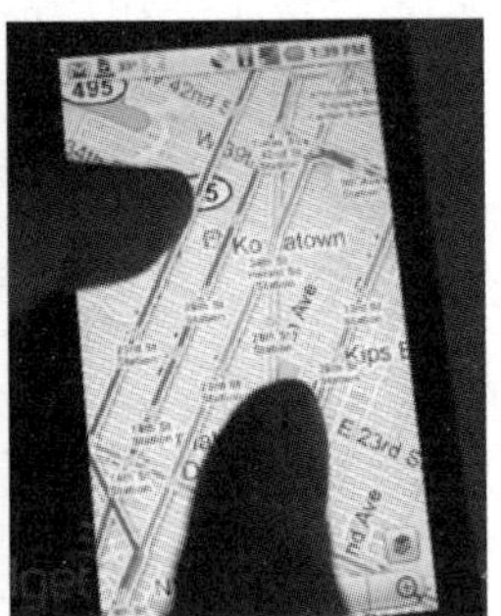

图9-2 iPhone的多点触控技术

还有些案例显示出设计者没有很好地考虑到产品的可用性,如微星Slidebook S20和索尼VAIO Duo 13的设计。虽然触摸屏是Windows 8产品的一个重要特性,但触摸屏还不能够实现精确的操作,无法完全替代鼠标。因此,如果是笔记本或是支持笔记本模式的混合设计产品,仍然非常需要一个手感良好的触摸板。但是,有的设计为了缩减产品体积,在机身或是外置键盘上取消了触摸板,如图9-3所示。这使得无论将它们带到哪里使用,总是不可避免地需要配置一个外接鼠标,非常不方便。

图 9-3　微星 Slidebook S20 的触摸板设计

9.1.3　可用性工程

任何一个产品都不可能是故意设计成不可用的，但只有遵循系统的可用性设计方法，才能实现可用性。正如图 9-4 所示，不管系统内部实现如何复杂，产品展现给用户的应该是一个易用、高效的使用界面，因为用户的最终需求在于使用产品以完成某种功能，而不是花费很大的精力去了解产品的工作原理。

图 9-4　可用性工程示意

所谓可用性工程就是改善系统可用性的迭代过程。它是一个完整的过程，贯穿于产品设计之前的准备、设计实现，一直到产品投入使用，其目的就是保证最终产品具有完善的用户界面。一个可用性工程的生命周期大体上分为下面几个阶段。

1. 了解用户

(1) 在工作环境中观察用户

要通过实地访问，观察、了解用户的使用情况，这样可以得到第一手的资料，而不要仅仅听他们上司的描述。

(2) 了解用户的个体特征

按照用户的使用经验、受教育程度、年龄、先前接受过的相关培训等对用户进行分类。

(3) 任务分析

要想明确改善可用性的任务,就要了解用户的所有目标任务,以及用户为达到目标通常使用的方法,从中抽象出用户的任务模型,收集其他一些必备的信息。

(4) 功能分析

分析这些用户任务的功能性原因,弄清楚为了完成任务,什么是必须要做的,什么仅仅是表面文章。

2. 竞争性分析

启发式地分析竞争产品或其交互界面,并结合使用经验,了解对手系统的优缺点,针对其缺点进行改进,对其合理、巧妙的思想进行借鉴。微软公司在 Windows 系统开发过程中,从竞争对手苹果公司的 Macintosh 系统借鉴了很多思想。

3. 设定可用性目标

预先确定可用性的评价尺度和可以量化的可用性目标水平,也就是可用性目标。例如,一个有经验的用户使用当前系统时,平均每小时会发生 4.5 次错误,则新版本的目标就可以设定为同等条件下每小时发生的错误少于 3 次。从竞争性分析中也可以得到类似的目标,例如在主要的竞争对手网站上,目前初学者平均需要花费 8 分钟的时间完成一次航班预订,正在开发的新网站就可以将可用性目标设定为平均仅需 6 分钟的时间完成一次航班预订。

可用性工程要为提高可用性做大量的工作,不可避免地要增加成本。因此有时会受到财力的限制,所以有必要对设定的可用性目标进行财政影响分析,估算这些工作将来能为用户节省多少开支,并与为达到可用性目标所需的花费进行权衡。

4. 用户参与设计

让用户参与到设计过程中来,这样可以认识到那些自己不可能想到的用户需求。例如,设计一个数字图书馆系统时,让真正的图书管理员告诉你应该包括什么功能,以及如何去设计实现。

5. 迭代设计

所谓迭代设计就是“设计,测试,再设计”,即持续不断地改进设计。为此,有时需要开发原型系统,并对原型交互界面进行评估,然后进行如下步骤。

① 对发现的可用性问题进行严重程度评级。

② 动手解决新版本交互界面中的问题。

③ 做出修改时,要记录做出改变的原因,也就是要抓住问题的本质。

④ 评估新版本的交互界面,如果还有改进的余地,回到①,直到软件开发时间或经费花光。其中的评估过程可能是借助于原型,也可能采用检查或测试等评估方法。

6. 产品发布后的工作

在产品发布后继续收集重要的可用性数据,这一点非常必要,一方面可以进一步改善产品的可用性,另一方面也为后续版本的开发做准备。很多大公司都很重视这一点,如微软、IBM 等公司。这些工作包括:

- 通过与用户座谈、调查、观察等手段明确可用性研究涉及的内容。
- 进行标准化的市场调研，特别是调研用户在新闻组、邮件列表、评论、杂志调查中对产品的评述。
- 使用软件日志记录，随时记录用户遇到的问题，并设法发送回公司进行分析。认真分析用户在产品服务热线、修改要求、缺陷报告中对可用性的种种抱怨。

9.1.4 支持可用性的设计原则

在设计交互系统时有一些可以提高可用性的基本原则，这些原则分为可学习性、灵活性和鲁棒性三类。

1. 可学习性

可学习性是指交互系统能否让新手学会如何使用系统，以及如何达到最佳交互效能。支持可学习性的原则包括以下几方面。

(1) 可预见性

交互过程中不应该让用户过多地感到惊奇。可预见性意味着用户利用对前面交互过程的了解就足以确定后面交互的结果。对可预见性的支持有不同的程度，如果上述的对前面交互的了解仅限于当前用户能够观察到的信息，那用户就不需要记住当前界面之外的信息；如果用户必须记住此前的输入和屏幕反馈信息，需要记忆的内容就要增加，显然后者提供的可预见性是不太令人满意的。

交互系统的可预见性有别于计算机系统和软件本身具有的确定性。计算机和软件系统具有确定性，也就是说在给定状态下，某一操作只会产生一种可能的状态；显然，如果用户能够知道系统的操作与操作结果之间的必然性，用户就能够预见交互操作的可能结果。然而可预见性是一个以用户为中心的概念，它还取决于用户的观察能力，由用户根据自己的判断而不是完全由计算机的状态决定交互的行为。

另一种可预见性是用户知道操作可以执行的功能。例如，大多数窗口系统都在右上角提供三个按钮：最小化、最大化和关闭，用户单击最大化按钮时，一般情况下会预见到窗口将会被最大化。

操作可见性涉及到下一步可被执行的操作是否显示给用户。如果后面有一个操作可以执行，就应该给用户提供一些可以看得见的指示。否则，用户必须记得什么时候有哪些操作可以执行，什么时候不可以。典型的例子如很多软件里提供的“向导”功能，它会根据用户的选择显示后面可以执行的动作。同样，也应使用户了解什么情况下某个操作不能执行，例如菜单项变成灰色一般意味着该操作不能被执行。

(2) 同步性

同步性是指用户依据界面当前状态评估过去操作造成影响的能力，也就是说用户能不能同步地知道交互操作的结果。

如果一个操作改变了系统的内部状态，用户能不能看到这种改变非常重要。最好的情况是，内部状态发生改变时可以立即让用户知道，而不需要用户再做额外的操作；最差情况下也应该在用户请求后显示内部状态的改变。二者的区别可以从命令行方式与可视化界面方式的文件管理系统相比较看到；如移动一个文件，在命令行系统中需要记住目的路径，去查看文件是否已移至该目录下，还要查看原目录，看是否真的是移动而不是拷贝；而在可视化界面中,可以看到一个代表文件的图标从原目录被拖动到新目录中,用户不需要过多工作就可以看到移动操作的结果,因此这种情况下同步性较好。

(3) 熟悉性

系统的新用户在现实生活或使用其他系统时,会有一些交互过程的宝贵经验;可能这些经验与新系统的应用领域不同,但对新用户来说,如果新系统跟过去使用过的类似系统有一定相关性,那使用起来就比较方便。例如,在字处理系统的使用中,可以拿字处理器与打字机类比,在这个例子中,我们感兴趣的是用户能否根据过去的经验决定怎样进行交互,也称为可猜测性。

有些心理学家认为熟悉性是一种内在特性,是与生俱来的。任何能够看到的客体都会建议我们如何操纵它们。例如,门把手的形状会暗示你应该去拧还是去拉,锁孔会暗示你钥匙插入的方向,等等。在设计图形用户界面时,一个按钮的暗示是它可以被按下。有效利用这些内在的暗示可以增强用户对系统的熟悉性。

(4) 通用性

交互系统的通用性就是在交互中尽可能地提供一些通用的或能够从现有功能类推出来的功能。

通用性可以在一个具体的应用中遇到,也可以在不同应用中遇到。例如,在绘图包中,画圆是在画椭圆的基础上做了一些限制,我们可能希望用户将这一点推广到正方形是在矩形的基础上做了一些限制。一个跨应用通用性的例子是多窗口系统的 cut/paste/copy 操作,它们对所有应用都是一样的。在一个应用内有意识地利用通用性原则,可以使设计达到最大优化;标准化和编程风格向导的最大好处就在于它们增强了类似环境下不同系统的跨应用通用性。

(5) 一致性

一致性是指在相似的环境下或执行相似的任务时一般会执行相似的行为。一致性也许是用户界面设计中最被广泛提及的原则。用户依赖于一致性界面,然而,一致性并非简单的满足或不满足的问题。处理一致性的困难在于这需要很多格式控制来实现,例如在系统开发中由命名规则等基本原则来保证命名的一致性。

一致性与前面提到的其他交互原则有关,如熟悉性可以看作与过去现实世界经验的一致性,通用性可以看作与同一平台、同一系统中软件交互体验的一致性。

一致性的好处是很自然的,但也不见得一定要与过去的系统保持一致。例如,早期的打字机键盘是字母顺序的,这与人们对字母的认识是一致的,但后来发现这种安排不但效率较低而且打字员容易疲劳。后来的 QWERTY 或 DVORAK 键盘就突破了这种一致性的键盘布局。

2. 灵活性

灵活性体现了用户与系统交流信息的方式多样性,包括下列几种原则。

(1) 可定制性

可定制性是指用户或系统修改界面的能力。从系统角度看,我们并不关心程序员能对系统及其界面所做的改变,因为这种专业技巧不应该也很难让一般用户掌握;反之,我们关心的是系统能不能根据对用户交互信息的积累,适应用户的特定交互习惯以自动改变。可定制性又可以分为用户主导的和系统主导的,分别称为可定制性和自适应性。

可定制性是指用户调整交互界面的能力。这种客户定制一般非常有限,如只允许调整按钮位置,重新定义命令的名字等;一般这类修改局限于界面表面,而交互的整体结构保持不变。某些系统中提供了用户界面编程能力,如 Unix Shell 或脚本语言等,可以帮助用户定制一些更高级的交互特征。

自适应性是系统对用户界面的自动定制。这取决于系统对用户熟练程度的适应或对用户执行重复任务的观察。系统可以通过训练来识别用户是新手还是专家,相应地调整交互对话控制,以帮助系统自动适应当前用户的需要。自动的宏建立就是这样一种形式,通过检测到重复任务来自动生成宏,自动执行重复性任务。很多系统的菜单可以根据用户使用具体功能的频繁程度来调整菜单项排列的顺序,或将一些暂时不用的菜单项隐藏起来,这也体现了系统对交互的适应性。

(2) 对话主动性

将人机交互的双方看作是一对对话者时,重点是谁是对话的发起人。系统可以发起所有对话,这种情况下,用户只是简单地响应信息请求,称为系统主导的;例如,一个模式对话框就禁止用户与系统的其他窗口交互。另一类是用户可以自由地启动对系统的操作,称为用户主导的。如果由系统控制对话,就意味着用户不能主动地发起其他交互,所以从用户角度看,系统主导的交互阻碍了灵活性,而用户主导的交互增强了灵活性。

一般而言,我们希望交互系统由用户主导,但还是有些情况需要系统来主导交互。例如,多用户协同图案设计中,一个用户可能试图删除或涂抹另一用户正在编辑的某一区域,这时就有必要由系统来限制这种具有严重“破坏性”的交互活动,如图 9-5 所示。又如,在飞机着陆时,如果飞机翼襟未能同步展开,自动飞行系统应该禁止着陆,以避免机毁人亡。

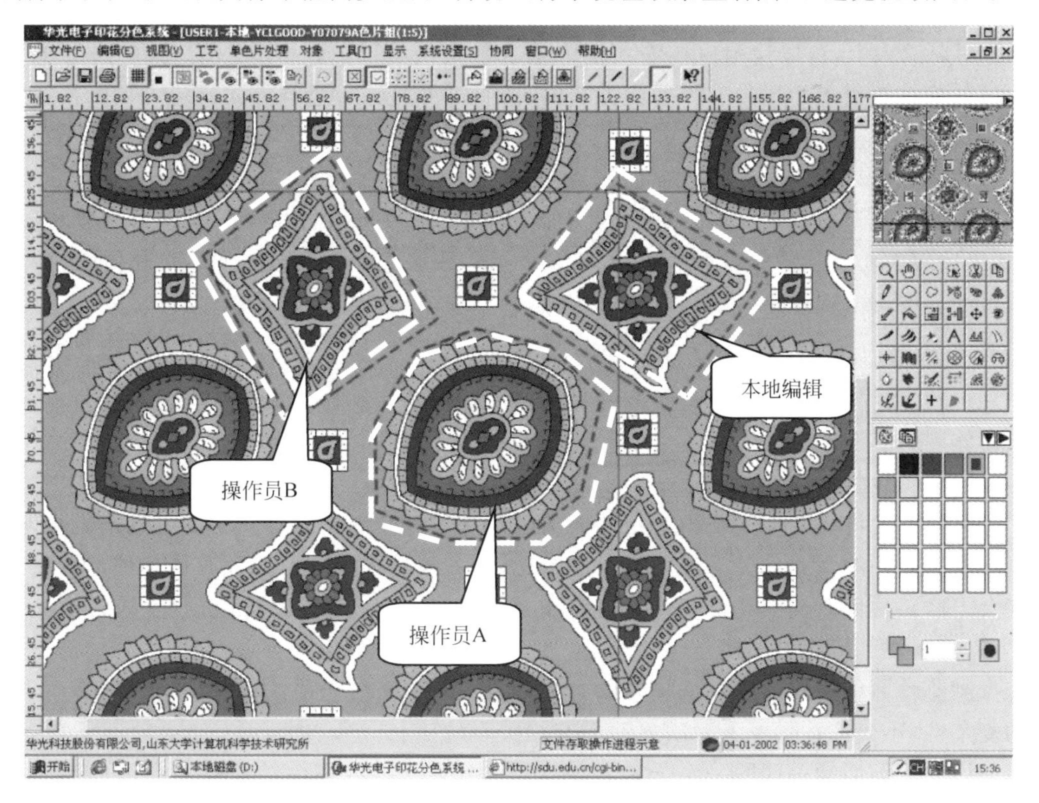

图 9-5　协同图案设计中的区域控制

(3) 多线程

多线程的人机交互系统同时支持多个交互任务,可以把线程看作是一个特定用户任务的相关对话部分;并发的多线程允许各自独立交互任务中的多个交互同步进行;交替地执行多对话线程,允许各自独立的交互任务暂时地重叠;但在任何给定时间,对话实际上还是局限于单个任务。

窗口系统很自然地支持多线程对话。每个窗口表示一个不同任务,如文本编辑、文件管理、电话簿、电子邮件等。多通道的人机交互允许并发多线程,例如,用户正在做文本编辑工作,提示音提示有新邮件到达;但是从系统角度看,这两个交互实际还是交替进行的。

(4) 可互换性

可互换意味着任务的执行可以在系统控制和用户控制间进行转移。有可能的情况是交互一会儿由用户控制,一会儿又由系统控制,交互的控制权彼此传递;或者将一个完全由系统控制的任务变成系统和用户共同完成的任务。

例如字处理软件中的拼写检查,用户完全可以借助于字典逐字检查,但这是一项繁杂的工作,所以最好交由机器来自动执行,但机器往往对人名和无意义的、重复输入的单词无法处理,这时还得靠人工去处理,所以拼写检查最好由这种协作方式完成。

在安全性要求特别严格的应用中,任务迁移可以降低事故发生的概率。例如,飞机飞行中的状态检查单靠人工来执行太过繁琐,所以一般采用自动飞行控制,而一旦出现紧急情况,还是由飞行员凭借经验去处理。

(5) 可替换性

可替换性要求等量的数值可以彼此交换。例如,页边距的单位可以是英寸,也可以是厘米;在用户输入上,可以让用户在输入框中输入数值,也可以通过设定表达式的方式输入。这种可替换性提供了由用户选择适当方式的灵活性,并且通过适当方式避免无谓的换算,可以减少错误的发生。

可替换性也体现在输出上,也就是对状态信息的不同描述方式。表示的多样性说明了对状态表达信息进行渲染时的灵活性。例如,物体一段时间内的温度可以表示为数字温度计(如果比较关心实际的温度数值),也可以表示为图表(以清晰地反映温度变化的趋势)。有时可能需要同时提供这些表示方式,以备用户适应不同任务的需要。

3. 鲁棒性

用户使用计算机的目的是达到某种目标。能否成功达到目标和能否对达到的目标进行评估就体现为交互的鲁棒性。

(1) 可观察性

可观察性允许用户通过观察交互界面的表现来了解系统的内部状态。也就是说允许用户将当前观察到的现象与要完成的任务进行比较,如果用户认为系统没有达到预定的目标,可能会去修正后面的交互动作。可观察性涉及到五个方面的原则:可浏览性、缺省值提供、可达性、持久性和操作可见性。

可浏览性允许用户通过界面提供的有限信息去了解系统当前的内部状态。通常由于问题的复杂性,不允许在界面上一次显示所有相关联的信息。事实上,系统通常将显示信息限制在与用户当前活动关联的一个子集上,例如,你只对文档的整体结构感兴趣,可能就不会看到文档的全部内容,而只是见到一个提纲。有了这种限制,有些信息就不能立即观察到了,需要用户通过进一步的浏览操作去考察想要知道的信息。另外,浏览本身不应有副作用,即浏览命令不应该改变内部状态。

缺省值的功能是可以减少输入数值的操作。因此,提供缺省值可以看作是一种错误防范机制。有两种缺省值:静态的和动态的。静态缺省值不涉及交互会话,它们在系统内定义或在系统初始化时获得。动态缺省值在会话中设置,系统根据前用户的输入进行设置。

可达性是指在系统中由一种状态到达另一种状态的可能性,也就是说能否由一个状态经过若干动作转换到另一个状态。可达性也影响到下面提到的可恢复性。

持久性是关于交互响应信息的持续以及用户使用这些响应的问题。交互中的语言谈不上持久性,而可以看见的交互响应就可以在后续操作中持续一段时间。例如,用扬声器发出的声音来提示一封新邮件的到达,在当时能获得这一消息,但如果没有注意的话,可能就会忽略掉,用一个持久性好的可见标志(如一个小对话框)通知这个消息,就可以长久存在。

(2) 可恢复性

可恢复性是指用户意识到发生了错误并进行更正的能力。更正可以向前进行,也可以向后恢复。向前意味着接受当前状态并向目标状态前进,这一般用于前面交互造成的影响不可挽回的情况,例如,实际删除了一个文件就无法恢复。向后恢复是撤销前面交互造成的影响,返回到前面一个状态。

恢复可由系统启动,也可以由用户启动。由系统启动的恢复涉及到系统容错性、安全性、可靠性等概念。由用户启动的恢复则根据用户的意愿决定恢复动作。

可恢复性与可达性有关,如果不具备可达性,可能用户就很难从错误的或不希望的状态到达期望的状态。

在提供恢复能力时,恢复过程要与被恢复工作的复杂程度相适应。一般而言,容易恢复的工作实现起来较简单,因为即使出错也可以很容易地恢复;较难恢复的工作做起来比较困难,可以让用户在操作时进行思考,更加小心,避免出错。

(3) 响应性

响应性反映了系统与用户之间交流的频率。响应时间被定义为系统对状态改变做出反应的延迟时间。一般而言,延迟较短或立即响应最好,这意味着用户可以立即观察到系统的反应;即使由于延迟较长,一时还没有响应,系统也应该通知用户请求已经收到,正在处理中。

(4) 任务规范性

任务的规范性就是系统为完成交互任务所提供的功能是否规范。用户可能已经有一些交互体验,对某些交互任务已经有一些认识;如果系统提供的功能符合规范,用户就能大体知道系统对交互任务的支持,也就能够比较容易理解和使用系统提供的新功能。例如,规范的窗口都应具有最小化、最大化和关闭按钮,这样用户就能很容易地完成窗口操作的交互任务。

9.1.5　可用性评估

可用性评估是检验产品的可用性是否达到了用户的要求。可用性评估应该遵循以下原则。

第一,最具有权威性的可用性测试和评估不应该针对专业技术人员,而应该针对产品的用户。因为无论这些专业技术人员的水平有多高,无论他们使用的方法和技术有多先进,最终起决定作用还是用户对产品的满意程度。

第二,可用性测试和评估是一个过程,这个过程在产品开发的初期阶段就应该开始。因此,在设计时反复征求用户意见的过程应与可用性测试和评估过程结合起来进行。当然,在设计阶段反复征求意见的过程是后期可用性测试的基础,不能取代真正的可用性测试。但是,如果没有设计阶段反复征求意见的过程,仅靠用户最后对产品的一两次评估,不能全面反映出软件的可用性。

第三,可用性测试必须是在用户的实际工作任务和操作环境下进行。可用性测试和评估不能只靠发几张调查表,让用户填写后,经过简单的统计分析就下结论。可用性测试必须是用户在实际操作以后,根据其完成任务的结果,进行客观的分析和评估。

第四,要选择有代表性的用户。因为可用性的一条重要要求就是系统应该适合绝大多数人使用,并让绝大多数人都感到满意,因此参加测试的人必须具有代表性。

可用性评估方法既有不需要用户参与的诊查式方法,如用户模型法、启发式评估、认知性遍历及行为分析等;也有需要用户参与的测试式评估方法,如放声思考法、用户测试、问卷调查和访谈法等。

1. 诊查式方法

(1) 用户模型法(User Model)

用户模型法是用数学模型来模拟人机交互的过程。这种方法把人机交互的过程看做是解决问题的过程。它认为人使用软件系统是有目标的,而一个大的目标可以被细分为许多小的目标。为了完成每个小的目标,又有不同的动作和方法可供选择,每一个细小的过程都可以计算完成的时间,因此这个模型可以预测用户完成任务的时间。这个方法特别适合于无法进行用户测试的情形。在人机交互领域中最著名的预测模型是GOMS模型。

GOMS是描述任务和用户执行该任务所需知识的方法,通过目标(Goal)、操作符(Operator)、方法(Method)以及选择规则(Selection Rule)四个方面进行描述。GOMS模型可以模拟一个交互任务并以此进行评估。

(2) 启发式评估(Heuristic Evaluation)

启发式评估法就是使用一套相对简单、通用、有启发性的可用性原则(即"启发")来进行可用性评估。具体方法是,专家使用一组称为"启发式原则"的可用性规则作为指导,评价用户界面元素(如对话框、菜单、在线帮助等)是否符合这些原则。在进行启发式评估时,专家采取"角色扮演"的方法,模拟典型用户使用产品的情形,从中找出潜在的问题。参与评估的专家数目可以不同。由于启发式评估不需要用户参与,也不需要特殊设备,所以它的成本相对较低,而且较为快捷,因此也称为"经济评估法"。这些启发式原则共有十条,如下所示。

① 系统状态可见性

系统应该随时让用户知道正在发生什么事情,也就是说通过某种方式让用户了解系统的状态。例如,对于耗时稍长的操作,应该提供一个进度条或者将光标变成一个沙漏来说明当前状态;将选中的文字或图标用反白显示,如图9-6所示。

② 系统与用户现实世界相互匹配

系统应该使用用户熟悉的术语,采用符合现实世界习惯的方式展现信息,完成特定的功能。交互设计中最常用的是采用隐喻的方法帮助客户理解系统,典型的例子如Windows等

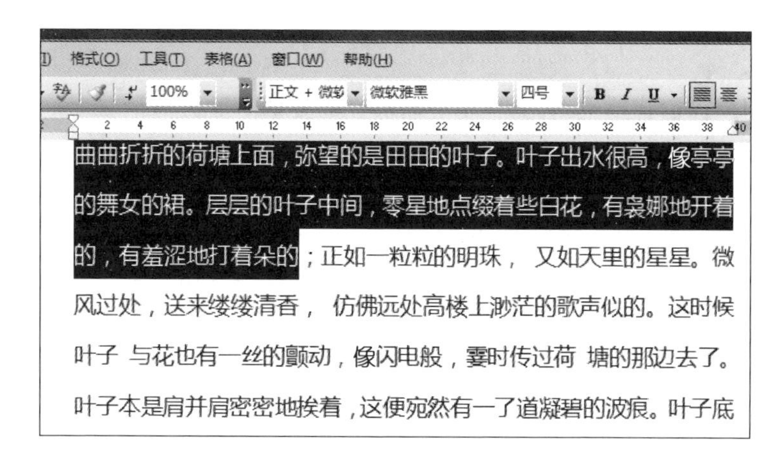

图 9-6 Word 中的反白效果

系统中的“桌面”、“文件夹”、“回收站”等概念就是来自现实世界的办公室环境。

③ 用户控制与自由

用户希望的是那种运用自如的交互，能够对交互施加控制，而不是系统控制的、被动式的交互。例如，字处理软件中的 Undo 功能就允许用户在执行一项操作后方便地恢复。

④ 一致性与标准

一方面，系统提供的所有交互应该保持术语、风格、动作顺序的一致性，避免用户使用时造成混淆；另一方面，系统的交互界面应尽量和其他系统一致，即遵循一定的标准。例如，保存文件时一般系统会提示“是否保存对文件的修改?”，而一个系统设计成提示“是否放弃对文件的修改?”，就可能会导致用户的错误操作。

⑤ 错误预防

一个好的设计应该努力帮助用户减少错误的发生，最有效的方法就是提供充分的错误预防措施。例如，两个按钮图标设计得过于相似就容易造成用户的错误选择；而删除文件时出现一个对话框要求用户确认，则可以避免一些文件的误删除。

⑥ 识别而不是回忆

交互时尽量提供给用户一些可视化的选项，而不是让用户记住一大堆命令或参数。菜单就是一个很好的例子，它实际上是把所有的命令分门别类地展示给用户，但如果菜单层数过多，也会给用户找到需要的命令带来一些记忆上的负担。

⑦ 使用的灵活性与效率

交互的方式尽量的灵活，交互的手段尽量简单，提高用户的交互效率。例如，一个拷贝操作，用户可以使用下拉菜单中的选项，也可以使用快捷菜单中的选项，还可以使用快捷键，用户的交互方式就比较灵活，可以选择自己最习惯的交互手段。

⑧ 美观而精炼的设计

好的交互界面应该给人以美感，包括色彩的搭配、字体的选择、内容的布局等；而且不应包括无关的信息，否则会影响正常信息的使用。许多网站的首页就设计得非常美观而简洁。

⑨ 帮助用户认识、诊断和修正错误

系统在出错时应该用通俗易懂的语言精确地指出问题所在，并给用户提供修正错误的方法建议。某些系统在出错时仅仅提供一个出错码，而要求用户去查阅用户手册，显然这不是一个很好的交互设计。

⑩ 帮助和文档

有必要给用户提供帮助文档,而且用户能够在需要的时候方便地获取这些帮助。例如,上下文帮助能够根据出错的上下文给出帮助,给用户处理问题以很大方便;但这种帮助必须定位准确,否则可能起到相反的效果。

(3) 认知性遍历(Cognitive Walkthrough)

在认知性遍历中,专家测评者从一个说明书或早期的原型出发构建任务场景,然后让用户使用此界面来完成任务,即"遍历"界面。用户(称为典型用户)就像使用真正的界面那样对界面进行遍历,使用它们来完成任务。仔细观察用户使用界面的每一步骤,如果界面中存在妨碍用户完成任务的地方,就表明界面中缺少某些必要的内容;完成任务的功能顺序如果繁杂反复,就表明界面需要新的功能以简化任务并修改功能的顺序。进行认知性遍历活动,需要满足以下四个条件。

① 对系统原型的详尽描述。这种描述不一定是完整的,但要相当详尽。诸如菜单的位置描述或措辞选择等这样的细节也可能导致相当大的差异。

② 对用户在系统中要完成任务的描述,这些任务应当是大多数用户将要执行的、有代表性的任务。

③ 一个完整的、书面的操作清单,列出使用给定原型完成任务所需要执行的操作。

④ 确定用户的身份,以及评估人员能够确定这些用户已具有哪一类别的知识和经验。

认知性遍历认为用户完成一个任务的过程有三步。

① 用户在交互界面上寻找能帮助完成任务的行动方案;

② 用户选择并采用看起来最能帮助完成任务的行动;

③ 用户评估系统做出的反馈,判断在任务上的进展情况。

评审人员可以对用户的每个交互过程模拟这三个步骤去评价,并回答下列三个问题:

- 界面上执行正确动作的控件(按钮、菜单、选项等)是否可见?
- 用户是否知道执行正确动作可以达到希望的结果?
- 用户根据系统对动作的反馈信息,能否知道他的动作是否正确?

例如,用户去一家网上书店买一本书,他的第一个任务是找到这本书,用户首先要知道如何找到这本书。这时网站上的图书分类和查询系统可能会给用户完成交互以暗示。用户可以尝试从网站的图书分类里去寻找,并根据具体的分类一步步地接近要找的那本书,这时候就要记录下用户是否能够方便地使用网站的分类系统;用户也可以使用网站的查询系统,并尝试使用查询规则,系统是否支持方便的查询以及在查询过程中能否及时地反馈信息都会影响用户交互任务的完成。

认知性遍历评估过程中记录的信息非常重要,每一个否定的回答都表示存在一个潜在的可用性问题,可以用于指导改进交互设计。

(4) 行为分析

行为分析最早由Card等人提出,是一种将用户的操作过程分解成连续的基本动作以发现问题的方法。行为分析根据精度不同可以分为正式的行为分析法和非正式的行为分析法。行为分析的执行人员一般为用户界面的设计者本人,评估对象为产品或者原型。

正式的行为分析要求设计者对用户操作过程进行细致的分解,并用树状图来体现分析结果，然后计算和累计各个动作的完成时间，通过比较任务完成的时间和操作过程来计算界面可用性的优劣。非正式的行为分析通常只需要对用户操作过程进行大致的分解，评估的重点在于动作间联结的合理性。

行为分析法包括两个主要步骤。

① 将用户的操作过程分解为基本动作；

② 从基本动作的水平对用户的操作过程进行分析，从而发现可用性问题。

2. 测试式方法

(1) 用户测试

用户测试就是让用户真正去使用软件系统，由试验人员对实验过程进行观察、记录和测量。这种方法可以准确地反馈用户的使用表现，反映用户的需求，是一种非常有效的方法。用户测试可分为实验室测试和现场测试。实验室测试是在可用性测试实验室(如图 9-7 所示)里进行的，而现场测试是由可用性测试人员到用户的实际使用现场进行观察和测试。以实验室测试为例，一次用户测试包括前期准备、测试阶段和测试评价三个阶段。

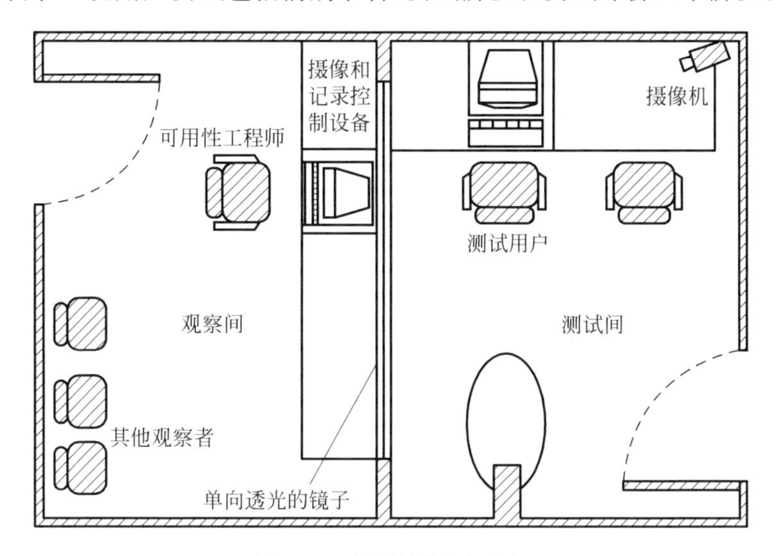

图 9-7 可用性测试实验室

① 前期准备工作

a) 明确测试的目的

一般测试的目的不外乎以下两种：

- 帮助改进交互设计。通过测试了解交互中有待改进的地方，要搞清楚为什么出错，而不仅仅是知道错误。可以在测试中收集过程数据，定量地去观察发生了什么问题以及为什么会发生。
- 评估交互的整体质量。根据一定的衡量指标，通过测试评估交互的水平，如用户在某个交互任务上耗费的时间、任务是否成功、出错情况等。也可以针对明确的性能需求，对两个以上的可选设计进行比较性评测。

b) 准备测试环境

要确保测试环境的舒适。最简单的是选一个安静的房间，房门贴上“用户测试中，请勿打扰”,关掉电话,保证房间有足够的亮度,给受测试者提供饮料;如果有可能的话,使用专门的可用性测试实验室,如图9-7所示。

c) 准备测试设备

包括:记录测试过程需要的摄像设备,三脚架,麦克风,耳机,单向透光的镜子,彩色监视器,录像机,录像带,电源线,扩展插座,“请勿打扰”标志,饮料,记录软件或表格等。

d) 确定测试过程中的各种角色分配

参与测试过程的人员可分为以下5种角色。

- 测试负责人:负责全面控制测试,执行所有与测试用户的交谈,以及撰写任务报告等。
- 数据记录员:记录测试过程中的重要事件和活动。
- 摄像操作员:对整个测试过程进行录像,包括开始的介绍和最后的任务报告部分。
- 计算机操作员:负责在测试之前,为每个新的测试用户准备交互的初始界面和在系统崩溃、死机时进行重新启动等处理。
- 测试者或测试用户:参加测试的系统实际使用者。

② 执行测试的六个阶段

为了有效地进行可用性测试,需要正确设计测试内容,充分准备和执行试验。一个测试执行过程一般要经过表9-1所示的步骤。

表9-1 用户测试的执行步骤

阶段	工作内容
1. 制订测试计划	计划的主要部分包括测试目标、问题陈述、目标用户特征、测试方法、测试任务列表、需要收集的数据、测试报告内容等
2. 选择测试者	根据目标用户特征选择有代表性的用户,将他们分为几类,每一类包含若干用户;测试用户来源应该广泛,有条件的可以建立一个测试用户数据库
3. 准备测试材料	包括: • 测试指导书,说明测试的目的,介绍测试注意事项等; • 背景问卷,用来搜集用户的有关信息,以便在测试过程中更好地理解用户的表现; • 训练脚本,精确描述正式测试步骤,演示测试中的各种要求; • 任务场景描述,给测试用户的测试描述; • 数据采集表格和测试后问卷,采集用户数据和收集用户在测试中的感受、观点、建议等; • 最后将要做的事情按时间顺序列成表格备查
4. 执行引导测试	对整个测试程序执行引导测试,发现那些对测试的含糊描述和容易出错的地方
5. 执行正式测试	执行测试,测试过程中不要给用户任何提示;测试结束,与用户做测试后面谈调查;对特别有趣的问题和发现的问题保存屏幕快照;深入了解测试笔记中记录的问题;复查测试后调查问卷;整理观察者提出的问题等
6. 分析最终报告	汇编和总结测试中获得的数据,如完成时间的平均值、中间值、范围和标准偏差,用户成功完成任务的百分比,对于单个交互,用户做出各种不同倾向性选择的直方图表示等。 分析数据,找出那些发生错误的或使用比较困难的交互;逐个分析它们的原因;根据问题的严重程度和紧急程度排序。撰写最终测试报告

③ 可用性测试的评价

a）通过搜集一些客观、量化的数据进行性能评价：

- 完成特定任务的时间；
- 在给定时间内完成的任务数目；
- 发生的错误数目；
- 成功交互与失败交互的比率；
- 恢复错误交互所消耗的时间；
- 使用命令或其他特定交互特征（如快捷键）的数量；
- 测试完毕后用户还能记住的特定交互特征的数量；
- 使用帮助系统的频度；
- 使用帮助的时间；
- 用户对交互的正面评价与负面评价的比率；
- 用户偏离实际任务的次数。

b）如果要比较两个可选的交互设计，即对两个交互界面A和B，根据某一准则做一个客观的测试，决定哪个更好，可以如下进行：

Ⅰ 选择两个同等规模的测试用户群；

Ⅱ 将用户随机分配到两个组中；

Ⅲ 在每个组内执行同样的任务；

Ⅳ 规定第一组只使用系统A，第二组只使用系统B，分别进行测试。

c）统计分析

使用统计学原理和手段对得到的测试数据进行进一步的统计分析。例如，可以使用统计学中的假设检验，判断系统A与B有没有统计意义上的明显差别；使用统计学中的点估计、平均值等指标评价差别的大小，对结果的准确性进行判断等。

（2）问卷调查（Questionnaire）

在软件推出后，可以使用可用性问卷调查来收集用户的实际使用情况，了解用户的满意程度和遇到的问题；利用收集到的信息，不断改进和提高软件的质量和可用性。调查问卷需要认真的设计，可以是开放式的问题，也可以是封闭的问题，但必须措辞明确，避免有可能误导的问题，以确保收集的数据有较高的可信度。常见的可用性问卷包括用户交互满意度问卷（Questionnaire for User Interaction Satisfaction，QUIS）、软件可用性测量目录（Software Usability Measurement Inventory，SUMI）、计算机系统可用性问卷（Computer System Usability Questionnaire，CSUQ）等。

① 问卷调查的执行过程

a）用户需求分析

设定软件的质量目标，准确描述质量目标，通过用户调查，了解用户在使用方面的切实感受。可以定义一些通用的可用性质量因素，如对于桌面系统而言，可用性涉及八个方面的内容：兼容性、一致性、灵活性、可学习性、最少的行动、最少的记忆负担、知觉的有限性、用户指导；也可以通过用户会谈，获得用户需要的产品特征。

b）问卷设计

根据用户需求分析进行问卷的设计，需要遵循这样的原则：从用户的角度出发，问题要精确、概括,避免二义性;可以采用的问卷类型包括事实陈述、用户填写意见、用户对事物的态度等;问题形式可以采用单项选择、多项选择(选择所有适用选项)、李克特量表(Likert scales)、开放式问答题等形式。

其中李克特量表需要用户对问题给出数量级的评价,这种问题的形式通常是一个具有不同等级的、两极化的量表,每个等级的含义都定义清楚,以免使评定者产生理解偏差。评定者凭自己的认识或感觉选择合适的等级。例如,如果评价一个交互设计的交互稳定性,则将主观感受到的稳定和不稳定之间分成5个级别,由不稳定到稳定依次用1、2、3、4、5表示,如图9-8所示。评定者进行选择后即可获得主观感受到的交互稳定性的数据。需要注意的是,在确定评定标准时,不要把等级划分得过于详细。有研究发现,人们对七级以上的区分通常不能有效辨别,所以通常的等级划分都在3~7之间,其中4级和5级最为常见。而开放式问答题允许用户用文字自由地描述,从而可以更广泛地搜集意见。

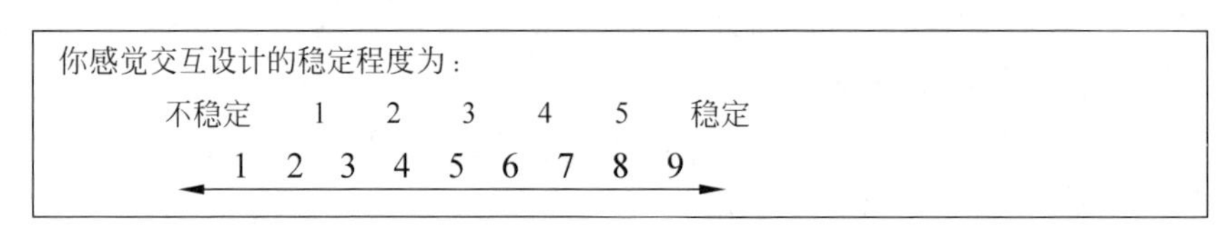

图9-8 李克特量表问题示例

c) 问卷实施及结果分析

问卷调查采用抽样调查、针对性调查、广泛调查(附带搜集用户信息并进行分类)等方式。可以采用发放调查表、电子邮件、网页等方式。结果分析主要是对调查收集到的数据运用统计方法进行分析、归纳,得到有用的信息。

下面介绍一个可用性调查问卷的例子——用户交互满意度问卷(Questionnaire for User Interaction Satisfaction, QUIS),见表9-2。QUIS由美国马里兰大学帕克学院人机交互实验室开发,用于获取用户对特定人机交互方面的主观满意度,有长、短两种类型,都包含九个部分:屏幕、术语和系统信息、学习、系统性能、技术手册和在线帮助、在线教程、多媒体、电信会议和软件安装;还包括需要定制的、一些针对评估系统的背景问题等。长类型共143个问题,其中多数是李克特量表形式。QUIS已经在许多交互类型的应用中取得了令人信服的结果。

表9-2 长类型QUIS的几大部分

欢迎!开始调查问卷前首先有几个背景问题:
请回答您的个人信息:
您的年龄:
性别:○男○女
请输入您评估的系统代码:____________________
1. 系统使用经验
……(2个问题)
2. 过去的使用经验
……(2个问题)
3. 总体反映
……(5个问题)

续表

4. 屏幕
……(15个问题)
5. 术语和系统信息
……(20个问题)
6. 学习
……(14个问题)
7. 系统性能
……(17个问题)
8. 技术手册和在线帮助
……(13个问题)
9. 在线教程
……(14个问题)
10. 多媒体
……(13个问题)
11. 电子会议
……(18个问题)
12. 软件安装
……(7个问题)

② 问卷分析

对收集回来的调查表进行统计分析，即通过问卷得出结论。首先要对问卷做检查，剔除那些明显不符合要求的反馈问卷；最好能够借助软件或电子表格进行数据统计和分析。

对不同类型的问题，分析的方法也不同。对于选择题，统计不同选项所占的百分比；对于李克特量表问题，需要统计每个问题的平均得分和标准差等；对开放式问题则需要对答案进行归纳、分类和总结。

分析问卷的结果时需要用到很多的数理统计知识，如参数估计、假设检验、方差分析与回归分析等。例如，上面例子中的大多数问题都是李克特量表问题，将用户对同一问题的量化评价看作给定离散分值选项所构成的样本空间中的随机变量；可以计算其数学期望，作为对该问题的总体评价，并可以通过方差等指标做进一步分析；还可以利用协方差统计评价不同问题之间的相关程度等。

除了对问题的回答进行统计分析外，还要对用户的背景信息进行统计，因为这有助于分析调查中发现的问题。

(3) 放声思考法(Thinking Aloud)

放声思考法也称为边做边说法，是一种非常有价值的可用性工程方法。在进行这种测试时，用户一边执行任务一边大声地说出自己的想法，采用这种方法能够发现其他测试方法不能发现的问题。实验人员在测试过程中一边观察用户，一边记录用户的言行举止，使得实验人员能够发现用户的真实想法。但是这也要求实验人员在进行测试之前明确测试目的，对于不同的测试目的，实验人员在测试过程中扮演的角色是不同的。

采用放声思考法能够得到最贴近用户真实想法的第一手资料，但是这种方法也有缺点，那就是用户在边做边说时很容易口是心非，所以实验人员不仅要记录用户说的话，还要分析用户说话时执行的任务及采取的行为，以分析用户感觉有问题的地方的原因。

(4) 访谈法

访谈法是研究人员通过与研究对象进行口头交谈,了解其内在心理活动的内容、特点和过程的方法。根据研究人员对访谈过程的控制程度,访谈可分为结构式访谈和无结构式访谈。

结构式访谈要求研究者按照事前设计好的结构化访谈提纲向被访者提问。这种访谈最重要的就是要控制访谈内容,确保话题聚焦于研究者所关注的问题上,从而获得被访谈者对特定问题的看法。结构式访谈由于对访谈内容做了事先规定,使得研究者易于控制访谈过程及对不同对象的访谈所获资料进行整理和比较。但由于研究者和被访者之间的交谈具有一定程度的复杂性和随机性,所以研究者对谈话进程的掌控并不是绝对性的。

无结构式访谈是指研究者事先不固定访谈的内容和问题顺序,研究者与被访者进行自由的交谈,尽可能引导被访者完全自由地发表对有关事物的观点。无结构式访谈可以对某个事物或者问题进行更为深入的调查,所获得的材料具有更高的真实性。但由于没有一定标准的固定提纲,研究者可能对谈话过程缺少系统的控制,对资料的记录和量化比较困难,同时对不同被访者的访谈信息也很难进行适当的比较。

在具体的实施中,研究者可以将上述两种方法结合起来使用,吸取二者的优点,既可以避免结构式访谈的缺乏灵活性等缺陷,也可以避免无结构式访谈的难以做量化比较等局限。

3. 可用性评价方法的比较

对于一个交互产品,采用何种方法进行可用性评估取决于具体的适用环境。表9-3分别从评估适用阶段、需要的时间、参与用户人数、评估人员人数、评估设备需求几个方面对上述几种评估方法进行比较。

表9-3　可用性评估方法之间的比较

	诊查式方法			测试式方法		
	启发式	认知性遍历	行为分析	放声思考法	用户测试	访谈和问卷法
评估适用阶段	全程	全程	设计阶段	设计阶段	最终测试	全程
需要的时间	短	居中	长	长	居中	短
参与用户人数	0	0	0	大于3	大于20	大于30
评估人员人数	大于3	大于3	1～2	1	大于1	1
评估设备需求	少量	少量	少量	较多	适中	少量

从表9-3可以看出,诊查式方法不需要测试用户,而测试式方法全部需要用户参与。其中,放声思考法只需要少量的用户,而用户测试法和访谈问卷需要的用户人数较多。对应地,测试式方法需要的评估人员较少,通常只需要1个记录人员负责观察和记录数据,而诊查式方法需要的评估人员较多且较专业。在时间方面,因为行为分析和放声思考法需要对参与人员的适时反馈加以记录,因而持续时间较长,所以较适用于在产品的设计阶段来发现问题。而启发式评价和访谈问卷因为步骤简单,需要的时间较短,且与认知性遍历一样适用于界面产品的全过程。

在具体的可用性评估中,应当尽量将诊查式方法与测试式方法相结合,主观评价方式和客观评价方式相结合。例如,行为分析和认知性遍历是面向任务的,可以与非面向任务的方法(如启发式评价方法)一起完成评估过程。间接的可用性测试(如访谈与调查问卷),可以与直接的可用性测试方法(如放声思考法和直接观察法)一起来完成评估过程。

9.1.6 可用性评估案例

下面以山东大学考古数字博物馆网站(http://museum.sdu.edu.cn)为例,说明应用启发式评估、用户测试、问卷调查和放声思考法等方法进行可用性评估的过程。

1. 评估指标体系的建立

根据网站的特点及服务人群,在参考其他关于网站可用性定义的基础上,提出网站可用性为内容、效率和满意度,具体描述如下。

(1) 内容/服务

用来评估 Web 界面所包含的信息和服务以及将这些信息和服务传递给用户的能力。

(2) 效率

指用户完成任务的正确和完整程度与所使用资源(如时间)之间的比率。

(3) 满意度

指用户喜欢该网站的程度,即系统的目标用户或其他人在使用过程中感受到的舒适性和可接受性以及用户的意见、感知、心里感受等。

本研究参考微软公司的微软可用性指南(Microsoft Usability Guideline,MUG)、Web 界面设计时常被违反的设计原则、10 个最经常被违反的 Web 界面设计原则并根据博物馆网站特点,经过添加、优化和筛选处理,将上述 3 个评估因素进一步细分,最终确定博物馆网站的评估指标体系,见表 9-4。

表 9-4 网站可用性的因素分类

可用性因素	下级因素	描 述
内容/服务	关联性	表示内容与核心用户的相关性,即网站所提供的信息是否和该网站的核心用户紧密关联
	表达方式	文字要简洁明了,多元信息能够用多媒体来辅助表达
	深度和广度	检查网站信息的深度和广度。网站的内容应该既要有一定的详细程度,又要有一定的覆盖面
	实时性	网站的内容是否及时更新并提供相关的时间信息
	服务	提供动态的、能满足特定用户独特需求的能力
效率	交互效率	用户使用该网站能多快完成任务
	易用性	新老用户能很容易地使用网站各项功能
	容错性	帮助用户识别、诊断错误及从错误中恢复
用户满意度		用户使用过程中感受到的舒适性和可接受性以及用户的意见、感知、心里感受等

2. 启发式评估

启发式评估既可用于一般的用户界面的评估,也可用于 Web 界面的评估。我们在此基础上,通过分析影响用户访问数字博物馆的因素,得到了针对数字博物馆网站的启发。

(1) 启发

数字博物馆有其独特的特征,其内容丰富、藏品众多、信息量大,尤其是三维物品及三维场景的应用使用户不再局限于平面图片所展示的信息,极大地激发了用户的访问兴趣。通过现场观察及分析用户访问习惯发现,影响用户访问数字博物馆的主要因素有:下载速度、内容更新、帮助信息、易用的操作、无处不在的导航信息、清晰易用的搜索功能、有效链接、及时的反馈等。将这些因素与启发式可用性原则的十个启发相结合,得到以下用于对数字博物馆进行启发式评估的启发。下面对这些启发进行详细的说明与解释。

① 清晰的导航:用户无论从何处进入页面都可知道当前所处位置,并可方便地到达站点中的其他页面。

② 易用:用户容易使用网站提供的各项功能。对新技术的应用不增加用户的额外负担,对于使用不同连接方式连入互联网的用户给出相关提示信息,如文件类型、文件大小、下载进度等,并提供易于发现的帮助信息。

③ 及时的反馈:让用户了解他们操作的结果。反馈信息清楚易见,能反映操作结果。

④ 使用能够区分已访问和未访问链接的颜色:在内容较多的情况下,区分已经访问和尚未访问的链接,使用户在使用过程中不需记忆已到过何处、已访问过哪些内容。

⑤ 尽量避免错误:避免无效链接及错误链接,所有页面及程序在提交之前进行仔细、全面的测试。

⑥ 避免指向本页面的链接:用户会误以为该链接指向新地址,单击之后会使用户无所适从。

⑦ 使用反映页面真实内容的标题:设计页面与页面标题,使得便于链接或在书签中标明,标题与内容统一。

⑧ 最短下载时间:长的页面需要更长的下载时间,所以除非必要,每页不要包括过多的信息。影响下载速度的主要有图片、多媒体信息和三维信息。

⑨ 帮助用户识别、诊断及从错误中恢复:错误信息要易于理解,要有对问题的建议解决方法,例如链接到一个对错误进行处理的页面。

⑩ 清晰易用的搜索功能:用户在丰富的内容、多种多样的资源中能轻松找到需要的内容。

(2) 对问题的严重性进行评分

通常要想解决所有的可用性问题是不太现实的,因此需要对它们进行优先级排序。发现设计中的问题后,最有必要去修正最严重的问题。严重性评价是通过把界面上所发现的可用性问题清单发给一组可用性专家,让他们给每个问题的严重性打分来获得。我们采用的可用性问题严重性评价尺度如表 9-5 所示。

表 9-5 可用性问题评价尺度

评价分值	评价标准
0	根本不是个可用性问题
1	只是一个表面的可用性问题——除非项目有额外的时间,否则不必纠正
2	轻微的可用性问题——纠正这一问题的优先级较低
3	重要的可用性问题——需要重视该问题的纠正,应当给予高优先级
4	可用性灾难——在设计提交之前必须考虑的、严重的可用性问题

在提出修改建议时这些分数很有用，要先解决分数高的问题。

(3) 评估者

不同的评估人员会发现不同的问题，因此综合多个评估人员的评估可能得到更好的结果。考虑到评估成本、网络使用经验、可用性专业知识等因素，本例中选择三位评估者，所有的评估者都会熟练地使用互联网，其中一位评估者具有较多的可用性方面的专业知识，另两位评估者对可用性有一般性的了解。

(4) 评估过程

每位评估者有一份包括启发以及如何进行评估的文档。首先，他们要浏览站点来感觉一下其设计，大致了解站点的主要内容及界面主要组成；然后，他们要阅读启发列表并检查这个站点有没有这样的可用性问题，对于他们发现的每个问题都要记下来并对这个问题评分；接着将可用性问题与启发进行匹配；最后写下他们对这个站点的总体设计的观点。

(5) 评估结果分析

通过对评估结果的分析，评价评估对象体现了哪些可用性原则，又违反了哪些可用性原则。被评估的山东大学考古数字博物馆在可用性方面既存在合理之处，同时也存在一些问题，下面将从这两个方面对评估结果进行分析。

第一，体现可用性原则的设计。所参考的可用性原则除前面提到的启发外，还参考了 W3C 提出的 Web 设计指导原则，如表 9-6 所示。

表 9-6　评估结果对 W3C Web 设计指导原则的体现

设　计	体现的可用性原则
使用标准的链接颜色，容易区分已访问和未访问的链接	符合一致性和标准原则
清楚地标注日期	
导航清楚，用户可清楚了解当前所处位置	符合系统状态可视性原则
使用易于发现、易于使用的链接	符合识别而非记忆原则
文博快讯包括多页内容，页面定位信息清楚易用，用户使用方便	符合用户控制与自由原则
页面美观大方	符合美学及最小化设计原则
文本与背景对比明显	符合美学及最小化设计原则
整个页面字体一致，易于阅读	符合美学及最小化设计原则
使用静止的正文	为 Web 阅读设计文字
用户找到所需内容而单击链接的次数较少	符合最小化设计原则
提供易于使用的搜索功能	
使用能够反映页面内容的标题	
页面布局合理，结构清晰	

第二，存在的可用性问题。山东大学考古数字博物馆在评估过程中做了一些改版的工作，所以三位评估者的评估结果可能会受到影响。采用启发式评估共发现 36 个可用性问题，其中严重性打分为 1 的、很小的可用性问题有 23 个，占 64%，对用户访问网站没有太大的影响；严重性打分为 2 的、较小的可用性问题有 11 个，占 30%，如果在网站改版时能加以考虑的话，会对提高网站的可用性有较大的帮助；所有评估者对其严重性都打了 3 分的、较大的可用性问题有 2 个，占 6%，这些可用性问题需要引起足够的重视，因为它们对用户的

访问、用户在网站的良好体验产生了不利的影响,在网站改版的过程中最好能够优先解决。较大的两个可用性问题是:①使用大图片,下载速度很慢;②在浏览三维场景及三维文物时需要下载插件,页面上无相关提示,用户不知如何操作,站点未提供有效的帮助。

3. 用户测试

让真正的用户来进行用户测试是最基本的可用性方法,它使我们了解用户如何使用计算机,了解用户使用计算机的方法与预期有何不同。

(1) 测试目标和测试计划

在进行用户测试之前先明确测试目的,有助于引导以后的测试过程及对测试结果的分析。用户测试的主要目的是对山东大学考古数字博物馆网站的用户界面、交互、网站功能等进行评估,从可用性的角度分析山东大学考古数字博物馆网站在界面设计、交互设计、内容设计、功能设计等方面的优点及不足,得到山东大学考古数字博物馆网站的可用性的总体评估。

制定测试计划有助于指导以后的测试进程,在测试计划中明确以下问题。

① 测试时间和地点:测试地点由用户自行安排,测试时间不统一确定,但是有一个最后截止时间。

② 每一次测试的预期使用时间:本例中用户测试和问卷调查同时进行,用户在执行了测试任务后立即填写调查问卷,预期使用时间为60分钟。

③ 测试时需要的计算机设备:无论使用何种计算机,只要能够访问Internet即可,不限制所使用的硬件。

④ 测试之前要准备好的软件:可以访问网站的浏览器软件。

⑤ 开始测试时网站所处状态:确保网站24小时均可访问。

⑥ 测试人员:一位具备较多可用性知识的人员,一位对可用性有一定了解的人员。

⑦ 测试用户及如何找到这些用户:测试用户通过以下途径招募:山东大学人机交互实验室对测试感兴趣的同学;山东大学校内对测试感兴趣的同学;某电脑培训学校对测试感兴趣的人员。

⑧ 需要的测试用户:计划需要120位。

⑨ 用户需要完成的测试任务:共12项。

⑩ 确定用户正确地完成任务的标准:用户进入正确的页面,并成功访问所要求的内容。

⑪ 测试用户可以使用的辅助手段:网站提供的帮助信息。

⑫ 测试人员在测试期间可以给测试用户提供的帮助:为用户解释典型任务中用户有疑问的任务,不提供其他帮助。

⑬ 需收集的数据及数据分析:用户执行每项任务的开始时间和完成时间,由此得到用户完成每项任务的时间。在分析数据时最大限度地考虑网络负载的因素、个体差异影响的因素,采用统计学的方法统计结果。

(2) 招募测试用户

招募测试用户时考虑到以下几个方面,确定测试用户的数目及招募途径:①由于山东大学考古数字博物馆网站位于教育网内,而从外网访问教育网的内容普通较慢,所以测试用户在选择时不仅要包括使用教育网的,还要包括不使用教育网的。②用户的个人因素对测试的结果影响较大。用户使用互联网的经验、解决问题的能力、不同的专业背景知识等都会对用户执行典型任务产生较大的影响，所以在选择测试用户不仅要选择有不同网络使用经验的用户，而且也要选择具有不同专业背景的用户，并适当考虑年龄因素，这样选择的测试用户能在最大程度上反映真实用户的情况。③由于测试时间、测试环境等的安排需要花费较多的精力与时间，所以选择用户时也要考虑到用户利用已有环境上网进行测试的可能性。

在制定测试计划时充分考虑到以上各个因素，确定了招募测试用户的途径。在实际招募时由于受到各种条件的影响及限制，实际招募用户 41 人，校内用户 25 人，校外用户 16 人。

(3) 实验分组

实验人员分为三组，每组由组长负责解释实验目的及测试任务，汇总测试结果。第一组与第二组均是校内用户，第三组为校外用户。第一组包括山东大学人机交互实验室参加测试的用户(具有计算机专业知识)及校内招募的、其他专业(具有信息科学专业知识)的用户共 6 人；第二组包括山东大学参加测试的用户，共 19 人；第三组包括校外参加测试的用户，共 16 人。

(4) 试点测试

在进行用户测试之前先进行了试点测试，试点测试的目的是为了明确如下问题：

- 用户能否在分配的时间内完成测试任务？
- 测试任务的描述是否清楚，用户是否容易理解？
- 用户对问卷的措词是否理解，问卷是否能够反映用户测试时及测试后的所想所感？

试点测试进行了 2 次，共有 4 位用户参加，根据测试结果对典型任务和调查问卷作了相应的改进。

(5) 测试任务的确定

选择测试任务的基本原则是所选择的尽可能地代表最终用户访问网站时使用的任务，大致覆盖用户界面上最重要的部分。通过对以下几个问题的综合考虑，我们选择了 12 个测试任务，这些任务大致涵盖了网站的所有栏目，详见表 9-7。

表 9-7 测试任务表格

执行任务	开始时间	完成时间
浏览博物馆动态中的“博物馆人员到大辛庄遗址参观”		
与网站制作者联系，找到联系信息即可		
利用查询功能访问新石器时代的陶器圈足壶		
访问日照两城遗址，观看出自该遗址的精美文物		
访问全景图中的“校史展馆一新山大”		
浏览虚拟场景中博物馆的虚拟场景		
观看文物演变中“龙山高柄杯”的演变		
在考古论坛中注册用户并发表一个帖子		
访问出自长清仙人台遗址的 3D 文物编钟		
访问考古实景中的“田野考古一考古全程展示”		
访问古典音乐“化蝶”		
了解文物鉴赏的有关知识		

(6) 测试程序

在进行用户测试之前,我们对参与测试的人员提出一些要求并对测试进行了说明。要求参与测试人员独立进行测试,不与其他参测人员相互讨论,以免影响测试的公正性及客观性。向测试用户明确说明测试的主要目的是为了了解网站的可用性,用户执行任务的过程中若出现问题则说明网站还需要改进,并非是对用户个人能力的考验,使用户在没有思想压力的情况下轻松地进行测试。测试用户对测试有任何意见或建议可自由表达。测试结果将用于改进网站设计,用户所做的每一项工作对改进网站都很重要。用户的测试结果将会作为整体来使用,不会向任何个人或组织提供用户的个人信息。测试是自愿的,用户可在任何时候停止测试。对于以前未访问过山东大学考古数字博物馆的用户,我们要求在执行测试任务之前先花费30分钟的时间浏览一下网站,以便了解网站的主要内容及基本结构,以期尽可能多地发现可能存在的可用性问题。

用户测试结果中,25份通过电子邮件反馈,16份以纸张形式反馈,历时2个月,有效结果共37份。

(7) 结果分析

按用户完成的任务比率来排列依次为:任务1,任务12,任务2、3、4,任务8、9,任务5,任务7、11,任务6。其中任务1、12的完成比率最高,反映了测试任务的设计是比较合理的,以简单任务开始,以简单任务结束,既使执行任务逐渐加大难度,又使用户在任务完成时有成就感。任务6、7、11的完成比率较低,根据用户在这三个任务上所花费的时间,分析这三个任务完成效率较低的原因如下:

- 须下载插件才可访问。
- 页面或文件较大,须下载较长时间才可访问。
- 用户在无法执行任务时注明了打不开或打开出错等信息,结合问卷调查的结果分析主要是访问速度较慢的缘故。

4. 问卷调查

(1) 计划及准备

问卷调查与用户测试同时进行,用户在进行完测试之后立即填写调查问卷,因为这时用户回忆起访问网站时的体验比较容易。

(2) 调查问卷的设计

问卷调查与用户测试同时进行,用户在完成测试任务后即可填写调查问卷。用户约需要花费10分钟的时间完成问卷。调查问卷内容如下:

1) 您的专业是:
 0理工科　　0文科　　0其他
2) 您上网的频率是:
 0偶尔　　0每月上几次　　0每周上几次　　0每天都上
3) 您已经有多长时间的上网经验?
 01年以内　　01～3年　　03～5年　　05年以上
4) 您经常通过何种方式上网?
 0校园网　　0宽带　　0拨号上网　　0其他(请写明)
5) 您以前是否访问过我们的网站?
 0未访问过　　0访问过

6）您访问网站的频率是(如果以前您访问过我们的网站，请做此题，否则请继续做第 7 题)：
O 每天都访问　O 一周几次　O 一月几次　O 几月一次
7）您觉得这个网站好用吗？
O 很好用　O 好用　O 一般　O 不好用　O 难用
8）您对网站浏览速度的满意程度是：
O 很满意　O 满意　O 一般　O 不满意　O 很不满意
9）您觉得网站的栏目设置清楚吗？
O 很清楚　O 清楚　O 一般　O 不清楚　O 非常不清楚
10）您觉得从网站的栏目名称是否容易知道其中的内容？
O 很容易　O 容易　O 一般　O 不容易　O 非常不容易
11）您觉得网站的文字设计是否容易阅读？
O 很容易　O 容易　O 一般　O 不容易　O 非常不容易
12）您觉得网站的美工设计是否能吸引您的兴趣？
O 能　O 一般　O 不能　O 不确定
13）您觉得网站提供的搜索功能是否能满足您的需求？
O 能　O 一般　O 不能　O 不确定
14）您觉得是否易于找到所需要的信息？
O 很容易　O 容易　O 一般　O 不容易　O 非常不容易
15）您觉得在不同的页面之间转换是否方便？
O 很方便　O 方便　O 一般　O 不方便　O 非常不方便
16）您觉得是否容易找到网站提供的提示信息及帮助信息？
O 很容易　O 容易　O 一般　O 不容易　O 非常不容易
17）您最经常访问网站的哪些内容？(多选)
□文博快讯　□馆藏荟萃　□虚拟场景　□古代遗址　□考古课堂
□视听博览　□考古论坛　□名家风采　□全景图　□友情链接
18）您觉得网站哪些栏目做得好？(多选)
□文博快讯　□馆藏荟萃　□虚拟场景　□古代遗址　□考古课堂
□视听博览　□考古论坛　□名家风采　□全景图　□友情链接
19）您觉得网站哪些栏目需要改进？(多选)
□文博快讯　□馆藏荟萃　□虚拟场景　□古代遗址　□考古课堂
□视听博览　□考古论坛　□名家风采　□全景图　□友情链接
20）您使用网站的主要目的有：(多选)
□浏览信息　□了解考古知识　□观赏文物　□交流考古心得
□陶冶情操　□解决考古疑惑　□随便看看
21）您觉得网站哪些方面做得好？(多选)
□版面设计　□导航系统　□网站内容　□网站功能
□栏目设置　□内容更新　□其他(请写明)
22）您觉得网站哪些方面做得让您不满意？(多选)
□版面设计　□导航系统　□网站内容　□网站功能
□栏目设置　□内容更新　□其他(请写明)
23）您对首页的满意程度：
O 很满意　O 满意　O 一般　O 不满意　O 很不满意
24）您对网站的总体满意程度：
O 很满意　O 满意　O 一般　O 不满意　O 很不满意
25）您在访问网站的过程中感到过不便吗？若有，是在执行哪个(些)任务时有这种感觉？
26）您觉得网站哪些地方需要改进？
您访问过其他数字博物馆吗？若访问过，请写出它们的名字。您觉得它们哪些方面做得更好？

(3) 问卷调查程序

问卷调查与用户测试同时进行，用户在测试完后即填写问卷，这样能够最大程度地反映用户的真实想法。调查问卷回收41份,有效问卷37份。其中电子问卷25份,纸张问卷16份。

(4) 调查结果分析

用户满意度最高的是网站的美工设计,其次是网站的搜索功能,接下来是网站的使用难度、文字设计、栏目设置。最不满意的是网站提供的提示信息及帮助信息。

用户认为做得最好的三个栏目依次是视听博览、馆藏荟萃、全景图。用户认为最需要改进的三个栏目依次是虚拟场景、考古论坛、文博快讯。

用户认为网站做得最好的依次为版面设计、网站内容、栏目设置三个方面。用户认为网站在导航系统、内容更新、网站功能三个方面需要改进。

网站做得最好的三个方面反映了用户在访问过程中感到最为满意的方面,这些内容不仅与网站的可用性相联系,也与网站的实用性、易用性、有用性等紧密相关。用户认为最需要改进的三个方面反映了用户对网站进一步提高的期望,希望数字博物馆在这些方面能够有所提高,以更好地为用户服务。所得结果与通过其他可用性评估方法得到的结果是一致的,从一定程度上反映了本研究所选择的可用性评估方法之间的互补性及可比性。

从网站首页满意度和网站整体满意度可以看出,用户对山东大学考古数字博物馆的满意度基本符合正态分布,说明网站的可用性水平基本能够达到用户的要求。当然,分析结果也表明网站的可用性有待进一步提高。

5. 放声思考法

(1) 典型任务

采用的典型任务与用户测试时采用的典型任务相同,共12个任务,要求用户以自己熟悉的方式来执行这些任务。

(2) 招募测试用户

在用户测试招募的测试用户中选择一位用户进行放声思考法的测试(下称熟练用户),此用户具有五年以上的互联网使用经验。再通过其他途径选择一位用户(下称新手用户),有一年以内的互联网使用经验。

(3) 测试程序

对两位用户的测试分别进行,两位用户均使用宽带上网,网络的最大速度上限为100Mbps。熟练用户的实验历时40分钟,新手用户的实验历时1小时20分钟。在进行测试之前先向用户简单介绍如何进行测试,在测试过程中记录用户的语音和行为操作。在实验完成后及时整理实验结果,并与测试用户进行了交流,以确定实验人员对观察到的情况的理解是否与用户的真实想法一致,也是对用户说的话是否反映用户的真实想法进行验证。

(4) 结果分析

在进行测试后的交流时,参与测试的用户对山东大学考古数字博物馆的优点做了充分的肯定。

采用放声思考法发现的可用性问题与采用用户测试及启发式评估方法发现的可用性问题在一定程度上有相重叠的部分。由于采用放声思考法时实验人员可随时了解用户的想法,所以实验的结果更能反映用户的真实想法,实验人员可以从中发现更多有价值的信息。通过分析,我们了解了针对每个任务所产生的具体问题,并针对每个问题提出了改进建议。

6. 综合评估

本案例使用四种可用性评估方法对山东大学考古数字博物馆的可用性进行了评估，并针对每种评估方法的优缺点进行了相应的改进，使这些评估方法更能符合使用时的现实情况，较为全面、详细地反映评估结果。通过分析评估结果，可以看到基本达到了选择这些可用性评估方法的目的。

四种评估方法所发现的可用性问题既有互补性、又有重叠性，最终结果表明山东大学考古数字博物馆的可用性程度较高，用户的满意度达到较高的水平。但是也存在一些可用性问题，若能针对具体问题进行改进，将能从总体上提高山东大学考古数字博物馆的可用性水平，为用户提供更易于使用、服务更完善的博物馆网站。

9.2 用户体验评估

可用性是交互设计基本、重要的指标，但是成功的设计只有可用性是不够的，还需要给用户带来良好的感受和积极的情绪、情感体验，即用户体验，它侧重于用户在使用一个产品的过程中建立起来的、纯主观上的心理感受。下面首先辨析用户体验与可用性之间的关系，然后介绍一个用于指导提升用户体验的用户体验层次模型和用于指导用户体验评估的心流体验模型，最后详细介绍评估用户体验的测量指标体系。

9.2.1 用户体验与可用性目标的关系

图 9-9 可以直观地显示用户体验和可用性目标之间的关系。可以说可用性目标是用户体验目标的基础，离开了这个目标，所设计的产品将是无源之水；反之，如果离开了用户体验的目标，这样的产品将不会令人愉快和满意。也就是说，可用性是产品应该做到的、理所

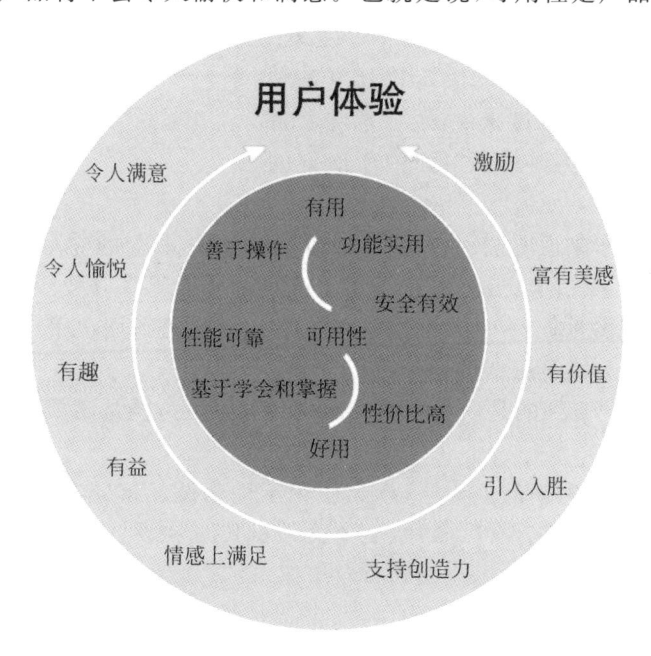

图 9-9 用户体验目标和可用性目标之间的关系

应当的,而用户体验则是要给用户一些与众不同或者意想之外的感觉、一些最佳的感受。从图9-9所呈现的模型来看,这些感受包括满意感、愉悦感、有趣、有益、情感上的满足感、支持创造力、引人入胜、有价值、富有美感和激励,这些感受就是交互设计者要达到的用户体验目标。

9.2.2 用户体验模型

虽然许多用户体验目标被提出,但要使这些目标得以在交互设计产品中实现,还需要借助于系统有效的理论模型来提供设计指导和测量评估。Garrest提出的用户体验层次模型是一个适合于指导提升用户体验的理论模型,而经Kiili发展后的心流模型可以为用户体验的测量提供有效框架。下面将分别介绍这两个用户体验模型。

1. 用户体验的层次模型

Garrest在《用户体验要素:以用户为中心的产品设计》中提出了用户体验的五个层面,分别是战略层、范围层、结构层、框架层和表现层,这五个层面提供了一个基本架构(见图9-10),在这个基础架构上,可以从设计的理论层面上系统讨论提升用户体验的问题,以及用什么工具来解决用户的体验。

每一个层面都是根据其下那个层面来决定的。所以,表现层由框架层来决定,框架层则建立在结构层的基础之上,结构层的设计则基于范围层,范围层是根据战略层来制定的。当我们做出的决定没有和上下层保持一致的时候,项目常常会偏离正常轨道,这样的产品出来以后,用户也不会喜欢。这种依赖性意味着在战略层上的决定将具有某种自下而上的"连锁效应"。反过来讲,也就意味着每个层面中可用的选择都受到其下层面中所确定的议题的约束。

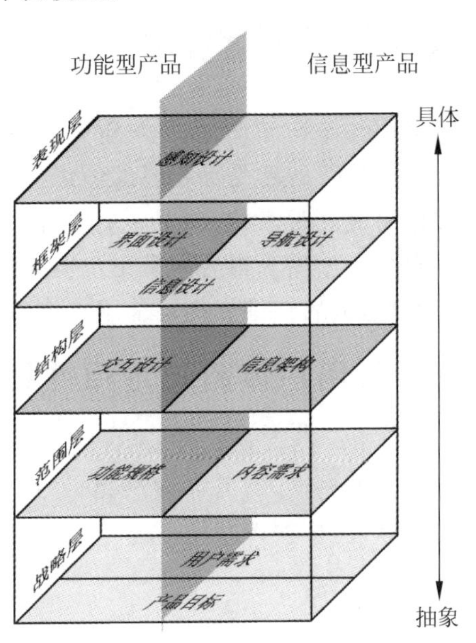

图9-10 用户体验构架的层次模型

可以通过一个例子来说明层次模型在设计产品用户体验上的应用。大多数人都使用过购物网站。用户首先进入网站并通过搜索引擎或目录分类等来寻找想买的商品,然后进行在线支付并向网站提供收货地址,最后网站将这个产品递送到用户手中。这个完整的体验事实上是由以下一系列决策组成的:

- 在表现层,用户看到的是一系列网页结构、商品展示,网站需要提供给用户良好的感官体验。
- 在表现层之下是网站的框架层,框架层用于优化设计布局,以达到这些元素的最大效果和效率,如按钮、控件、照片、文本区域的位置和设置。良好的设计能使用户容易记得标识并在需要时迅速找到对应按钮。
- 与框架层相比,更抽象的是结构层,而框架是结构的具体表达。如果框架层实现了网页上交互元素的位置,那结构层则决定了用户如何到达各个页面。如果框架层定义了导航中各商品的实际分类和分布,那结构层则决定应如何分类。

- 结构层确定网站各种特性和功能最合适的组合方式，而这些特性和功能就构成了网站的范围层。例如，现在有些购物网站能记忆用户最近的搜索历史，并据此推送相应类别的商品信息。这个功能是否应该成为网站的功能之一，就属于范围层要解决的问题。
- 网站的范围层是由网站战略层所决定的。这些战略不仅包括经营者对网站的需求，还包括用户对网站的需求。

对这些层面的各个用户要素的分析，将决定最终用户使用该网站进行购物的体验。当每个层面的要素得到充分考虑并设计合理，则更容易实现用户体验目标。

2. 心流体验模型

心流理论(Flow Theory)是由美国心理学家 Csikszentmihalyi 提出来的，他认为当人们进行某些活动时，集中注意力、完全地投入到情境当中，可以过滤掉所有不相关的知觉，并且在活动中获得操控的满足感，即进入一种心流状态，这种特定的心理状态称为心流体验(Flow Experience)。简言之，人机交互中的心流体验就是用户在使用交互产品完成活动的过程中的最佳体验。后来，心流体验被广泛用作一套核心的用户体验标准。

Kiili 根据他在 2005 年提出的经验游戏模式和心流理论的创始人 Csikszentmihalyi 提出的 9 个心流要素，将心流体验分为三个过程：心流前兆(Flow Antecedents)、心流状态(Flow State)和心流结果(Flow Consequences)，如图 9-11 所示。心流前兆因素包括清晰的目标、及时的反馈、游戏性、故事情节等，心流状态指标包括自成目标的体验、控制感、存在感、自我意识的缺失、集中注意力、时间消失感、积极情感等，心流结果包括学习效果、探索行为、未来的使用意向等。心流体验的测评就是要对这些心流要素进行测量和评价。

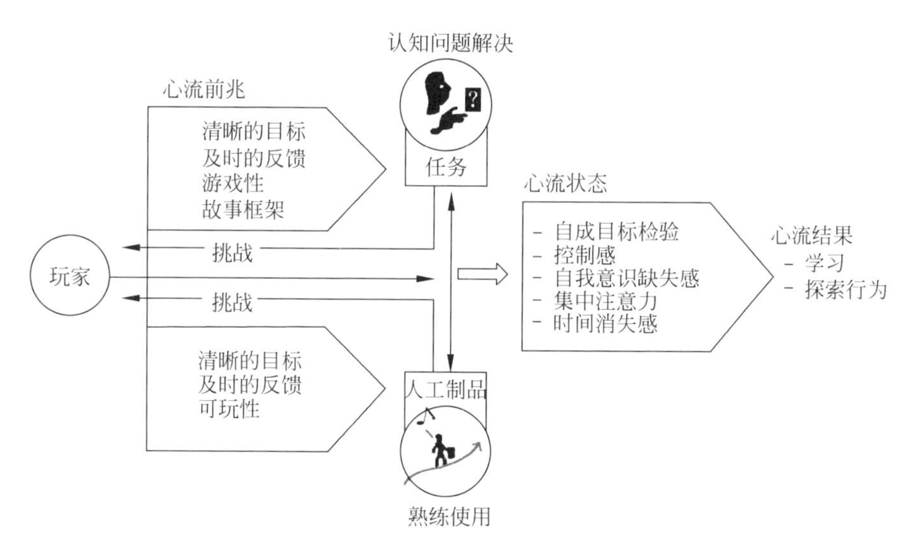

图 9-11　心流体验模型

心流理论模型涵盖了用户使用产品时对产品、任务和用户三个方面的体验要素，在帮助开发人员衡量和评估新产品或系统所引发的用户体验方面有很多帮助。

9.2.3 用户体验评价

在确定用户体验要素后,需要对这些要素进行评价,从而获得用户在这些要素上的体验。体验测评指标可分为主观评价指标和客观评价指标,主观评价指标通常为自我报告指标,客观评价指标通常包括行为指标和生理指标。

1. 主观评价指标

主观评价指标指通过自我报告等方法对用户体验要素进行评价,从而获得的用户资料或数据。获得这类指标的主要评价方法包括问卷法和访谈法。除测评对象有所不同外,具体方法与前面可用性评估中介绍的问卷法和访谈法基本相同,不再赘述。

主观评价指标是最常用的用户体验评价指标,大多数用户体验研究都是通过获取用户的主观评价数据来考察用户体验。心流体验是用户体验的核心,心流理论中的各个心流要素通常是通过自陈式量表来进行测量。目前研究者已经围绕心流体验开发了多种自陈式测量工具,可用于心流体验的评估,这些心流量表所包含的心流要素不尽相同,但都是重要的主观评价指标,见表9-8。

表9-8 不同心流量表中的心流要素

研究者	年份	心流要素
Trevino	1992	控制感、专注、好奇、内在兴趣
Hoffman	1996	技能/控制、挑战/唤醒、集中注意力、交互性、远程临场感
Hoffman	1997	及时反馈、愉悦、自我意识的缺失、自我加强
Hsiang Chen	2006	即时的反馈、清晰的目标、行为和意识的融合、集中注意力、控制感、自我意识的缺失、时间消失感、远程临场感、积极情感
庄宗元	2007	立即反馈、清楚目标、行为与意识的融合、控制感、集中注意力、自我意识的消失、时间扭曲感、积极的情绪
FongLing Fu	2009	专注、清晰度、反馈、挑战、控制感、沉浸感、社会互动和知识提升
马芳	2010	挑战与技能的平衡、不费力的专注、时间感的变化、清晰的目标、自成目的性体验、自我意识的丧失、掌控的感觉
乔小艳	2012	挑战与技能的平衡、临场感、及时反馈、探索性、清晰的目标、控制感、集中注意力

然而在许多情况下,一套评价指标不能完全适用于不同的用户测试。因此,用户体验评估中具体测量指标的选择还要同时考虑交互产品或系统的特点以及任务特点才能最终确定。

例如,Fu、Su和Yu用心流模型考察了E-learning游戏中的用户体验。他们总结了以往的心流模型并分析了E-learning游戏任务的特点,在此基础上确定了E-learning游戏中心流体验的8个维度,分别是专注、清晰度、反馈、挑战、控制感、沉浸感、社会互动和知识提升,并基于这8个维度编制了一个E-game心流量表,在每个心流要素下设计了具体的测量题目,在7点李克特量表上对每个题目进行评定,具体测量题目见表9-9。然后,通过用户测试考察了用户在四个E-leanring环境中的学习体验,最终表明了对心流要素的评价在测量用户体验中的有效性。

表 9-9　E-game 心流量表

心流要素	测量题目
专注	大部分游戏活动都是与学习任务相关的
	任务中没有明显的分心
	一般来讲,我能持续将注意力集中在游戏中
	对于玩家应该集中注意力的任务中我都没有分心
	我没有被无关的任务所拖累
	游戏中的工作量很充分
目标清晰度	总的游戏目标在游戏开始就被呈现出来
	游戏目标的呈现很清晰
	那些中期的目标在每个场景开始都被呈现出来
	那些中期目标的呈现都很清晰
反馈	我在游戏中收到关于我进度的反馈
	我在行动过程中收到即时的反馈
	有新任务时,我能立即被通知
	有新事件时,我能立即被通知
	当中期目标成功或失败时,我能收到信息
挑战	游戏的文本中提供了“提示”,这帮助我克服了挑战
	游戏提供了“在线支持”,这帮助我克服了挑战
	游戏提供了视频或音频辅助,这帮助我克服了挑战
	挑战的难度随着我技能的提升而增加
	游戏提供了有适宜难度的新挑战
	游戏提供了不同挑战水平,能适应不同的玩家
控制感	我感觉能控制和影响游戏
	我知道游戏中下一步是什么
	我对游戏有控制感
沉浸感	当玩这个游戏时,我忘记了时间的流逝
	当玩这个游戏时,我变得意识不到周围的环境
	当玩这个游戏时,我暂时忘记了日常生活中的烦心事
	我体验到一种时间感的改变
	我能参与到游戏中
	我感觉在情感上已经被带入到游戏中
	我感觉已经发自内心地参与到游戏中
社会互动	我感觉到能与其他同学合作
	我能与其他同学密切地合作
	游戏中的合作对学习是有帮助的
	游戏支持玩家之间的社会互动(如聊天)
	游戏支持游戏内的社区
	游戏支持游戏外的社区
知识提升	游戏提升了我的知识
	我掌握了所学知识的基本思路
	我尝试使用游戏中的知识
	游戏激发了玩家去整合所学知识
	我想了解更多教学知识

2. 客观评价指标

大多数心理活动都会以使用者的外显行为或生理特征反映出来,虽然相比主观评价的资料,这些客观数据的收集更为困难,但这些指标却更为稳定和准确。因此,各个用户体验要素不仅能通过主观评定指标进行评价,也可以通过行为指标和生理指标这些客观指标来进行评价。

(1) 行为指标

行为指标以用户的外在行为特征作为测评对象,具体包括操作行为、面部表情、眼动指标等。

① 操作行为

操作行为包括行为发生的频率、潜伏期、持续时间、强度等。频率是指在某一特定的时间内特定行为发生的次数。潜伏期指被试从接受刺激到对刺激做出反应所消耗的时间。潜伏期通常与反应时间同义,常作为推断认知加工过程的依据。持续时间是指被试从行为发生到行为结束所消耗的时间,可以作为情感和个性范畴的行为指标,例如个体持续跟踪一个刺激的时间可以作为评价心流要素中的专注和兴趣的有效指标。行为强度也可以作为有效的评价指标。在社会心理学中,可以把个体拍手的动作强度作为认可程度的指标;在人机交互的虚拟现实环境中,行为强度也可以作为一项有效的用户体验指标,例如用以反映心流要素中的沉浸程度。

② 面部表情

用户在交互活动过程中总是伴随着明显的情绪变化,面部表情是情绪情感最重要的外部表现,对面部表情进行有效的测量和识别,有利于更好地了解用户的体验状态,如评估心流体验中的积极情感。例如,Zaman 和 Smith 在研究中对面部表情分析系统应用在游戏体验中的有效性进行了验证。面部表情分析系统是一个全自动识别面部图像特性的分析系统,能够用于客观评估个人的情绪变化,可以区分六种不同的情绪状态:高兴、悲伤、生气、惊讶、害怕、厌恶。他们在研究中比较了用户在玩电脑游戏的过程中由面部表情分析系统和两位研究人员记录的情绪识别结果,研究表明面部表情分析系统的表现和其中两位记录员的表现具有高度一致性。

③ 眼动指标

眼动指标是通过眼动仪记录的用户眼动信息来探索用户心理过程和体验状态的行为指标。大量研究表明,对目标的注视时间、注视次数和瞳孔变化情况与该物体对个体的重要性或个体对该物体的兴趣有密切关系。

眼动模式与很多心理现象存在一定的特异性关系。眼动模式是指将对特定对象的注视时间、注视次数和扫描轨迹等指标综合起来的眼动特点。眼动模式可以为所研究的心理过程提供实时、动态的信息。在认知作业中,注视时间通常表示对特定对象的信息加工时间;注视或回视次数一般反映个体对特定对象加工的熟练程度或加工深度,次数越多可能反映认知任务越困难,或加工程度越深;扫描轨迹则通常反映个体认知加工的顺序和历程。结合不同的任务,上述眼动模式可以为研究者提供丰富的、有关各种认知加工机制的信息。

眼动模式在揭示复杂认知活动上的优势,使该技术可以用于评估用户体验。例如,当用户在观看各种交互界面和虚拟场景时,可以通过眼动数据了解其此时的扫视轨迹和注视过程，以及在多目标、多任务情况下，对不同位置、大小、颜色和速度的目标的眼动敏感度、延迟和反应速度等基本特性，从而深入了解用户的注意力分配情况。通过这些眼动数据，交互设计人员可以对交互方式或虚拟场景的设计做出合理的调整，从而获得最佳的人机交互效果，既降低了用户的使用负担，又能避免出错、提升满意度。

（2）生理指标

生理指标以伴随心理活动产生的生理反应作为测评对象。这种策略通常需要借助特殊的仪器。常见的生理指标有心血管活动指标、呼吸指标、电生理指标，这些生理指标可以用于对注意力、兴趣、认知评价和情绪情感状态等用户体验要素的评价。

① 心血管指标

心血管指标具体包括心率、血压和血流量等指标。心率是情绪研究中一个较敏感的指标，个体在紧张、恐惧或愤怒时往往心跳加快，而在心里愉快惬意的时候往往心跳比较平稳。心率变化在各种特殊作业引起的心理负荷的研究中也有广泛应用。例如，心率是飞行员的工作负荷的重要指标之一，那么对于模拟飞行器或模拟驾驶设备，其设计能否使用户的心率指标被同样程度地激发便可以作为一项重要的用户测评指标。血压也与情绪状态有密切的关系。紧张的脑力工作、生气、害怕和接受新异刺激会使个体的皮肤血管收缩，动脉压升高，从而使更多的血液流入脑中。

② 呼吸指标

呼吸具体涉及动脉血压水平、肺内二氧化碳水平、呼吸频率、呼吸深度等50多种参数，越来越多的研究者已经意识到呼吸和很多心理因素有关，特别是呼吸指标对唤醒和情绪模型的研究具有重要意义。在一些特殊的人机交互体验测评中，呼吸指标也可以作为一种重要的参考指标，例如可以用于评价4D交互影院中逼真场景是否能带给用户理想的紧张感和刺激体验，可以作为心流要素中沉浸感和存在感的有效指标。

③ 电生理指标

皮肤电与汗腺分泌活动有密切关系，而汗腺分泌活动通常能对情感和认知活动的变化做出反应。活动区域和非活动区域之间电极的电位就叫做皮肤电位。在测量中，具体的测量参数包括皮肤的导电性、皮肤的阻抗，还有反应波幅、潜伏期、上升/下降时间和反应频率等。皮肤电活动测量可以广泛应用于各种刺激引起的唤醒水平的研究。

肌电是指与肌肉纤维收缩有关的电位。这种电位持续时间非常短，一般在1～5ms之间。肌电记录在情绪研究中具有很大的应用价值，例如Surakka和Hietanen通过情绪反应的面部肌电记录发现，真正的微笑和假装出来的微笑有不同的肌电活动模式。该指标不但可用于情绪情感的测评，在情感识别、情感计算和情感交互中也具有重要意义。

脑电是指伴随大脑皮层和中脑结构大量神经元活动的电活动。脑电活动能够反映出由心理活动引起的中枢性变化。脑电指标具体包括自发电位（EEG）、事件相关电位（ERP）、平均诱发电位（AEP），以及由脑电流产生的脑磁场（MEG）。利用脑电设备可以把不同认知唤醒水平、不同情绪状态或执行不同认知过程时大脑不同部位电位差的变化记录下来。其中事件相关电位是现代认知神经科学中应用最广泛的指标之一。诱发电位可广泛用于知觉、注意、记忆、言语、意识、情感等多种心理过程的研究和评价，当然也可以用于用户体验中的感知觉评价和情绪情感体验评价，从而作为其他评价方法的重要补充。

习题

9.1　列举你在学习和生活中遇到的成功与失败的可用性案例。

9.2　简述支持可用性的设计原则。

9.3　简述常见的可用性评估方法,并利用本章介绍的可用性评估方法,评估一个交互设计的可用性。

9.4　简述常见的用户体验模型及评价指标体系。

9.5　利用本章介绍的用户体验评价方法,评价一个交互产品的用户体验。

CHAPTER 10

第10章 人机交互综合应用实例

本章在综合前几章讨论的各种人机交互技术的理论基础上，介绍一个新型的虚拟网球游戏系统应用实例及一个基于 Web 的中华太极拳学习系统，分别从虚拟现实交互设计以及 Web 界面设计两个方面进行介绍。

10.1 虚拟网球游戏系统

伴随着人机交互、虚拟现实、立体显示等技术的发展，作为重要应用领域的游戏和教育产业也在这些技术的支持下逐渐摆脱了鼠标、键盘等传统交互设备的束缚。比如，在自然交互方面，Wii Remote、XBox360 以及 PlayStation Move/PlayStation Eye 等游戏系统能够实时捕捉玩家的肢体动作，支持玩家通过自己的肢体控制游戏角色。本节介绍的虚拟网球游戏系统采用立体双画显示，以支持不同位置的玩家在同一投影大屏幕上看到不同视角的立体画面，并利用 Kinect 网络支持更大范围空间的用户活动和更加自然的动作交互，系统示意图如图 10-1 所示。为测试和验证此类系统的整体有效性，10.1.2 节设计了一个包含易用性、有效性、趣味性和沉浸感等游戏体验指标在内的评价模型。

10.1.1 系统架构

本节主要介绍该虚拟网球游戏系统的架构(见图 10-2)，该系统利用 Unity 游戏引擎并结合 Active Stereoscopic 3D 插件进行立体网球游戏项目的开发，主要分成四大模块。

(1) 游戏逻辑模块

主要包括服务器和客户端，服务器处理游戏规则，客户端实现了动画控制、位置映射和物理引擎等功能。游戏逻辑模块用于处理客户端的各种输入信息，进行网络通信并实现网球游戏的比赛规则。

(2) 交互控制模块

主要包括 Kinect 网络作为交互控制模块的主要设备，用于操作游戏开始菜单界面，捕捉不同玩家的位置，识别玩家动作，并将这些输入信息交由逻辑模块处理。

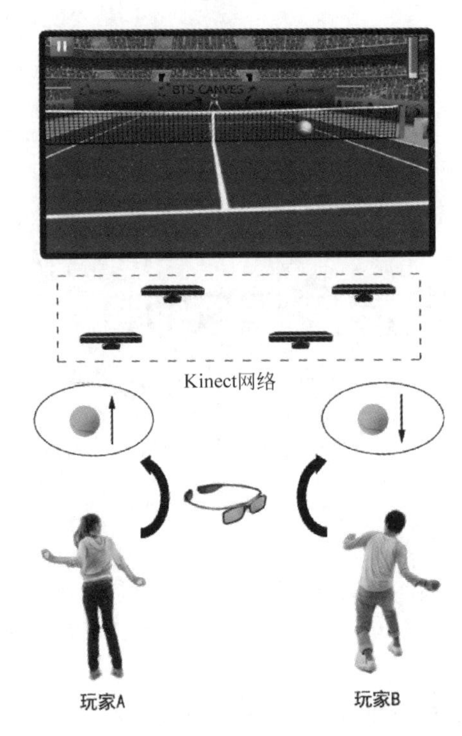

图 10-1 虚拟网球游戏系统应用示例图

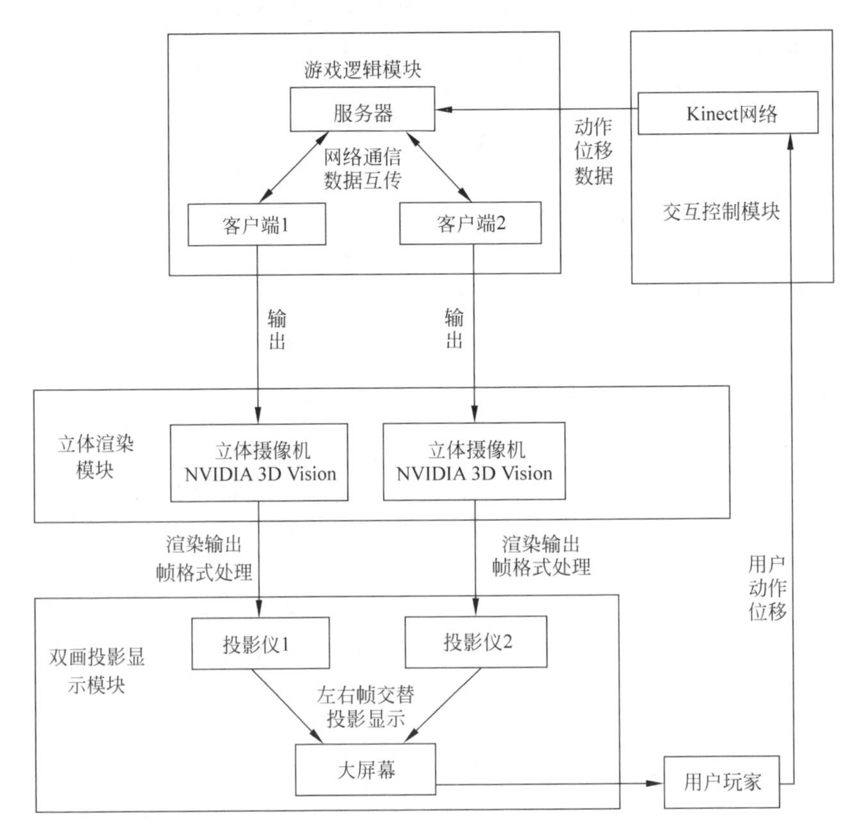

图 10-2 系统架构图

(3) 立体渲染模块

根据交互控制模块捕捉到的两玩家位置，实时映射到相应角色在虚拟游戏场景中的位置，通过双目摄像头拍摄出该视点位置的左右画面，利用 NVIDIA 3D Vision 实时渲染并进行交替显示，从而得到虚拟角色视点的立体画面。

(4) 双画投影显示模块

包括两台立体投影仪和一个大屏幕，两台投影仪将渲染出的两组立体画面投射到同一大屏幕上，两玩家便可以通过改进的立体眼镜分别看到各自视点的立体画面。

下面详细介绍每一模块的主要功能和技术实现。

1. 游戏逻辑模块

作为多人的体感网球游戏，游戏逻辑模块负责网络通信、数据处理和对游戏规则的运用。它可以对客户端的各种输入信息进行处理，根据 Kinect 捕捉到的玩家挥拍角度来控制击球的方向，并控制虚拟场景中游戏角色相应的挥拍动作；根据玩家在真实物理空间中的位置和跑动实时映射出游戏角色在虚拟网球游戏场景中的位置和移动，并利用绑定在游戏角色身上的双目摄像机同步拍摄出角色视点的左右画面。另外，真实的网球比赛规则和逼真的物理效果、3D 声效使得游戏比赛更加刺激、紧张，在竞争中大大激发玩家的好胜心，提高玩家兴奋度，从而使得游戏玩家能够更专注地投入到比赛环境中。

2. 交互控制模块

在本系统中，游戏的开始菜单界面采用 Kinect 手势识别，通过手的位置移动来模拟鼠标移动，并通过两手配合操作模拟鼠标左键事件(见图 10-3)。即如果右手操作的是鼠标，则约定左手水平抬起意味着模拟按下鼠标左键；反之，左手操作鼠标，右手抬起也是同样的效果。

图 10-3　玩家通过手势控制开始菜单界面

对于目前流行的体感游戏(如由 Microsoft Game Studios 推出的《Kinect 运动大会 2》)，每个 Kinect 最多只能跟踪识别两个玩家，且容易受到遮挡等干扰，导致跟踪失败。另外，单个 Kinect 的监控范围有限，无法实现大范围场景的群体互动。因此，本系统采用了一种基于 Kinect 网络的、大规模场景下的群体用户跟踪系统及方法，实现了网球游戏中多玩家、大范围的位置跟踪和动作识别。将每个 Kinect 计算得到的用户位置信息转换为大规模场景中的位置坐标,并连同玩家的动作信息发送给服务器,由服务器进行数据关联,完成对任意区域玩家的实时跟踪。利用 Kinect 网络,该系统不仅能够支持多个玩家更大范围的空间活动,使玩家在游戏过程中不受活动范围的限制、自由地追球跑动,而且排除了关节点遮挡、玩家相互遮挡等干扰因素,从而更加精确地识别玩家的动作和位置,对于实现需要多人配合的大屏幕投影互动场景具有重要意义。如图 10-4 所示,利用 Kinect 网络,一个玩家可由原来只能在单个灰色区域内(一个 Kinect 的有效可视范围)活动扩展到在两个灰色区域内活动。

图 10-4　Kinect 网络扩大了每个玩家的活动范围

3. 立体渲染模块

本系统利用 Unity 游戏渲染引擎的 Active Stereoscopic 3D for Unity 插件来对游戏场景进行立体渲染。每个虚拟游戏角色身上都装配有一个双目摄像机(Stereoscopic Main Camera)来模拟玩家双眼观看虚拟的网球游戏场景。类似于立体电影的拍摄原理,该摄像机由两个并排放置的子摄像机组成(大约相隔 65mm),左右子摄像机交替工作来同步拍摄出两条略带水平视差的左右帧画面。配合 NVIDIA 3D Vision 驱动程序的支持,GeForce 显卡将左右帧画面交替显示在屏幕显示器上,通过刷新率达到 120Hz 的投影仪和 3D 快门眼镜,玩家便可观看到虚拟游戏场景的立体影像。在交互控制模块的支持下,通过捕捉玩家在真实场景中的位置,可以实时改变虚拟场景中游戏角色即立体摄像机的位置,从而能够较好地模拟玩家视点的改变。但由于 Kinect 无法跟踪玩家头部或者眼睛的朝向,所以该系统目前无法完全模拟玩家视点的朝向,游戏中仅默认设定在比赛过程中玩家的眼睛一直看向球(在真实比赛中玩家应该也是一直看向球的)。图 10-5 为场景立体摄像机拍摄到的、某一游戏角色视角的左右画面。

4. 双画投影显示模块

该模块利用时分式和光分式立体显示技术原理,使两玩家可以在同一屏幕显示器上观看到不同的立体画面。具体实现步骤如下:首先在两台 DLP 投影仪(刷新频率可达 120Hz)前面分别加装水平和竖直偏振片,将立体渲染模块计算出的两组立体视频经过投影仪分别投射到屏幕上。这样,经过第一次过滤,水平和竖直方向的偏振光将分别搭载 A、B 两组立体视频投影到同一屏幕显示器上。两位玩家分别佩戴水平和竖直方向的偏振眼镜,便可以分别观看到 A、B 两组立体视频。但是,这时每组视频的左右帧画面仍是重叠在一起的,经过 3D 快门眼镜的分离,两组立体视频的左、右帧画面便分别进入两玩家的左、右眼。这样,玩家便可以观看到立体影像。图 10-6 为该系统的立体双画显示技术实现原理。系统对偏振眼镜和快门式 3D 眼镜进行了改造和组合,以分别支持双画和立体显示的观看效果,玩家佩戴改造后的眼镜可以在同一屏幕上观看到基于其视点的不同的立体画面,如图 10-7 所示。

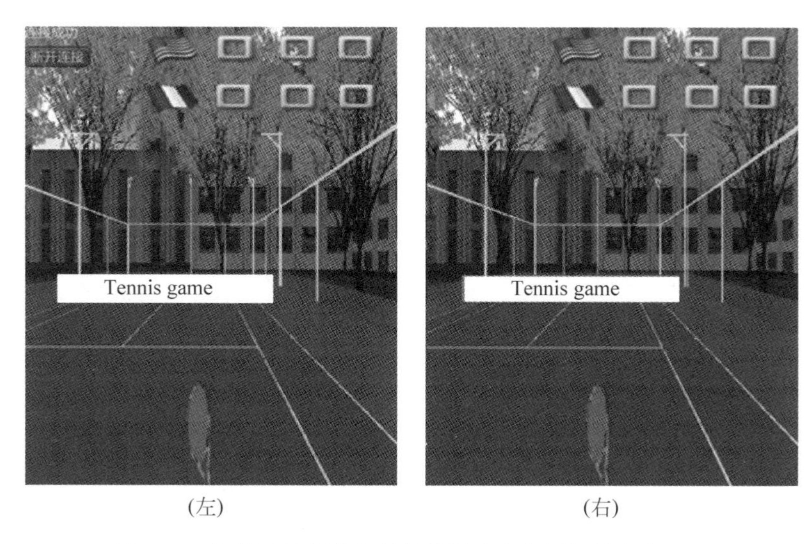

图 10-5　场景立体摄像机拍摄的游戏角色视角的左右画面

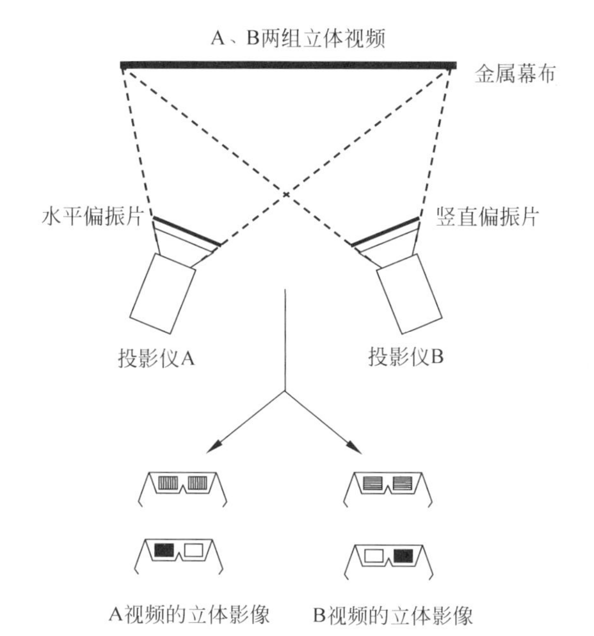

图 10-6　系统立体双画显示技术原理

图 10-7　基于玩家视点的不同的立体画面(左图为玩家 A 视角,右图为玩家 B 视角)

10.1.2 用户评估

为测试屏幕显示设计和Kinect网络协同工作的有效性,本节采用单因素被试内设计进行考察。自变量为网球游戏类型(某体感网球游戏/立体双画虚拟网球游戏),因变量为Kinect网络设计和双画显示设计的可用性指标以及游戏体验。被试同时接受两种自变量水平的处理,为平衡顺序效应带来的潜在影响,对处理顺序进行了平衡。

1. 测试设计

(1) 被试

随机抽取20名大学生参与实验,其中男生15名,平均年龄20.19±1.79岁;女生5名,平均年龄20.88±1.64岁。每两人一组参与实验。

(2) 实验材料

用于测评的游戏为两种虚拟网球游戏。游戏A为基于立体双画显示的虚拟网球游戏系统,该系统采用立体双画显示技术,能够在同一大屏幕上将不同玩家视角的游戏场景进行立体显示,并采用Kinect网络捕捉玩家的位置和动作。游戏B为目前流行的某体感网球游戏,通过单个Kinect设备与游戏场景进行交互,当两人同时进行游戏时,需要分屏显示两玩家视角的游戏画面。

(3) 因变量测量

测试重点针对本系统的双画显示设计和Kinect网络设计两方面进行。所有项目均在Likert7点量表上从1到7进行评定,"1"代表非常不符,"7"代表非常符合,每个指标的具体测量项目见表10-1。

表10-1 因变量指标及测量项目

指标	项目	
游戏体验	趣味性	我觉得游戏形式很好玩儿
		游戏带来的体验让我觉得很真实
		我觉得游戏画面形式令人耳目一新
		玩这个游戏让我感到愉快
	沉浸感	我感觉自己的身心都被带入到这个虚拟环境中
		游戏结束时,我感觉好像从另一个世界回到了现实世界
可用性(Kinect交互)	易用性	我觉得交互操作容易掌握
		学习如何正确地做出动作并不容易(r)
	有效性	我可以在游戏中灵活地移动
		游戏中可以准确地做出移动或动作
		我感觉交互速度很慢(r)
可用性(双画)	易用性	我觉得这种屏幕设计容易使用
		这种屏幕设计有助于游戏效果
	有效性	这种屏幕设计带来很好的视觉效果
		这种屏幕设计能更有效地利用屏幕
		这种屏幕设计使得对画面的判断更迅速准确

注:"r"表示需要反向计分。

2. 测试流程

主试调整好实验设备,并呈现指导语。在指导被试完成练习后,正式开始测试。首先体验游戏 A(或 B),要求两个被试完成一局网球比赛,待放映结束后被试短暂休息。然后体验游戏 B(或 A),游戏任务相同。待游戏结束后,让被试现场完成测量问卷。图 10-8 为测试现场。

图 10-8　测试现场

3. 测试结果与分析

(1) 可用性指标

为检验两种游戏在 Kinect 交互和屏幕显示设计两方面上的可用性指标是否存在差异,使用配对样本 T 检验,描述统计和差异检验结果如表 10-2 所示。

表 10-2　两种游戏在可用性指标上的差异性检验

因　变　量	游戏	均值	标准差	t	p
可用性(Kinect 交互)	A	23.70	4.42	0.514	0.613
	B	24.20	4.60		
可用性(屏幕显示)	A	25.50	7.10	2.029	0.049
	B	22.55	5.33		

注:配对样本 T 检验中,p 值通过查阅 t 界值表确定,$p<0.05$ 为差异显著,$p<0.01$ 为差异非常显著。

分析结果表明,两种游戏在屏幕显示设计的可用性方面有显著的差异,游戏 A 的双画屏幕设计比游戏 B 的分屏设计有更高的可用性($t=2.029$, $p<0.05$),但 Kinect 交互设计的可用性方面没有显著差异($t=0.514$,$p=0.613$)。

(2) 满意度指标

为考察两种游戏的游戏体验的各指标上是否存在差异,进行了配对样本 T 检验,描述统计和差异检验结果见表 10-3。

分析结果表明,两种游戏在沉浸感得分上差异显著($t=2.341$, $p<0.05$),游戏 A 比游戏 B 能给玩家带来更强的沉浸体验。但在趣味性得分上两者没有显著差异($t=0.631$, $p=0.535$)。

表 10-3　两种游戏在游戏体验指标上的差异检验

因变量	游戏	均值	标准差	t	p
趣味性	A	21.12	2.79	0.631	0.535
	B	20.78	3.05		
沉浸感	A	8.38	2.55	2.341	0.030
	B	7.81	2.39		

注：配对样本 T 检验中，p 值通过查阅 t 界值表确定，$p<0.05$ 为差异显著，$p<0.01$ 为差异非常显著。

与之前的分屏设计相比，双画的屏幕显示设计具有更高的可用性，不仅能充分利用屏幕，而且立体显示能带来更好的视觉感受，更重要的是能避免不同玩家画面之间的干扰。另外，由于这些设计的优势，能带来更佳的沉浸体验，提升满意度。在 Kinect 动作识别方面，测试并未发现其明显优势。但是，采用 Kinect 网络明显扩大了玩家的活动范围，避免了玩家动作之间的相互干扰，位置识别使得玩家可以进行追球跑动，更增加了游戏的趣味性和真实感。

10.2　基于 Web 的中华太极拳学习系统

本节设计并实现一个基于 Web 的中华太极拳学习系统，展现现代新型终身学习系统的实例。该系统以教学为目的，兼有发扬和传承中华文化的功能，为太极拳各流派的领域专家和广大太极拳爱好者构建一体化的沟通平台；提供丰富的太极拳文化展示内容和教学资源，通过多样的可视化展示方式满足用户需求。本节主要从用户需求分析及界面设计的角度进行介绍。

10.2.1　功能需求分析

太极拳教学系统是面对太极拳专业运动者和太极拳业余爱好者的简单便利的操作平台，其目的在于解决互联网技术条件下如何利用数字媒体技术将太极拳的介绍与教学从传统的实体教学环境向 Web 虚拟环境移植，从而突破传播和教学过程在时间和空间上的分离。

系统用户可以分为两类，一类为学习用户(简称用户)，其登录系统后可以进行太极拳相关资源的学习；一类为系统管理员，其登录系统后可以进行太极拳教学资源的管理。

下面以学习用户为例，说明系统的功能设计以及界面设计过程。

太极拳包含六大主要门派，分别为陈式、杨式、武式、吴式、孙式和国标。学习用户登录欢迎页界面后，可以通过选择其感兴趣的太极拳门派进入系统。系统提供的主要功能模块包括查看首页、资讯、教学、历程、养生、书画、名人模块。其中，查看教学模块又包括查看视频教学、查看文字教学、查看三维教学三部分。用户的用例图如图 10-9 所示。

各模块的主要功能如下。

- 首页：作为山东某太极拳发展中心的宣传页，对社团的宗旨及理念进行体现，其中还涉及社团的管理机构、名师风采和人员构成等主要方面；
- 资讯：即对太极拳相关动态的最新报道，其中从内容角度分为社团动态和国内动态等太极拳相关活动的大事记，从新闻形式又可分为图片新闻和文字新闻；

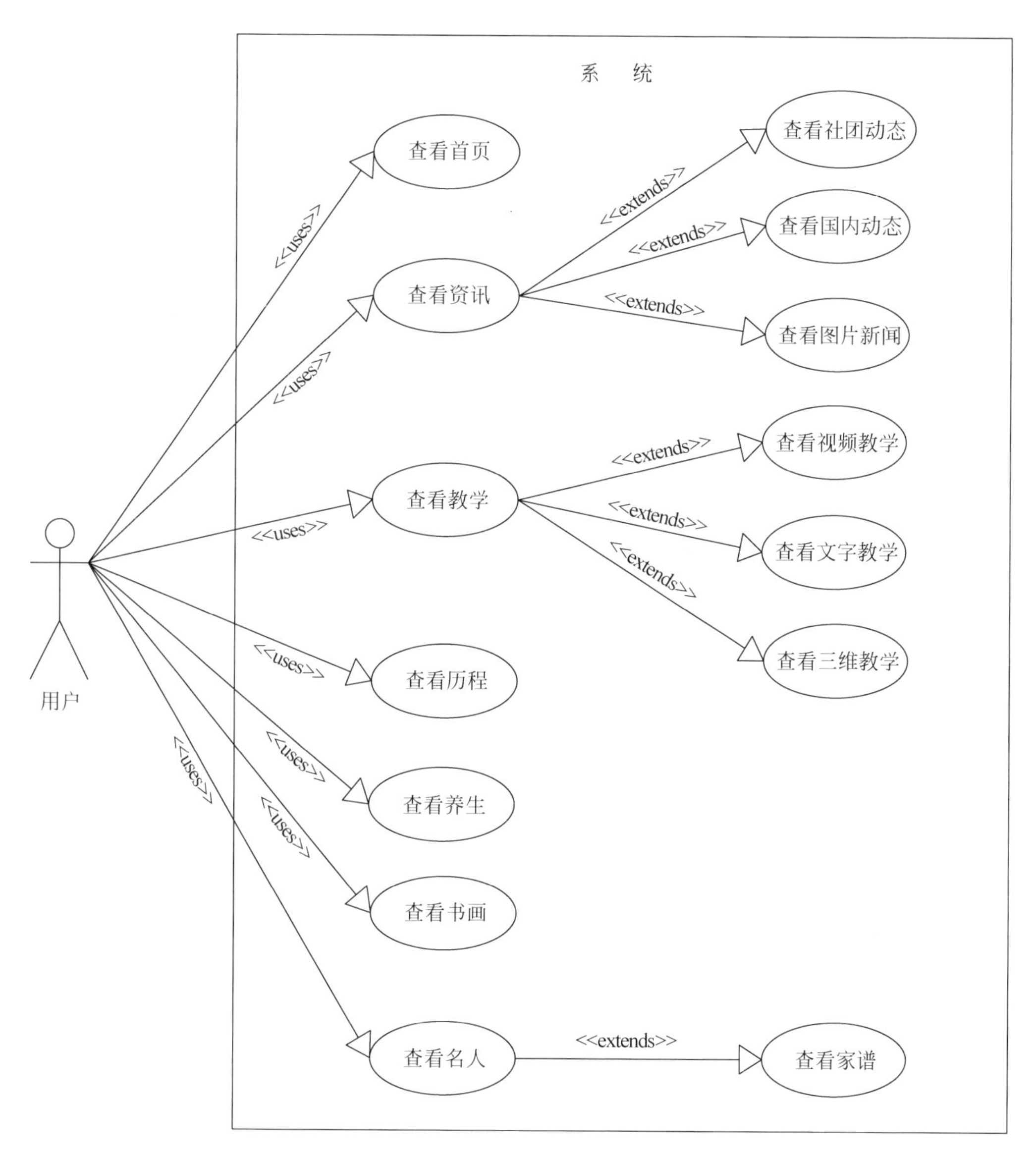

图 10-9　用户用例图

- 教学：本系统的重点，从文字教学、视频教学、三维教学三方面进行讲解，全方位、多角度地进行在线教学；
- 历程：以事件的发生时间为主线，通过时间轴的形式展示太极拳的起源及发展中的重大转折点；
- 养生：简单而系统地呈现太极拳修身养性的效果，从血液循环、新陈代谢、呼吸系统、循环系统、中枢神经系统五个角度进行阐述，提高人们对太极拳的理性认识；
- 书画：作为太极拳爱好者的附属爱好，辅助爱好者们更好地抒发自己的情感，怡情养性；
- 名人：以人物为主线，通过家谱可视化的形式清晰地展示各门派之间的传承关系和演变过程。

- 返回欢迎页:无论位于系统的第几层,只要单击该按钮,便可以返回到最开始进入系统时所呈现的欢迎页面;
- 返回主界面:当进入某一门派时,无论在该门派下的第几层,单击该按钮便可以返回到该门派的主界面(即展示该门派下七大内容模块的界面)。

10.2.2 功能流程设计

太极拳爱好者用户在进入系统后,根据系统欢迎页上的提示,选择想要了解的门派单击进入,便可以浏览需要的信息。图10-10为系统前台太极拳爱好者用户的流程图。

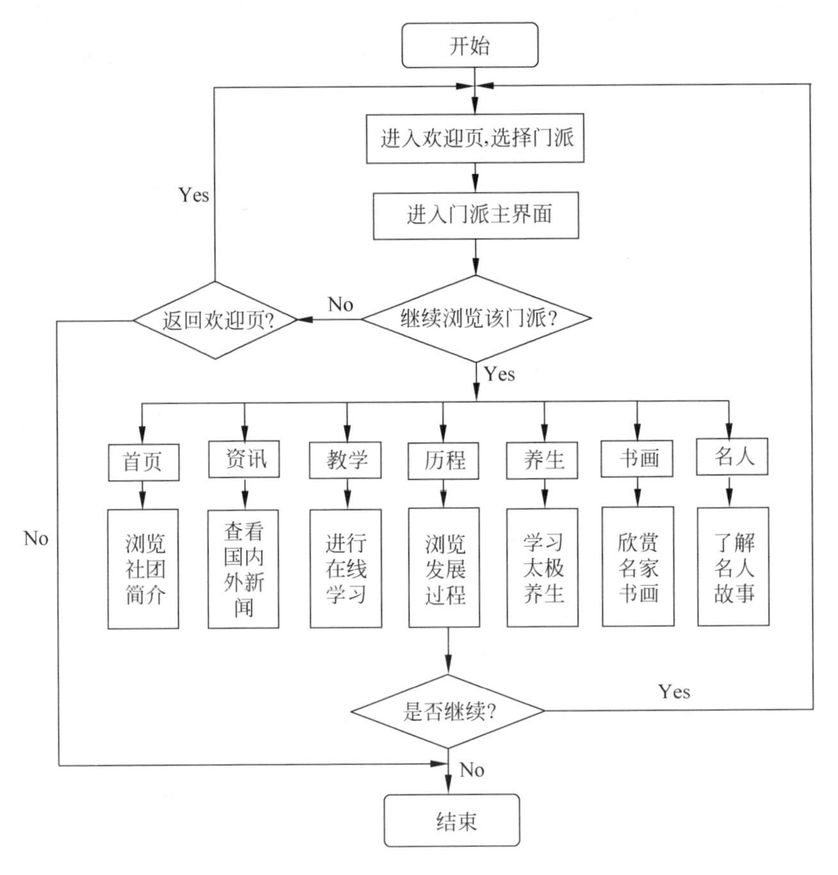

图10-10 用户流程图

10.2.3 界面设计

界面设计是开发中华太极拳学习系统的关键任务之一。系统依据界面设计应遵循的原则与方法,坚持"以用户为中心"的设计理念,对交互界面进行了设计。在太极拳学习系统中,通过用户分析(太极拳爱好者的特征)来体现以用户为中心的思想。随着时代的发展以及太极拳的推广,越来越多的人开始喜爱太极拳,人员年龄多层化。但是,由于历史遗留的、对太极拳传统的定位,这些爱好者当中不乏年长者,所以在进行界面设计时,不得不考虑到他们自身的特殊需求,尤其是在字体的设计上。

1. 界面风格定位

首先根据太极拳自身的特性以及太极拳爱好者的认知，确定系统的风格及主色调。

选取中国风作为该系统的主风格，即运用中国传统文化及元素。整体效果的表现形式以中国画(水墨画)为主，与太极八卦图相结合，来体现太极拳的外柔内刚。

主色调则定为黄、黑、白三种。黄色灵感源于具有纹理的传统宣纸，既干净纯粹又不失生气；加上黑、白两种太极色，使整个系统的界面宛如一幅真正的中国画，适合于用户(太极拳爱好者)的心理。

2. 界面迭代设计

太极拳学习系统为了达到可用性目标和用户体验目标，选择采用迭代设计法，即在整个设计的过程中，重复"设计—评估—再设计—再评估"的过程，在反复的实践过程中最大程度地满足用户的需求。

下面以导航界面的设计过程为例，详细阐述太极拳学习系统是如何应用迭代设计法的。

第一版的导航设计中，导航图标是静止的，规则地排列在页面上部，如图 10-11 所示。与用户沟通交流后，分析反馈结果得出，导航的排列与系统整体追求的风格还不一致，没有呈现出太极拳特有的"静中有动"这一特点。

图 10-11 中华太极拳学习系统的主界面图第 1 版

经过改进的第二版中，将导航图标与背景图中的太极人物联系起来，呈现出导航被"抛"起的动态感，如图 10-12 所示。经交流反馈后，得出结论，该设计未能彻底摒弃上一版设计中存在的缺点；并且发现新的问题：背景图过于复杂，颜色较暗，与人机界面设计原理中的"简单、自然"相违背。

经过改进后的第三版如图 10-13 所示(箭头所指示文字为图的标注)。选用旋转八卦的形式来呈现，模块图标选择中国象棋这一传统元素为原型进行设计，真正意义上地实现简单、清晰、明了，并且与太极拳自身的特点更为契合，系统的整体设计理念与基调更为一致。

3. 界面详细设计

中华太极拳学习系统分为六大门派，每一门派下分设首页、资讯、教学、历程、养生、书

图 10-12　中华太极拳学习系统的主界面图第 2 版

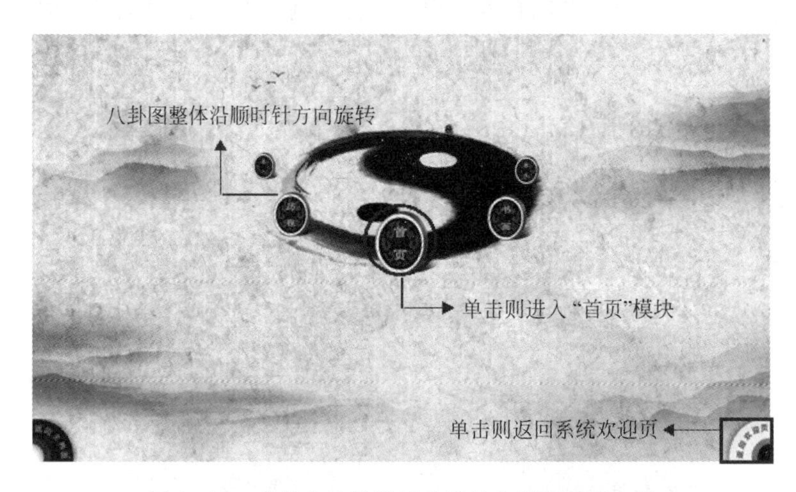

图 10-13　中华太极拳学习系统的主界面图第 3 版

画、名人这七大模块,向太极拳爱好者用户提供服务。该系统由外向内可以大致分为四层界面。第一层(即欢迎页)展示六大主要门派：陈式、杨式、武式、吴式、孙式和国标,这六大门派的层次地位是相同的,都是进入系统后所接触到的第一层；第二层即通过任一门派后进入包含所有内容的七大模块,每一门派下都具有相同的七个模块,只不过根据自家的特点及需要进行相应的改动；第三层指某一模块下的全部展示信息；根据需求,某些数据需要进一步展开显示,则进入第四层具体展现。

下面具体介绍界面详细设计,由于系统界面一致性原则,主要针对系统中关键代表性模块的界面设计进行说明。

(1) 欢迎页

将欢迎页设计成一个视觉效果上的"欢迎动画"：页面的正中间是一个水墨八卦图,沿八卦图的周围等角度地分列六个人物形象,即六大门派的代表动作。对六大门派的图标通过函数使其旋转,加之近大远小的设计,使其呈现出八卦图带动图标匀速旋转的效果。当人物模型旋转到屏幕的正前方时(设定一个角度,当进入此角度范围时,则默认进入了所谓的

“正前方”），屏幕上同时会显示出该人物模型所代表的门派（如杨式）；在八卦图“旋转”的同时，八卦图的右边显现该网站的名称——“中华太极拳网”，这六个大字也逐个出现，并且是一个从有到无、渐显渐隐的过程；此处网站名字从有到无显示一次的时间与八卦图旋转一圈的时间是相同的，即八卦图每转一圈，网站名显示一遍，如图 10-14 所示（箭头所指示文字为图的标注）。

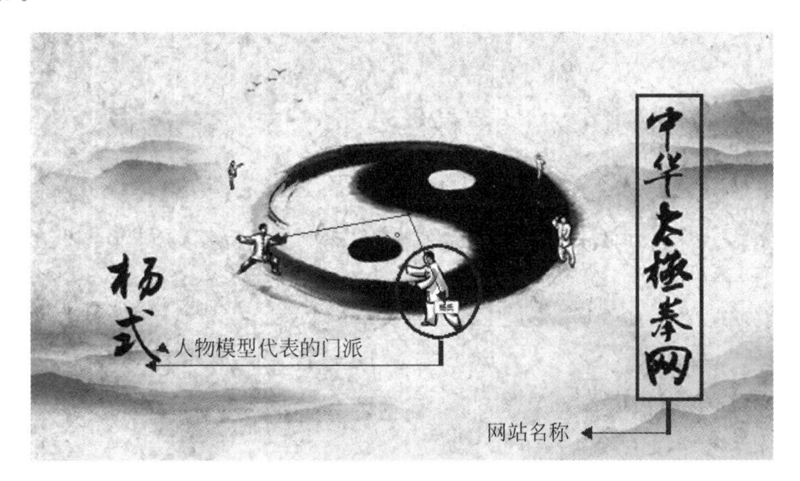

图 10-14　中华太极拳门户一体化系统欢迎界面图

（2）首页模块

该模块展示中心介绍、管理机构、名师风采、人员构成等内容。单击左下角和右下角的按钮可以分别返回系统主界面及系统欢迎页，如图 10-15 所示（箭头所指示文字为图的标注）。

图 10-15　中华太极拳学习系统首页界面图

（3）历程模块

该模块采用 Timeline 技术，按照时间顺序来排列。单击图示的年代按钮，显示大事记内容，继续单击其他按钮，则该内容消失，自动替换为其他年代按钮下所对应的大事记内容，如图 10-16 所示（箭头所指示文字为图的标注）。

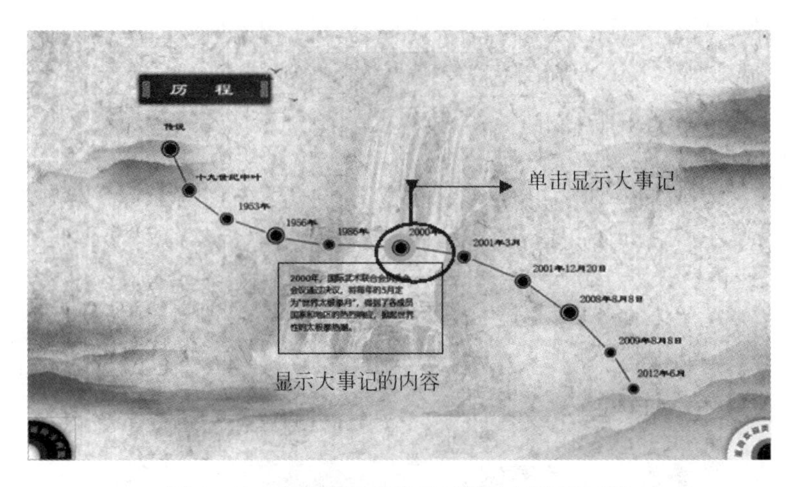

图 10-16　中华太极拳学习系统的历程界面图

(4) 名人模块

该模块采用树形结构模型,传达了一个复杂的逻辑传承关系。因为太极拳起源于陈氏,所以以陈氏的鼻祖陈王庭作为整个树形结构的根节点。而其他每一门派的起源即作为陈氏树形结构中的子节点,又作为本门派树形结构的根节点,如图 10-17 所示(箭头所指示文字为图的标注)。

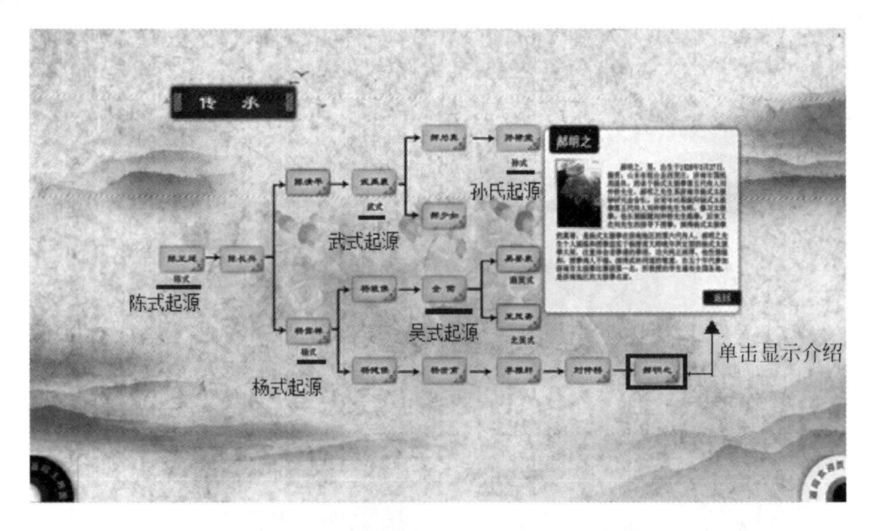

图 10-17　中华太极拳学习系统的名人界面图

10.2.4　功能模块设计

系统的前两层功能都是相似的,本节主要对中华太极拳学习系统不同模块下第三、四层的功能进行详细描述,具体如下。

1. 首页

用户可在首页对明之太极拳发展中心进行了解,可单击展开进行具体的了解,也可根据提示返回上一层。首页模块的时序图如图 10-18 所示。

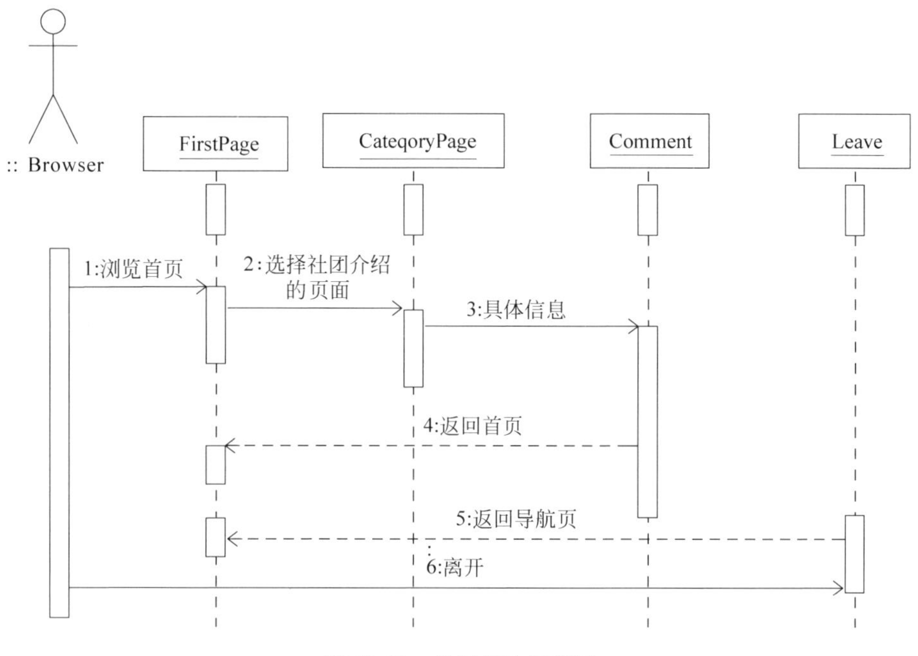

图 10-18　首页模块时序图

2. 资讯

在资讯这一模块下，第三层基本分两类来展示太极拳的相关新闻动态：图片新闻和文本新闻。按更新顺序列出新闻名称，单击则进入资讯模块的第四层，即阅读该新闻条目的详细内容。咨询模块的时序图如图 10-19 所示。

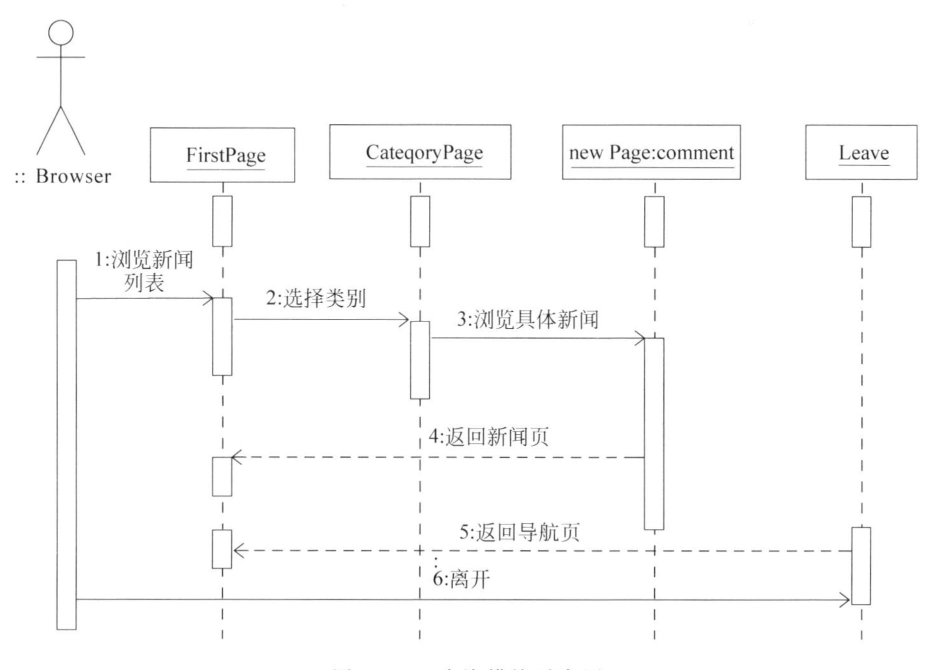

图 10-19　咨询模块时序图

3. 教学

由于该模块的特殊性,信息含量较大,根据内容与界面的综合考虑,界面设计为该模块下的第三层是选择性进入的,即分为文字教学、视频教学和三维教学。进入文字教学,太极拳相关的所有技法按照一定的逻辑顺序,以一本书的形式呈现,则无须再进入第四层就能浏览所有相关内容;进入视频教学,视频按照太极拳的路数分解与整套的逻辑顺序进行分类排列,单击相应的视频图框则弹出视频播放器进行观看。教学模块的时序图如图 10-20 所示。

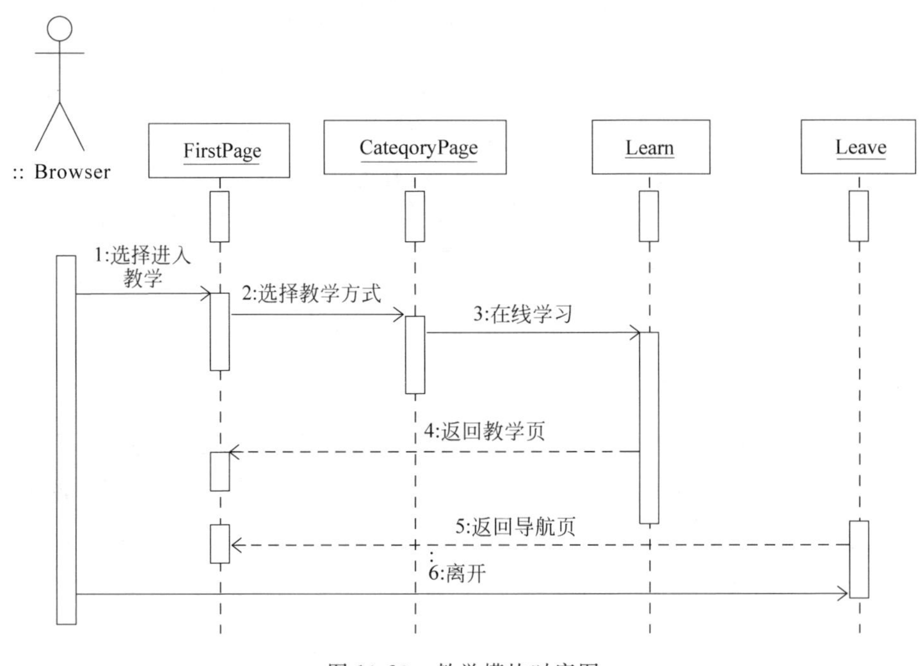

图 10-20　教学模块时序图

4. 书画

在名之太极拳发展中心的会员中有艺术爱好者,对他们的作品进行简单的展示。所展示的字画呈画卷式循环滚动。单击某一幅字画则实现放大与显示对应文字介绍功能。书画模块的时序图如图 10-21 所示。

完成以上功能需求分析和界面设计的主要过程之后,可以进入产品研发阶段。

本章介绍了虚拟网球游戏系统的系统架构、模块设计与用户评估内容,以及中华太极拳学习系统的 Web 界面的设计流程。这两个应用实例均为作者团队所研发的系统,还存在很多缺陷,不够完善,在此抛砖引玉,希望能够对读者进行系统设计和界面设计时有所启发和帮助。

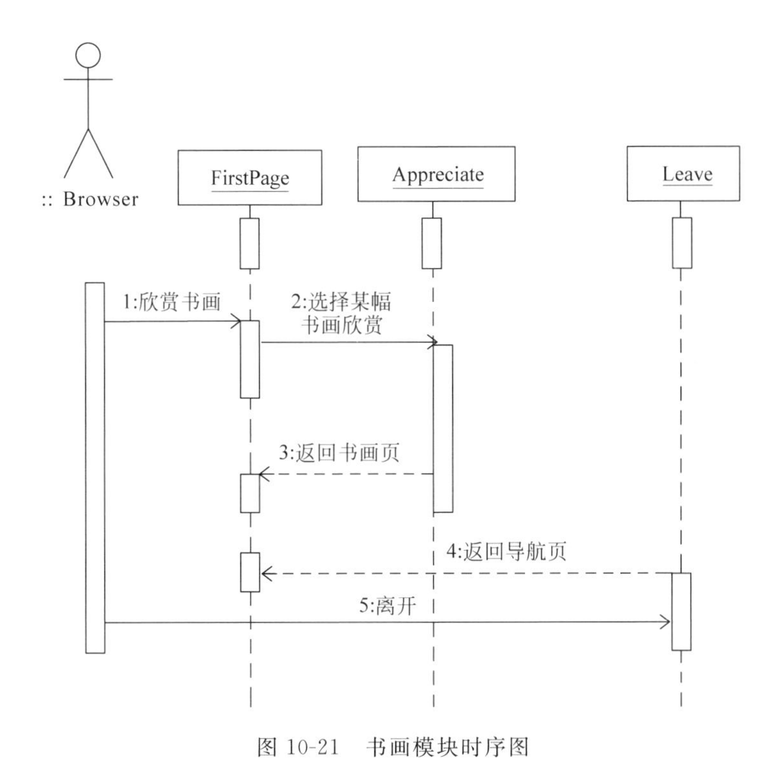

图 10-21　书画模块时序图

习题

10.1　分析对比双画的屏幕显示与分屏显示的特点和优缺点。

10.2　结合示例程序，利用 Unity3D 实现服务器的创建和客户端的连接。

10.3　编写一段代码，用 Kinect 实现简单的手势交互功能，如鼠标的悬停、选择等。

10.4　设计一个 Web 应用，并进行功能需求分析和界面设计。

参考文献

1. Alan J Dix, Janet E Finaly, Gregory D Abowd, Russell Beale. Human-Computer Interaction(Second Edition). New York: Prentice Hall,1998
2. A G Hauptmann,P McAvinney. Gestures with Speech for Graphic Manipulation. International Journal of Man-Machine Studies, 18(2),1993
3. A King. Inside Windows 95. Microsoft Press, 1995
4. Benko H. Precise Selection Techniques For Multi-touch Screens. In: Proceedings of CHI 2006: 1263-1272
5. R G Bias and D J Mayhew,ed. Cost-Justifying Usability. Academic Press, 1994
6. Browne, Dermot. STUDIO: STructured User-interface Design for Interaction Optimisation. New York: Prentice Hall,1993
7. Card S K, Moran T, Newell A. The Psychology of Human-Computer Interaction[M]. Hillsdale, NJ: Lawrence Erlbaum Associates, 1983
8. Chang Lin. Real Multitouch Panel Without Ghost Points Based on Resistive Patterning. Journal of Display Technology, 7(11), 2011: 601-606
9. Charles Arehart,Shashirikan Guruprasad, Rob Machin and Alex Homer. Professional WAP. Wrox Press, 2000
10. Christian Lindholm,Turkka Keinonen and Harri Kiljander. Mobile Usability: How Nokia Changed the Face of the Mobile Phone. McGraw-Hill,2003
11. Cole M, Engestrom Y. A Cultural-historical Approach To Distributed Cognition. In: Salomon G. ed. Distributed Cognitions: Psychological and Educational Considerations. USA: Cambridge University Press,1993
12. Larry L Constantine. Essentially Speaking. Software Development, 2(11), 1994
13. Constantinos Phanouriou. UIML:A Device-Independent User Interface Markup Language. Blacksburg, Virginia, 2000
14. Cynthia Bloch,Annette Wagner. MIDP Style Guide for the Java™ 2 Platform. Micro Edition, Addison Wesley, 2003
15. Dan R Olsen Jr. , John R Dance. Macros by example in a graphical UIMS. IEEE Computer Graphics & Applications: 68-78
16. Egan D E. Individual Differences In Human-computer Interaction. Handbook of Human-Computer Interaction. North-Holland, Amesterdam, The Netherlands, 1988: 543-568
17. F Paterno,C Mancin, S Meniconi. ConcurTaskTrees: A Diagrammatic Notation for Specifying Task Models. In IFIP TC13 Human-computer Interaction Conference (INTERACT'97), 1997: 362-369
18. F Paterno. ConcurTaskTrees: An Engineered Notation for Task Models. In: Diaper,D. ,Stanton, N. (Eds.). the Handbook of Task Analysis for Human-Computer Interaction. Lawrence Erlbaum Associates,Mahwah,New Jersey,Ch. 24: 483-502
19. Gary Perlman. Web-Based User Interface Evaluation with Questionnaires.
20. G Burdea & P Coiffet. Virtual Reality Technology. New York: John Wiley and Sons, Inc. 1994
21. G Grinstein, et al. EXVIS: An Exploratory Visualization Environment Graphics Interface. '89 London, 1989

22. Han J Y. Low-cost Multi-touch Sensing Through Frustrated Total Internal Reflection[J]. Proc Uist Acm Press, 2005
23. Hartson H R, Siochi A C, Hix D. The UAN: A User-Oriented Representation for Direct Manipulation User Interface[J]. ACM Transactions on Information Systems, 1990, 8(3): 181-203.
24. Hackos J T and Redish J C. User and Task Analysis for Interface Design. Wiley.(com, uk). 38
25. ISO 9241-11: Guidance on Usability(1998).
26. Janice (Ginny) Redish and Joseph Dumas. A Practical Guide to Usability Testing. 1999: 4
27. Jay Simpson. the Cover of IEEE Computer. 1992
28. John S. Rhodes. Evolution, Usability, and Web Design. 2002
29. Jennifer Preece, Yvonne Rogers, Helen Sharp. 交互设计:超越人机交互. 刘晓晖,张景等译. 北京:电子工业出版社,2003
30. Jakob Nielsen. Web 可用性设计. 潇湘工作室译. 北京:人民邮电出版社,2000
31. Jacob Nielsen. 可用性工程. 刘正捷等译. 北京:机械工业出版社,2004
32. Keith Instone. Usability Engineering for the Web.
33. Kitsuse. Why aren't computers... Across the Board, 1991
34. Kouichi Matsuda. WebGL 编程指南[M]. 北京:电子工业出版社,2014
35. Kreitzberg Charles. 'The LUCID Design Framework. http://www.cognetics.com/lucid/lucid2aoverview.pdf. Princeton, NJ: Cognetics Corporation, 1999
36. Keith Andrews. Human-Computer Interaction. Lecture. http://courses.iicm.edu/hci/
37. Lewis C. Using the 'thinking-aloud' Method in Cognitive Interface Design. Research Report RC9265, IBM T. J. Watson Research Center, 1982
38. Lorin Hochstein. GOMS. Tichi website, October 2002.
39. Michael Haller, etc. Interaction tomorrow. ACM SIGGRAPH 2007 courses: 32, 2007
40. Nielsen J and Molich R. Heuristic Evaluation of User Interfaces. In: Proc. CHI'90, Seattle, Washinton. ACM. 63, 65, 67, 1990: 249-256
41. Newman W M, Lamming M G. Interactive System Design[M]. Harlow, England: Addison Wesley, 1995
42. Payne S. J, Green T R G. Task Action Grammar: A Model of the Mental Representation of Task Languages[J]. Human Computer Interaction, 2, 1986: 96-133
43. Pearrow M. Web Site Usability Handbook. Rockland, MA: Charles River Media, 2000
44. Poupyrev I, Billinghurst M, Weghorst S, Ichikawa T. Go-Go Interaction Technique: Non-linear Mapping For Direct Manipulation In VR. Proceedings of the 9th Annual ACM Symposium on User Interface Software And Technology, 1996: 79-80
45. W3C. Checklist of Checkpoints for Web Content Accessibility Guidelines 1.0.
46. World-wide Environment for Learning LOTOS(WELL)-Introduction. UK Soarce Site.
47. Redmond-Pyle, David and Moore, Alan. Graphical User Interface Design and Evaluation. London: Prentice Hall, 1995
48. William Hudson. Towards Unified Models in User-Centred and Object-Oriented Design. http://www.delphidevelopers.com/engineering/design/Towards_Unified_Models_in_User-Centred_and_Object-Oriented_Design.pdf
49. Rafael C Gonzalez 等著. 数字图像处理(第二版). 阮秋琦,阮宇智等译. 北京:电子工业出版社,2007
50. Richard Griffiths. User Action Notation(UAN).
51. Dave Roberts, Dick Berry, Scott Isensee and John Mullaly. Designing for the User with OVID: Bridging User Interface Design and Software Engineering. Indianapolis, IN: Macmillan Technical Publishing, 1998

52. Stantum Inc. Multi-touch Using Resistive Touch. http://www.stantum.com, 2009.
53. Steve Krug. Don't Make Me Think. 2000: 5
54. Steven Heim. The Resonant Interface HCI foundations for interaction. Addison-Wesley, 2008
55. T Clerckx, K Luyten, K Coninx. DynaMo-AID: a Design Process and a Runtime Architecture for Dynamic Model-Based User Interface Development. In The 9th IFIP Working Conference on Engineering for Human-Computer Interaction jointly with the 11th International Workshop on Design, Specification and Verification of Interactive Systems, Tremsbttel Castle, Hamburg, Germany, 2004: 142-160
56. Top Ten Mistakes In Web Design. 1996
57. The Computer Society of the Institute for Electrical and Electronic Engineers (IEEE-CS) and the Association for Computer Machinery (ACM). Computing Curricula Final Draft-December 15, 2001. 2001
58. 蔡珣,孟祥旭.基于视频识别的虚拟踩气球系统.小型微型计算机系统,2004,25(6): 1089-1091
59. 曹志英,刘正捷.网站可用性设计指南.计算机世界:可用性工程专栏,2001
60. 董建明,傅利民,Gavriel Salvendy.人机交互:以用户为中心的设计和评估.北京:清华大学出版社,2003
61. 董士海,王坚,戴国忠.人机交互和多通道用户界面.北京:科学出版社,1999
62. 董士海.计算机用户界面及其工具.北京:科学出版社,1999
63. 董士海.人机交互的进展及面临的挑战.计算机辅助设计与图形学学报,2004,16(1):1-13
64. 加瑞特.用户体验要素:以用户为中心的产品设计.北京:机械工业出版社,2011
65. 李海峰,苏忱.可探入光场三维显示.中国计算机学会通讯,2013,9(11): 22-25
66. 李杰,田丰,戴国忠.笔式用户界面交互信息模型研究.软件学报,2005,16(1): 50-57
67. 李世国.体验与挑战——产品交互设计.南京:江苏美术出版社,2008
68. 李杨,李学庆,马朋,苏新新,赵鹏.一种面向图案设计的用户界面管理系统:MAA-UIMS.和谐人机环境2007,2007
69. 罗仕鉴,朱上上,孙守迁.人机界面设计.北京:机械工业出版社,2002
70. 汪成为.灵境技术与人机和谐仿真环境.计算机研究与发展,1997.34(1):1-12
71. 王坚,董士海,戴国忠.基于自然交互风格的多通道用户界面模型.计算机学报,1996,19(增)
72. 王森. Kinect体感程序设计入门.北京:科学出版社,2014
73. 余涛. Kinect应用开发实战:用最自然的方式与机器对话.北京:机械工业出版社,2013
74. 张彩明,杨兴强,李学庆.计算机图形学.北京:科学出版社,2005
75. 张杰. Java 3D交互式三维图形编程.北京:人民邮电出版社,1999
76. 张瑞.数字博物馆的可用性评估.硕士学位论文,山东大学,2005
77. 张晓宁,李学庆,张华,邢胜南.一种基于MDA的UIMS实现.第四届和谐人机环境联合会议. LNCS 4557,2008: 613-622
78. 周国梅,傅小兰.分布式认知——一种新的认知观点.心理科学进展, 2002(2)
79. 美国奥维系统公司.图形浏览器应用风格指南. 2001
80. 诺基亚公司.诺基亚40系列,J2ME™游戏使用指南及实施模型. 2003
81. 诺基亚公司.诺基亚60系列,用户界面样式指南. 2002
82. http://www.wqusability.com/articles/getting-started.html
83. http://www.apple.com.cn
84. http://www.vrml.org
85. http://baike.baidu.com/view/1281018.htm? func=retitle
86. (CTTE)http://giove.cnuce.cnr.it/ctte.html
87. (TERESA)http://giove.cnuce.cnr.it/teresa.html

88. http://www.userdesign.com/usability.html
89. (Struts)http://struts.apache.org/
90. http://www.lap.umd.edu/QUIS/index.html
91. http://www.kuqin.com/uidesign/20070915/1086.html
92. http://en.wikipedia.org/wiki/User_experience_design
93. http://uicom.net/blog/attachments/200603/ucd90879645/ucd.htm
94. Ten Most Wanted Design Bugs. http://www.NNg.com. Dec 1, 2004
95. Constantine and Lockwood. Software for Use. http://www.woodpecker.org.cn:9081/doc/RationalUnifiedProcess.zh_cn/process/referenc.htm#CON99
96. Robert Rubinoff. How To Quantify The User Experience. http://www.fullsearcher.com/n2005815135618735.asp
97. WebGL 中文网. http://www.hewebgl.com/article/getarticle/50, 2015
98. Top-10 New Mistakes of Web Design. 1999

图书资源支持

感谢您一直以来对清华版图书的支持和爱护。为了配合本书的使用，本书提供配套的资源，有需求的读者请扫描下方的“书圈”微信公众号二维码，在图书专区下载，也可以拨打电话或发送电子邮件咨询。

如果您在使用本书的过程中遇到了什么问题，或者有相关图书出版计划，也请您发邮件告诉我们，以便我们更好地为您服务。

我们的联系方式：

地　　址：北京市海淀区双清路学研大厦 A 座 714

邮　　编：100084

电　　话：010-83470236　010-83470237

客服邮箱：2301891038@qq.com

QQ：2301891038（请写明您的单位和姓名）

资源下载：关注公众号“书圈”下载配套资源。

资源下载、样书申请

书圈

获取最新书目

观看课程直播